Hi-Pass
수자원개발기술사

핵심특강 | 개정판

Professional Engineer Water Resources Development

수자원개발기술사
토목시공기술사 **정원우** 지음

BM 성안당
www.cyber.co.kr

■ 도서 A/S 안내

성안당에서 발행하는 모든 도서는 저자와 출판사, 그리고 독자가 함께 만들어 나갑니다.

좋은 책을 펴내기 위해 많은 노력을 기울이고 있습니다. 혹시라도 내용상의 오류나 오탈자 등이 발견되면 "좋은 책은 나라의 보배"로서 우리 모두가 함께 만들어 간다는 마음으로 연락주시기 바랍니다. 수정 보완하여 더 나은 책이 되도록 최선을 다하겠습니다.

성안당은 늘 독자 여러분들의 소중한 의견을 기다리고 있습니다. 좋은 의견을 보내주시는 분께는 성안당 쇼핑몰의 포인트(3,000포인트)를 적립해 드립니다.

잘못 만들어진 책이나 부록 등이 파손된 경우에는 교환해 드립니다.

저자 문의 e-mail : weonwooj@dohwa.co.kr(정원우)

본서 기획자 e-mail : coh@cyber.co.kr(최옥현)

홈페이지 : http://www.cyber.co.kr   전화 : 031) 950-6300

머리말

　최근 건설환경은 국내외의 큰 변화와 함께 UR 협정에 의하여 건설시장이 개방되고 인간 중심적, 환경친화적 요구에 부응하여 치수, 이수 관련 분야도 더욱 다양화, 고급화 추세에 있습니다. 이에 따라 수자원 개발의 중요성과 수자원개발기술사의 역할은 날로 중요해지고 있습니다.

　기술사 자격증을 취득하는 것은 사회적으로나 개인적으로 기술인의 지위가 확보되는 최고의 명예로 상징되고 있으며, 또한 관련 기술 분야에서 전문적인 응용 능력을 발휘하여 많은 업무를 수행하여야 하는 최고의 기술자이기 때문에 그 책임과 역할이 막중하다고 할 수 있습니다.

　21세기에 들어서면서 도로, 철도, 항만, 공항, 토질 전문 분야의 기본 및 근간이라고 할 수 있는 수자원개발기술사에게 부여된 책임과 의무는 더욱 중요하다고 할 수 있습니다.

　이 책을 발간함에 있어 일과 기술사 시험 준비를 함께 하는 시간적인 어려움으로 인해 여러 가지 면에서 망설였으나 출제경향 및 수험자료를 수집하는 과정에서 터득한 노하우를 수험 준비를 하는 분들께 조금이나마 도움이 될 수 있다는 확신을 가지고 용기를 내어 시작하였습니다.

　이 책은 문제유형에 따라 알기 쉽게 서론, 본론, 결론으로 풀이하되, 가급적 중복을 피하고 간결하게 요약 정리하였습니다. 기술사 시험을 준비하는 정답이라기보다는 모범답안을 작성한다는 생각으로 각 분야별로 분류하여 정리하였기 때문에 처음 수자원개발기술사를 준비하는 분이나 마무리 단계에서 답안을 작성하는 모든 수험자에게 도움이 되리라 믿습니다.

　국내외 서적 및 관련 자료를 참고하여 내용을 구성하였으나 부족한 부분이 많으리라 여겨집니다. 미비한 점은 개정 및 증보 시 보안해 나갈 것을 약속드리며, 도움을 주신 선후배 여러분께 감사드리며 아낌없는 지도 편달을 바랍니다.

　아울러 이 책의 발간에 협조해 주신 성안당 출판사의 이종춘 회장님을 비롯하여 임직원 여러분께 고마움을 전합니다.

개정판을 내면서

수자원개발기술사 · 토목시공기술사　정 원 우

1 출제경향

구 분		출제비율	내 용
수자원 개론	수공학의 역사	1.0%	수공학의 역사, 수자원의 특성 및 대책 등
	수자원 개발 및 특성	3.0%	용수공급 현황, 관리 대책, 평가지표, 재무분석, 개발 방향 등
	국토이용계획	3.5%	수자원의 안정 공급, 홍수관리, 물의 고도 이용, 타당성 조사, 드론을 활용한 하천관리 등
	소계	7.5%	
댐 계획 및 관리	댐 분류 및 계획	4.5%	댐의 조사, 계획, 규모 결정, 관리 실태, 계측 및 조작 관리 등
	댐 및 여수로의 구조	10.0%	여수로의 구조, 형식, 종류, 유수 전환 수리해석 등
	댐의 관리	4.5%	저수지 운영방안, 부영양화 및 대책, 댐의 운영관리 등
	소계	19.0%	
하천 계획 및 관리	하천 계획	5.5%	하천 종합계획, 도시하천 문제, 하구 처리, 홍수 추적, 생태하천관리 등
	하천 관리	8.0%	하도계획, 제방처리 법선, 분류 계획, 제방 파괴 원인과 대책, 유수의 흐름과 세굴, 하천 호안 등
	홍수 관리	5.0%	홍수 예경보, 내수처리대책, 수재 등
	수문 분석	6.5%	설계빈도 분석, 단위유량도, 홍수량의 산정, 수위유량곡선 등
	수리 분석	6.0%	치수단위 분석, 지류합류점 계획, 수리상 유리한 단면 등
	소계	31.0%	
제방 및 하상	제방 및 하상의 안전	5.5%	침윤선, 제방 안전대책, 갈수량 분석, 유출현상 등
	소계	5.5%	
수문학적 공식 및 계산	수문학적 공식	5.0%	수문곡선의 분리법, 침투능, 합리식 유도 및 산정 등
	수문학적 계산	5.0%	단위유량 분포도, 점빈도 해석, 한계류 산정, 등류 계산 등
	소계	10.0%	
수리학적 공식 및 계산	수리학적 공식	5.5%	Euler 방정식의 유도, 부등류의 수면형 유도 등
	수리학적 계산	7.0%	예연 Weir, Orifice 배수시간, 수리학적 상사법칙 등
	소계	12.5%	
용어 설명 및 단답형 실전문제	용어 설명	3.5%	수리, 수문학적 용어 설명, 하천 수질 보전대책 등
	계산형 예제	4.5%	수리, 수문학적인 기출 문제, 예제 풀이 등
	단답형 실전문제	6.5%	저수지 퇴사, 하구 결정, 수위자료 조사, 도수 등 단답형
	소계	14.5%	
총 계		100%	

2 시험에 대비하는 자세 및 학습방법

1. 시험에 대비하는 마음자세
- 시험 준비기간은 가급적 짧게 잡고 적극적인 자세로 임한다.
- 첫 시험부터 반드시 합격할 수 있다는 자신감을 가지고 주어진 문제는 내가 확실히 알고 있다는 마음으로 준비하고 시험에 응시한다.

2. 시험 준비기간 및 학습방법
- 가능한 1년으로 잡고 최대 2년으로 계획한다.
- 친구와 술을 멀리하고 매일 4시간 이상, 주말에는 하루 종일 도서관에서 공부한다.
- 2~3개월 내 용어정리를 정리하고 녹음기로 반복 청취를 일상화하여 암기한다.
- 기출문제를 유형별로 정리하고 반복하여 풀이하고 암기한다.
- 이후 2개월 이내 기출문제 유형별 암기와 병행하여 서술형 문제에 대한 개념을 파악하고 반복하여 숙지한다.
- 또한 3개월 동안 기출문제의 대제목을 기억하도록 항상 서브 노트화하여 수시로 보고 익힌다.
- 정리한 문제별 대제목에 대한 세부내용을 연상하고 정리할 수 있는 테크닉을 쌓는다(서술형 문제 중 중요 단위, 핵심 포인트는 별도로 메모하여 외울 경우 서술형 암기 및 이해를 도와 시간을 단축시킬 수 있다-3개월).
- 이후 시험 전 1개월 동안 마무리 정리 후 시험에 임한다.

> ※ 단, 단답형은 가능한 한 모든 내용을 암기하고, 서술형은 핵심 포인트, 대제목 순서는 암기하되 대제목에 대한 이해를 위주로 하여 시간을 단축할 수 있도록 한다.

3 답안 작성 요령

- 답안 작성은 100분 동안 주어진 6문제 중 4문제만을 작성하면 되고, 1교시의 경우 대체로 12문제 중 10문제를 작성하는데, 문제당 10분을 초과하지 않도록 하고, 2·3·4교시의 경우 1문제당 25분 내에 작성하여야 한다.
- 답안 작성은 가능한 한 자기의 의견을 기술하는 것이 최고 점수를 획득할 수 있다(1교시의 경우 2~3점, 2·3·4교시의 경우 5~10점을 고려하여 작성한다).
- 답안 작성 시 답안지는 주어진 총 14매 중 그림 등을 넣어서라도 최소 8매 이상 작성하도록 노력한다(1교시는 문제당 1매, 2·3·4교시는 문제당 2매 이상 배정함).

차 례

PART 1 수공학의 역사 및 수자원 개발

PART 2 댐 계획 및 관리

PART 3 하천계획, 관리 및 수문·수리분석

PART 4 제방 및 하상

PART 5 수문학적 공식 및 계산

PART 01

수공학의 역사 및 수자원 개발

수공학의 역사

1 우리나라 수공학(水工學)의 역사

1. 개요

삼국시대 → 고려시대 → 조선시대 → 일제강점기 → 해방 이후로 분류하여 살펴보면 다음과 같다.

2. 삼국시대 수공학

주로 저수지를 축조하였다(예로, 김제의 벽골제, 제천의 의림지, 수산제, 공검지).

3. 고려시대 수공학

치수, 이수에 의한 극복 의지보다는 자연의 섭리에 순종하는 사상이 지배적이어서 국토개발에 활기는 없었다.

4. 조선시대 수공학

(1) 측우기의 출현 등 강우 침투, 유출에 대한 개념이 있었다.

(2) 하천의 유사량 측정에 대한 기록이 있다.

(3) 사이펀(Syphon)식 도수관 공법 등 수공학 연구에 상당한 노력이 있었다(예로, 취수용 수통, 제방 축조 등).

5. 일제강점기의 수공학

(1) 일제의 치수, 하천조사사업은 공업의 전진 기지로 활용하기 위해 건설하였다.

(2) 하천조사 : 기상조사, 유역, 유로, 유역 형상, 하천 상황 등 현대적 기법에 의해 하천조사를 실시하였다.

(3) 하천 홍수를 수위, 가옥 침수 등으로 표시하던 방법에서 유량 개념을 도입하였다(Kajiyama 공식 등).

(4) 개수사업을 위해 직할하천, 준용하천 개념을 도입.하였고, 수력에너지를 개발하였다.

6. 해방 이후의 수자원 종합개발

해방 후 수자원 종합개발을 중심으로 한 수문학, 수리학 및 하천공학 등이 급속도로 발전하였다.

(1) 유역, 하천조사

(2) **수자원 개발계획**

    ① 수문 사항

    ② 수질오염 방지

    ③ 수자원 경제

    ④ 홍수 예보 · 경보 시스템

(3) 다목적댐 건설

(4) 하구언, 하구호 건설

(5) 대학에서 수문학, 수리학 및 하천공학, 댐공학 등 강의

(6) 운하건설계획

(7) 수자원 종합개발계획 차원에서 치수, 이수, 하천환경 측면 등 다목적으로 개발 중이다.

❷ 우리나라 수자원 특성과 문제점 및 대책 방향

1. 수자원 특성 [수자원 장기종합계획(2001~2020년) : 2001. 7. 건설교통부]

(1) **강우**

    ① 연평균 1,274mm/년

    ② 강우의 2/3가 6~9월에 집중

(2) **유출**

    ① 총강우량의 57% 유출

    ② 수자원 부존량 및 이용도

        ㉠ 부존량 1,276억 톤 중

          • 하천 유출(57%) : 731억 톤

          • 증발 손실(43%) : 545억 톤

        ㉡ 지하수 부존량 : 13,240억 톤 중 1,170억 톤 이용 가능

(3) 하천

① 동해안 : 경사가 급하고, 첨두홍수량이 크다.

② 서해안 : 상류 측이 급하고 중·하류가 완만하여 홍수 피해가 크다. 하상계수 400 : 1

(4) 기타

① 수원지역의 수원함량이 식재 수목의 성장에 불리하다.

② 댐 개발 적지 감소

2. 문제점

(1) 개요 : 양적(이수, 치수), 질적(수질, 환경보전) 측면으로 구분

(2) 이수 측면

① 산업화, 도시화, 인구 증가로 수요량 급증

② 대규모 댐 개발의 적지 감소

(3) 치수 측면

① 홍수조절용 댐 축조 지점 감소

② 생활수준 향상으로 범람 시 피해액 증가

③ 강우예보의 부정확

④ 도시 하수시설의 능력, 관리 소홀

(4) 질적 측면(수질, 환경보전)

① 생활수준 향상 → 오·폐수량 증가

② 생활하수 종말처리장 부족

③ 내수면 어업으로 인한 자체 오염 부하량 증가

④ 점·비점 오염원에 의한 하천수 오염 가속

3. 대책 방향

(1) 이수 측면

① 중소 하천용수 전용 댐 설치

② 용수 공급의 광역화

③ 우수를 이용한 중수도제 추진

④ 대체 수자원 개발

⑤ 하구 수자원 이용 : 하구언, 담수호, 임해호

(2) 치수 측면

① 홍수 방어시설

　㉠ 치수 : 댐, 제방, 첩수로, 방수로

　㉡ 유출 억제시설 : 우수 저류시설, 우수 침투시설, 수원 보전

② 홍수터 관리

　㉠ 구역 지정

　㉡ 토지 세분화 규제

③ 재해 대응

　㉠ 홍수 예 · 경보

　㉡ 홍수 보험

　㉢ 피난, 대피훈련

(3) 질적 측면(수질, 환경보전)

① 수질관리체제의 일원화

② 하수처리장 시설 확충

③ 폐수처리장 시설 확충

④ 도시 하천의 하상 준설

⑤ 유지용수의 도입

⑥ 방류수 수질 기준 강화 및 감시 강화

4. 결론

우리나라의 수자원 문제에 대한 대책은 수계를 일관하여 이수, 치수, 수질, 환경 측면에서 종합적인 수자원 개발 계획을 수립하여 시행해야 한다. 즉 수자원 종합개발이 바람직하다.

2 수자원 개발과 특성

① 우리나라 용수 공급 현황과 수자원 개발 방향

1. 수자원 부존량 현황

(1) **연평균 강우량** : 1,274mm/년

(2) **수자원 부존량** : 1,276억 m^3

    ① 하천 유출량 : 57%(731억 m^3)

       ㉠ 홍수 시 : 493억 m^3(39%)

       ㉡ 평상시 : 238억 m^3(18%)

    ② 증발 손실량 : 43%(545억 m^3)

(3) **지하수 부존량** : 13,240억 m^3(이용 : 1,170억 m^3)

(4) 강수량의 2/3가 6~9월에 집중

(5) **하상계수** : 400 : 1(최대, 최소 유량비)

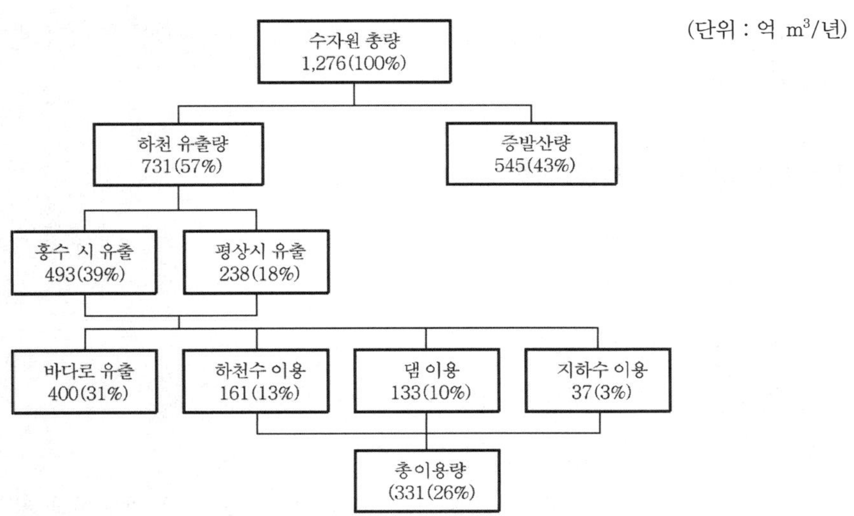

[수자원의 부존량 및 이용 현황(수자원 장기종합계획〈2001~2020년〉, 2001. 7. 건설교통부)]

2. 수자원 수급 실태

(1) 전국 물 수요량은 약 250억 톤인데, 실제 이용은 153억 톤으로 약 100톤이 부족(생활
  용수 42, 공업용수 24, 농업용수 143, 유지용수 36)

(2) 산업화, 도시화, 공업화로 수요량 급증

(3) 용수 수요 지역 → 하구에 편중

(4) 댐 개발 적지의 감소

(5) 수질오염에 따른 수원의 감소

3. 수자원 개발 방향

(1) 수자원 자체를 늘리기

(2) **미이용 상태의 우량은 하구언 설치로 이용**

　① 인공 강우

　② 인공 하천망 건설로 용수 공급

　③ 하수 처리수의 환원 이용

　　㉠ 하구언, 하수호에 의한 유출량 이용

　　㉡ 회수수의 순환 사용 특수 냉각수의 이용

　　㉢ 해수 담수화

　　㉣ 하천유지용수를 다른 용도로 전환 사용

(3) 수자원 최적화 기법으로 고도 이용 및 수자원 시설물 기대 효과를 높이기 위해 모형시
  험(Model Test)을 병행

4. 수자원 이용의 종합 개발 방향

(1) 미이용 하천유량의 재이용 → 중수도

(2) 광역적 이수 계획 필요

(3) 법적 규제, 종합 조정 필요

(4) 수문, 기상, 물 수요의 정확한 정보 수집, 관측, 연구 분석

(5) 방재를 위한 홍수 예 · 경보, 통신시설 강화

(6) 오염, 오 · 누수의 배제 규제 및 방지 → 철저한 수질 보전 및 관리센터 건립

5. 결론

홍수관리 및 하천환경관리를 위한 종합적인 유역 물관리 체제 구축이 필요하다.

2 서해안 개발 시 용수 공급 방안

1. 개요

서해안은 각 하천의 하구부에 위치 → 하구에서 용수확보 곤란

2. 용수 개발방법

(1) **댐 설치** : 상류 측에 댐 설치 → 그러나 개발 적지 감소와 수몰지 보상 곤란

(2) 유역 변경 등으로 광역 용수공급 확보 → 지형적 특성을 고려

(3) **하구 수자원 개발**

    ① **홍수유출** : 493억 m^3(39%)

        ㉠ 이용 : 83억 m^3

        ㉡ 증발손실 : 545억 m^3(43%)

        ㉢ 유출 : 731억 m^3(57%)

    ② **지하수 개발** : 총부존량 13,240억 m^3 중 1,170억 m^3 이용

    ③ 해수의 담수화-경제성 희박

    ④ 유역의 수원 함량

    ⑤ 기저 유출량 증대

    ⑥ 하천유량의 평준화

    ⑦ 유출률 저하로 간접 대책

3. 유역권별 용수 공급 대책

(1) **한강 수역권(한강, 임진강, 안성천)**

    ① 홍천댐, 정선댐 축조

    ② 횡성댐 개발로 내륙인 원주, 횡성 지역 공급

    ③ 임진강의 수원 개발

(2) **금강 유역(금강, 만경강, 삽교천)**

    ① 삽교천, 대청댐 광역 상수도 공급과 보령댐 건설 이용

② 전주권 → 용담댐에서 공급

③ 보령지구 → 보령댐에서 공급

(3) 섬진강 수계(동진강, 섬진강, 영산강, 탐진강)

① 광주권 → 동북댐, 주암댐

② 여천 공업지역 → 주암조절지댐

③ 목포 대불공단 → 탐진댐에서 공급

(4) 낙동강 수역권

① 임하댐 → 영천댐의 용수능력 재고 및 물 배분

② 남강댐 확장 및 물 배분 → 마산, 창원 지역 공급

③ 운문댐 → 대구, 금호강 유역 공급

④ 길안천에 길안보 계획

⑤ 포항지역 주민업체 → 길안보 준공

4. 결론

한정된 수자원 부존량에 의존하기보다는 유역권별 용수공급대책이 필요하다. 특히 영천댐 물 배분과 같이 국가 차원의 장기 용수 수급 계획 시 자치단체 간의 이해관계 해결이 필요하다.

③ 저수관리 대책

1. 저수관리 목적

(1) 유역 내 하천 수량 및 수질을 적절히 관리함으로써 하천용수 공급기능 및 환경기능을 최대한으로 유지

(2) 이상 갈수 시와 수질오염 시는 물론 평상시 수위, 물관리와 유역별 저수관리 대책이 필요

2. 저수관리 내용

(1) 수량 관리 → 용수 공급(생활 · 농업 · 공업 하천유지)

(2) 수질 및 갈수 관리

① 평상시 관리

㉠ 하천수의 용수 수급 파악

㉡ 물 공급량 확보 : 정보, 배분

ⓒ 댐의 저수관리 : 1일 관리, 장단기 용수 수급의 균형 예측
② 갈수 시 관리 : 갈수 대책, 취수 제한율 결정 등 갈수 조정
③ 이상 갈수 시 관리
　　㉠ 이상 수질 관리
　　ⓒ 수질 자동 감시장치에 의한 정보 수집

3. 저수관리 시스템 구축

(1) 시작

(2) 자료 관측 및 전송 시스템

　　① 관측 자료 텔레미터(Telemeter) 등 전송 시스템

(3) 데이터 뱅크 시스템(Data Bank System) → 검토

(4) 저수, 유출, 시뮬레이션 시스템

(5) 하도 물수지 시뮬레이션 → 하도 유하량 산출

(6) 댐 운영 조작 시뮬레이션 시스템

(7) 예측지수 시스템

(8) 종료

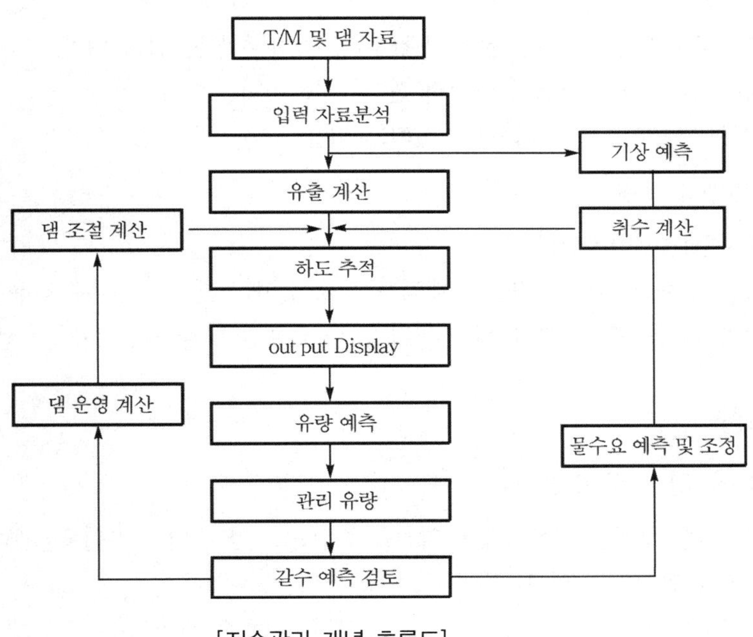

[저수관리 개념 흐름도]

4. 저수관리 대책(결론)

(1) 댐군의 최적 운영 종합관리대책 조기 확립

(2) 이수 안전도에 의한 물공급 계획 수립

(3) 갈수 대책 정비체제 확립

(4) 유지 유량 확보 : 주운, 염해 방지, 댐 하구 폐쇄 방지

(5) 유역의 종합적 물관리 체제 구축

4 수자원관리체제의 문제점 및 개선 방향

1. 현황 및 문제점

(1) 국가 차원

① 국가 차원의 조정, 중재 기관 부재

② 종합적 정책 수행 미흡

③ 상·하류 관리 다원화로 일관된 관리 기능 미흡

④ 하천 수량과 수질의 분리 관리

(2) 행정부 차원

① 행정구역 단위로 하천 행정 시행(수리, 하천 시설물 설치 허가)

② 상류 댐과 하류 하천의 합리적 관리 기능 미비

③ 수문 관측소 미흡, 수문자료 신뢰도 미흡

(3) 수자원관리 법령

① 수자원관리 기본법 부재

② 각종 수자원 관련 법령을 시대적 필요성에 따라 제정 → 실제 적용은 비현실적

③ 수리권 및 수익자 부담 원칙 미확립 → 소유권 행사 책임 문제 발생 가능

2. 개선 방향

(1) 관리체제 정비 및 수립

① 이·치수 보전을 위한 4대 수역권을 중심으로 한 유역 수자원종합관리체제 수립

② 유역 물관리기구 업무

　　㉠ 홍수, 저수, 수질 내 배수, 유역 조사, 지하수 관리

　　㉡ 본류, 지류 하천관리

ⓒ 내수면 어업 관리

ⓔ 관광시설 관리

(2) 법령 제정(가칭 수자원 기본법)

① 수자원에 대한 기본 이념, 정책 철학 등이 포괄적으로 내재된 신법령 제정

② 내용 : 수자원 기본 이념 정책

㉠ 국가 및 지방자치단체의 권한 및 책임 한계

㉡ 국가 및 국민의 수리 권한

㉢ 효율적 수자원 이용 및 장기 계획 수립

㉣ 전국 수자원, 유역 단위 수자원관리 기구 운영

(3) 수자원 관련 법규의 제정 모색

① 하천환경 개선과 하천 공간 활용 등의 지정을 위한 법률

② 댐 건설에 따른 수몰지역의 보상, 수몰대책 관련 법률

③ 하천 정비 및 대장 작성의 효율적인 관리에 관한 법률

3. 결론

(1) 국가, 행정부, 수자원 관련 법령 등을 상호 조율

(2) 종합적인 수자원관리체제 구축 필요

⑤ 수자원종합관리를 위한 하천환경관리

1. 현황(특성)

(1) 하천 수량(강우)

① 2/3가 6~9월에 집중

② 비우기 → 하천의 건천화로 계절적 편기 극심

③ 하상계수 400 : 1

(2) 하천 수질

① 도심 하천은 심하게 오염

② 농촌 하천 → 축산 폐수 오염

③ 하류부 하천 오염도 심화

(3) 하천 공간 : 62개 직할 하천, 55개 지방 하천 → 부지 700헥타르

2. 하천환경 개선

(1) 하천환경관리 기본 방침

① 이·치수 관리와 조화된 환경관리

② 하천 수량, 수질과 조화된 환경관리

③ 수계 단위와 조화된 하천환경관리

(2) 하천환경관리 대책

① 기본 계획을 수립하여 하천 정비에 반영

ㄱ 수질 환경 관리

ㄴ 하천 공간 관리

② 수량, 수질의 종합적 관리 강화

ㄱ 하천시설 관리

ㄴ 취·배수 시설 관리

ㄷ 수량 및 수질 감시

③ 수환경 개선을 위한 사업 추진 : 유지용수 확보

④ 하천 공간의 적절한 보전과 이용 추진

ㄱ 하천 공간 관리 계획 책정

ㄴ 허가 공작물 감독 강화

⑤ 하천 공간 정비사업 추진 : 하천환경 보전과 하천공사 실시

⑥ 하천환경 각종 시책과의 조정 : 수환경, 토지 이용에 관한 조정

⑦ 기타

ㄱ 하천환경관리를 위한 조사 연구

ㄴ 하천 애호 사상 계몽

ㄷ 수환경 정보 주지

3. 경관 하천의 지정 및 보전

전국 하류 하천 중 수질, 수량, 공간 등의 하천환경이 수려하고 인간 활동이 비교적 적은 하천 구간을 경관 하천으로 지정·보전하여 국민의 휴식 공간으로 이용 모색

4. 결론

이·치수, 하천 공간 활용을 위해 효율적이고 종합적인 계획을 수립하고 인간 활동이 많은 곳은 친수 하천으로, 적은 곳은 경관 하천으로 개발 및 자연 보전하도록 해야 한다.

6 수자원사업의 평가지표

1. 계획의 기준

(1) 계획과 입안 및 평가는 국가가 계속 성장할 것이라는 기대하에 이루어진다.

(2) 산업 생산 재화 → 장래 수용 충족을 가정하여 입안 시 투자비를 고려하지 않는다.

(3) 유형 · 무형의 편익 고려

(4) 유형 편익은 사업비용보다 커야 한다.

(5) 개발 규모는 비용편익비(B/C)가 최대 규모일 때

(6) 총사업비는 사업 목적별 타당 투자액의 합계 편익보다 적어야 한다.

2. 사업의 평가지표

(1) 평가지표의 종류

① 비용편익비(B/C)

② 순편익(B-C)

③ 내부 수익률(IRR)

④ 시스템 모형에 의한 분석

⑤ 리스크 개념 도입에 의한 규모 결정

(2) 내용

① 비용편익비(B/C)

㉠ 투자 사업 시 연평균 편익의 현재 가치를 비용의 연평균 현재 가치로 나눈 것

㉡ 이 비율이 크면 효과가 커진다.

㉢ 비용편익비는 내부 수익률과 같이 자본의 효율성을 나타낸다.

㉣ 조건이 동일할 때 B/C가 높은 것 채택

② 순편익(B-C) 또는 초과편익

㉠ 편익의 연평균 현재 가치에서 비용의 현재 가치를 차감, 즉 B-C 하는 것

㉡ 이 지표는 우선순위 결정 시 혼란 초래(상대적이 아니기 때문)

㉢ 그러나 시설물 규모가 비슷할 때 비교가 편리

㉣ 수자원 개발사업과 같이 자원개발의 여지가 제한될 때 유용한 경제적 척도가 된다.

③ 내부 수익률(IRR ; Internal Rate of Return)
　　㉠ 사업 발생 편익의 연평균 현재 가치액과 비용의 연평균 현재 가치액이 같아지는 할인율로, 허용 최소 수익률 초과 시 타당성이 있는 것으로 판단
　　㉡ 장점 : 비용, 편익을 할인하는 데 사용되는 이자율 논쟁을 피할 수 있다.
　　㉢ 평가방법 : 국제 금융기관에서 차관이나 공여 평가지표로 널리 사용
④ 시스템 모형에 의한 분석방법
　　㉠ 목적함수
$$\mathrm{Max}\{SB(SS.SR) - SC(SS\mathrm{max})\}$$
　　㉡ 제약조건
$$\frac{SB(SS.SR)}{SC(SS\mathrm{max})} > 1$$
$$SS\mathrm{min} < SS < SS\mathrm{max}$$
$$SB.SC > 0$$
　　　　여기서, $SB(SS.SR)$: 시스템 총편익
　　　　　　　　$SC(SS\mathrm{max})$: 시스템 소요 총경비
⑤ RisK 개념 도입에 의한 적정 규모 결정
　　㉠ 총비용과 피해액을 연평균 비용으로 표시
　　㉡ 총비용곡선으로부터 규모 결정
　　㉢ 재현 기간은 수문학적 고려보다는 사회, 경제 사항 등에 의해 구조물에 의한 위험도(Risk)를 고려해야 한다.

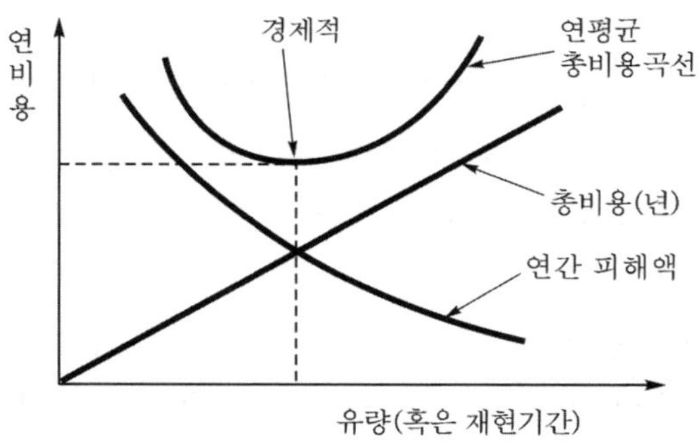

[총비용곡선]

3. 경제적인 개발 규모

(1) B－C가 가장 큰 것

(2) B/C가 크다고 해서 그 규모가 최적 규모는 아니다.

(3) 그 이유는 증가 부분의 편익(ΔB)이 그 비용(ΔC)을 초과한다면 그 증가 부분을 경제적으로 이용하지 못하는 결과가 되기 때문이다.

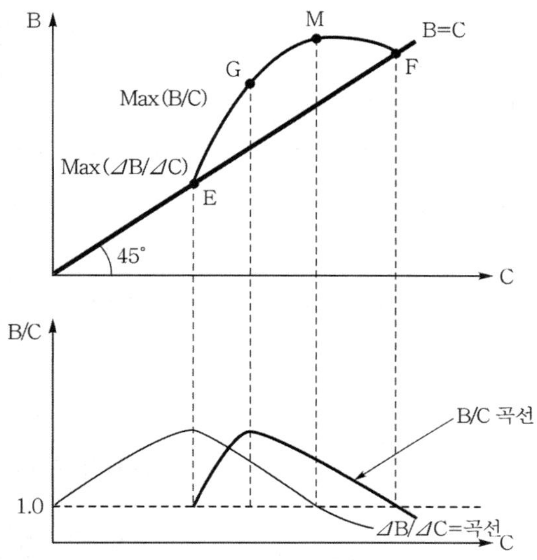

① E점 : B/C=1, ΔB/ΔC > 1, ΔB/ΔC=최대

　　G점 : B/C=1, ΔB/ΔC > 1. B/C=최대

　　M점 : B/C=1, ΔB/ΔC=1, B−C=최대

　　F점 : B/C=1, ΔB/ΔC < 1이다.

② 즉 E점은 → 규모를 크게 하는 데 유리

　　G점은 → 규모를 보다 크게 하는 데 유리

　　M점은 → 최적 규모

　　F점은 → 불리한 규모

③ 편익과 비용이 동등하므로 국가 차원에서 (견지) 고려

[수자원 개발사업 평가지표]

7 수자원 개발 프로젝트 시행 시 편익(댐 개발에 따른 각종 편익)

1. 편익의 종류

(1) 농업용수 편익

(2) 생활, 공업용수 편익

(3) 수력발전 편익

(4) 홍수조절 편익

(5) 기타 편익

2. 편익 특성

(1) 농업용수 편익

① 농업용수 관개로 농가소득이 증대되는 평가

② 관개 전후의 농가수지를 조사하여 그 편차를 편익으로 한다.

(2) 생활, 공업용수 편익

① 대체시설 편익

② 계획 수량과 동일한 수량을 공급하는 최저 시설비용

③ 대체 댐을 대상으로 하는 편익

(3) 수력발전 편익

① 대체 화력 비용을 편익으로 하며 Kw 편익(용량)과 KwH 편익(에너지)으로 구분

② 수력발전 편익 : Kw 편익＋KwH 편익

③ 화력에서 편익 : 시설물 고정비－Kw 편익 연료비, 연간 운전경비＝KwH 편익

(4) 홍수조절 편익

① 홍수조절 전후의 확률 피해액을 계산하여 그 차액을 편익으로 한다.

② 종류 : 유형 편익과 무형 편익으로 구분

　　㉠ 유형 편익(Tangible Benefit)

　　　• 직접 피해액－주거 피해, 산업, 어업, 농업 피해액 감소

　　　• 간접 피해액－인명, 산업, 공업, 교통 체신 설비 피해손실 복구 편익

　　　• 경제성장 편익

　　　　－경제성장 자산 증가 편익

　　　　－경제성장률 : $(1+g)n$ （g : 경제성장률, n : 내구연한）

　　　• 토지 이용 증대 편익

　　㉡ 무형 편익(Intangible Benefit) : 인명 피해, 부상, 질병으로부터 보호 및 공공 사기 앙양

(5) 기타 편익

① 도로 정비 편익

② 골재 채취 편익

③ 관광 편익

④ 주운, 교통, 수질개선 편익

3. 결론

(1) 수자원 개발로 인한 각종 편익은 지역과 필요성에 따라 산출하여 계획

(2) **편익의 종류** : 생활 · 공업 · 농업 · 수력 · 홍수 및 기타

(3) 하천개수사업은 치수 경제성 조사방법, 편익 산정법을 적용한다.

8 경제 및 재무분석

1. 경제분석

국가 경제 관점에서 B/C, B−C, IRR, S, R, 분석방법이 있다.

2. 재무분석

(1) 재무분석 또한 국가 경제 관점에서 실시하는 경제분석과는 달리 사업의 재무적 타당성 평가를 위해 시행

(2) 재무분석은 재화의 용역, 경제적 가치 대신 실제 현재 현금으로 지불될 시장 가격으로 분석하며 세금, 관세 등의 이전 비용 포함

3. 경제분석과 재무분석 비교

(1) **경제분석** : 사회, 경제적 가치 등 잠재 가격 사용

(2) **재무분석** : 시장가격으로서 세금은 비용, 보조금 수익에 포함한다.

(3) **분석 대상 기간**

① **경제분석** : Project 전 기간

② **재무분석** : Project 전 기간 고려하지 않음.

(4) **자본에 대한 이자**

① **경제분석** : 총수입에 포함

② **재무분석** : 수입에 포함하지 않음.

(5) **자금 조달 형태**

① 경제분석 : 별로 중요하지 않음.

② 재무분석 : 중요

(6) **임금 이용방법**

① 경제분석 : 잠재 환율, 잠재 임금 이용

② 재무분석 : 공정 환율, 시장 임금 이용

(7) **외부 경제 포함 여부**

① 경제분석 : 외부 경제 포함

② 재무분석 : 고려하지 않음.

4. 결론

분석의 종류, 방법 등을 요약 정리하면 다음과 같다.

구 분	경제분석	재무분석
가격 대상	사회 · 경제적 가치	시장 가격
기간	전 기간	고려하지 않음.
자본 이자 이용	총수입에 포함	고려하지 않음.
자금 조달 형태	보통	중요
임금 이용방법	잠재 임금 이용	시장 임금 이용
외부 경제 포함 여부	포함	불포함

9 수자원 개발 시 비용배분(Cost Allocation)

1. 개요

비용배분이란 전체 사업비를 사업목적별로 공평하게 배분하는 것으로, 목적별 수혜자 부담원칙에 따라 사업으로 인해 이익을 얻는 단체가 부담한다.

2. 용어 정의

(1) **전용 시설비** : 하나를 목적으로 하는 구조물 비용

(2) **공통 비용** : 하나 이상을 목적으로 하는 구조물 비용

(3) **분리 비용** : 전체 사업비에서 절감 가능한 비용

(4) **타당 지출액** : 편익이나 대체 비용 중 적은 값으로 각 목적에 배분할 수 있는 최고 한
도액

(5) **대체 비용** : 경제적인 대체 가능한 사업비

3. 비용배분의 원칙

(1) 소요비용 각 항목별로 공정하게 분담한다.

(2) 분리비용이나 전용 시설비는 전액을 그 목적에 따라 배분한다.

(3) 각 목적별 사업 최대 분담액은 자체 편익에 의한 타당 투자액이나 단일 목적의 대체
사업비를 초과할 수 없으며, 둘 중 작은 값으로 한다.

(4) 비용배분은 목적별 상환 능력을 고려하지 않고 할당한다.

4. 비용배분방법의 종류

(1) **종류**

① 대체 타당 지출법
② 우선 지출법
③ 우선 대체 타당 지출법
④ 편익법
⑤ 분리비용 잔여 편익 지출법
⑥ 사용도법
이 중 '대체 타당 지출법'과 '분리비용 잔여 편익 지출법'을 많이 사용한다.

(2) **내용**

① **대체 타당 지출법** : 대체＋타당 지출법을 결합한 것
② **우선 대체 타당 지출법** : 우선＋대체 타당 지출법을 결합한 것
③ **우선 지출법** : 각 용도의 우선순위에 따라 순차적으로 부담
④ **편익법** : 공통 비용을 각 목적의 순편익 비율로 배분
⑤ **분리비용 잔여 편익 지출법** : 분리비용에서 편익 결정
⑥ **사용도법** : 사용 정도에 따라 배분

5. 비용배분 순서

(1) 저수 용량의 목적별 배분

(2) 공공, 전용시설비 구분

(3) 목적별 대체 건설비, 투자액 산출

(4) 목적별 분리비용 산출

(5) 배분 계산

10 치수 경제성 조사방법(투자효율 산정 기준)

1. 개요

홍수 범람지역에 대한 하천개수사업의 투자효율을 분석하여 적정 투자 규모, 우선순위 결정 및 하천치수사업의 합리화를 기하는 데 목적이 있다.

2. 하천개수사업의 비용 – 편익 분석

[계산식]

$$B/C = \frac{R-M}{K+O} = \frac{\alpha R' - M}{K+O}$$

여기서, B : 순편익의 연평균 현재가치

C : 총비용의 연평균 현재가치

R : 홍수 피해 경감 기대액의 연평균 현재가치

R' : 현 상태 홍수 피해 경감 기대액

M : 손실액 현재가치

K : 총투자액의 연평균 현재가치

O : 연유지관리비, 보수비용

α : 장래, 예측자산 증가배율계수

$\therefore B/C$를 산정하기 위해 R', α, K, O, M을 다음과 같이 산출해야 한다.

(1) R' 산정(현 상태 연평균 홍수 피해 경감 기대액)

① 수학적 방법

㉠ 수위 – 유량도표 작성

㉡ 유량 – 빈도 상관도표 작성

㉢ 수위 – 피해액 상관도표를 작성하여 홍수 피해 경감 기대액을 산출한다.

② 간략법

$$R' = R_p - R_i$$

여기서, R_p : 현 상태 연평균 피해 경감액

R_i : 개수 후 연평균 피해 종합액

(2) α 산정 : 장래 예측 자산 증가에 대한 배율계수

$$W_n = W_0 \times (1 + g_1) \times (1 + g_2) \cdots$$

(3) K 산정(총투자액의 연평균 현재가치)

$$I = I_0 \times \left(1 + \frac{C \times i}{2}\right)$$

$$K = I \times \frac{i(1+i)^L}{(1+i)^2 - 1}$$

여기서, I : 총투자액의 현재가치

i : 이자율

C : 건설기간

L : 내구연한

I_0 : 총투자액

(4) O 산정(유지관리, 경상보수비용의 연평균 현재가치)

$$O = 0.005K$$

여기서, K : 총투자액의 현재가치

(5) M 산정(손실액의 연평균 현재가치)

$$M = 0.6 \times A_i \times Q_i \times w_i$$

여기서, A_i : 제방부지 면적

Q_i : 단위당 농작물 생산량

w_i : 농작물 가격

3. 결론

경제 분석방법은 편익비용비, 순편익, 내부 수익률, 시스템 모형, 리스크 개념 도입에 의한 규모를 결정할 수 있다. 분석방법 중 하천개수사업 시 편익분석은 홍수경감 기대액과 손실액, 현재 가치액을 산정하여 투자규모 및 투자효율을 분석한다.

11 우리나라의 홍수 특성

1. 하천 특성과 홍수

우리나라의 홍수 특성을 여러 가지로 구분하여 정리하면 지형, 지질 특성 및 기상과 홍수를 들 수 있다. 홍수 특성과 수해 발생의 인위적인 요인에 대하여 살펴보자.

2. 국내 하천 특성과 홍수

(1) 지형적 특성(하천 특성)

① 국토의 3/4이 산악
② 동해안 : 유로 짧고 급경사
③ 서해안 : 하천 연장 길고 평야

(2) 지질 특성

① 화강암, 편마암이 2/3 점유
② 호우 시 저항력이 약하다.

(3) 지형, 지질 특성

① 호우 발생 시 토사를 함유한 홍수파가 중하류부에 급속히 전달되어 범람
② 하상계수(최대, 최소 유량 대비) : 400 : 1로 변화 극심
③ 홍수터를 포함한 하천부지가 넓지만 평상시 유량은 적은 편
④ 댐, 교량, 보 등에 유사가 침식, 퇴적되어 새로운 형태의 홍수 피해를 일으키기도 한다.

3. 기상 특성과 홍수

(1) 연평균 강우량 중 2/3가 6~9월에 편중되는 계절적 편기성
(2) 폭우 재해 36.7%, 태풍 피해 9%, 폭풍 재해 31.3%로, 폭우, 태풍, 폭풍 재해가 80%를 차지하고 있다.

4. 수해 발생의 인위적 요인

국내의 홍수 피해는 기상, 지형, 지질적 특성에 의한 원인뿐만 아니라 노력 부족, 미숙, 태만 등 인위적 원인으로 발생하기도 한다.

(1) 평야부 미개수 하천 저지대에 인구 집중

(2) 산림 훼손 도시개발 등 토지 이용 시

(3) 개수 구간 수계별 상·하류의 일관성 없는 개수사업

(4) 홍수조절 시설 미비

(5) 부실 시설물 노후관리 소홀

(6) 피해 복구의 지연

(7) 소규모 시설물 관리 제도상의 문제점

5. 결론

하천 특성, 기상, 인위적 홍수 특성 등에 대한 적극적이고 합리적인 제도와 관리기준 정비가 필요하다.

12 2000년대 수자원 정책

1. 개요

수자원 관련 현안 문제점을 해소하고 2000년대 이·치수 및 수자원 환경보전에 초점을 맞춘 장기적이고 종합적인 계획의 기본 목표 5개 항 및 방침 11개 항에 대하여 기술하면 다음과 같다.

2. 기본 목표 5개 항

(1) 용수의 안정적 공급 : 갈수 시 안정적 공급

(2) 홍수 재해 방지

(3) 새로운 수자원 활용 사회 형성

(4) 수력 에너지의 지속적 개발

(5) 유역 단위의 수자원종합관리 : 유역 단위의 이·치수 환경 보전

3. 기본 방침 11개 항

(1) 수자원의 적기 개발

(2) **다목적 수자원 개발**

    ① 용수 공급, 홍수 조절

    ② 경제적인 이·치수면을 충족

(3) 수계별 일괄 개발 : 수계별 다목적 개발 건설

(4) 용수 수급의 광역화 : 4개의 수역권을 설정하여 각 수역권의 물 수급 균형 도모

(5) 홍수 피해 경감을 위한 적극적인 치수정책 추진

(6) 양질의 수자원 유지, 보전

(7) 친수성 환경 조성 : 하천, 수변 환경 정비로 국민 휴식공간 확보 조성

(8) 유역 단위 수자원의 종합적 관리 체제 구축 : 이·치수 보전

(9) 수자원 조사, 연구 사업 강화 : 수자원관리의 과학화를 위한 연구 및 개발 추진

(10) **수자원 관련 법령 및 제도 개선**

    ① 효율적 개발, 이용, 보전 및 수몰지 대책

    ② 수자원 행정제도 규정 개선

(11) **남북 인접 및 관류 하천의 남북한 공동 이용 추진**

    ① 한강, 임진강 등에 수자원 공동조사 주운 이용

    ② 개발사업의 사전 협의 등

    ③ 국가적으로 모색 추진

4. 결론

기본 목표, 장기적인 수자원종합관리 및 대책 수립

13 우리나라 수자원 개발 동향 분석

1. 1950~1960년대

이수 차원

(1) 농업용 저수지 개발

(2) 단일 목적, 수력발전 댐 개발

(3) 4대강 유역 조사(한강, 낙동강, 금강, 섬진강)

2. 1970~1980년대

이수, 치수 차원

(1) 대규모 다목적댐 개발

(2) 광역 용수 공급 체계 구축

(3) 하천 개수사업 가속

3. 1990~2000년대

이수, 치수 환경보전 차원

(1) 유역단위 종합관리(이수, 치수, 수량, 수질, 환경)

(2) 대규모 댐에서 중규모 댐 개발로 전환

(3) 수계별 치수사업 촉진

(4) 수자원환경사업 적극 추진

4. 2000년대 이후

이수, 치수, 환경, 수질, 관리 차원

5. 결론

(1) 2000년대 이후 수계별 치수사업 원활

(2) 환경사업 적극 추진

(3) 수계별 홍수 대처방법과 국토 이용 계획 시 종합적인 수자원 개발계획 수립 필요

(14) 우리나라 수자원 관련 문제점

1. 문제점

(1) 생활 수준 향상, 산업화로 용수 수요 증가

(2) 수자원 개발 한계 및 단가 상승 : 댐 개발 적지 감소, 보상비 상승

(3) 유역, 지역별 용수 수급 불균형 : 도시화, 산업화의 원인

(4) 하천수 이용의 한계 : 갈수기 지천 고갈, 건천화

(5) 하천오염의 심화 : 공업 및 도시화로 수질오염 심화

(6) 홍수피해 증가 : 개수 저조 및 홍수조절기능 미흡

(7) 주변 환경에 대한 국민 욕구 증대 : 친수성 환경 조성 미흡

(8) 용수관리 체제 미흡 : 용수 이용 인식 부족, 종합적 수자원관리 체제 결여

(9) 남북한 연접 및 관류 하천 이용에 대한 이견 노출 : 한강, 임진강

2. 대책

상기 내용에 대한 수자원 개발 및 대응

1 내륙 주운 수로계획 시의 문제점과 고려사항

1. 계획조건

(1) 흘수 확보를 위한 수리, 수문학적 조건

(2) 타당성, 경제성, 사회 · 경제적 조건

2. 주운 수로 개발방식

(1) 하천 수로 개수에 의한 개발방법

① 기존 하천 준설 체절 방법

② 건설비가 적고, 선박 운행이 쉬운 경제적 형태

③ 저유량 시 충분한 유량 확보 필요

④ 하천 구배 : 최소 1/5,000 이하(1/10,000이 바람직)

(2) 주운용 댐 건설에 의한 방법

① 하천 구간에 갑문 시설을 갖춘 댐 설치

② 하천 구간을 일련의 저수지로 연결하여 선박을 운행하는 개발 방안

　　㉠ 저수 시 수심 확보 불가능

　　㉡ 수로 개발방식이 경제적으로 불리한 경우

③ 장단점 : 갈수 시에도 안정된 주운이 보장되나 초기에 투자비가 크다.

3. 수로계획

(1) 계획 시 고려사항

① 하천의 특성, 안정성 고려

② 효율, 수송체제, 선박 종류

③ 물동량, 환경, 비용 등 종합적으로 고려

(2) 수로 선형

① 가급적 직선

② 만곡부는 편향각을 고려

(3) 규격

수로 규격은 통행방법에 따라 폭, 수심을 결정한다.

4. 선박 종류

(1) 예인식 바지(Barge) 선단을 주로 사용

(2) 동력 화물선

(3) 추진식 바지 선단

5. 갑문 계획

(1) 주운 댐 계획 시 갑문 필요

(2) 수위 차 발생 지점이나 내륙에서 바다로 나갈 때 설치

6. 경인운하 고찰

이상을 토대로 경인운하에 대해 고찰해 보면 다음과 같다.

(1) **구간** : 잠실수중보 → 신곡수중보 → 굴포천 → 서해안 → 인천

(2) **수로형식** : 자연 수로+인공 수로+해양 수로

(3) **통행방식** : 쌍방 통행방식

(4) **선박 종류** : 예인식 바지 선단

(5) **규격**

① 연장 : 43km(서울~인천)

② 폭 : 100~150m

③ 수심 : 6m

(6) **사업 효과**

① 쓰레기 수송

② 굴포천 상습 침수지구 해소

③ 장래 한강 주운과 연결

④ 경인 간 화물 수송

② 한강 주운 계획

1. 목적

남한강에 계단식 댐을 건설하여 수도권, 태백권, 내륙 수로를 개발하여 주운, 용수, 발전, 관광 등 남한강 수자원의 경제적 이용과 한강 유역권의 균형 있는 발전을 도모하는 데 있다.

2. 사업의 필요성

(1) 수도권에서 태백권 간 육상 교통

(2) 수도권의 골재 고갈

3. 내륙 주운 시 고려사항

(1) **운하조건**

① 흘수 확보를 위한 수리, 수문학적 조건

② 투자의 타당성, 경제성 조건 고려

(2) **개발방식**

① 하천 개수에 의한 수로 개발

㉠ 기존 하천 준설 체절 호안공법

㉡ 건설비 적고 경제적

㉢ 조건 : 하상구배 1/5,000~1/10,000

② 주운용 댐 건설에 의한 수로 개발

㉠ 하천 구간에 갑문시설 설치

㉡ 하천 구간을 저수지로 연결

㉢ 수로조건 : 저수 시 유량, 수심 확보 필요

㉣ 장단점 : 갈수 시에도 수심이 유지되나, 초기에 시설 투자비가 크다.

(3) **수로계획**

① **고려사항** : 하천 특성, 안정성, 효율, 수송체계, 물동량, 환경, 비용 등

② **수로 선형** : 가급적 직선, 만곡부는 편향각 고려

③ **수로 규격** : 일방·쌍방 통행에 따라 폭, 수심 결정

④ **선박 종류**

㉠ 예인식 바지 선단을 주로 이용

ⓛ 동력 화물선

ⓒ 후진식 바지 선단

⑤ 갑문계획

ㄱ 주운 댐에서 갑문 필요

ⓛ 상 · 하류 수위 차 발생 지점

4. 한강 주운사업 개요

(1) **연장**(L)=212km

(2) **구조물**

① 댐 및 발전소 : 3개소

② 갑문 : 4개소

③ 수로 규격 : $B=100$, $H=60$

④ 선박 : 예인식 바지 선단

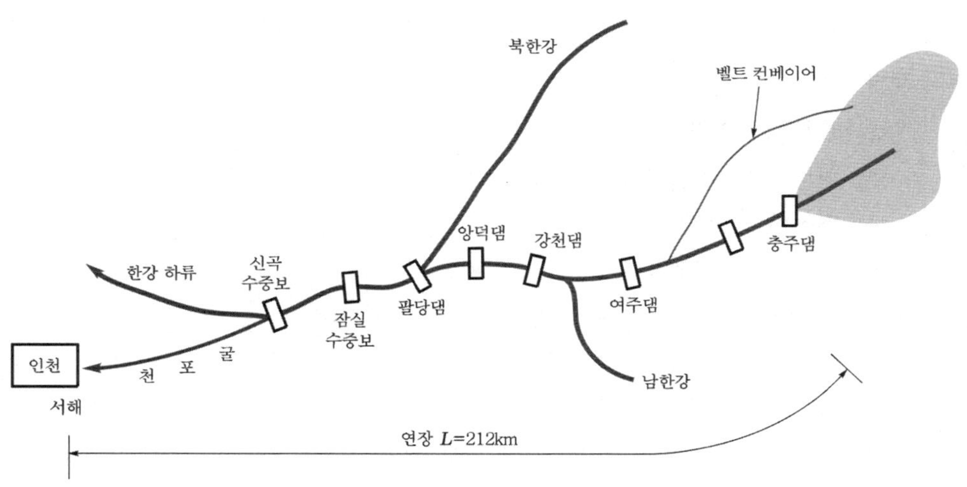

[한강 주운 모식도]

5. 한강 주운 효과

(1) 영동 및 중앙선 운송화물을 주운으로 흡수 → 운송비 절감

(2) 충주댐, 하류부 수력발전 완전 개발

(3) 하상계수 저하 도모

(4) 한강 개발 촉진

(5) 한강변 수상 레크리에이션 활동 도모

6. 결론

하천, 주운댐을 복합적으로 개발하는 방식이 시공성이나 경제적인 측면에서 합리적이다.

③ 수자원의 안정공급(이수)을 위한 저수지 운영 방안

1. 개요

저수지 운영을 매시간 유입량, 저류량을 감안해 적절히 방류하는 것으로, 운영방법에는 다음과 같은 방식이 있으며, 본문에서는 ①항에 대해 기술한다.

(1) 수자원 안정 공급(이수) 운영방식

(2) 홍수조절(치수)을 위한 운영방식

(3) 실시간 저수지 운영방식

2. 수자원의 안정적 공급(이수)을 위한 저수지 운영 방안

(1) 손실 및 초과 방류 최소화

(2) 최적화 기법에 의한 최적 운영 방안을 수립하여 방류 순서, 저류량 안배

(3) **방류 순서**

　① 직렬 댐 → 하류 댐부터

　② 병렬 댐 → 집수 면적이 큰 댐

　③ 각 저수지 사이에 저류량 안배 고려

(4) **저류량 안배(영향 요소)**

　① 각 저수지의 목표 저류량

　② 저수 구획

　③ 방류 제한

　④ 저수지군의 최하류 용수 공급 목표량

(5) 통합적 용수 수요를 만족시키며, 장래 공급 부족 현상에 대비한 최선의 준비를 위한 저류량 안배 기본 원칙

① 각 댐이 같은 구역에 있도록 동시에 방류하고 저류하는 방안

② 각 댐의 우선순위를 정하고 낮은 순위부터 방류

③ 최적화 기법 이용

3. 결론

수자원의 안정적인 공급을 위해 댐별 특성과 목적에 맞는 운영 모델링 구축이 필요하다.

4 한강의 홍수관리와 처리 방안

1. 개요

(1) 1990년 9월 홍수

① 인도교 : 11.29m

② 팔당댐 : 최대 방류량은 $31,634m^3/sec$

(2) 1990년 9월 홍수는 1925년 대홍수에 이은 두 번째 홍수 기록이다.

(3) 종합적 문제점과 개별적 문제점으로 구분할 수 있다.

2. 종합적 문제점

(1) 하천 홍수 대책

① 일관성 있는 계획 결여

② 하천, 댐 조화의 불합리

(2) 도시 홍수 대책

① 하천 제방의 누수, 월류

② 내배수 처리 시설 부실

③ 유수지, 배수 펌프장 규모 관리 운영 부실

④ 하수도 시설 부족

3. 개별적 문제점

(1) 하천 개수 계획의 규모

① 고안 – 인도교 지점의 계획 홍수량은 37,000m³/sec이었으나, 인도교 지점은 32,000m³/sec에서 1990년 37,000m³/sec로 변경

② 인도교 지점의 지속적인 Rating-Curve 수정 보완

(2) 댐 계획 규모

① 소양강댐의 상시 만수위 하향 조정

② 충주댐의 상시 만수위 하향 조정

③ 의암댐, 청평댐은 춘천댐과 소양강댐의 계획 홍수량의 합을 고려해야 함.

④ 팔당댐의 최대 유입–방류량에 대한 안전 처리 대책 필요

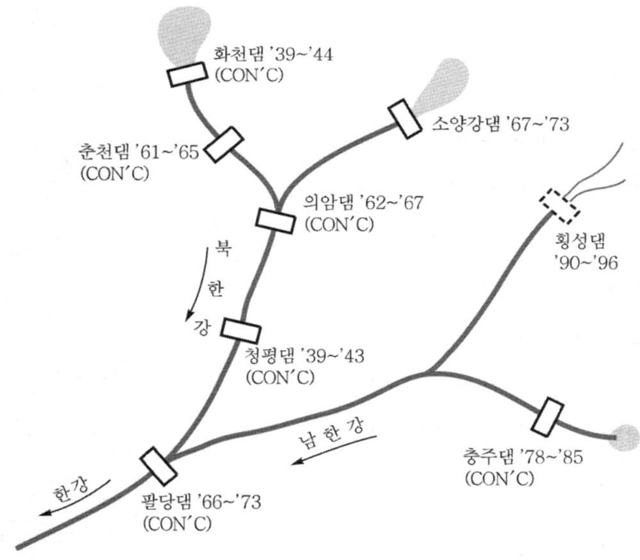

[댐 규모와 위치]

4. 결론

(1) 중소 하천별 개수, 홍수관리 최적화 기법에 의한 방류 관리가 필요하다.

(2) 직·병렬 댐별로 방류 및 홍수관리 대책 수립이 필요하다.

5 | 1990년 중부 지방의 대홍수 원인과 대책(홍수 시 대책 관련)

1. 현황

(1) 홍수 기록

① 인도교 수위 : 11.24m

② 팔당댐 방류량 : 31,634m³/sec

(2) 피해 현황

① 일산 제방 파괴 : 4,000억 원 피해

② 양재동, 성내동 내수 침수

③ 충주댐 계획 홍수보다 1m 상승

2. 문제점

(1) 댐 운영상의 문제점

① 하기 제한 수위 불분명

② 홍수 예 · 경보, 수문 조작 부적절

③ 홍수관리 시스템 통제 미흡

(2) 강우 및 유출

① 강우 예측 부정확

② 강우의 시간적 · 공간적 동일성

③ 강우 패턴에 따른 유출 연구 부족

(3) 도시 내수 침수

① 유수지, 펌프장 유지관리 미흡

② 우수 저류시설 미비

(4) 하천관리

① 하천 시설물, 관리체제 소홀 및 다원화

② 일관성 있는 홍수조절계획 미흡

③ 행정 제도상 문제 및 재정 부족

④ 조직적인 전문 인력 부족

3. 대책

(1) 댐 운영 방안

① 강우 형태별 댐 운영 방안 연구

② 합리적인 제한 수위 결정

③ 정확한 홍수 예·경보 및 수문 조작

(2) 강우 및 유출 특성

① 예측 정확성 제고

② 강우 형태별 유출 특성 파악

(3) 하천관리

① 하천관리의 수계별 일원화

② 제방 정기 점검

③ 하천관리 제도 개선

(4) 도시 내 내수 피해

① 하수도 시설 확충

② 유수지, 펌프장 시설 확장

(5) 수계별 종합치수대책 수립

(6) 방제 연구기관 설립

6 우리나라 한해(旱害)에 대한 문제점 및 대책

1. 문제점

(1) 강우량 특성

① 연평균 강수량 : 1,274mm

② 강우의 2/3가 6~9월에 집중

③ 편기 현상

④ 지역적으로 800~1,700mm

(2) 하천 특성

① 하상계수 400 : 1로 홍수량은 크고, 갈수량은 적다.

② 도시 하천의 건천화

③ Peak 홍수량은 크고, 기저 유량이 적다.

④ 도시화에 따른 생활·공장폐수, 농촌 가축 농장의 분뇨 증가로 오염 심화

(3) 유역 특성

① 골프장, 농경지의 맹독성 농약 살포

② 수자원의 적기 개발 미비

③ 부영양화 증가

(4) 기타 : 댐 개발 적지 감소

2. 대책

(1) 댐 개발 : 다목적 및 중소 규모 댐

(2) 하수 처리장

① 하수, 분뇨 처리장

② 폐수 처리장 조기 건설

(3) 하도 정비 : 준설, 유황 개선

(4) 광역 상수도 시설 확충

(5) 사구언, 하구호 건설로 고도 이용

(6) 수자원관리 및 개발의 일원화

(7) 절수 운동 전개

(8) 해수의 담수화 및 인공강우 개발

---

⑦ 분지지역 개발 시의 문제점과 고려사항

1. 개발 목적

분지 인근 지역의 특성을 고려하여 주거, 관광, 공업 지역 등을 조사한 후 분지 지역 개발을 실시하기 위한 것이다.

2. 현황 조사

(1) 인문, 사회, 경제

(2) 지형, 지세, 기상

(3) 유하량

3. 이수적 측면

(1) 생활, 공업용수 확보

① 개발지 상류에 댐 등 소규모 댐 건설
② 대단위 지하수 개발, 표류수 등

(2) 수질오염 방지 대책

① 하수도, 하수 폐수, 분뇨 처리장 건설
② 개발제한지역 설정

4. 환경보전 측면(하천)

(1) 하도, 저수로 정비

(2) 하천 경관 보전 지역

(3) 하천유지용수 확보

5. 치수적 측면

(1) 하천 개수사업 실시 : 제방 축조, 내수 침수 방지

(2) 사방사업 : 삼림 보전, 사방댐, 하도 정비 등

6. 결론

사전 조사 → 타당성 조사 → 기본 및 실시 설계 → 사업을 시행하여 일관성 있는 개발을 추진한다.

8 물의 고도 이용

1. 개요

물의 고도 이용은 종래 수자원 시설의 정비와 함께 질적 변환이 현저하고 일반적 이용이 곤란해지고 있는 하천수 등을 정화하여, 수질에 따라 이용 가능한 용도로 변화 대책을 강구하기 위해 필요하다.

2. 물의 고도화 이용

(1) 현재 고정화되어 있지 않다.

(2) 위치적 분야 → 농업용수를 발전에 이용

(3) 상호 보안 → 유황 조정 하천

(4) 하수 등 고도 처리 등

3. 물 고도화 이용의 주형태

(1) 미이용하는 도시 하수나 수질 악화된 하천수를 고도 처리하여 하천수로 이용

(2) 유수의 정상적인 기능 유지 도모

4. 고도 이용상 주의사항

(1) 수질 영향 → 하류의 기술적, 경제적, 목표 수질 설정

(2) 교체 이용 가능한 용도의 기득 수리권자의 동의

5. 물 고도 이용 시의 장단점

(1) **장점** : 하수 이용, 사회적 영향(수몰, 수원 지역 문제)이 적다.

(2) **단점** : 대체 가능한 용도의 물이 필요하며, 수질 정화 관리비가 많이 든다.

6. 물 이용의 고도화 사업

증대되는 하수도 배출 처리수를 물 수급이 부족한 대도시에서 하수 처리수로 재이용하는
방안이 적극 검토되고 있다.

(1) **하수 처리수 재이용방법**

① 배수 직접 순환 이용

② 하천 방류 후 혼합 정화 후 이용

③ 하수 처리수를 고도 처리하는 방법

(2) **하천수와 하수 처리수의 조합**

① 고도 처리 후 하천유지용수와 교체

② 고도 처리 후 공업용수 이용

③ 상류 댐과 하수 고도 처리시설을 동일 사업에 의해 건설

④ 하천 정화시설이나 환류시설 등의 고도 처리시설은 하천관리자가 하천과 함께 관리한다.

7. 결론

하천 특성상 점차 고갈되고 있는 하천유지용수와 하천환경 등을 위해서 하천수의 고도 이용에 대한 많은 관심과 고도 처리 이용 연구가 필요하다.

9 중수도 제도 도입으로 물 이용률 제고

1. 중수도

음용수 정도가 아닌(수돗물 용도에 대하여) 쓰고 버린 수돗물을 재이용할 수 있도록 처리하여 공급하는 시설

2. 장점

(1) 깨끗한 수돗물 공급량을 줄이고 신규 시설비는 음용 수돗물 생산에 투입

(2) 수질 보전 효과

(3) 특히 대형 건물, 대단위 시설의 경우 용수 공급량을 늘려 가는 데 한계성이 있어 중수도 제도 도입이 불가피한 실정

(4) 정부에서는 1991년 12월 중수도 제도 도입의 법적 근거 마련

3. 결론

중수도 제도의 활성화를 위해 중수도 설치자에게 금융세제 혜택을 부여하는 방안을 검토하여 개발 보급을 위한 정화 처리 및 적정 규모 연구 등을 시행 중에 있다.

10 수자원 개발 계획의 타당성 조사

1. 수자원 개발 계획

(1) 예비 조사

자료, 지형, 지질, 수리, 수문

(2) 타당성 조사

① 각종 조사에 대한 분석

② 사업 범위 및 규모 결정

③ 예비 설계 및 사업비 산정

④ 기술, 경제 재무 상태 평가

⑤ 환경영향 평가

(3) 실시 설계 단계

사업 계획 승인 후 최종 계획으로 공사 수행, 입찰을 위한 제반 서류와 시공을 위한 설계도서, 시방서 작성 등을 말하며, 이 중 타당성 조사에 대하여 설명하면 다음과 같다.

2. 타당성 조사(예비 조사)

(1) 인문, 사회, 유역 개황 조사

① 인문, 사회, 지형, 지세 조사

② 교통, 산업, 기상 조사

(2) 각종 현장 조사

① 조사 측량

② 용수, 지질, 재료원, 보상 조사

③ 기타 입지, 환경영향 조사

(3) 기상 및 수리, 수문 조사 분석

① 확률, 강우량, 홍수량 및 계획 홍수량 산정

② 유하량 산정

③ PMF, 퇴사량 산정

④ Rating-Curve 작성

⑤ 증발량, 갈수량 산정

(4) 위치 및 형식 결정

① 지질, 지형, 수리, 수문 보상 재료조건 등을 고려하여 경제적 위치 및 형식 결정

② 환경보전, 기타 측면의 영향도 검토

(5) 종합 계획 수립

① 생활 · 공업 · 농업 유지 등 물관리계획

② 홍수조절, 수력 발전계획

③ 주운, 관광계획

④ 환경, 수질 정비계획

⑤ 둔치, 연안 토지 이용계획

⑥ 하천 골재 이용계획

(6) 구조물 배치 및 예비 설계 → 기본적 배치

(7) 사업비 산정 및 연차별 투자 계획

① 공사비, 보상비, 관리비

② 공정 계획

(8) 경제 및 재무분석

경제, 재무분석을 실시하고 건설비에 대한 비용배분 실시

(9) 환경보전 및 영향평가

① 환경보전 적합성 평가

② 생태학적, 사회학적 타당성 검토 분석 실시

3. 결론

(1) 최적 개발 규모 결정을 위해 상기 제반 사항을 검토하고, 각 규모별 편익 및 사업비를 비교, 검토하여 최적 처리방식 및 개발 규모를 결정한다.

(2) B−C가 최대인 규모를 결정한다.

(3) 가급적 수의 모형실험 실시 후에 결정하는 것이 바람직하다.

PART 02

댐 계획 및 관리

댐 분류 및 계획

1 댐 위치 결정 및 댐 지점 선정 시 고려사항

1. 댐 위치 선정 시 고려사항

(1) 지형, 지질, 부대 구조물, 지역 조건, 진입도로 등을 종합 검토해야 한다.

(2) 특히 지질이 댐 체 및 부대 구조물을 충분히 지지할 수 있어야 하며, 상류 유역이 저수지로서 적합해야 한다.

(3) 몇 개의 대안을 비교 검토하여 최종 결정해야 한다.

2. 댐 지점 선정 시 고려사항

(1) 축조 재료를 고려하여 가급적 협곡 선정

(2) 지질 조사를 충분히 하여 기초처리 비용 절감

(3) 부대 구조물 설치 가능 여부 검토

(4) 지역조건으로 도로, 철도, 수로, 전력, 문화재, 역사 유물 침수와 주민 생활 피해 최소화

(5) 건설 현장의 진입로 가설비 고려

(6) 댐의 저류 용량을 충분히 확보할 수 있는 지역

3. 댐 조사 단계

(1) 예비 조사

(2) 타당성 조사 : 기술적, 경제적, 재정적, 환경적, 사회학적

(3) 실시 설계 단계

4. 결론

댐의 위치·지점은 충분한 예비 조사 및 타당성 조사와 안정성을 고려하여 선정한다.

2 댐 조사 및 설계 홍수량 산정

1. 개요

댐의 설계 홍수량 산정은 매우 중요하며, 이는 대부분 합리식에 의한다. 또한 설계 홍수량은 강우량과 유역 내의 여러 요소로부터 홍수도달시간 내의 최대 강우강도에 의하여 산정한다.

2. 도달시간 산정

(1) Rizha 공식

$$T = l/w$$

여기서, T : 도달시간

l : 유로길이

w : 홍수의 전파속도

$$w_i = 20(H/l)^{0.6}[\text{m}/\text{sec}]$$

(2) 설계 강우량 강도

① 24시간 우량치 $R24$

② 홍수시간 T일 때 최대 평균 강우량 r_T는

$$r_T = \frac{R24}{24}\left(\frac{24}{T}\right)^n$$

$$I = \frac{r_T}{\sqrt{T}}$$

여기서, I : 최대 강우강도(mm/hr)

r_T : T시간 내의 강우량

(3) 설계 첨두홍수량 산정

$$Q = 1/3.6 \cdot f \cdot r_T \cdot A$$

(4) 결론

① 저수지 용량은 댐 지점 연간 유출량의 28%가 좋다.

② 계획 저수량은 증발, 침투, 퇴사에 대한 감소량을 고려해야 한다.

$$유효\ 저수율 = \frac{유효\ 저수량}{총저수량}$$

3 댐의 최적 규모 결정방법

1. 최적 규모 결정방법의 종류

(1) 시스템 모형

(2) 수동적 방법

(3) 기타 방법

2. 규모 결정 내용

(1) 시스템 모형

① 목적함수

$$\text{Max}\{SB(SS.SR) - SC(SS\text{max})\}$$

② 제약조건

$$\frac{SB(SS.SR)}{SC(SS\text{max})} > 1$$

$$SS\text{min} < SS < SS\text{max}$$

$$SB.SC > 0$$

여기서, $SB(SS.SR)$: 총편익으로 저류 수준과 방류 수준의 함수

$SC(SS\text{max})$: 총비용으로 최대 용량의 함수

③ 상기 시스템 모형에서의 비용은 시스템 내에서 독립적이어서 산출적으로 산출되지 만, 편익은 저수지 조작 기준의 함수로서 다단계 의사 결정 과정이므로 시스템 기 법으로 구한다.

(2) 수동적 방법

① $\text{Max}(B - C)$ 또는 $\Delta B = \Delta C$

$$B / C \geq 1$$

여기서, B : 댐의 총편익

C : 댐의 총비용

ΔB : 편익 증가분

ΔC : 비용 증가분

② 즉, $B / C \geq 1$에서 $\Delta B = \Delta C$이거나 $\text{Max}(B - C)$인 규모가 최적 규모이다.

(3) 기타 방법

① 최대 B/C, IRR 방법
② Risk 방법 등

4 댐 개발과 관리상 문제점

1. 개요

각종 댐 건설로 확보된 수자원 이용이 국가 경제, 산업에 이바지하나 수질오염, 보상 문제를 가져온 것도 사실이다. 이에 대한 문제점을 살펴보면 다음과 같다.

2. 수자원 개발의 문제점

(1) 댐 개발 적지 감소

(2) 수몰지 보상 및 이주 대책 미비

(3) 댐 저수지 주변의 낙후

(4) 점 · 비점 오염원의 수질오염

3. 댐 관리의 문제점

(1) 댐 관리 주체의 다원화

(2) 하천유지용수 결정 시급

(3) 저수지 내에 유입되는 각종 오염원 차단 시급

(4) 저수지변 낙후 지역의 경제적 지원 미흡

(5) **수질보전 및 관리**

① 수자원 댐 관리 및 수질보전 기능의 이원화
② 공장폐수 종말처리장 미비
③ 수질오염 발생 시 대처 미흡
④ 산업화 · 도시화에 따른 수질오염 가속

4. 원인 분석 및 대책

(1) 각종 댐 관리 주체의 일원화

(2) 가능한 한 대규모 댐 개발

(3) 댐 저수지 주변투자(관광, 오락 등) 최대한 지원

(4) 합리적, 현실적인 보상제도 수립

(5) 종합적인 수자원관리 대책

① 수자원 개발 및 관리의 일원화

② 수질, 보전, 방수로 기준 설정

③ 가정하수, 공장폐수 처리장 확충

④ 댐 주변 지역의 수질보전에 대한 중요성 홍보

⑤ 수질 관리 제도 개선

⑥ 수계를 일관하는 수질 관리기구 설치

5. 수자원 종합관리 방향

(1) 수자원관리 체제의 일원화

(2) 수자원사업의 지속적 실시

(3) 하천유지용수 개념 재정립

(4) 댐 개발 수몰지의 합리적이고 현실적인 보상 기준 설정

(5) 기존 댐의 효율적인 관리로 수자원 이용 극대화

6. 결론

(1) 수자원 개발의 한계성과 관리의 어려움이 날로 심화되고 있다.

(2) 단편적인 수자원 개발방식에서 벗어나 적극적, 다각적, 종합적인 방법을 모색해야 한다.

5 댐 관리 실태 및 조작의 문제점

1. 댐 조작의 문제점

(1) 기본 인식상의 문제

(2) 관리 기술적 문제

(3) 기타 문제

2. 기본 인식의 문제

(1) 기술적 관점

① Vector 해와 직관해 : 다차원 Vector 공간에서의 복잡한 문제는 직관으로 풀 수 없다.

② 최적해와 가능해 : 시스템의 목적함수인 편익이 최대로 발생하는 최적해로 풀어야 하지만 일반적으로 가능해로 안주하는 경향이 있다.

③ Operation Study : 현재는 Ripple의 누가유입량 곡선법과 Lindner 조절도법에 의존하였으나 최적화 방법에 의한 Operation Study가 바람직하다.

(2) 보상선과 댐 관리

① 계획 홍수위 : 일반적으로 계획 홍수위가 보상선이라는 관념 재정립

② 댐 관리의 소극적 자세 : 홍수조절 용량을 확대 운영하는 댐 관리자의 책임 회피 자세

3. 관리 기술적 문제

(1) 이수 조작

① 수력발전 및 용수 공급

② 도시 하천의 희석

③ 하천 갈수량

④ 유출량에 대한 기초적 연구 부족

(2) 홍수 조작

① 강우 형태별 유출 현상에 따른 저수지 조작 연구 부족

② 신뢰성 있는 유출 모형 실험 부재

4. 기타 문제

(1) 댐 조작, 국민 인식 부족, 지원 미비

(2) 관리 제도상의 문제

5. 결론

이상의 문제점을 해결하기 위해 적극적인 수자원 연구가 필요하다.

6. 다목적 저수지 운영을 위한 물수지 분석 중 최적화 기법

1. 개요

(1) 최적화란 시스템의 목적함수를 극대화·극소화하는 방법을 규명하는 것이다.

(2) Total Cost의 최소화

2. 최적화 기법의 종류

(1) 선형 계획법

(2) 비선형 계획법

(3) 동적 계획법

(4) 대기 이론

(5) CPM

(6) 모의발생기법

(7) OR 기법

상기 방법 중 수자원 문제의 종류와 중요성을 고려하여 최적화 기법을 선정해야 한다.

3. 최적화 기법 내용

(1) **선형 계획법**

① 이 방법은 목적함수 제약조건이 선형인 것

② 다차원 공간에서 가장 빠르게 이극점을 찾는 기법

③ 발전 용량 결정, 다목적 저수지에서 저수량의 효과적 배분 문제에 많이 이용

(2) **비선형 계획법**

① 목적함수나 제약조건 중 비선형인 것이 포함되어 있는 것

② 계산이 복잡하다.

(3) **동적 계획법**

① Bell Man의 최적화 원리에 기초를 둔 다단 의사 결정방법

② 비선형적, 추계학적 특징을 나타내며 많은 변수를 가진 복잡한 문제를 Subprogram으로 나눌 수 있다.

(4) 대기이론

연속적인 시간에서 어떤 물체가 시설물을 이용하기 위해 도착시간, 간격에 대한 상태 설명

(5) CPM

① 최적 공사 계획 작성 기법

② 시간과 비용을 동시에 고려

③ Network Model을 구성하여 각 성분 간의 연관성을 찾아 효과적으로 목적에 맞게 실시

(6) 모의발생기법(Simulation)

① 어떤 현상의 실체를 실제로 나타내는 것이 아니고 모형에 의해 재현하는 과정

② 수자원 시스템의 설계 변수 : 댐, 발전소, 방류량과 수문량의 복잡한 관계 및 상호연관성 등으로 인하여 각종 어려움이 있어 Simulation 기법을 많이 사용하고 있다.

③ 각 안별(A, B, C, D) Simulation 기법 → 목적함수값과 비교 → 최적안 결정

(7) OR(Operation Research) 기법

일체의 현상을 집약시켜 예측하거나 정책을 결정하는 데 사용한다.

4. 최적화의 단계적 과정과 문제점

(1) 단계적 과정

① 문제의 동정

② 문제 해법의 형성

③ 최적화의 타당성 분석

④ 결과 분석

⑤ 의사 결정 과정

⑥ 결정 이행

(2) 기법 이용 시 문제점

① 이해 부족

② 자료의 저변이 불충분

③ 최적안의 민간 참여도가 적다.

5. 결론

최적화 기법에 의해 다목적댐을 최적화하는 방안은 상기 방법들을 적용하여 저수지 운영 방안을 결정해야 하며, 최근 컴퓨터의 발달과 인간의 많은 연구 개발이 이루어지고 있어 향후 지속적이고 적극적인 재정적 지원이 이루어져야 한다.

7 다목적댐의 최적 운영방법

1. 개요

(1) 댐의 여러 물리적 조건하에서 댐 하류의 용수 수요를 최대로 충족시킬 수 있는 저수지 운영정책을 수립해야 한다.

(2) **운영방법**

① 유입량 추정
② 용수 수요량 추정
③ Rule Curve 작성
④ 최적 운영정책 수립

2. 다목적댐의 최적 운영방법

(1) **유입량 추정 발생기법 : 추계학적 수문 모의기법**

① 단순 반복 연장기법
② 무작위 발생기법
③ 자기회귀형

(2) **용수 수요량 추정**

생활, 농업, 공업, 하천유지 유량 등 각종 수요를 고려해야 한다.
① 용수 추정방법
    ㉠ 기본 Frame 원 단위 병행법
    ㉡ 선형 방정식
    ㉢ 토지이용 분석방법
    ㉣ OR 기법
② 농업용수 수요량 추정
    ㉠ 묘답 수요량

　　　ⓛ 삼투량, 엽수면 증발량

　　　ⓒ 관개용 수심, 관개 면적

(3) 저수지 운영 곡선 작성

저수지 유입량과 저수량 및 물 수요에 관련된 방류량의 세부 연속 분석에 의해 설정된다.

(4) 최적 운영 정책 수립

유입량 및 저수량 등 내적 제약조건을 감안하여 용수 공급을 최대로 할 수 있는 운영 정책을 수립해야 하며, 이 방법으로 최적화 기법(LP, N−LP, DP)을 선정하여 최적 운영 분석한다. 즉, 주어진 시간 t에 유입량 저수량 s가 정해지면 이익이 최대가 되는 방류량을 유출하는 운영이 필요하다.

3. 결론

이와 같이 최적 저수지 운영곡선에 근거하여 가장 잘 수행할 수 있는 최적 대안을 채택한다.

8 댐 계획과 성공적인 환경관리

1. 댐 계획 시 환경 문제와 대책

(1) 문제점

① **댐 통과 물** : 부유물, 얼음 선박 통행에 지장

② **유사**

　　ⓐ 상류부 유사, 퇴적 발생

　　ⓑ 토양 보전, 사방댐 준설 필요

③ **방류** : 방류 높이 중요

④ **동물** : 철새, 물새, 어류 등은 혜택을 받을 수 있으나 육상 동물은 경로 차단

⑤ **기후** : 안개 생성, 강우 형태 변화에 영향

⑥ **수온** : 수심에 따른 온도 고려, 물의 분리 방류

⑦ **기체** : 수표면 근처에서 질소, 산소 과포화 상태 발생

⑧ **염분** : 상류 유입 염분 예측 검토 필요

⑨ **부영양화**

　　ⓐ 상류부 비료, 합성세제 유입, 수초 수중식물 증가를 말하며, 이 생물이 죽으면 물 속의 용존 산소 소모로 생활용수로 부적합

　　ⓑ 대책 : 수중 폭기, 유입수 처리, 차단수로 설치

⑩ 식물군

　　㉠ 수중 식물군이 주운, 유출, 발전 저해

　　㉡ 대책 : 제초제 살포, 수위 저하, 기계적 제거

⑪ 동물군 : 수중 동물군은 일반적으로 유익하다.

⑫ 지하수 : 지하수 상승 시 배수조절 대책

⑬ 산사태 : 위험 지구에 배수와 안정화 대책 수립

⑭ 지진 : 지진 고려

⑮ 인구 이동 : 수몰 주민에 대한 적절한 보상과 생계대책 마련

⑯ 농업 : 농토 수몰, 용수 공급, 용수 조절

⑰ 고고학 : 보호 및 이전에 대한 사전조사와 검토 필요

(2) 대책

① 댐을 통과하는 부유물 유사관리

② 방류 시 방류시기와 수위관리

③ 댐 상류지역의 육상동물 경로, 기후, 수온 관리

④ 수몰로 인한 부영양화에 대한 대책 등을 고려

2. 댐 계획

(1) 발전, 홍수조절, 용수 공급(생활 · 농업 · 공업 유지)

(2) 관광, 오락 효과

(3) 주운, 담수, 어업 등 부수적 효과 제공

3. 결론

문제에 대한 대책을 수립하고 의견을 두세 가지 서술식으로 요약 정리한다.

9 댐 계측 및 조작 관리시설

1. 개요

(1) 댐을 유지관리하고 조작하기 위해서는 거동 계측시설, 댐 유역에 대한 수문 관측시설, 통신정보시설과 예비동력설비, 관리시설이 필요하다.

(2) 계기의 종류와 수량은 댐 형식이나 높이에 따라 다르다.

2. 댐 거동 계측

(1) 콘크리트 댐

① 시공, 신축 이음 → 이음제

② 변형, 응력계

③ 온도계, 간극 수압계

④ 댐의 부 변형계

⑤ 누수량 측정 장치

(2) Fill 댐 계측시설

① 누수량 측정장치

② 변형량 측정장치

③ 침윤선 측정장치

④ 간극 수압 측정장치

⑤ 토압 측정장치

(3) 댐 종류별 계측 사항

댐 종류	댐 높이	계측 사항
중력식	• 50m 미만 • 50m 이상	• 누수, 양압력 • 누수, 양압력, 변형
아치댐	• 30m 미만 • 30m 이상	• 누수, 변형 • 누수, 변형, 양압력
Fill 댐	—	• 누수, 변형, 침윤선

3. 댐 조작 관리시설

(1) 관리시설의 종류

① 수문 관측시설

② 통신, 경보시설

③ 기타 부대시설

(2) 수문 관측시설

① 우량

② 수위, 수질 관측시설

(3) 통신 및 경보시설

① 다중, 무선 전화장치

② 전화교환기

③ 사이렌, 경종 등

(4) 기타 부대시설

① 제어조작시설

② 전기시설

③ 관리소

④ 차량 선박

⑤ 예비동력설비 시설

4. 결론

(1) 각 댐별 거동 및 조작관리 시설을 설명

(2) 계측 사항에 대한 종류와 관리 기준 등을 정리 요약

10 저수지 수질개선 대책

1. 개요

(1) 댐 저수의 저류에 의해 냉수, 탁수, 방류 문제 발생

(2) **저수지 부영양화에 의해 플랑크톤의 이상 발생 등 수질문제가 생길 때 수질개선방법**

① 유역 관리

② 유입 하천관리

③ 저수지 수질개선 관리

이 중 저수지 수질개선 관리에 대해 기술한다.

2. 저수지 수질개선

(1) 선택 취수 설비

① **평상시** : 적당한 수온, 탁도층에서 취수

② **홍수 시** : 적극적으로 탁수 배출하고 깨끗한 성층류 유도 방류

(2) 폭기

① 부영양화 대책으로 저수지 내에서 공기를 사용한 인공적 순환

② 방식 : 심층 폭기 방식, 전층 폭기방식

(3) 직접 제거

펌프로 제거, 농축처리

3. 결론

(1) 점 오염원과 비점 오염원의 수질오염 방지

(2) 대국민 홍보

(3) 향후 적극적인 규제 대책과 수질개선 연구의 지속적 수행 필요

11 감세공 설계 절차

(1) 계획 홍수량, 여수로 계획 총수위, 여수로 폭, 하류 하천 수면 표고 결정

(2) 도수의 초기 수심 y_1을 계산해 Froude 수 결정

(3) 도수 전후 관계식을 이용해 $y_2 = \dfrac{y_1}{2} + \dfrac{y_2}{2}\sqrt{1 + 8Fri^2}$ 에서, 도수 후 y_2를 계산하고, 5% 여유를 고려하여 하류 하천 수심 $y_2{'}$을 결정

(4) 하류 하천 표면 표고에서 하류 수심 $y_2{'}$을 빼면 감세 수로의 바닥 표고를 결정

(5) 초기 수심에 대한 Froude 수와 하류 하천 수심 $y_2{'}$을 고려해 감세 수로의 길이 L을 결정

(6) 기타

① 경사 에이프럼

② 감세 수로단의 턱

③ 감세 블록의 치수 및 간격 등의 제원을 결정한다.

12 댐 축조 시 임시 배수로와 임시 물막이

1. 개요

댐 축조를 위한 배수, 즉 Dry Work를 위한 가시설을 말한다.

2. 설치 시 고려사항

(1) 월류 금물

Fill 댐 공사 시 특히 중요하다.

(2) 임시 배수로의 형식 선정 및 요소

① 유역의 유출 특성
② 기초 지질, 지형
③ 댐 형식 및 고저 중요도
④ 배수로의 능력 부족으로 초래될 경우 공사 중 피해가 크다.

(3) 배수로의 형식

① 반체절방식
② 가배수로방식
③ 가배수 터널방식

(4) 임시 물막이의 기능

임시 배수로는 임시 물막이와 함께 그 기능을 발휘한다.

(5) 임시 배수로 위치 선정 시 고려사항

① 재료의 성질
② 지질
③ 취수시설의 위치
④ 임시 배수로는 직전이 합리적이다.

(6) 임시 배수로의 종점

① 댐 하류 측 영향 고려
② 하천 종단 기울기, 수위를 검토하여 결정

(7) 안정된 지질 선정

임시 배수로가 댐 체(体) 밑을 지나는 개수로(완성 후 암거식)가 될 때 노선은 직선과
곡선이 조합되는 것이 보통이며, 가급적 안정된 지질에 선정

(8) 단면형

① 개수로식일 때 → 장방형

② 암거, 터널식 → 원형, 마제형

③ 입구는 나팔형으로 하여 유입 손실을 적게 한다.

3. 결론

(1) 임시 배수로와 임시 가물막이는 양자를 충분히 고려하여 실제에 반영

(2) 배수 능력, 하천 유수가 공사에 지장을 주지 않을 것

(3) 하류 지점의 피해를 방지해야 하며, 이것을 합리적으로 처리하기 위해서는 초기 단계 조사에서부터 충분한 조사가 이루어져야 할 것으로 판단된다.

13 가배수 처리의 필요성 및 특성

1. 개요

댐 계획에서는 댐 부근의 하천 유수를 공사에 지장이 없도록 처리해야 하며, 가배수 처리는 홍수의 규모에 따라 다르다. 이는 건설 공정을 좌우하며, 건설비에도 크게 영향을 준다.

2. 건설기간 중 가배수 처리

(1) 월류 위험도 고려 불가피

(2) 그 규모는 소요경비와 피해 위험상의 잠재성이 조화를 이루도록 설계

(3) 확률적 최적치로 결정할 수 있다.

3. 가배수 처리 시 고려사항

(1) 유역 특성

① 유역 면적, 위치, 지형

② 강우량, 과거 홍수기록

(2) 설계 홍수의 크기와 빈도

① 댐의 형식과 하류지역 피해 정도 파악

② 사업주, 설계자 협의

③ 보통 설계빈도 : 5~10년, 큰 댐 : 10~25년

(3) 상류 기존 댐에 의한 조절

(4) 가배수 처리공법

(5) 시방서 및 계약서

(6) 탁도 및 수질오염

4. 결론

가배수 처리는 건설 공정을 좌우할 정도로 중요하며, 건설 공사비에도 크게 영향을 주므로 소요경비와 피해위험상의 잠재성 등이 조화될 수 있도록 설계, 시공되어야 한다.

14 댐에서 가배수방법

1. 개요

설계 홍수 크기, 지형 특성, 댐 형식, 여수로, 방수로 건설 공정에 따라 결정한다. 즉 최소 공사비, 경험적 판단이 필요하다.

2. 가배수방법

(1) 가물막이 댐

댐 부근 지표 등을 고려

(2) 터널

홍수량이 크고 하폭이 좁은 경우 → 본 댐의 여수로나 방수로 이용 시 경제적

(3) 통관

방수관을 건설기간 중 이용하지만 용량이 충분하지 않다.

(4) 측수로

① 하폭이 넓은 지역에 사용

② 수로 규모는 설계 홍수량에 대하여 댐의 크기와 조합 검토

(5) **다단계 가배수**

① 콘크리트 댐을 축조할 경우 타설 블록에 따라 낮은 블록으로 홍수를 처리하는 방식

② 기타 상기 방식의 조합방법

3. 결론

가배수방법은 설계 홍수의 크기, 댐 지점의 지형적 특성 등 여러 가지 요인에 의하여 부대 시설물과 건설 공정을 좌우하는 방법이므로 신중히 판단하여 설계해야 한다.

15 방수로 노선 선정 시 유의사항

1. 개요

여수로, 방수로는 공사의 경제성, 구조물의 안정성 확보를 위해 유입 홍수를 지체 없이 유하시켜야 한다.

2. 선정 시 유의사항

(1) 가급적 직선

(2) 정방향 단면을 원칙으로 함.

(3) 상류에서는 느리고, 하류에서는 급하게 감세공 유도

(4) 기울기 변화 시 방사류로를 설치

(5) 터널, 암거 단면 채용 시 만류를 피하고, 이행부에서는 암거 높이의 1/2 이하로 하는 것을 원칙으로 한다.

3. 결론

감세공과 연결하여 하류 하천에 홍수 처리가 원활하게 계획되어야 한다.

16 유수지시설

1. 개요

유수지란 홍수 시 제내지에서 내린 강우의 유출에 의해 발생되는 제내지 저지대의 침수 방지를 위하여 설치하는 저류 및 배수시설을 말한다.

2. 유수지 용량 결정

(1) 자연 배수를 제외한 강제 배수방법인 펌프 배수와 조합하여 가장 경제적인 규모가 되도록 유수지 용량과 펌프 용량을 결정한다.

(2) 규모는 유입량 누가곡선과 배수펌프 배수량 누가곡선으로부터 구한다.

3. 유수지 위치 선정 시 고려사항

(1) 내수가 원활하게 유입

(2) 펌프 배수 시 방류 문제 없는 곳

(3) 유수지 부지 확보 가능

(4) 기존 하수관망과의 연계성

4. 누가유입량과 시간과의 관계

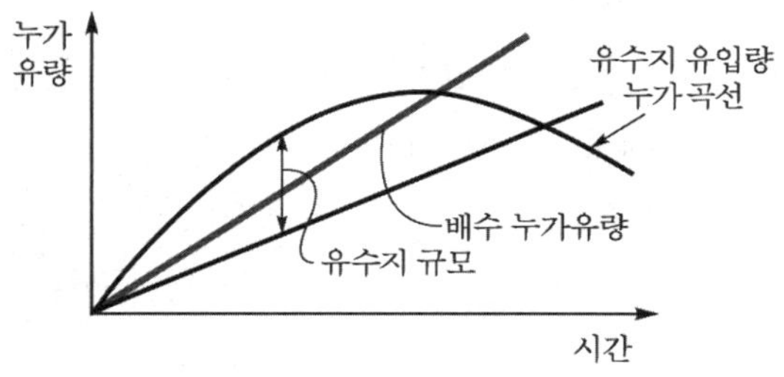

[유수지 유입 누가곡선]

5. 결론

유수지 시설은 제내지 유입량 중 자연 배수가 가능한 유량을 제외한 유량을 배수펌프와 조합하여 가장 경제적인 규모가 되도록 설계한다.

17 지하 댐

1. 개요

대수층, 불투수층을 이용, 자연 · 인공적으로 물을 저류하거나 지층에 물 창고를 만든 것

2. 지하 댐 설치 적합 위치

(1) 강우 시 지하에 침투되어 유출량이 없는 곳

(2) 지표 저수지 설치 곤란 시

(3) 지하수가 바다나 하류로 방출되는 지역

3. 지하 댐 설치 지점 및 입지 조건

(1) 대수층이 두껍고 넓게 발달하여 다량의 지하수 저류 가능 지역

(2) 하천의 구배가 완만한 지역

(3) 협곡부로 차수벽 설치 연장이 비교적 짧은 지역

(4) 기반암은 견고하고 파쇄대가 없는 지역

4. 지하 댐의 종류

(1) 사용 목적에 따른 구분

① 저류형 : 유역이 적어 지하수 유출을 완전 차단

② 유출 억제형 : 일부만 차단

③ 염수 침입 방지형 : 해수, 담수 경계 부분에 차수벽을 설치하여 염수 침입 방지

(2) 저류 형태에 따른 구분

① 완전 지하 저류형 : 지하에 완전히 저류시켜 지상에 노출되지 않는 형식

② 일부 지표 저류형 : 지하수위 상승 시 일부 지표에 저류되는 형식

(3) 차수방법에 따른 구분

① 주입공법 : Grouting 공법

② 치환공법 : 점토, 시멘트

③ 타입공법 : Pile, H빔

④ 강제 지반 교반공법

5. 지상·지하 댐의 장단점

구분	지상 댐	지하 댐
장점	자연 유하 이용 다목적 조사평가 용이 홍수조절 가능 유지관리비가 적게 든다.	증발 손실이 없다. 침수, 붕괴 위험이 없다. 일정 수온 유지 용수로가 짧다. 공사비가 적게 든다.
단점	증발 손실이 크다. 침수 면적이 넓다. 댐 파괴 시 위험하다. 적지가 적다. 공사비가 많이 든다.	양수시설이 필요하다. 수온 상승 시설이 필요하다. 조사평가가 어렵다. 유지관리비가 많이 든다. 일시에 다량 사용이 불가능하다.

6. 결론

(1) 지형, 대수층 여부를 고려하여 지상·지하 댐 설치

(2) 입지 조건, 사용 목적에 따라 선정

18 용수공급용 저수지의 용량 결정

1. 개요

저수지 용량은 그 목적과 기능에 따라 구분되는데, 배분 용량에는 다음과 같은 것이 있다.

(1) 홍수조절 용량

(2) 이상 홍수 용량

(3) 활용 용량(이수 용량)

(4) 불용 용량

2. 불용 용량

(1) 취수구 이하의 용량 → 저수 용량

(2) 취수구는 사수위 위에 설치

(3) 수력발전 댐에서는 저수위(L.W.L) 이하의 저수 용량

(4) 퇴사 용량

① 토사가 퇴적되어 매립되는 용량으로, 보통 100년 토사 유입량을 설계 대상으로 한다.

② 퇴사위 결정방법

   ㉠ 수평 퇴사위 결정법

   ㉡ USBR의 경험면적 감소법

3. 활용 용량(Active Storage)

(1) 유수를 저장하고 조절하는 데 쓰이는 용량

(2) 저수위(L.W.L)에서 상시 만수위(F.W.L)의 저수 용량

(3) 이수 용량 결정

① L.W.L에서 F.W.L까지의 저수 용량

② 이수 용량 결정은 저수지 운영분석(Reservoir Operation Study)에 의한다.

(4) 유입량 추정

① 단순 반복 연장법

② 무작위 발생방법

③ 자기회귀형 발생방법

(5) 수요량 추정

① 생활용수 수요량

   ㉠ 기본 Frame 원단위법

   ㉡ 선형 방정식에 의한 방법

   ㉢ 토지이용 분석방법

   ㉣ 지역개발 분석법

② 농업용수 수요량 : 수로 내 손실 삼투량, 엽수면 증발량을 고려하여 용수심에 관개 면적을 곱하여 산출한다.

(6) 저수지 운영방식

① Mass Curve법 : 누가용적곡선법

   ㉠ 저수지 유입량의 누가용적곡선과 용수수요곡선의 차가 최대가 되는 양, 즉 접선 상태의 최대 수직거리가 이수 용량이 된다.

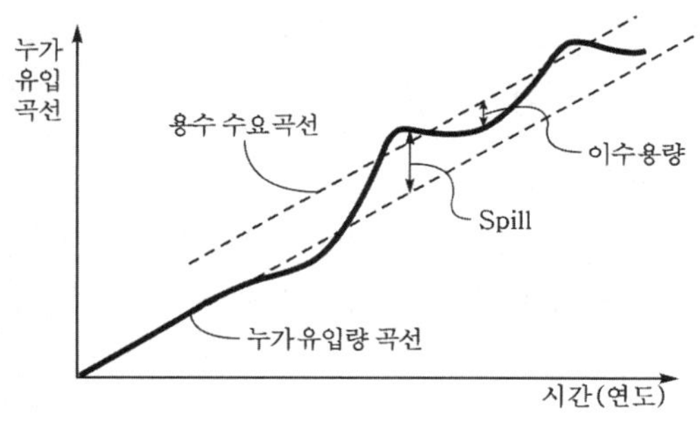

[누가용적곡선]

② **물수지 분석법** : 기간별 입력자료와 출력자료를 가지고 저류량의 변화를 분석하는 방법

  ㉠ 입력자료 : 유입량, 수면 강수량

  ㉡ 출력자료 : 용수 수요량, 저수지 수면 증발량

③ **기득 수리권 보호를 위한 방류량**

  ㉠ 입출력 자료 및 각종 용수 사용 후의 회수수, 국지 유입량 등을 고려하여 물수지 분석을 실시하며, 최대 물 부족기간의 부족량을 저수지의 이수 용량으로 결정한다.

  ㉡ 물수지 분석은 Simulation 기법 및 최적화 기법에 의하는 것이 좋다.

  ㉢ 최적화 기법 : LP, DP, N-LP에 의해 분석

  ㉣ 즉, A안, B안, C안, D안 → 물수지 Simulation ⇒ 목적함수값과 비교 ⇒ 최적안 설정

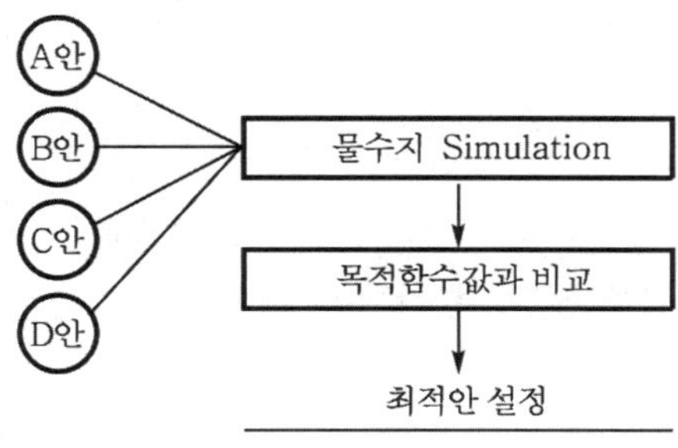

[방류량의 최적화]

4. 홍수조절 용량

(1) **홍수예측 곤란 지대** : 상시 만수위 위에 홍수조절 용량 추가 설치. 즉, 홍수조절 전용 용량

(2) 국내 몬순지에서는 일부 홍수기에 미리 방류하여 치수 목적으로 쓰는데 이를 공용 용량(Joint Use Storage)이라고 한다.

(3) 홍수조절 용량 결정

① 다목적댐에서는 사수 용량+이수 용량으로 상시 만수위 결정
② 홍수조절 용량은 상시 만수위선 위에서 확보

(4) 저수지의 홍수추적방법

① 댐 유역의 설계 홍수, 수문곡선을 단위유량도법으로 작성
② 표고별 저류량 곡선과 표고별 유출량곡선을 이용, 저류량—유출수문곡선 작성
③ 유입—수문곡선을 추적하면 여수로를 통과하는 유출수문곡선을 얻을 수 있으며, 이때의 홍수위를 계획 홍수위라 하며, 계획 홍수위와 상시 만수위 사이의 저류공간이 홍수조절 용량이다.
④ 홍수조절 용량 확보방법
  ㉠ 제한수위방식
  ㉡ 예비방류방식
  ㉢ Surcharge 방식

5. 이상 홍수 용량(Surcharge Storage)

(1) 홍수조절 전용 용량으로부터 댐 안정상 허용될 수 있는 최고 수위까지의 용량

(2) 설계 홍수를 여수로와 홍수조절 용량을 사용하여 추적할 경우에 상승되는 최고 홍수위로서, 이를 기준으로 하여 구조안정을 검토해야 한다.

6. 결론

불용 용량, 활용 용량, 홍수조절 용량, 이상 홍수 용량을 구분하고, 유입~유출 최적화 기법을 도입하여 운영방법을 선택, 관리해야 한다.

19 저수지의 수위 결정

1. 개요

저수지 배분 용량과 관련 사수위, 저수위, 상시 만수위, 제한 수위, 홍수위, 최고 수위 등을 결정

2. 종류 및 특성

(1) 사수위(DSL ; Dead Storage Level)

① 유사의 퇴적, 저수 기능 상실 표고
② 대댐에서 100년간의 퇴사량을 설계 대상

(2) 저수위(L.W.L)

① 불용 용량의 최고 수위
② 저수위~사수위 간 저수량은 이상 가뭄, 댐체 보수를 할 경우 관계당국의 승인을 얻어 방류할 수 있다.

(3) 저수위 결정 시 고려사항

① 유사 퇴적으로 취수에 지장이 없을 것
② 수력발전 설계상 최저 수위
③ 저수지 내의 어족과 야생동물 생존 유지
④ 저수 호안의 활동이나 댐 수로 안전에 지장이 적을 것

(4) 상시 만수위(N.H.W.L) : 저수위+활용 용량을 추가할 때의 최고 수위

(5) 홍수위(F.W.L)

① 활용 용량+홍수조절 추가 수위
② 경제적 평가에 따라 최적화

(6) 제한 수위

사용시간을 미리 정하여 이·치수 목적으로 쓰이는 공용 용량의 최저 표고

(7) 최고 홍수위(M.W.L)

설계 홍수량(PMF)을 여수로로 방류 시 Surcharge되는 최고 수위

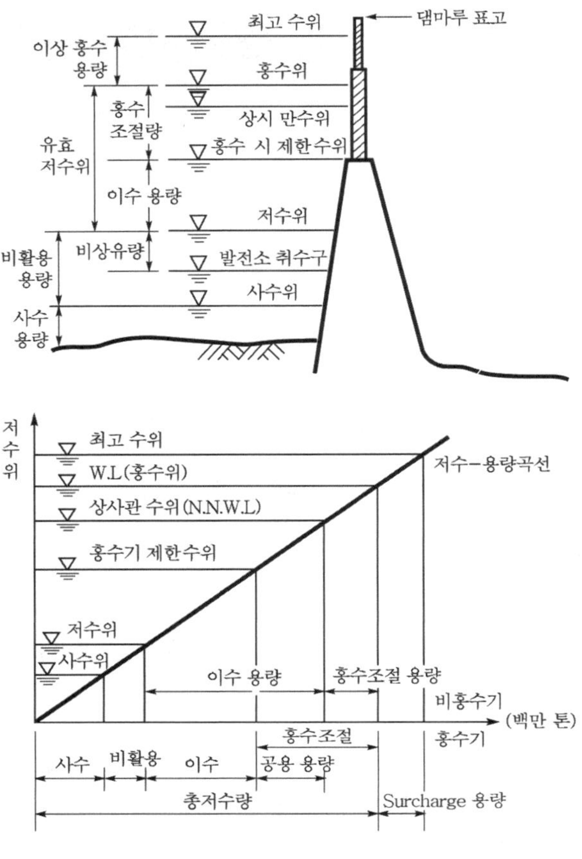

[저수지 용량 배분]

20 댐의 분류

1. 목적에 따른 분류

(1) **이수댐** : 농업, 공업, 생활, 수력, 내륙 주운댐

(2) **치수댐** : 홍수조절, 사방댐

2. 용도에 따른 분류

(1) **저수댐(Storage Dam)** : 풍수기 시 저류 → 부족 시 공급 목적

(2) **취수댐(Intake Dam)** : 수요지로 송수시설에 수두를 제공, 유지하기 위한 목적

(3) **지체댐**

① 홍수유출을 일시적으로 저류하여 홍수 피해 경감 목적

② 홍수조절용 댐

③ 공사비가 다소 저렴

3. 수리구조에 따른 분류

(1) 가동댐 → 일련의 수문 형태

(2) 고정댐

① 월류 댐(Overflow Dam)

② 비월류 댐

③ 합성 댐

4. 재료형식에 따른 분류

(1) Fill Dam

① 재료에 따라 흙, 바위, 토석 댐

② 설계 형식에 따라 균일 → 균일 80%, Zone, Core 표면 차수별 댐

(2) Con'c Dam : 중력, 부벽, 중공, Arch 댐

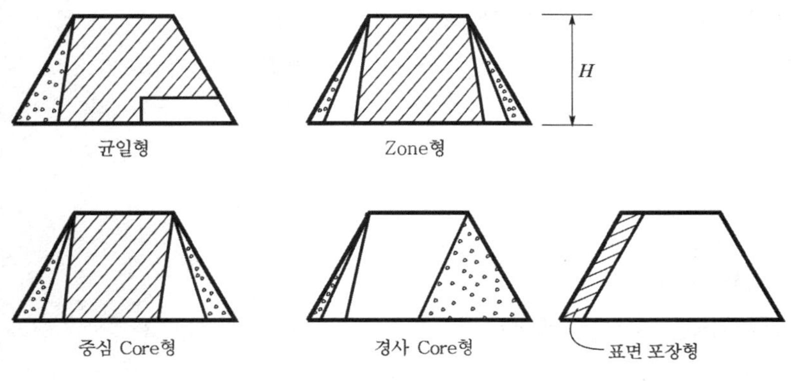

[댐의 형식]

5. Filter 설계

(1) Filter

미세립 분의 유출이 없고, 침투수가 안전하게 투과하도록 해야 한다.

(2) 중요성

불량 시 Piping 현상 발생

(3) 선정 조건

Filter 재료는 바닥 재료보다 투수성이 커야 한다.

① $\dfrac{F_{15}}{B_{85}} < 5 \qquad \dfrac{F_{15}}{B_{15}} > 5$

② F, B의 입도곡선 모양은 평형

③ B에 자갈이 섞여 있을 때 그 중 25mm 이하의 세립사만 고려한다.

21 RCD 공법(Roller Compacted Dam Concrete)

1. 개요

(1) 공기 단축과 경제적 시공을 위한 콘크리트 댐의 시공으로 빈배합 Zero Slump의 콘크리트를 진동 롤러로 다지는 공법

(2) 시멘트 사용량의 감소

2. 작업 순서

(1) 빈배합의 콘크리트를 고정 케이블 크레인으로 운반

(2) 불도저에 의한 깔기 후 진동 롤러로 다진다. 다짐 두께 : 50~70cm

(3) 타설, 다진 후 양생

3. 특징

(1) 콘크리트 운반 시

① 수직 방향 : 케이블, 크레인

② 수평 방향 : 덤프트럭으로 하여 경제적이다.

(2) 온도응력이 작고 Creep가 필요 없다.

(3) 시공성 증대

(4) 시멘트 사용량이 적고 경제적이다.

4. 결론

공법의 특성, 작업 순서 등의 개념을 요약 정리

22 PCD(Pumped Concrete Dam) 공법

1. 개요

(1) 종래의 콘크리트 타설법을 개선하여 가설비의 간편화 도모

(2) 댐 규모에 적합한 기종 선정, 기동성 향상, 타설 설비의 간소화

2. 작업 순서

(1) 콘크리트 펌프로 골재가 분리되지 않은 상태로 공급

(2) 콘크리트 홉퍼 및 배관을 사용하여 현장까지 압송

(3) 포설 후 다진다 → 내부 진동기 사용

(4) 타설 후 스프링클러로 냉각 양생

(5) Slump : 8~12cm → 유동화재 사용

3. 특징

(1) 기계 설비의 간소화로 경제적 시공

(2) 기계 설비 간단

(3) 주변 환경 보전 대책 용이

4. 결론

공법의 특성, 작업 순서 등의 개념을 요약해서 정리

1 여수로 조절부의 종류와 개념 정리

1. 여수로 조절부의 종류

(1) 월류형

(2) 측수로형

(3) 사이폰형

(4) 나팔형

(5) 자유낙하

(6) 슈트식

(7) 터널식

(8) 암거식

2. 여수로의 종류 및 특성

(1) 월류형 여수로(Overflow Spillway)

① 많은 양의 홍수를 월류시킬 수 있어 가장 많이 사용

② 폭이 큰 구형 단면 Weir로서 예연 Weir 위로 월류하는 수맥의 아래 곡선과 일치하도록 하여 Weir의 월류량을 최대로 한다. 부압을 방지하여 공동현상에 의한 구조물의 손상을 방지한다.

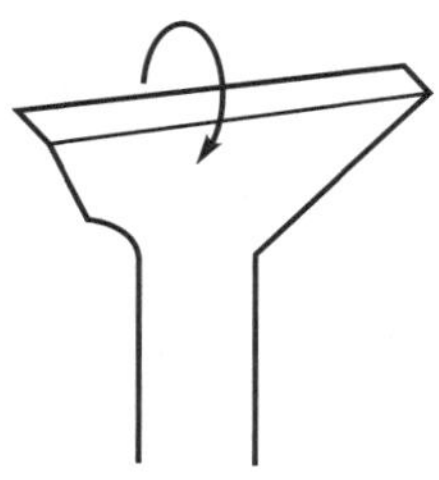

[월류형 여수로]

(2) 측수로형 여수로(Side Channel)

① 월류용 웨어부와 월류 홍수를 하류로 흘려보내는 측수로로 구성
② 흐름 상태 불안정
③ 수로 단면은 제형 단면

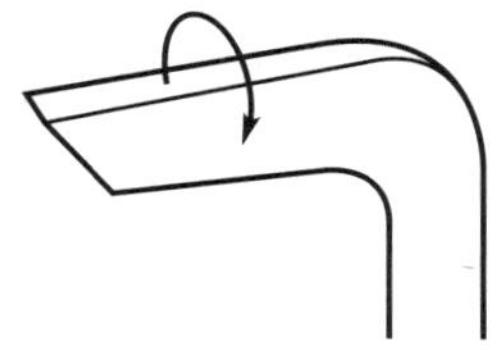

[측수로형 여수로]

(3) 사이폰형 여수로(Syphon Spillway)

① 웨어 정점부와 수두의 웨어 길이의 함수
② 저수지 수위와 하류 수위 차에 의해 수두 차는 커질 것이고, 유량도 크게 증가할 것이다.

(4) 나팔형 여수로(Shaft Spillway)

① 댐 지점의 지형 조건이 협소
② Earth Fill 댐일 경우 나팔형 여수로의 흐름은 매우 복잡하므로 수리모형 실험에 의한다.

(5) 자유낙하식 : 아치 댐에서 사용

(6) 슈트식

(7) 터널식 : 유로에서 만류가 되지 않게 설계

(8) 암거식 : 선로, 터널식 등

3. 결론

여수로의 조절부는 월류형, 측수로형, 사이폰형, 나팔형, 자유낙하식, 슈트식, 터널식, 암거식이 있으며, 지형지질, 시공성, 경제성, 안정성 등을 고려하여 선정한다.

2 여수로의 구성과 감세공의 형식

1. 개요

(1) 여수로의 규모는 댐 취수시설과 관련

(2) 비상 여수로 설치 검토

(3) 여수로의 구성

　① 접근 수로

　② 조절부

　③ 도수로

　④ 감세공

　⑤ 방수로

(4) 각 부분은 설계 홍수량을 안전하게 소통시킬 수 있는 단면으로 하여 지형, 지질에 적합한 수로 형식을 선정해야 한다.

2. 접근 수로

(1) 저수지~조절부 연결 수로

(2) 유속 4m/sec 이하

3. 조절부

(1) 물넘이의 일부분으로 저수지로부터 방류 제한

(2) 종류 : 월류형, 측수로형, 사이폰형, 나팔형, 자유낙하, 슈트식, 터널식, 암거식

4. 도수로

(1) 조절부 말단~감세공 시점까지의 급경사 수로

(2) 개수로, 터널, 암거 및 병용

(3) 기능 : 유입 홍수의 지체 없는 유하

(4) 유의사항

　① 선형은 직선, 직사각형

　② 지형 지질 고려

　③ 상류 완만, 하류 급하게

5. 감세공

(1) 기능

① 고속 사류를 삼류화

② 에너지를 감세시켜 구조물 침식과 파괴 방지

(2) 형식의 종류

① 플립 버킷형 : 방수로 말단에 수맥을 공중으로 사출

② 정수지형(Stilling Basin) : 도수를 수로 내 구간에 발생

[플립 버킷형]

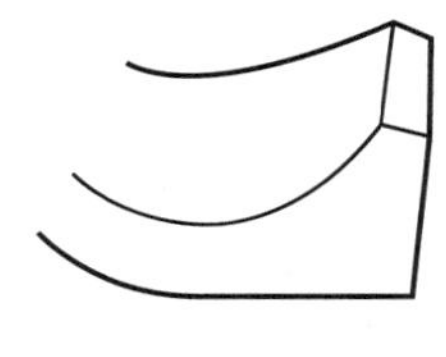

[잠수 버킷형]

③ 잠수 버킷형 : 깊은 하류 수심에 적당

(3) 선정 시 고려사항

① 형식은 하류 수위와 도수 후의 수위, 지형, 지질, 토질 조건 검토

② 수리모형 실험 병행

③ 선정 조건

　㉠ 감세공의 수리 특성

　㉡ 감세공의 위치 관계 : 거리, 표고

　㉢ 여수로 본체의 수리 구조 특성

　㉣ 지형, 지질, 수리 특성

　㉤ 하류 하천 부근의 경지, 택지, 경작물 위치 고려

　㉥ 설계 홍수량만을 대상으로 해서는 안 된다.

　㉦ 설계 홍수량의 1~2배에 대해서도 안전해야 한다.

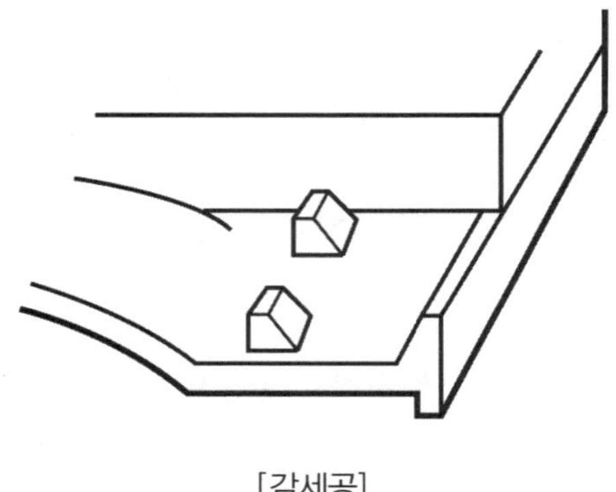

[감세공]

(4) 도수 발생을 위한 감세 구조물

① 경사 에이프런 : 하류 수심 > 도수 수심일 경우

② 감세 수로단 턱(Sill) : 하류 수심 < 도수 수심일 경우

③ 감세용 블록

    ㉠ 감세 수로 내에서 바닥의 마찰 증가

    ㉡ 에너지를 감세시킬 뿐만 아니라 수로 하류부의 수심을 증가시킨다.

6. 방수로

(1) 감세공~하류 하천까지의 수로

(2) 홍수 유량 유하에 필요한 단면 형성

(3) 하류 수위의 상승으로 감세공의 기능이 약화되지 않게 해야 한다.

7. 결론

전체 여수로의 구성 및 형식을 정리 분석하고 감세공에 대해 좀 더 세부적으로 종류, 선정 조건 등을 요약 정리한다.

3 여수로 조절부 형식 선정

1. 개요

(1) 수리적, 경제적으로 유리한 형식 선정

(2) 직선 개수로형

(3) 충분한 용량으로 여유 있게

(4) 안전하며 유지관리가 편리한 구조 채택

2. 여수로의 분류

여수로는 조절형과 비조절형으로 분류하거나 개수 및 관수로로 분류

(1) **개수로식** : 자유낙하, 월류식, 측구식, 슈트식

(2) **관수로식** : 터널, 선굴, 암거, 사이폰식

3. 수리학적으로 유리한 수로 형식

(1) 직선 개수로식

(2) 곡선 수로는 흐름이 복잡

(3) 관수로식은 홍수량의 2배의 여유를 둔다.

4. 종류별 특성

(1) **조절형 여수로**

① 물빈지
② 스루스 게이트
③ 데인트 게이트

(2) **자유낙하식 여수로**

① 여수로 조절부에서 자유낙하시키는 방식
② 아치 댐에서 주로 사용

(3) **월류식 여수로**

① 콘크리트 댐, 취수댐에서 사용
② Fill 댐에서 일부 사용

(4) **측구식 여수로**

수리학적으로는 효율적이나 경제적이지 못하다.

(5) **슈트식 여수로**

① 여수로 두부는 일반형을 채용
② 웨어의 배열, 수문의 유무에 관계없이 유향 변화가 없다.

③ 슈트식 여수로의 구조

　　ㄱ 접근 수로

　　ㄴ 조절부

　　ㄷ 방수로

　　ㄹ 감세공

　　ㅁ 출구 수로

(6) 터널식 여수로

① 유로의 모든 부분에서 만류가 되지 않게 설계

② 홍수량 대비 터널 내 수면 단면은 등단면부 75%, 변화부 50% 이하로 유지

(7) 선굴(Shaft)식 여수로

나팔형 또는 유입관 여수로라 한다.

(8) 암거 여수로

① 선굴, 터널 여수로의 특별한 형태

② 8m 이상은 피한다.

(9) 사이폰 여수로

수로 구조물의 사이폰 원리와 구조면에서 같다.

5. 결론

여수로 조절부는 여수로 구조물 중 중요한 위치를 차지하며, 구조물의 파괴, 지형, 지질, 시공성, 경제성, 안정성 등을 고려하여 형식을 선정한다.

④ 문비계획 시 고려사항

(1) 수압, 빙압, 지진, 토압 등 외력에 견딜 것

(2) 계폐 운전은 용이하고 신속하게

(3) 수밀성을 가지며 경제성, 내구성, 수리검사가 용이할 것

(4) 요구되는 홍수조절이 정확할 것

3 댐 관리 분야

1 홍수조절을 위한 저수지 운영방안

1. 개요

(1) 저수지 운영은 댐의 건설 목적에 따라 매시간 유입−저류량을 감안해 적절한 방류를 행하는 것이다.

(2) 운영방법

① 수자원 안정 공급을 위한 운영방안
② 홍수조절(치수)을 위한 운영방안
③ 실시간 저수지를 위한 운영방안
이 책에서는 ②항에 대하여 기술한다.

2. 홍수조절을 위한 운영 방안

(1) 홍수기 중 유입 총수량의 효율적 관리방법

① 댐의 안전관리
② 홍수조절
③ 댐, 상·하류 홍수 피해 최소화
④ 홍수 말기의 수자원 확보

(2) 저수지 활용

평상시 수자원 확보, 홍수 시 홍수조절 극대화

(3) 저수지 추적

홍수조절의 기본은 저수지 추적법이다. 지형도를 이용해 표고별 유출량곡선과 저류량 곡선을 작성하여 산정 축적한다.

(4) 최적 홍수조절 선결 요건

① 정확한 유입량 예측
② 신뢰할 수 있는 강우−유출 모형 개발

3. 홍수조절방법

(1) 홍수만 조절하는 방법

① 자연 조절법 → Spillway 월류

② 일정량 조절법

③ 일정률 조절법

(2) 수량보전 및 홍수조절방안

① 자연조절법

② SRC(Spillway Rule Curve)

③ Auto Rom

④ Rigid Rom

⑤ Technical Rom

(3) 최적화 방안

① LP(선형 계획법)

② NLP(비선형 계획법)

③ DP(동적 계획법)

4. 홍수 시 저수지 용량 확보

(1) 종류

① 예비방류방식

② 제한 수위 방식

③ Surcharge 방식

(2) 내용

① 예비방류방식

    ㉠ 홍수 시 예비방류

    ㉡ 강우 예측 정확 시 효율적

② 제한수위방식 : 홍수기에 일정 제한 수위 설정(특히 6~9월)

③ Surcharge 방식 : 단기간 강우 시 일시적 저류용으로 이용

5. 결론

(1) 저수지 운영방법에는 수자원 안정 공급, 홍수조절, 실시간 저주지 운영 방안이 있다.

(2) 홍수조절방법별 홍수 처리 후 저수 용량 확보가 최우선되어야 한다.

2 부영양화의 원인과 대책

1. 개요

저수지에 영양 물질(비료, 합성세제)이 유입되어 수초 성장, 수중 식물 성장이 급격히 증가하는 것을 부영양화라 하며, 특히 비료, 합성세제, 공장폐수, 생활하수, 가축폐수로 인한 부영양화는 1~2년 사이에 일어난다. 자연적으로 일어나는 것은 매우 느리게 진행되며, 수백에서 수천 년이 걸릴 수도 있다.

2. 부영양화 인자

(1) **생물학적 인자(영양분이 적당한 경우)**

① 영양분 소량 유입

② 수생식물의 양이 적다.

③ 매년 높은 Do값을 나타낸다.

(2) **화학적 인자** : 탄소, 질소, 인 등이 저수지에 축적될 때

(3) **물리적 인자** : 온도 차에 의한 성층 현상

3. 부영양화 조절 대책

(1) 영양분의 유입을 줄인다.

(2) 흙의 부식과 비료의 손실을 조절하기 위해 땅 위에서 조치

(3) **일시적 방법**

① 수초 제거

② 수중식물 억제 대책

③ 기계적 성층 파괴

④ 제류층 폭기방법

(4) 희석수를 호수에 유입

(5) 차가운 물을 호수 바닥에 펌프 주입

3 자정작용(하천, 호수)

1. 개요

(1) 하천, 호수가 오염된 후 상당 기간이 지난 후 자연 정화되는 현상

(2) 자정작용은 장시간 넓은 공간에서 일어나는 물리적, 화학적, 생물학적 작용과 밀접한 관련이 있다.

　　① 화학적 작용 : 공기 중의 산소에 의해 중화, 수산화물 생성이 촉진되어 자연적으로 응집 진행 시

　　② 생물학적 작용 : 생물의 영향에 의해 외적 환경인 온도, pH, Do, 햇빛 등에 의해 진행

　　③ 물리적 작용 : 폭기에 의해 유기물의 분해, 침전, 여과, 흡착으로 농도 저하

2. 하천수의 자정작용

(1) 하천수는 수심이 얕고 급류, 모래, 자갈 하천이 자정작용이 활발하다.

(2) 겨울보다는 여름에 활발

(3) **하천 폐수 유입 시 자정작용 순서**

　　① 분해지대 → 하수구 방출 지점

　　② 활발한 분해지대 → 용존산소가 없어 부패 상태 도달

　　③ 회복지대 → 분해지대의 반대 현상으로 용존산소의 농도 증가

　　④ 정수지대 → 깨끗한 물, 용존산소량 증가

3. 호수 및 정수지에서의 자정작용

(1) 저수지 내에서는 수심에 따른 온도 차이 때문에 수직 방향 물의 운동으로 자정작용이 일어난다.

(2) **계절별 저수지의 수온에 따른 물의 이동**

　　① 겨울 : 정체 현상

　　② 봄 : 수직 순환

　　③ 여름 : 성층 현상(순환은 상층부에서)

　　④ 가을 : 수직 순환(수면 수온 하강으로)

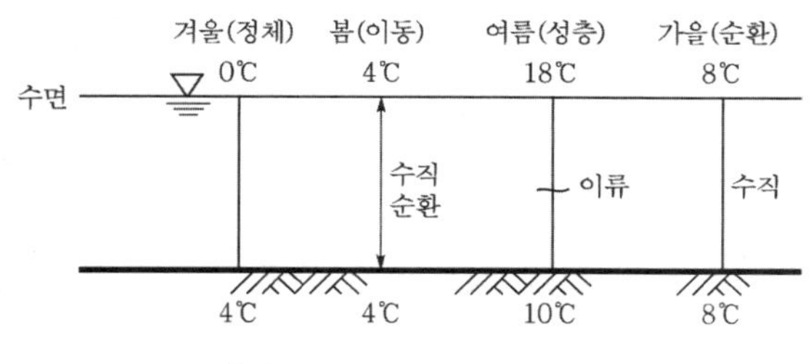

[저수지 계절별 자정작용]

4. 결론

저수지에서 오염물질 유입 시 수직 방향의 자정 순환이 없다면 수중의 이류층 하부는 용존산소가 부족하여 결국 혐기성 상태가 된다. 따라서 수질은 크게 악화된다.

❹ 다목적 댐의 운영기준과 관리규정

1. 개요

본 댐 및 조정지 댐으로 분류하여 운영, 관리한다.

2. 운영 및 관리

(1) 본 댐 저수지의 운영

① 저수지 수위 : 계획 홍수위, 만수위, 제한수위, 저수위별로 구분
② 용수 공급 : 발전 방류로 공급하는 것이 원칙. 양이 적으면 용수 전용설비로 공급
③ 발전 용수 : 상시 첨두 발전시간과 최대 발전 방류량을 기준으로 하며, 홍수 시에는 24시간 최대 발전 방류량으로 발전할 수 있다.

(2) 조정지 댐의 운영

① 본 댐의 운영과 연계하여 유기적으로 운영
② 조정지 댐은 홍수조절 기능이 없다.

3. 홍수조절 절차(관리규정)

(1) 홍수 경계 체제 가동

① 홍수 우려 기상특보 발령 시
② 중앙재해대책본부 지시 시
③ 기타 홍수가 예상될 때

(2) **홍수 경계 체제 조치**

① 각종 기상 및 수문자료 수집

② 홍수량 예측

③ 홍수조절 계획 수립

④ 기타 점검 및 정비

(3) **예비 방류 – 필요 시**

(4) **홍수조절 – 조절 범위 내에서**

(5) **홍수 경계 체제 해제**

4. 저수의 방류

(1) **방류 원칙**

방류 시 하류에 수위 변동이 발생하지 않게 한다.

(2) **저수 방류 필요 시**

① 하류 용수 공급, 유지관리 용수 공급 시

② 발전 용수나 예비 방류 시

③ 홍수조절 시

④ 정비, 점검, 유지보수 시

⑤ 기타 필요 시

(3) **방류량 결정**

① 하류 용수 공급량을 고려해 방류량, 방류기간 결정

② 계획 홍수 규모 이상일 경우

(4) **방류량 통보**

피해 예상 시 하류 주민에게 경고 방송

5. 수문 조작

본 댐, 조정지 댐의 여수로 수문은 보통의 경우 폐쇄한다.

6. 기타 점검 및 조사 측정

(1) 각종 예·경보 시설 관리

(2) 최적화 기법 관리

7. 결론

본 댐과 조정지 댐의 최적화 운영기준 및 관리 시뮬레이션 개발 등 종합적인 홍수관리가 필요하며, 관리상 시행착오가 없도록 한다.

5 댐 기초처리의 목적, 고려사항, 공법의 종류, 시공순서

1. 개요

(1) Grouting의 목적은 기초지반의 개량, 차수성 증진, 균질화, 지지력 증대이다.

(2) 그라우팅의 종류는 그 목적에 따라 일반적으로 Curtain Grouting, Consolidation Grouting, Blanket Grouting 및 기타 특수 Grouting 등으로 나눈다.

2. Grouting의 목적

(1) 기초지반의 개량

(2) 기초지반의 차수성 증진

(3) 기초지반의 균질화

(4) 기초지반의 지지력 증대

(5) 기초지반의 내하력 증대

3. Grouting 계획 시 고려할 사항

(1) 지형 및 암반의 단단함이나 균열상황 등의 지질조건

(2) 댐의 형식과 규모

(3) Grouting을 해야 할 범위와 공간격

(4) 주입압력, Grout의 배합 및 시공설비

(5) 주변 지역으로의 Grout 누수 방지

(6) 주입순서와 시공관리

4. Grouting 공법의 종류

(1) Curtain Grouting

① 기초 암반의 누수를 방지하여 차수성 증진(지수효과를 기대)

② 저수지 물이 기초 암반 내의 공극을 통하여 하류로 유출되는 침투수를 제어

③ 시공구간은 코어 중심 또는 댐 중심부에 실시

(2) Consolidation Grouting

① 기초 암반의 비교적 얕은 부분의 절리 충전

② 기초 암반의 강도와 수밀성 증가

③ 댐과 기초 암반 접착부 사이의 변형 감소

④ 시공구간은 기초면에 전면적으로 실시

(3) Blanket Grouting

① 기초의 표층으로 흐르는 침투류를 억제

② Curtain Grouting에 앞서 시공되며, 커튼 그라우팅의 양측에 비교적 얕은 그라우팅을 실시

③ 시공구간은 암반이 풍화되거나 터파기로 심하게 파쇄된 곳

④ Consolidation Grouting과 Curtain Grouting 사이에 시공

(4) Rim Grouting

댐의 Abutment 또는 저수지 주변에 차수대를 연장하기 위해서 실시

(5) Contack Grouting

암반 위에 콘크리트 타설 후 콘크리트와 암반부 사이의 공극을 충전

(6) 특수 Grouting

필요하다고 생각되는 부분에 임시로 시공하는 것

5. 일반적인 Grouting 시공순서

(1) 시추조사 및 수압시험 : 대상 암반에 대한 지하 지질 단면도 및 Lugeon Map 작성

(2) Grouting 계획 수립

(3) 시험 Grouting 및 평가공 시행 : 한계압력 산정

(4) Grouting 계획의 적합성 판단 : 계획 확정

(5) 본 Grouting 시행 : 압밀공 시행 후 차수공 시행

(6) 검사공 시행 : 대상 지반의 개량 여부 판단, 필요시 추가공 시행

(7) 공사기록 정리 : 지하 지질단면도 작성, Lugeon Map 작성

6. 댐 기초 시공 시 문제점 및 처리대책

(1) 발판에 의한 균열발생이 적은 공법 채택

(2) 투수시험을 통해 적정한 주입압력 유지

(3) 기초지반과 제체의 접착면은 Cap콘크리트 타설 시공

(4) 단층, 불량암반은 치환공법 병행 시공

7. 결론

(1) 댐 기초 터파기 공사는 기초 암반에 손상이 가지 않도록 안전하고 경제적인 공법을 선정한다.

(2) 기초 지반의 개량을 위하여 기술적 측면과 경제적 측면에서 합리적인 계획을 수립해야 하며, 시공과정에서는 철저하게 관리하고 시공 완료 후에는 확인점검을 실시하여야 한다.

1 유수전환시설 규모 및 방식, 대상 홍수량

1. 일반사항

(1) 댐 공사기간 중 하천의 유수를 분류시킴으로써 댐 건설공사가 지장을 받지 않도록 하는 시설을 말한다.

(2) 유수전환 시설규모는 소요경비와 예상 피해규모를 적절히 조화를 이루도록 하고, 다음 사항을 종합적으로 고려하여 결정한다.

　① 댐지점의 홍수특성

　② 유수전환 대상홍수량 규모

　③ 상류 기존댐의 존재 여부

　④ 수질오염 통제의 필요성

2. 유수전환시설의 설계홍수량 선정 시 고려사항

유수전환시설 공사비와 이 시설이 없을 경우에 예상되는 피해를 규모별로 비교하여 가장 경제적인 규모를 선택한다.

(1) 댐 건설기간

(2) 홍수 시 공사 중이거나 부분 완공된 공사의 파괴로 인한 예상 피해액 규모

(3) 공사지연으로 인해 발생하는 총피해액 규모

(4) 유수전환시설의 파괴가 댐 현장 작업자와 하류 주민의 안전에 미치는 영향

3. 유수전환방식의 선정

공사비와 시설파괴 위험도 사이의 적정점을 찾아 최적의 규모로 계획

(1) **고려사항**

　① 하천유량

　② 댐 지점의 지형, 기초지질, 하상퇴적물의 두께와 양

③ 댐 형식 및 높이

④ 방류, 취수설비 등 타 구조물과의 관계

⑤ 가물막이와 가배수로의 관계

⑥ 사업의 긴급성과 하류의 안정성

⑦ 댐 건설기간과 가배수로의 통수시기

⑧ 가물막이 월류 시 피해 규모

(2) 가물막이 방식

댐 지점의 지형, 지질, 하상상태, 홍수량 크기, 공사 규모 등을 고려하여 경제적이고, 안정한 방식을 선정한다.

① **전면 가물막이(가배수터널과 연계시공)**

    ㉠ 댐형식에 관계 없이 하폭이 좁은 곳에 적합

    ㉡ 하천수를 가배수터널로 전환하기 위해 댐 지점 상하류의 하천유로를 전부 물막이하여 하천수 차단

    ㉢ 우회수로로 처리하기 어려운 경우 제체 내 가배수로 설치

② **부분 가물막이**

    ㉠ 하폭이 넓고 하천유량이 많은 곳에 적합

    ㉡ 단계적 가물막이 설치방식(콘크리트 중력댐에서 많이 채택)

    ㉢ 하도가 좁은 경우에 적용하면 홍수 시 댐의 수위에 의하여 댐 높이를 높여야 하므로 주의

4. 유수전환 대상 홍수량

댐 지점에서 예상되는 홍수의 특성, 공사기간, 댐 형식, 공사 중 홍수로 인한 예상피해액의 규모 등을 고려하여 결정한다.

(1) 필댐

① **월류 시 중대한 피해예상** : 20~25년 빈도 홍수량

    (비홍수기간 중에 시공할 수 있는 소규모 댐 : 5~10년 빈도 홍수량)

② **월류 시 큰 피해 없는 CFRD** : 2~5년 빈도 홍수량

    (Fill Dam : 소규모 5~10년, 대규모 : 20~25년 빈도)

(2) 콘크리트 댐

① **월류 시 큰 피해가 없으므로** 1~2년 빈도 홍수량

5. 유수전환방식 분류

(1) 전면 가물막이

① 하폭이 좁으면 댐의 형식에 관계없이 가장 적합하다.

② 하천 상·하류를 전면적으로 막고 한다. 유수를 가배수터널로 전환한 다음 기초굴착과 제체공사를 실시한다.

   ㉠ 특징
  - 하천만곡−가배수터널 횡단 유리
  - 가배수터널 완공 후 방수로(여수로) 전환 가능
  - 가물막이댐 마루−공사용 도로 이용
  - Fill Dam의 경우 가물막이댐을 본 댐의 일부로 이용 가능
  - 전면적 기초굴착이 가능
  - 국내 대다수 댐에 적용

(2) 부분 가물막이

① 하폭이 넓은 경우에 적용한다.

② 하천의 한쪽 가물막이 설치 공사를 하고, 다른 쪽 하천수를 흐르게 한다. 그런 다음 축조된 제체 내에 제내 가배수로로 유수를 전환한다.

   ㉠ 특징
  - 콘크리트댐 하구언에 적용
  - 번집형 가물막이공법 : 팔당댐
  - 대청댐

(3) 개수로식 가배수

하천유량이 적고, 하폭이 넓은 경우에 적합하다. 하천의 한쪽에 개수로를 설치하여 유수를 전환한다.

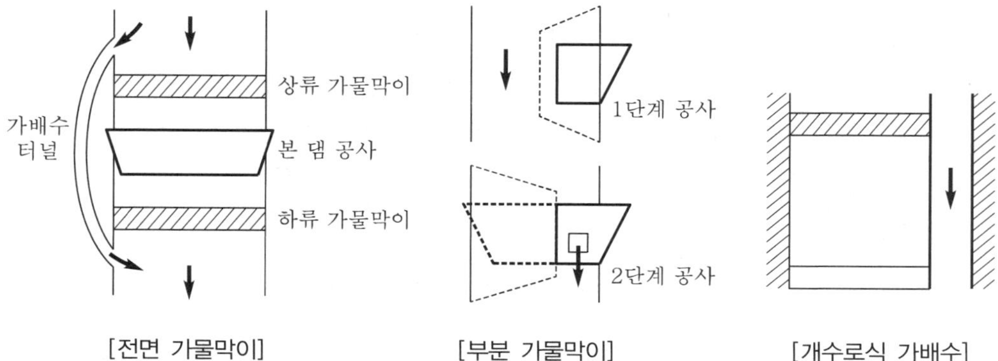

6. 설계 시 주의사항

(1) 유수전환시설은 건설공정을 좌우할 정도로 중요하며, 건설공사비에도 큰 영향을 미친다. 따라서 소요경비와 피해위험 잠재성 등을 비교하여 가장 경제적인 규모를 결정한다. 리스크 분석(Risk Analysis), 경제성 분석(VEILCC)을 실시한다.

(2) 가물막이댐과 가배수로 : 경제적인 조합을 이용하고, 최적 규모를 결정한다.

(3) 설계 배수능력 부족 등으로 공사에 지장을 주지 말아야 하며, 상·하류 하천에 영향이 없도록 고려한다.

(4) 최근 이상 홍수가 빈번하게 발생하므로 설계홍수량 상향조정 등 안전율을 높이는 방안을 검토한다.

(5) 합리적 설계를 위해 초기 단계인 조사에서부터 충분히 고려한다.

7. 세부 시설물 계획

(1) **가물막이**

　① **공사시기** : 갈수기에 가급적 단기간
　② **홍수규모 결정** : 공사비와 예상피해액 등을 비교하여 가장 경제적인 규모로 결정
　　㉠ 콘크리트댐 : 연 1~2회 빈도 홍수량
　　㉡ 필댐 : 큰 피해예상 20~25년, 소규모 댐 5~10년
　　㉢ CFRD : 2~5년 (※최근 장흥댐 등 2년 빈도 채택−방수로 등의 관리를 통해 2년 가능)
　③ **상류 가물막이 높이** : 상류 설계 수심 + 0.5m 여유고
　④ **하류 가물막이 높이** : 상·하류 가물막이 동시 월류, 하류역 유입 방지
　⑤ 가물막이 본 댐의 일부로 구성하는 것이 경제적

(2) **가배수터널**

　① **단면형** : 원형, 표준마제형
　② **수로경사** : 전 구간 단일 경사
　③ **평면곡선** : 곡률반경 터널직경의 10배 이상
　④ **소요 개수** : 2개 이상 복수

8. 최적 규모 결정 절차

① 유수전환방식 결정 → ② 유수전환 대상 홍수량 결정 → ③ 가배수로 출구부 수위−유량곡선식 산정 → ④ 저수지 홍수추적+수리 검토 → ⑤ 가물막이, 가배수로 여러 규모 도출 → ⑥ 경제성 분석 통해 최적 규모 결정

이상을 그림으로 나타내면 다음과 같다.

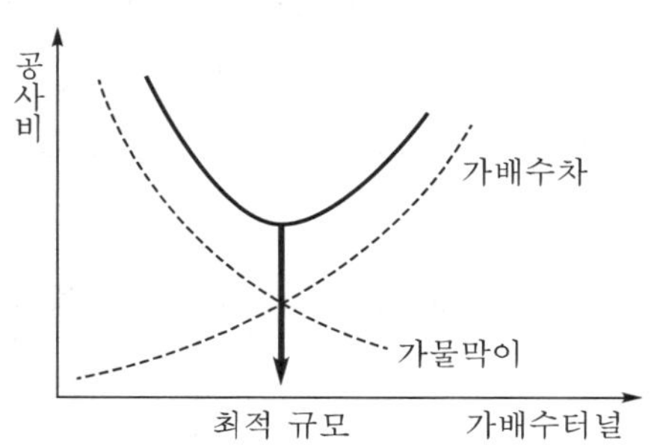

2 가물막이댐의 설치시기 및 높이와 형식 선정

1. 가물막이댐

공사기간 중 하천유수 분류 → 댐 건설공사에 지장이 없도록 한다.

(1) 가물막이와 가배수로

① 가배수로와 연계하여 유수전환이 가능하게 하고, 가장 합리적이고 경제적인 조합이 되도록 한다.

② 가물막이 둑마루를 높여 저수용량을 늘리고, 가배수로 수두를 높여 가배수로 단면의 축소 가능

(2) 가물막이 위치

① 댐 지점의 지형 및 지질−제약받음

→ 댐본체 공사 작업상 확보할 수 있는 곳을 선택

② 댐본체와 거리가 너무 멀면 가배수터널 길이 너무 길어짐.

→ 상하류 가물막이 사이의 자유역에서 발생하는 우수 배제대책 고려

2. 가물막이 설치시기

(1) 갈수가 예상되는 시기를 선택하고 단기간에 설치

(2) 갈수기에 시공이 불가능한 경우 시공계획을 신중히 검토하여 공기단축

(3) 갈수기간, 지형 지질 공기 제한 → 전제 시공계획 고려하여 종합적으로 판단

3. 가물막이 높이

(1) **상류 가물막이 높이** : 가배수로 입구 측 설계수위+약간의 여유고

    ① 가배수로 입구 측 설계수위 : 유입설계홍수량, 가배수로 터널단면 및 홍수조절능력, 터널 입출구 손실수두, 터널 자체의 마찰손실, 만곡손실 등 고려

    ② 여유고 : 0.5m 이상

(2) **하류 가물막이 높이** : 출구 측 하천수위로 하되 홍수 시 상하류 가물막이 월류가 동시에 발생하도록 결정

4. 가물막이 형식

(1) **설계홍수량, 지형, 하천경사, 하상퇴적물의 깊이와 종류, 시공기간 및 가물막이 재료 등을 고려하여 결정**

    ① 콘크리트 가물막이

        ㉠ 중력식 무근콘크리트, 옹벽식 철근콘크리트

        ㉡ 하류 측 콘크리트 가물막이는 월류로 인해 수압이 상·하류면에 교대로 받음. 중력식 형태로 계획

    ② 흙댐 또는 사력댐 가물막이

        ㉠ 월류 시 파괴 우려됨. 가물막이 사면을 콘크리트 혹은 아스팔트로 피복하거나 사력층 표면을 철사망으로 처리

        ㉡ 지수(止水)형식 : 중앙콘크리트 지수벽, 점토코어령 지수벽, 강판 지수벽, 약액주입(Chemical Grouting)

(2) **상류 가물막이**

    흐름을 막아 가배수로로 전환

    ① 하류 가물막이 : 유출구를 통해 방류 시 댐본체 공사현장 내에 역류하지 않도록 간단한 구조로 계획(본체의 일부가 될 가능성은 없음.)

(3) **가물막이는 보통 1, 2차 단계로 구분하여 설치**

    1차 가물막이(대상 평수위)는 2차 가물막이댐을 시공하기 위해 설치

(4) 가물막이의 제체규모가 클 경우 댐본체의 일부로 설계한다.

댐본체와 같은 시방에 의해 시행

※ 15m 초과할 경우 댐본체 설계에 준한다.

3 유수전환방식 선정 시 고려사항

1. 개요

(1) 댐건설공사 중 하천의 유수를 처리함으로써 공사가 지장을 받지 않도록 하는 시설

(2) 공사기간 동안 유수처리를 통해 공사구간의 부지 확보

(3) 댐 하류지역의 유지용수 확보 및 기득수리권 보장

(4) 댐 완공 후 댐시설의 일부로 전용 가능

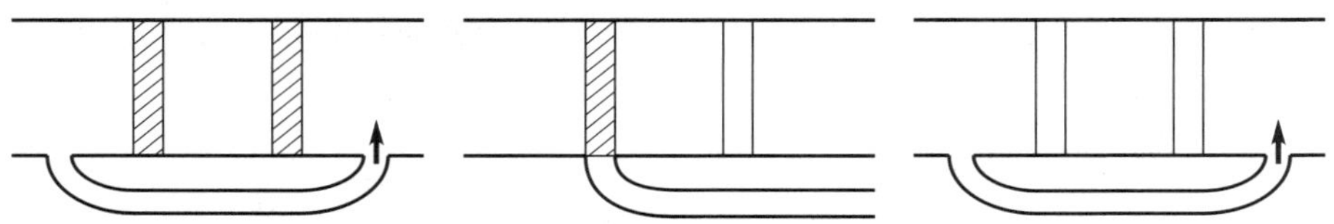

2. 유수전환방식

(1) **전 체절방식**

① 가물막이댐 + 가배수터널 이용

② 좁은 하천의 협곡(Short Cut)이 가능한 지형

③ 공사기간 동안 전체절 후 터널을 통해 전량 배제

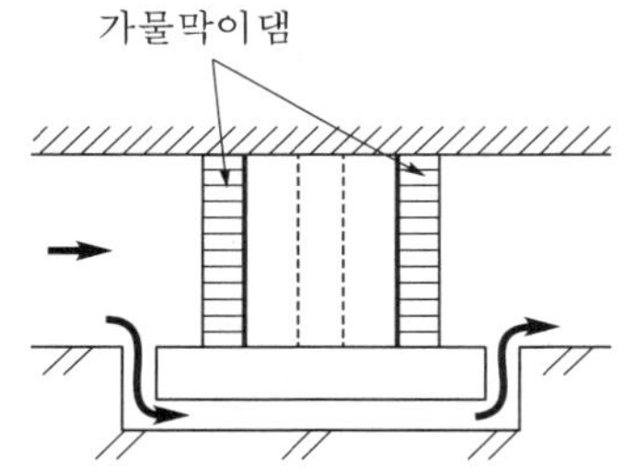

(2) **부분 체절방식**

① 하폭의 일부를 가물막이 축조 후 일부 공정 진행(1단계)

② 1단계 공사완료 후 가배수암거 또는 제체 내 가배수로를 통해 유수전환후 나머지 공정 진행

③ 하폭이 넓고, 유량이 적은 지점에 유리

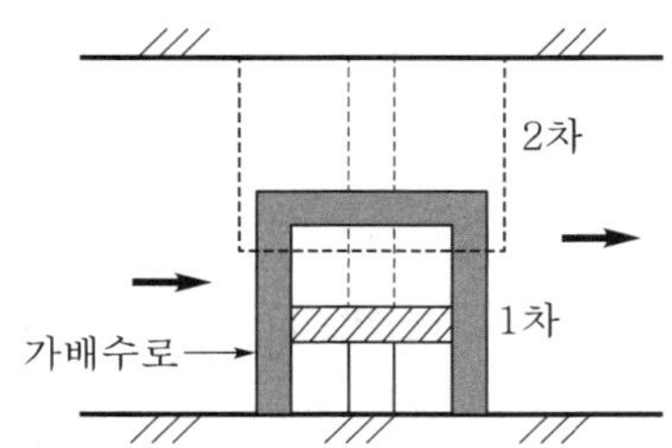

(3) 단계별 체절방식

① 콘크리트댐 축조 시 타설목적에 따라 낮은 블록으로 홍수를 처리하는 방식

② 댐체 내 가배수로(방류관) 이용

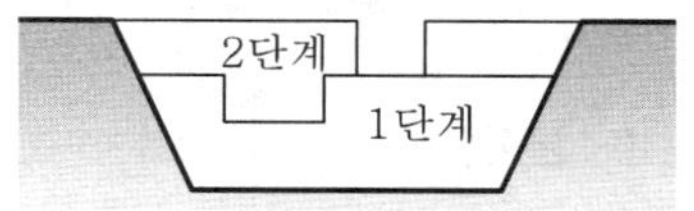

3. 방식 선정 시 고려사항

(1) 주변 현황

① 댐지점의 홍수특성, 유수전환 유량 규모

② 수질오염 통제

③ 상부 댐 존재 여부

(2) 규모 선정 시 고려사항

① 하천유량, 댐형식, 지형지질

② 방류 및 취수구조물 관계

③ 댐공기와 가배수로 특수기간

④ 가물막이 월류 시 피해 정도

⑤ 사업의 긴급성, 하류 안정성

(3) 홍수량

① 콘크리트 댐 1~2년 빈도 홍수량

② 필 댐 : 2~25년 빈도 홍수량(소규모 : 2~5, 중규모 : 5~10, 대규모 : 20~25년 빈도)

4. 장·단점

구분	장점	단점
1. 전 체절방식	① 전면적 기초공사 가능 ② 가물막이 마루 → 공사용 도로로 이용	① 공시기간 과다소요 ② 공사비 고가
2. 부분 체절방식	① 공기단축 ② 공사비 저렴 ③ 콘크리트 중력식 댐에서 많이 채택	① 기초굴착 필요 ② 기초전면 그라우팅 불가 ③ 댐 본체의 축제공정 제약
3. 단계적 체절방식	① 공기단축 ② 공사비 저렴 ③ 넓은 하폭에 적용	① 전면적 기초굴착 불가능 ② 댐 본체의 축제공정 제약 ③ 유량이 많을 경우 적용 곤란

4 비상대처계획(EAP) 수립 시 고려사항

1. 목적

(1) 자연현상으로 인한 대규모 인명·재산 피해가 우려되는 댐, 다중시설물, 해안지역의 시설물은 지역의 관리주체가 수립

(2) 비상상황 발생 시 대상 지역의 생명과 재산손실 최소화

(3) 효율적인 대처계획 수립 및 모의훈련 등에 필요한 기초자료 제공

2. 대상

(1) 내진설계대상시설물

(2) 해일, 하천범람, 호우, 태풍 등으로 피해가 우려되는 시설물

① 해일피해발생지역

② 해일, 하천범람, 호우, 태풍 등으로 피해가 우려되는 시설물로 중앙본부장과 지역본부장이 고시한 시설물 또는 지역

(3) 댐 및 저수지

① 다목적댐

② 발전용 댐

③ 그 외 총 저수용량 30만 m^3 이상 댐

3. EAP에 포함되어야 할 사항

(1) 해일, 하천범람, 호우, 태풍 등 피해 우려 시설물

① 경보(순서도)

② 비상연락망

③ 비상시 행동요령

④ 비상대피계획

⑤ 이재민 수용계획

⑥ 재해지도

⑦ 대피 시뮬레이션

⑧ 유관기관과의 공동대응체계

(2) 댐 및 저수지

① 댐, 저수지 정보 → ② 하류부 영향평가 → ③ 비상상황 관리계획 → ④ 응급조치 계획 → ⑤ 재해구호 및 지역안정계획 → ⑥ EAP 실습 / 훈련 → ⑦ 홍수 모의 및 범람지도 → ⑧ 주민 대피로 및 구호활동로

4. 해일 EAP

(1) 수립과정

① 환경분석 → ② 현황분석 → ③ 취약요인 도출 → ④ EAP 수립

(2) 재해정보도

① 침수정보, 대피정보, 대피경로 등 각종 정보를 지역주민이 알기 쉽게 도면으로 표시

② 활용목적별 분류 : 대피활용, 방재교육, 방재정보

(3) 지진 해일 발생조건

① 규모 6.0 이상 해저 지진

② 진원 깊이 60km 이내

③ 수직 단층운동

5. 댐, 저수지 EAP

(1) 댐 붕괴조건 시나리오

① 극한 홍수조건 : PMP 조건

② 지진 조건 : MCE(최대발생가능지진) 조건

(2) 위기관리 4단계(극한홍수조건 시)

① 관심단계 : FWL 초과 예상(점검, 정비, 전파)

② 주의단계 : PMF 발생 예상(전파 붕괴 방어)

③ 경계단계 : PMF에 의한 월류 징후(경고, 준비, 대응)

④ 심각단계 : PMF에 의한 월류 발생(대피, 긴급구호)

(3) 응급복구의 단계별 조치

① 초기단계 : 긴급복구반 투입, 피해발생 원인 및 상황보고

② 실시단계 : 신속복구, 피해확산방지, 항구복구계획 수립

③ 마무리단계 : 피해 재발 여부 판단, 응급복구시설의 관리 감독

6. 결론

(1) EAP는 5년마다 보완 및 갱신한다.

(2) EAP 수립대상 시설물 또는 해당지역 관리주체는 EAP 수립 시 관할지역본부장과 사전 협의한다.

(3) EAP 수립 및 유지관리로 주민의 생명과 재산을 보호하는 재해대응시스템을 마련한다.

5 비상대처계획(EAP)의 작성방법과 실무

1. 개요

(1) 정의

재난 발생 시 국민의 생명과 재산피해를 최소화하기 위해 시설물 또는 지역의 관리주체 및 유관기관이 발생 가능한 비상상황을 미리 예측하고 대응조치를 신속하고 효율적으로 집행할 수 있도록 수립한 재난대처계획을 말한다.

(2) 필요성

① 댐 및 저수지와 같이 대규모로 물을 저류하는 수공구조물은 붕괴 시 피해는 예상할 수 없을 정도로 큼.

② 댐 붕괴로 발생하는 홍수파 해석 및 홍수범람도 작성 필요

③ PMP, MCE 등의 극한조건 시 댐 붕괴 → 결과 예측 → 피해최소화 대책 수립

(3) 목적

① 비상대처계획 수립의 의무화

② 모의훈련에 필요한 기초자료의 체계적 제공

2. 비상대처계획 분류

(1) 댐 및 저수지 EAP

(2) 풍수해 EAP

(3) 지진 EAP

3. 관련법에 따른 수립대상시설물

(1) 하천법 제26조

댐에 대한 비상대처계획을 세운다.
① 다목적댐
② 발전용 댐
③ 총저수용량 30만 톤 이상인 댐

(2) 자연재해대책법 제37조

① 내진설계대상 시설물
② 해일, 하천범람, 호우, 태풍 등으로 피해가 우려되는 시설물
③ 붕괴위험이 있는 댐 및 저수지
   ㉠ 다목적댐
   ㉡ 발전용 댐
   ㉢ 총저수용량 30만 m^3 이상인 댐
   ㉣ 노후화 등으로 붕괴가 우려되는 댐

(3) 농어촌정비법

농업기반시설에 대한 비상대처계획을 수립한다.
① 총저수용량 100만 톤 이상인 저수지
② 포용조수량 3만 톤 이상인 방조제

4. 비상대처계획 수립

(1) 수립절차(7단계)

① 기초자료 조사 → ② 시나리오 구성 → ③ 댐 홍수 해석 → ④ 홍수범람도 작성 →
⑤ 위험구역 설정 → ⑥ EAP 수립 → ⑦ 비상대처계획도 작성

(2) 포함되어야 할 사항

① 댐 및 저수지 일반 정보

② 하류하천, 유역의 개요

③ 붕괴 위험성 평가 및 홍수류 해석

④ 비상상황 시 정보취득 빛 보고방법

⑤ 관계기관별 책임 임무 비상발령 상황관리체계

⑥ 주민대피계획 및 위험지역 교통통제

⑦ 응급의료활동 및 생필품 공급

⑧ EAP의 실습 및 훈련

⑨ 홍수 모의 범람지도

⑩ 주민대피로 및 구조활동로

⑪ 기타 추가피해방지 등 비상대처를 위해 필요한 사항

(3) EAP 활용

① 교육 및 훈련

② 홍수보험제도

③ 홍수예경보 및 대피

④ 댐 유지관리계획

⑤ 토지이용계획 및 설계

⑥ 댐 위험도 분류 및 안전도 확보

5. 결론

(1) EAP는 관계법에 의해 수공, 농어촌공사, 지자체 등에서 수립

(2) EAP 공개 시 지가하락, 주민불안전성 등의 사유로 현재 미공개

(3) 비상상황에 대비하기 위한 전문인력 배치 및 교육 필요

6 다목적댐의 홍수조절방식(홍수 시 댐의 운영방식)

1. 개요

(1) 다목적댐은 이수, 발전 외에 홍수조절을 통해 댐체의 안정성과 하류 하천의 홍수피해 방지의 역할을 수행

(2) 홍수조절 계획 시 하류하천은 첨두홍수량을 대상으로 계획되며, 댐의 경우는 계획수문 곡선을 대상으로 계획된다.

2. 홍수조절용량 산정

(1) 저수지 홍수추적법 이용

(2) 연속방정식 및 저류방정식

$$\frac{I_1 + I_2}{2}\Delta t - \frac{Q_1 + Q_2}{2}\Delta t = S_2 - S_1$$

(3) 저류량(S)-유출량(Q) 관계를 이용하여 '저류량 지시곡선' 작성

(4) $S - Q$ 관계는 댐 내 $H - V$곡선과 수위별 방류량($Q = CLH^{3/2}$) 관계 이용

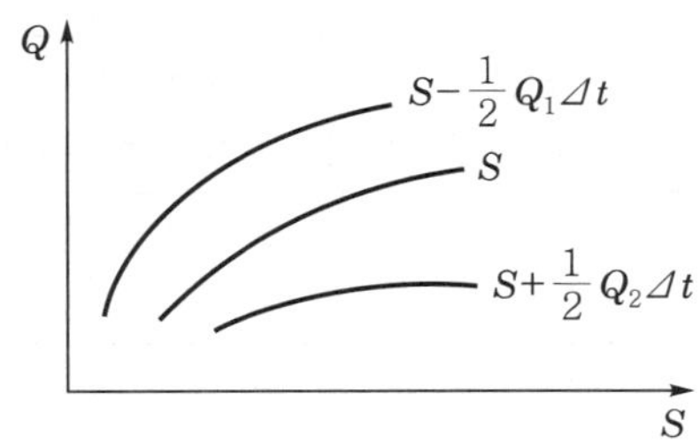

저류량 지시곡선 : $\dfrac{Z_1 + Z_2}{2}\Delta t + \left(S_1 - \dfrac{1}{2}Q_1\Delta t\right) = S_2 + \dfrac{1}{2}Q_2\Delta t$

3. 홍수조절방식(모의운영기법 vs 최적화 기법)

(1) 모의운영기법(ARTS)

운영기법	장 · 단점
1. Auto Rom 전량 저류 농업용 댐	① 일정 용량 혹은 목표수위까지 홍수량을 전량 저류하다가 일시에 수문을 개방하여 전량 방류 ② 댐의 안전만을 고려하여 하류의 홍수피해 가중 ③ 댐의 용량을 적절히 활용하지 못하는 단점이 있으나 조작측면에서는 간단
2. Rigid Rom 일정률－일정량 다목적댐	① 일정률－일정량 방식 [일정률 방식]　　[일정량 방식]　　[일정률－일정량 방식]

운영기법	장·단점
2. Rigid Rom 일정률-일정량 다목적댐	② 첨두홍수 도달 전까지는 일정률로 방류하다가 첨두홍수 도달 시 방류량을 일정하게 방류 ③ 댐의 홍수조절용량 활용 측면에서 효율적 ④ 다목적댐 설계 시 주로 이용
3. Technical Rom 미리 예측	① 수문상황을 미리 예측하여 상황에 맞게 탄력적으로 운영 ② 가장 최적의 기법이나 수문상황의 변동성을 예측하기 어려워 운영상의 어려움 내재
4. SRC Rom 여수로 조작곡선 (홍수조절용 댐)	① 설계 당시 설정된 여수로 조작곡선에 따라 운영(Spillway Rule Curve) ② 조작이 간편하여 최근에는 홍수조절용 댐에 주로 이용 ③ 계획홍수 이하에서 방류 ④ 홍수조절 효과는 크지만 이수에서 불리

(2) 최적화 기법

1. 최적화 기법 ※ 댐군의 연계운영일 경우(수문상황의 불확실성)	① LP(Linear Program)법 ② NLP(Non-Linear Program)법 ③ DP(Dynamic Program)법 ④ 수문상황의 불확실성으로 인해 실제 홍수조절을 최적화로 운영하기는 어려움

4. 결론

(1) 홍수조절은 "① 댐의 안정성 측면과, ② 하류 하천의 홍수피해 최소화를 모두 보장"하여야 하나 기상이변에 따른 댐 안정성 문제가 대두되고 있다.

(2) 국내의 단일 댐 운영은 최근에 기상변동에 대한 한계에 봉착되었으며, 댐의 연계운영을 통한 최적기법이 필요하다.

(3) 관리주체의 단일화, 제도적 보완을 통해 최적의 연계운영이 필요하다.

7 침사지(Desilting Basin)의 종류 및 규모 결정방법

1. 정의

개발지역에서 침식되어 유송되는 토사를 자연적 혹은 강제로 침전·퇴적시킬 목적으로 만든 저류시설을 말한다.

2. 목적

(1) 유출토사나 쓰레기 등 이물질을 침전시켜 준설 제거

　　→ 오염부하량의 제거 역할 및 홍수피해 저감

(2) 저류지 상류에 설치하여 토사퇴적 감소

　　→ 저류지 용량 감소방지

3. 분류

분류	특징
1. 목적별	① 환경침사지 : 수질보전 ② 재해방지침사지 : 토사재해방지
2. 기능별	① 간이침사지 : 현장임시방편, 둑높이 1.5m 이하 ② 임시침사지 : 공사기간 중 사용 ③ 영구침사지 : 공사 중 침사지, 공사 후 저류 경관 등 다목적 이용
3. 저류개념	① 완전저류 : 비교적 적은 호우 시에는 완전저류, 큰 호우에는 비상여수로를 통해 월류. 소규모 배수구역에 적합 ② 흐름저류 : 침사지 내 천천히 흐르는 상태에서 유사가 침전 → 큰 재현기간 호우사상, 큰 배수구역 적합

4. 침사지 구성

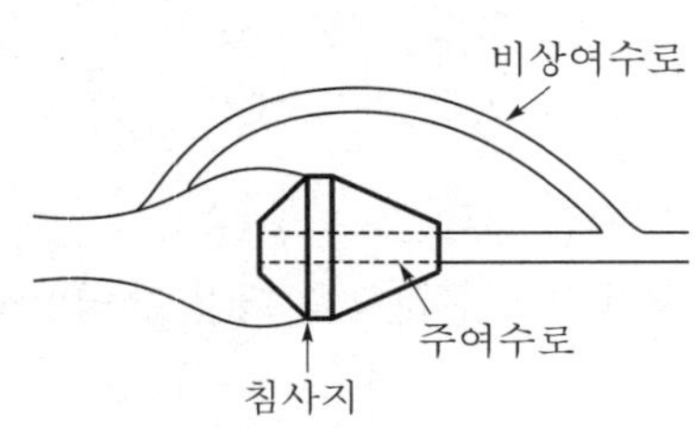

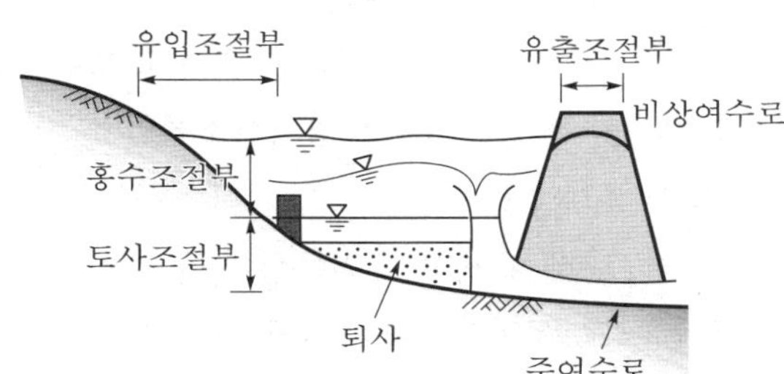

구분	주요 내용
1. 유입조절부	① 유입홍수량의 와류 혹은 쏠림현상 방지. 유량을 골고루 배분시켜 침전 효율 증대 ② 가로벽(수중소단, 웨어) 설치
2. 홍수조절부	① 홍수를 조절하는 역할을 하는 공간
3. 토사조절부	① 침전부 : 유입홍수량을 잔잔하게 하여 침전 유도 ② 퇴사저류부 : 침전된 토사의 저류공간
4. 유출조절부	① 침사지 수위 혹은 유출량 제어 ② 주여수로, 비상여수로 등

5. 침사지의 소요용량 결정방법

(1) 유입토사량(토양손실량) 산정방법

① 원단위법

 ㉠ 경험자료를 이용하여 단위기간, 단위면적에서 발생하는 토사유출량 원단위를 이용하는 방법(일본 제시)

 ㉡ 특징

  • 지표상태 다양하지 않음.

  • 유역특성 고려되지 않음.

  • 신뢰성 부족

② USLE / RUSLE

 ㉠ USLE : 1ha 이하 소규모 농경지 토양유실 추정

 ㉡ RUSLE : USLE 공식형태 유지. 각종 인자의 산정방법 개선

$$A = R \times K \times L_S \times V_M$$

 여기서, A : 단위면적당 토양유실량(t/ha)

    R : 강우 침식인자

    K : 토양 침식인자

    L_S : 지형인자(L : 침식경사면 길이, S : 침식경사면 경사)

    V_M : 토양침식조절인자

③ 비유사량법

 ㉠ 당해 유역과 유역특성이 유사한 유역에서 추정된 비유사량을 당해 유역면적비로 토사침식량을 추정하는 방법

 ㉡ 토사유출량＝토사침식량×유사전달률

(2) 침사지 규모 결정

구분	규모 결정방법
1. 상류 유역 토양침식량	① RUSLE 이용(긴 경사면, 급경사적용성 낮음) ② 침식량 실측(계측유역) ③ 상부 저수지 실측량
2. 침사지 퇴적량	퇴사량(m^3)=유역토양손실량(ton)×유사전달률 　　　　　×침사지포착률/퇴적토 단위중량(ton/m^3) ① 유사전달률－생산토사량과 유출토사량비(%) 　　　　　－TRB 유사전달률 공식 이용 ② 침사지포착률－유입유사량과 퇴사량비 　　　　　－Brown, USBR곡선식, Crim식 등 ③ 퇴적토 단위중량 : 0.05mm 이상의 모래구성비 이용
3. 최소 필요수면적	$A_s = \dfrac{\text{대상빈도 홍수량(연구저류지 50년)}}{\text{대상입자의 침강속도}}$
4. 계획수면적	$A_w = A_s \times 1.2$
5. 퇴적도 높이	H=침사지 퇴적량$\div A_w$

6. 토사저감대책

(1) 유역대책

① 개발사업 시 토양노출 최소화 및 사면보호(식생, 덮개)

② 절·성토 사면의 경사길이 단축

③ 지표수로, 식생수로 설치, 경작지 정리 등

(2) 하류하천

① 임시 및 영구저류지 설치, 침사지 용량 확보

② 퇴사 및 준설계획 수립, 저사댐 우회침사로 설치 등

7. 결론

침사지는 개발지역의 유출토사를 침전·퇴적시키는 시설물로서 개발지역의 지역현황, 개발여건 등을 종합적으로 검토하여 형식 및 규모를 결정한다.

8 홍수재해지도(재해지도)의 종류와 주요 내용

1. 개요

(1) 홍수재해 영향범위, 위험도 등 예측 : 방재시설, 피난로, 피난장소 등을 표현한 방재지도

(2) 홍수 시 주민이 신속하게 피난할 수 있도록 하는 비구조물적 홍수방어대책

2. 재해지도 종류

(1) **침수흔적도(실적도)** : 과거 침수실적을 조사하여 지도상에 표시

(2) **침수예상도(홍수범람 위험도)** : 예상되는 홍수크기, 침수범위 표시

(3) **재해정보지도(피난, 방재, 학습)**

① 피난활용용 : 홍수 시 주민피난정보 제공

② 방재정보용 : 평상시 수해대비책, 구조활동 등 방재대책정보

③ 재해학습용 : 방재교육활동용 지도, 방재인식 고양

3. 재해지도 주요 내용

(1) **홍수에 대한 위험정보** : 침수범위, 침수심과 유속, 과거침수실적정보 등

(2) **피난 및 방재정보** : 피난경로, 피난장소, 대피방법 등

4. 국내현황

우리나라 홍수재해지도는 하천법 및 자연재해대책법에 의해 제작한다.

하천법(제21조)	자연재해대책법
① 홍수피해 상황조사 ② 홍수위험지도	① 침수흔적도 ② 침수예상도 : 홍수범람위험도, 해안침수예상도 ③ 재해정보지도 : 피난활용용, 방재정보용, 교육용

5. 특징 비교

(1) **홍수위험지도**

① 침수지역 예측정보 제공, 각종 관련 계획 기초 정보 제공

② 범람원의 효율적 관리 / 도시개발계획 수립 시 활용

③ 홍수시나리오 및 지도 작성(침수심, 지속시간, 위험도 등)

④ 홍수 위험 정도 평가 주안점

⑤ 2002년 국토부에서 제작(하천정보센터에서 관리)

(2) 재해지도

① 침수흔적과 피난 및 방재활동에 필요한 정보에 주안점을 두고 제작

② 2006년 지자체별로 제작

9 풍수해 저감 종합계획

1. 정의

풍수해에 안전한 지역을 만들기 위하여 도입하는 공간적 개념의 종합적인 계획으로, 지역 안전도 진단 등을 거쳐 지자체의 장이 수립한다. 하천 중심의 재해저감대책의 한계를 극복하고자 마련한 제도이다.

2. 목적

(1) 방재시설물을 보강하여 피해를 최소화함

(2) 상습적인 재해취약요인 해소

(3) 풍수해로부터 위험을 극소화하여 안전한 지역사회 구축

(4) 법적 근거 : 자연재해대책법 제16조 : 5년마다 시장, 군수 등이 수립

※ 지역안전도 평가, 위험지역 침수 분석 → 재해위험도 → 풍수해 저감 단위지구 설정 → 저감대책 수립 → 투자 우선순위 결정

3. 풍수해 저감 단위지구

(1) 풍수해 위험지구 : 풍수해가 발생할 위험이 있는 지역

(2) 풍수해 저감 단위지구 : 풍수해 위험지구에 풍수해 발생원인을 제공하는 지역을 의미

(3) 임시 처방보다 재해원인을 저감시키는 지역, 즉 풍수해저감 단위지구가 핵심임.

4. 풍수해 저감 종합계획

※ 기초조사 → 재해위험도 → 풍수해 저감 단위지구 → 저감대책 → 투자 우선순위

(1) **기초조사** : 일반현황, 풍수해특성 조사, 관련계획 조사

(2) **재해위험도**

① 과거 피해수위 분석 → 지구별 피해원인 분류(유형별, 지역별)

→ 각각의 재해위험도 분석

② 분석내용 : 홍수재해, 폭풍해일, 토사유출, 산사태, 급경사지 및 축대 붕괴, 시설물
재해

(3) **풍수해 저감 단위지구 설정**

① **공간특성** : 수계단위지구, 소단위지구, 전 지역

② **유형별** : 침수, 우수유출, 토사유출, 산사태위험, 붕괴위험, 해일범람, 풍해위험지
구 등 구분

(4) **풍수해 저감대책**

① **수계별 풍수해 저감대책** : 설계빈도 상향, 홍수재해지도 제작 등

② **소단위 지구별 저감대책** : 빗물펌프장, 하수관거개량 등

③ **전 지역 저감대책** : 사업개발로 인한 우수유출량 저감대책

구조적 대책	비구조적 대책
① 하천재해 저감계획 ② 산사태 및 토사유출재해 저감계획 ③ 풍해 저감계획 ④ 내수침수 저감계획 ⑤ 폭풍, 해일재해 저감계획 ⑥ 시설물재해 저감계획	① 홍수터 관리 ② 각종 재해지도의 작성 및 활용방안 　제시 　※ 홍수터 관리, 각종 재해지도

(5) **투자 우선순위**

① 다기준의사 결정법에 의해 수행

② 경제적 측면 외에 정책적 측면에 의한 평가

5. 결론

(1) 풍수해저감종합계획에는 지역안전도 진단이 선행되어야 함.

(2) 지자체에서 반드시 수립하도록 장려할 수 있는 제도 개선

(3) 사업시행 촉진 근거로 활용

(4) 관련계획과의 조정 및 연계(유역종합치수계획, 하천기본계획)

(5) 사업재원 마련 필요

10 장갑화(Armoring) 현상

1. 장갑화 현상 정의

댐 건설 직후에는 댐의 하류 하상이 저하되지만 결국에는 하상 저하가 저지되는 현상을 말한다. 즉 댐 건설 직후 하류 하상 저하 → 하상 저하 저지(∵ 유사 차단 → 공급량 감소)

2. 발생 이유

(1) 댐 축조 직후에는 저수지에 의한 유사의 차단으로 유사유송량에 비해 공급량이 적어 세굴되어 하상 저하되지만, '흐름의 선택적 침식'에 의해 하상세립자가 세굴 유하되면서 하상의 토사입자가 점점 굳어져 세굴로부터 보호됨.

(2) 절대적인 것은 아니며 큰 유량의 경우 장갑화가 깨져 세굴되기도 함.

3. 관련 연구

(1) **Gessler** : 하상장갑화 연구, Shields 한계조건 이용, 모든 입자가 이동하는 것이 아니라 50%만 이동

(2) **HEC-6** : 하상장갑화 모의 가능, 완벽한 모의는 아님.

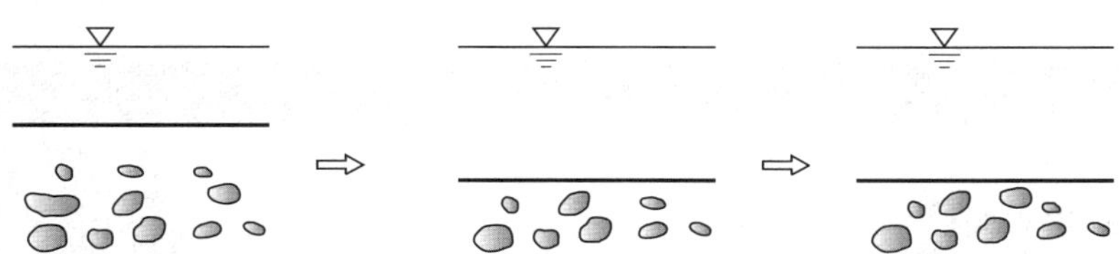

11 홍수피해 잠재능(PFD ; Potential Flood Damage)

1. 배경

(1) **과거에는 면개념 치수안전도 아님**

① 하도제방, 수리구조물 설계빈도만 제시. 하천의 획일화된 치수빈도 적용

② 유역의 농촌, 도시 등 지역특성을 고려한 차별화된 안전율을 적용하기 어려움

(2) 수자원장기종합계획(2001)에서 홍수피해잠재능(PFD) 개념 도입

① 면개념 도입

② 치수특성 및 사회 · 경제적 가치판단

2. 정의

PFD는 특정 치수단위구역의 잠재적인 홍수피해의 취약 정도를 나타내는 지수

3. 목적

(1) 단위구역별 치수특성 파악 → 치수안전도 설정

(2) 단위구역 간 치수투자 우선순위 선정

(3) 대규모 단위의 치수종합계획 수립을 위한 판단지표

4. 결론

(1) PFD는 치수단위구역의 홍수잠재성과 홍수위험성을 기준으로 설정

(2) 유역종합치수계획에서의 치수안전도 설정 시 이용

(3) 사업 우선순위가 결정되어야 하나 크게 활용되지 못함.

(4) 치수경제성 분석결과와 함께 고려한다면 합리적인 결정방법이 될 것으로 판단

12 지역안전도

1. 개요(필요성)

(1) 도시화, 산업화, 이상기후 등으로 자연재난피해 대형화

(2) 피해의 종합적인 평가시스템 및 객관적인 위험도 평가 부재

(3) 지역특성을 고려한 치수방재사업 추진 및 대응계획 수립에 어려움.

(4) 이에 과거 재난피해원인, 유형, 패턴 등 파악

① 그 지역의 재난발생위험 산정

② 재난피해 저감노력 등 평가

③ 지역안전도 진단제도 도입

2. 법적 근거 : 자연재해대책법(지역안전도 진단)

3. 지역안전도 진단

(1) 지역의 재난위험 강도를 정량적·정성적으로 진단

$$지역안전도 = \frac{재난위험(재난발생확률) \times 재난피해 \ 규모(예상 \ 규모)}{재난피해 \ 저감능력}$$

(2) 산정된 피해규모 및 저감능력점수를 표준화 점수 및 변환점수로 환산하여 진단등급
1~10등급 → 매트릭스(Matrix) 기법 → 최종 지역안전도 등급 부여

4. 지역안전도 활용방안

(1) 풍수해 저감 종합계획에 대한 법적 의무 이행

(2) 풍수해보험 정착에 활용하여 방재정책 시너지 효과

(3) 풍수해보험관리 지도제작의 기초자료 활용

(4) 지역안전도 평가에 따라 지구단위 수방기준 마련 및 대책 마련

(5) 신도시 설계 및 재개발계획 반영. 방재개념을 도입한 도시건설계획을 수립

(6) 방재예산의 효율적 집행 및 방재인력의 적정 확보, 배치판단자료 제공

5. 개선사항

표준화된 평가기법 및 지표의 개발이 필요하다.

13 치수안전도의 정의와 산정방법

1. 치수안전도 정의(Flood Safety Index)

(1) 치수안전도란 홍수로부터 치수단위구역 내 인명, 자산 등을 보호하거나 피해를 저감할
수 있도록 설정한 기준안전율

$$치수안전도 = \frac{홍수방어 \ 가능 \ 자산}{전체 \ 자산} \times 100(\%)$$

(2) 통상 피해방지확률(%), 설계빈도(년), 방어기준에 대한 상대적 비율(%)로 나타남.

2. 치수안전도 설정

(1) 해당 유역 특성에 따라 중구역 또는 소구역 대상 실시

(2) 수자원장기종합계획 홍수피해잠재능(PFD, Potential Flood Damage) 분석절차 참조
→ 단위구역별 PFD 분석

(3) **치수안전도는 치수경제성 조사를 통해 설정하는 것이 원칙**

자료가 충분하지 못한 경우 PFD 분석 결과를 이용하거나 하도에 적용된 시설물 설계
빈도 개념을 확대 적용
① 하천기본계획 : 선개념 치수안전도
② 유역종합치수계획 : 면개념 치수안전도

(4) **하천등급별, 구간별로 치수안전도를 정함. 단,**

① 주요 도시 관류구간 : 상향조정 → 선택적 방어

② 산지, 저지대 농경지 : 하향 조정 → 선택적 방어

(5) 강우 빈도, 현 상태 하도능력, 경제성 분석, PFD 등 종합적으로 고려하여 치수안전도 채택

3. 치수단위구역 설정

대구역, 중구역, 소구역으로 구분

(1) **대구역** : 보수지역, 유수지역, 저지지역으로 구분

(2) **중구역** : 수자원단위지도 이용

(3) **소구역** : 홍수피해를 입을 가능성이 있는 지역을 하나의 소구역으로 설정

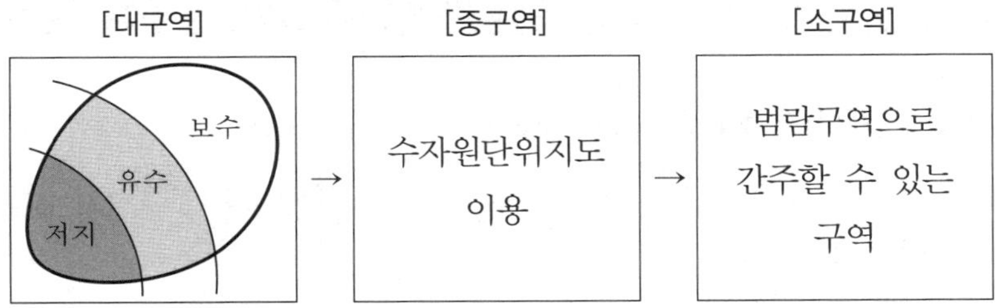

4. 치수안전도 활용

(1) 치수단위구역별 치수대책 방향 설정(면개념)

(2) 경제성 분석의 기초자료로 활용

14 풍수해보험(홍수보험) 산정과 국내 현황

1. 정의

(1) 비구조적 홍수대책 중 하나임.

(2) 홍수재해 시 보상하는 재정적 대책

① 공공기관 및 개인의 홍수피해를 보장

② 사회·경제적 파급효과를 줄이기 위한 제도

2. 도입 배경

(1) 과거 재해지원제도의 문제점으로 재정부담 증가, 도덕적 해이 심화

(2) 2006년 3월 '풍수해보험법' 제정

3. 기능(의의, 역할)

(1) 홍수피해의 경제적 보상

(2) 구조적 대책의 잔존위험 보충

(3) 홍수위험 홍보

(홍수위험인자 → 신속대피, 안전지역 이주 → 실제 피해 경감)

4. 홍수보험과정

① 홍수위험도 작성 → ② 홍수위험지구 고시 → ③ 풍수해보험 관리자료(홍수보험 요율도) 작성 → ④ 홍수터관리 및 홍수보험 실시

※ 홍수터관리가 선행되어야 한다. 선행되지 않을 경우 홍수터 개발이 촉진되어 홍수피해 증대

5. 장단점

구분	주요 내용
1. 장점	① 서민층의 부의 재분배 ② 홍수피해 체계적 조사, 홍수터 관리 선행 ③ 홍수위험 인식 고양(자율적 방제체계 구축) ④ 해당 당국의 재정안정 ⑤ 민영보험시장 활성화 ⑥ 도시계획 연계로 튼튼한 도시건설
2. 단점	① 보험요율 책정이 어려움 ② 손해액이 큰 경우 보험금 지급 회피 우려 ③ 자연재난 자체감소 한계

6. 우리나라 현황

(1) 2008년 1월부터 전국 시군 확대

(2) 가입대상시설 : 주택, 온실, 축사

(3) 풍수해 범위 : 태풍, 호우, 홍수, 강풍, 해일 등

(4) 국가, 지자체에서 보험금의 40~60% 보조

(5) 현재 풍수해보험 통계자료관리, 전산시스템 구축 중. 풍수해 보험관리지도 작성 중

15 비점오염원의 종류, 설치기준 기술동향

1. 개요

비점오염원은 가정, 공장, 축사, 도로 등 생활주변에서 발생되는 오염원을 말한다.

2. 비점오염원의 종류

(1) 주거 및 상업지역 : 생활공간에서 발생하는 오염물질이 비와 함께 하천으로 유입

(2) 가축지역 : 나대지나 하천 근처 가축의 배설물 등이 비와 함께 하천으로 유입

(3) 산업단지, 공역지역 : 각종 야적장, 대형트럭 분진, 폐기물 등이 비와 함께 하천으로 유입

(4) 도로, 주차장, 포장면 : 타이어 마모, 적재물 낙하, 자동차 배기가스 등 도로에 쌓여 있는 각종 오염물질 등이 비와 함께 하천으로 유입

(5) 농촌지역 : 농약, 퇴비, 비료, 토사 등 농업활동에 발생되는 오염물질이 비와 함께 하천으로 유입

3. 오염물질의 종류

(1) 토사, 영양물질, 박테리아와 바이러스, 기름과 그리스

(2) 금속, 무기물질, 농약 및 협잡물

4. 점오염원의 종류

(1) 하수처리장 : 오수처리된 유출수 중 일부 미처리된 오염물질이 하천으로 유입

(2) 공장 : 오수처리된 유출수 중 일부 미처리된 오염물질이 하천으로 유입

5. 유형별 저감시설의 종류 및 설치기준

(1) 종류

① 자연형 : 저류시설, 인공습지, 식생형 시설, 침투시설

② 장치형 : 여과형 시설, 와류형 시설, 스크린형 시설, 응집·침전 처리시설, 생물학적 처리시설

(2) 설치기준(비점오염저감시설의 설치기준 제76조 제1항 참조)

① 자연형

㉠ 저류시설 : 제방의 여유고가 0.6m 이상, 폭의 비율은 1.5 : 1로 한다.

㉡ 인공습지 : 폭의 비율 2 : 1, 바닥구배 0.5~1.0% 경사

② 장치형

㉠ 여과형 시설 : 제거효율, 공사비, 유지관리비 고려

㉡ 와류형, 스크린형 등 : 설치위치와 특성에 맞게 설치한다.

6. 비점오염의 저감대책

(1) 주거지역 및 상업지역 : 생활하수분류식 관리

(2) 가축지역 : 축사 분뇨 별도 처리

(3) 산업단지, 공업지역 : 자체 오수 발생 억제관리 및 점오염원 기준 및 관리 강화

(4) 도로, 주차장도로면 : 주기적인 청소, 배출억제 유도 및 오수처리 강화

(5) 농촌지역 : 수도관, 개비온 옹벽 사면 보호공 저류지 등을 설치하여 일시저류 후 방류

7. 결론

비점오염원은 원 주거지역, 가축지역, 산업지역, 도로면, 농촌지역 등에서 발생되는 오염이 비와 함께 하천으로 유입되어 오염되는 것으로, 관리기준 강화와 저감시설을 유도 설치함으로써 자연환경을 훼손하지 않도록 하여야 한다.

PART 03 하천계획, 관리 및 수문·수리분석

하천계획

1 한강종합개발계획 시 기본 방침

1. 기본 방침

(1) 수계를 일관하는 종합개발

(2) 이수, 치수, 수질문제, 환경문제의 종합적인 계획

(3) 연안토지 개발

(4) 고수부지 이용 효율 증대

(5) 안정도, 경제성을 고려해서 결정

① 이수, 치수, 환경 계획
② 종합 사업 효과, 경제성 확보

2. 이상적 저수로 단면 결정 시 고려사항

(1) 저수로의 고정화, 안정화

(2) 주운, 레크리에이션의 확충 도모

(3) 친수성 하천 호반화

(4) 부존 골재 자원의 유효 이용

(5) 고수부지 적극 활용

3. 결론

치수 환경적인 측면에서 한강 하구 굴포천을 연계한 한강 주운 개발의 적극 활용 필요

2 합류계획(合流計劃)

1. 합류계획 시 고려사항

(1) 내수 배제 불량 지구나 홍수 소통, 수충부 변화 등을 고려

(2) 완류의 항행 하천은 항로 유지, 급류 하천에서는 편향 흐름의 안전성 고려

(3) 합류점의 상·하류 검토

2. 합류점 형상의 변화

(1) 급류 하천

① 합류점에 소규모 선상지(扇狀地) 퇴적
② 수충부의 이동

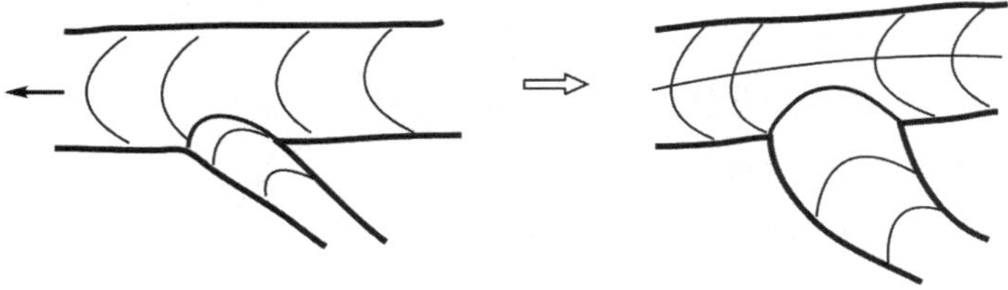

[합류점이 상류 측으로 이동]

(2) 완류 하천

① 합류점부근의 하폭 증대
② 사주(砂州) 발생
③ 국부적 세굴 발생

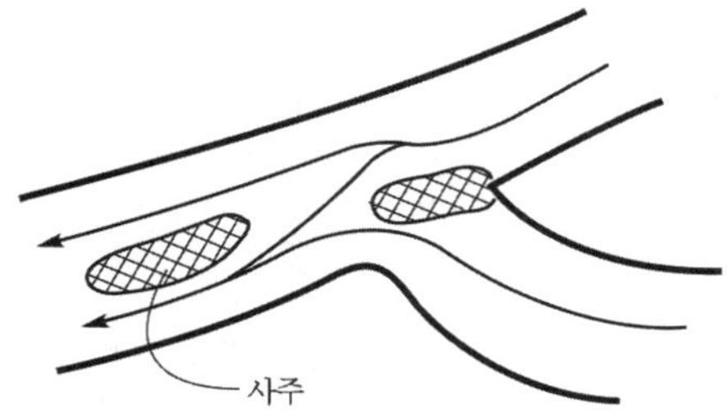

[합류점 부근 하폭 증대]

3. 합류점의 성격

(1) 계획 시는 합류 하천의 성격을 분석

(2) 합류점은 두 개의 하천 즉, 유량, 유속, 유출 토사량에 따라 변화

(3) **합류점 성격의 종류**

① 본류는 안정적이나 지류 유출 토사가 큰 경우

② 본류 유출토가 크고 지류가 안정적인 경우

③ 유출 토사와 같고 본류 유량이 지류의 유량을 압도하는 경우

4. 합류점의 처리

(1) 일반적으로 합류 하상 동일

(2) 급경사를 완경사로 합류

(3) 급경사 하천은 낙차공으로 경사 조절

5. 합류점의 조정

(1) 일반적으로 합류 후의 하폭은 합류 전의 하폭을 유지하는 것이 좋으나 다소 작은 편이 낫다.

(2) 하천의 하상 및 흐름 상황이 다른 경우는 가급적 분리한다.

(3) 분리가 곤란할 시 도류제를 설치하여 합류시킨다.

6. 합류점의 계획 홍수위

계획 홍수위는 다음 중 높은 쪽을 기준으로 한다.

(1) 지류 계획 홍수위 시 → 본류(本流) 수위 고려, 지류는 본류 첨수 유량에 대응하는 지류 유량의 배수위 계산 시 수위

(2) 지류 계획 홍수위 시 → 본류 유량에 대응하는 본류 수위를 가정 수위로 택하여 나타나는 수위

7. 결론

급류 및 완류 하천으로 구분하고 성격, 처리, 조정에 의해 계획 홍수위를 선정한다.

3 홍수터 관리의 문제점과 관리방안

1. 개요

홍수터 관리란 홍수터의 이용, 개발이 자연 여건에 부합되도록 지도 관리하며, 토지의 효율적인 이용과 재해를 방지하는 제반 활동을 말한다.

2. 목적 및 필요성

(1) 홍수 규모와 피해 경감

(2) 구조적 대책의 비용 절감

(3) 토지 이용의 효율화

(4) 홍수 위험 국민 홍보

3. 관리방법

(1) 구역 지정(zonning) → 기본 설정

(2) 토지 세분화 규제 → 구분

(3) 건축 기준 → 분할 매매, 건축 규제

4. 홍수터 관리의 문제점

(1) 기술적 문제점 → 수문, 수리 구조적

(2) 재정적 문제점 → 비용, 보상비

(3) 전문 기술 인력 부족 → 조사, 관리적

(4) 사유 재산권의 침해 우려 → 국사 유지

5. 결론

자연 여건에 부합되도록 토지 이용, 국민 홍보 등의 제반 관리가 필요하다.

4 도시 하천의 문제점 및 개선 방향

1. 개요

도시 하천에는 치수, 이수, 환경 측면, 수질 등의 문제점이 있다.

2. 치수 측면

(1) 유출 특성 현황

① 콘크리트 등의 불투수층 증가로 유출량 증가

② 표면 조도 감소로 지체시간 감소

③ 유출, 도달시간 단축 → 첨두홍수량 증가

④ 총유출량 증가

(2) 문제점

① 산업 시설로 인한 정비, 확폭 곤란

② 지가 상승에 의한 개수 보상비 앙등

③ 하상 퇴적 → 내수 배제 불량

④ 하수도, 배수 펌프장 등 시설 미비

⑤ 유출 특성

　㉠ 기저시간 단축

　㉡ 도달시간 단축

　㉢ 피크(Peak) 유량 증가

(3) 치수 종합 대책 수립

① 재해 예방

　㉠ 홍수 방어 시설

　　• 치수시설 : 하천 개수, 방조제, 방수로, 수로, 댐, 펌프장

　　• 유출 억제시설 : 우수 저류시설(치수 녹지, 유수지, 공원 저류, 주차장), 침투시설(침투지, 침투 펌프장), 수원 보전시설(개발 규제, 산림 녹화)

　㉡ 홍수터관리 : 구역 지정, 토지 세분화 규제, 건축 기준

② 재해 대응

　홍수예 · 경보, 홍수보험, 피난

③ 홍수조절 접근방법

　㉠ 계획 홍수량 산정 및 지역 특성 조사

　㉡ 예상 홍수 피해 조사

　㉢ 홍수조절방법 조합 및 검토

　㉣ 모형 실험

　㉤ 결정(종합 검토)

3. 이수(利水) 측면

(1) 현황 및 문제점

① 인구 증가, 생활 수준 향상 → 용수 수요량 급증

② 지하수위 고갈

③ 수질 저하로 이수 기능 미비

(2) 대책

① 광역 상수도 → 용수공법

② 타 하천으로부터 공급 → 대운하, 도수로 등

③ 하구언 및 하구로부터 공급

④ 유지용수의 순환

⑤ 중수도 시설 이용

⑥ 해수의 담수화

⑦ 수원 수질 보전 대책 수립

4. 환경 측면

(1) 문제점

① 도시화로 오·폐수 증가

② 상·하수 종말처리장 부족

③ 공·폐수 종말처리장 부족

④ 하천 수량 감소로 수질오염 증가

⑤ 하수 차집 불리

(2) 대책

① 수질보전 대책

　㉠ 수역별 수질 환경 기준

　　업종별 폐수 배출 허용 기준 강화 및 감시, 배출 억제

　　ⓛ 하수 종말처리장 건설

　　ⓒ 공장폐수 종말처리장 설치 확대

　　ⓔ 수질오염원의 배출 감시, 규제를 위한 수질 측정망의 확충

　　ⓜ 하상 준설로 오염물질 제거

② 수원보전 대책

　　㉠ 유역별 종합 수질관리 체제 전환

　　ⓛ 지역 특성에 맞는 상수도 보호 구역 재설정

　　ⓒ 저수 오니 물고기 반응에 의한 예보 등 예·경보 시스템 구축

5. 하천 공간 이용 측면

(1) 현황 및 문제점

① 중소 하천 복개로 자연환경 기능 상실

② 수량, 수질 악화로 친수 기능 상실

③ 하천 골재의 과다 채취

(2) 대책

① 기본 방침

　　㉠ 이·치수와 조화된 하천환경관리

　　ⓛ 하천 수량, 수질관리와 조화된 하천환경관리

　　ⓒ 수계 단위, 지천 단위의 단편적 관리 지양

② 대책

　　㉠ 기본 환경관리계획 수립 → 하천 정비에 반영

　　ⓛ 수량, 수질의 종합관리

　　ⓒ 수환경 개선 사업 추진

　　ⓔ 하천 공간의 적절한 보전과 이용 추진

　　ⓜ 하천환경이 수려하고 사람의 활동이 비교적 적은 하천 구간을 경관 하천으로
　　　　지정·보존하여 국민 휴식 공간으로 이용 모색

6. 결론

도시 하천의 건천화, 유역의 무분별한 산업화와 공업 개발 등으로 인한 오염과 수질 보호를 위해 이·치수 환경관리 대책이 시급하고, 수원 확보, 수원 지질 보전 등의 종합적인 대책 마련이 필요하다.

5 이수(利水) 기본계획

1. 개요

이수 기본계획은 이·치수 환경 및 경관 관리 중 저수지, 하천의 종합적인 관리와 유수 기능 유지를 위해 필요한 유량을 설정하는 것으로, 이 유량을 고려하여 장래 수요량을 예측하고 수량을 산정하도록 한다.

2. 정상적인 기능을 유지하기 위한 유량

이 유량은 주운, 어업 관광 등에 필요한 유지 유량+하류의 유수점 중 이수 유량을 만족시키는 유량

3. 계획 기준점

(1) 기왕에 수문 자료를 얻는 곳

(2) 수문분석 초점이 되는 곳

(3) 저수 계획에 밀접한 지점을 선정

4. 정상 유량의 선정

정상 기능 유량은 10년 갈수기 중 제1위 갈수기에도 유지되도록 선정

5. 용수량의 산정

기본 프레임 원단위방법 : 인구, 점포, 면적, 동향 소비량의 원단위 동향으로 예측

6. 결론

이·치수 환경 중 이수 측면에서 계획 기준점과 정상 유량을 선정한다.

6 하천환경 보전 기본계획

1. 개요

하천환경은 물과 주변 공간과의 통합체인 하천 그 자체로서, 하천 수량, 수질, 하천 공간의 3대 요소로 구성된다. 이는 환경 보전 계획과 하천 수질 보전 계획으로 구분된다.

2. 수환경 보전계획

(1) 목적별 보전 구역 설정

① 하천 부지, 자연환경을 보전, 복원하려는 구역
② 하천 주변 미적 보전 구역
③ 도시, 공원 등 공공시설 정비 구역
④ 기타 일반 구역 설정

(2) 계획의 수립

① 저수로 정비, 고수터 이용 : 고수부지 공원화, 체육 시설, 운동장
② 친수, 오락을 위한 댐 주변 환경 정비
③ 하천 사방 환경 정비
④ 주변 식수 및 강변도로 시설 확충

(3) 저수로 정비 시 고려사항

① 총수 소통 능력 증대
② 저수로의 고정화, 안정화
③ 하천의 호반화

(4) 고수부지 조성 시 고려사항

① Open Space 녹지 체제
② 기존 공원과 연계 유지
③ 정적 · 동적 활동 등의 균형 유지

(5) 결론

저수로, 고수부지 조성 계획은
① 현 하천의 유로 특성
② 지역적 개발 특성
③ 연안지대의 토지 이용 현황

④ 장래 개발 계획

등을 고려하여 수립한다.

3. 하천 수질 보전 대책

(1) 하천환경의 오염원 검토

① 점오염원

 ㉠ 도시의 생활하수

 ㉡ 공장 폐수

 ㉢ 가축 폐수

② 비점오염원

 ㉠ 비료, 농약 과다 사용에 의한 토지 오염

 ㉡ 비점오염원은 저수지의 부영양화를 유발시키는 주 원인

(2) 수질오염 실태

① 특히 도시 하천의 오염이 심화

② 농촌 → 축산폐수 오염

③ 고도 경제 산업사회 발달로 생활, 공장 폐수, 축산 폐수 등의 점 · 비점 오염원으로 수질이 악화되어 하천 기능을 상실, 큰 하수도 역할을 하고 있는 실정

(3) 하천 종합 관리 수질 대책

① 수질 보전 대책

 ㉠ 유역별 수질환경 기준

 ㉡ 업종별 폐수 배출 기준

 ㉢ 처리장별 방류수 수질 기준 등의 강화 및 감시로 배출 억제

 ㉣ 하수 종말처리장

 ㉤ 공장폐수 종말처리장 설치 및 수질 측정망 설치

 ㉥ 수자원 보전의 중요성 대국민 홍보

 ㉦ 도시 하천의 하상준설로 하천 오염 물질 제거

② 수원 지역 보전

 ㉠ 유역별 종합적인 수질관리 체제로 전환 개선

 ㉡ 지역 특성에 맞는 상수도 보호 구역을 재설정

 ㉢ 부영양화 방지 및 절감에 대한 연구개발 추진

 ㉣ 저수지 내 퇴적 오니를 준설

　　ⓜ 상류에서 예기치 않는 오염 물질 유입 등 이상 시 수질관리 대책 수립 및 자동
　　　측정망 설치 예·경보 시스템 구축(물고기 반응에 의한 예보)

4. 결론

(1) 하천 공간의 환경보전과 수질관리 대책의 종합적 검토

(2) 유역을 일괄하여 유역 저수관리 시스템 개발 즉, 댐의 연계 운영 방안계획을 수립

(3) 이를 개선하기 위해 저수, 홍수 등 종합적 수자원관리 체계를 단계적으로 구축해야
　　한다.

7 하구(河口) 공사로 인한 인근 지역의 영향과 대책

1. 개요

하구 공사는 수자원의 효율적 이용을 위해 하구부에 하구호를 설치하여 홍수 시 집중 유
출을 방지하는 것으로, 하구는 각종 목적의 용수 이용, 하천의 염수 침입 방지, 하천의 유
지용수를 절감시킬 수 있는 시설이다.
하구 시설에 의한 영향은 유량 변화, 하구 퇴적, 하구 오염이 있으며, 이를 설명하면 다음
과 같다.

2. 유황 변화

(1) 하구 공사 시설물은 하천수, 해수 유량 변화

(2) 연안 어업 변화

(3) 유속, 부유사, 토사 변화로 생태계 변화 및 세굴 퇴적 현상 발생

3. 하구 퇴적(堆積)

(1) 하구 유속 감소로 부유사에 퇴적된다.

(2) 토사 부유 농도가 밀물일 때 높다.

(3) 하천 측에서는 하구호나 저수지로 인해 유속이 느려지므로 퇴적 현상을 유발하여 부근
　　에 배수 불량 현상이 발생한다.

4. 하구 오염

(1) 하구에는 상류에서 수송된 오염물질이 퇴적·집적된다.

(2) 이 같은 오염 방지를 위해 도류제의 계획이 필요하다.

(3) 연안 조류의 정체 상태로 해양 오염이 유발된다(예, 서산의 천수만).

5. 결론

자연하구부에 구조물 설치로 인한 영향을 저감하기 위해서는

(1) 하구 모형 실험

(2) 환경 영향 평가 후 실시

(3) 하천의 전수계 및 종합적인 대책을 수립함으로써 영향을 줄일 수 있다.

8 하구언

1. 개요

하구부는 염수의 침입 등 수리학적으로 복잡하며, 상류 불이용수를 바다에 방류하기 직전 최종적으로 이용하기 위한 고도의 물이용방법의 하나이다.

2. 하구호의 형태 및 특성

(1) 하구언

① 하천의 하구에 둑을 설치하여 염수 침입 방지와 물 저장

② 이수(利水) 목적

③ 유지용수의 재이용

④ 저류 효과의 기대와 고조 방지

⑤ 도시 근처에 유리

(2) 하구호

① 임해공업단지 해면 매립 시 하구의 해면을 매립하지 않고 저수화하는 것

② 하구에 좁은 만이 있을 경우 담수화하는 것

③ 홍수 시 배수 효과가 문제(대하천의 경우 곤란)

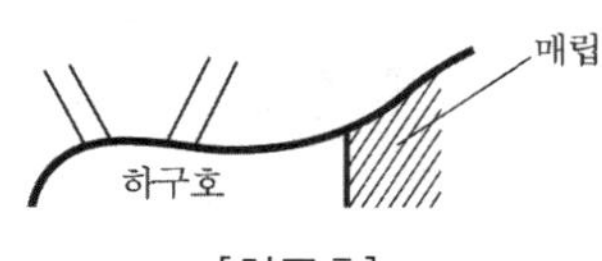

(3) 임해호

① 매립지의 일부를 인공 호수화
② 도수를 통해 송수하기 때문에 치수상의 문제는
　 없으나 도수로의 규모 결정 곤란
③ 수질상의 문제점

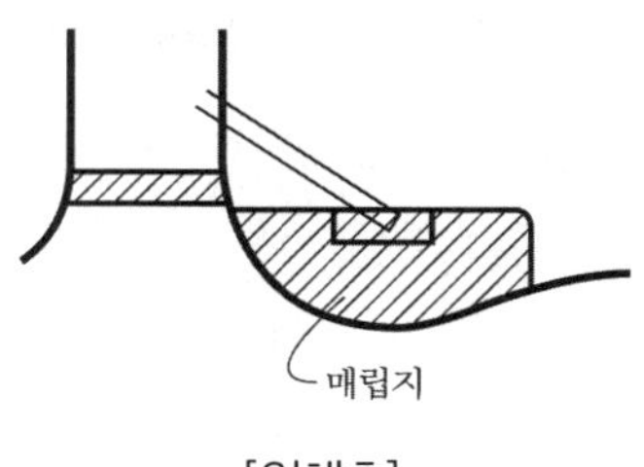

[임해호]

3. 하구언의 경제성

(1) 장점

① 기득 수리권이 없이 무효 방류량 사용
② 대용량 저수 가능
③ 제방은 방조제 역할
④ 관광지 조성 가능

(2) 단점

① 하천 말단부로 오염 정수시설 설치 필요
② 내수 배제 불량
③ 해수침투 방지공법 필요
④ 완성 후 바닥으로 염분 흡입 가능성

4. 결론

여러 가지 장단점이 있다. 예를 들어 하구호 시설물 자체만으로는 경제성이 없으나, 하천 전수계 및 종합 대책 시에는 경제성이 있다.

9 하구 수자원 개발의 필요성과 문제점

1. 개요

우리나라는 용수 수요가 하구에 편중되어 있고, 상류의 다목적 댐과 공동 조작으로 수자원의 이용을 극대화할 수 있다.
유지용수의 절감 등 수자원 개발의 필요성과 문제점은 다음과 같다.

2. 개발의 필요성(장래 용수 수요 증가 시)

① 고조 방지

② 저류 기능

③ 치수, 이수 환경, 친수성, 용수 수요지가 하구 지역에 편중, 상류 다목적댐과 연계하여 수자원 이용의 극대화 가능

④ 하구언이 교량 역할

⑤ 주운 운하 계획 시 수심 확보

⑥ 염수, 침수 방지, 유지용수 절감

⑦ 국내 서해안의 얕은 평지를 간척지의 용수 공급을 위해 수자원 개발 시급

3. 간척지 조성 효과

① 수몰지 주민의 토지 보상이나 생계 대책 제공

② 국토 확장

③ 용수 공급

4. 개발의 문제점

(1) 하구언 개발 시

① 어업권, 염분 문제

② 생태계 환경 문제

③ 하천수 저류로 인한 수질 문제

④ 상류의 하상 변동과 이·치수 시설물의 기능 상실 우려

(2) 담수호 개발 시

① 수질, 어업권 문제

② 생태계 환경 문제

③ 장시간의 담수기간 필요

④ 염분, 오염 문제

⑤ 현행 담수로는 농업용이나 종합적 검토가 필요

5. 하구언과 담수호의 차이점

(1) **하구언** : 염해 방지, 저수 효과, 작은 규모

(2) **담수호** : 저수 기능, 충분한 용량

6. 결론

하구 개발은 경제, 사회, 지역적으로 문제점이 있으나, 전수계 및 종합적인 대책 수립 시
충분히 경제성이 있으므로 정부의 적극적인 지원이 필요하다.

10 하구 처리 계획

1. 개요

하구부는 하천과 바다의 경계 지역으로 복잡한 자연 현상이 발생하고, 사주 발달로 인해
유하(流下)가 저하되는 하구 폐색 현상이 발생한다. 이 하구의 폐색 방지 및 개선이 하구
처리 계획이다.

2. 하구 폐색의 원인

(1) 운반 토사의 퇴적

(2) 연안 토사의 하구 침입

(3) 하구 연안의 사주

(4) 연안 토사에 의한 사주 형성

3. 하구 폐색의 영향

(1) 선박의 정박 및 운항 곤란

(2) 홍수 소통 지체

(3) 배후지의 내수 배제 불량

(4) 오염 물질 배제 효과 감소

4. 처리 대책

(1) **하구 폐색 방지 대책**

① 유출 토사량 감소를 위한 사방공사, 방사제 설치

② 해안 사방, 방풍, 방사림

③ 하천유량 증대로 플래시 효과 증대

(2) 하구 처리공법

① 도류제 : 도류제는 단계적으로 실시

② 암거 : 소하천에서 사용. 하구의 사주를 암거로 관통

③ 수문 : 수문 조작에 의한 폐색 방지

④ 인공 개착 : 굴착 또는 폭파에 의한다.

5. 하구 처리 대책 시 고려사항

(1) 전체 하도와의 조화 유지

(2) 하천 주운 영향 고려

(3) 장래 유지관리 용이

(4) 자연과의 조화

(5) 하천 이용 손상 방지

(6) 계획 홍수량 처리가 충분

6. 하구 제방과 호안 배치 시 고려사항

(1) 파랑의 수속 현상이 없는 곳

(2) 인접 구조물과 연결 고려

(3) 자연, 인공 조건이 나쁜 곳은 지양

(4) 공사비, 유지 관리비 감소

(5) 각 구조물의 상호작용 검토

7. 결론

하구 처리계획은 하구 폐색을 방지하고 개선하는 것으로, 하구 폐색 방지 대책과 하구 처리공법을 최대한 활용하여 수립하며, 지형 현황, 시설 기준에 맞는 구조물을 계획한다.

11 하구 조사

1. 개요

하구 조사는 하구 처리 계획과 대책 책정 시 필요한 일반적인 조사방법과 내용을 제시한다.

2. 하구 조사 항목

(1) 파랑 조사 : 파고계 설치, 관측, 파랑 기록 이용

(2) 하구 수위 조사 : 사주보다 상류지점 관측

(3) 유량, 조위 조사

(4) 답사

(5) 하상 재료, 수질, 풍향, 풍속 조사

(6) 하천 해안지형 조사

(7) 비사 조사

(8) **하구 수리모형 실험**

　① 하구 유지 수심
　② 파도에 의한 사주의 발달과 소멸
　③ 홍수위 수위, 하구 구조물

(9) **기타 조사**

　① 홍수 시 사주 변형 조사
　② 유출 토사량, 하구 유황 조사
　③ 연안류 조사

(10) 하구 흐름 조사 : 유속계 이용, 색소, 부표 이용

3. 결론

조사 기준에 따라 사업 주체나 해안 관리자 입장에서 접근할 수 있는 방안을 모색해야
한다.

12 감조하천 하구부의 호안공법의 종류 및 설계 시 고려사항

1. 개요

하구부는 복잡할 뿐만 아니라 하천 시설물 설치 또한 쉽지 않다. 하구부 감조하천 호안공법으로는 사석공, 근고공, PC-T형, 셀 블록(Cell Block), 유공 블록 등이 있다.

2. 호안공법의 종류

(1) **사석공** : 하상 기초 세굴 방지

(2) **근고공** : 호안 시공 시 비탈면의 안정

(3) **셀 블록 공** : 기초지반, 사질, 암반 시

(4) **유공 블록**

① 해안, 하천의 호안용
② 치수, 경관, 친수성

3. 유공 블록의 특징

(1) 견고한 연결과 중량으로 저항성이 크다.

(2) 중심이 후면에 있어 안전성이 높다.

(3) 품질관리가 용이한 현장 제작 및 대량 생산이 가능하다.

(4) 수심이 깊으면 기초 마운드를 설치 시공한다.

4. 감조 구간 호안 설계 시공 시 주의사항

(1) 파랑 유속 주의

(2) 기존 구조물 연결 주의

(3) 공사비, 유지 관리 고려

(4) 자연적, 인위적 조건 고려

(5) 각종 구조물, 배수문, 통관 상호작용 고려

5. 결론

호안공법은 주변 여건, 시공성, 공기, 공사비를 고려해야 하며, 유공 블록 사용이 바람직하다.

13 평형 하상 경사, 평형 하상고

1. 개요

상류 유송 토사량−세굴 토사량=0일 때 평형 상태이며, 이때의 하상 경사를 평형 경사 및 하상고라고 한다. 하천은 항상 평형 상태를 유지하려고 한다.

2. 평형 하상 경사의 산정식

(1) 종류

① 안예(Aki−Koichi) 공식−정적

② 모노베[物部, Monobe] 공식−동적

(2) 안예 공식

$$I = I_o \cdot 10^{\frac{5}{3.5} \cdot \frac{x_o - x}{D}} + \left(\frac{3.45}{3.5} \cdot \frac{1}{b} \right) \times H_o \cdot 10^{\frac{1.5}{3.5} \cdot \frac{x - x_o}{b}}$$

여기서, I : 평형 하상 경사

I_o : 기준점에서 x 거리의 하상 경사

H_o : 기준점에서의 수심

b : 계수(보통 8 적용)

$b = a \log \lambda d_m$

$\lambda = \dfrac{100 - p_m}{p_m}$ (p_m : 평균 입경 통과율)

3. 결론

평형 하상 경사가 되면 평형 하상고가 생긴다.

14 하천유량의 3가지 특성과 유출 종류

1. 개요

하천유량이란 하천 단면에서 단위시간당 통과하는 유량(단위는 m^3/sec로 표시)을 말한다.

2. 하천 유출의 3가지 특성

(1) 홍수의 크기 → 홍수량

(2) 갈수 유량 → 갈수 시 이용의 제약 요건

(3) 이수 목적을 위한 저류 유출량

3. 유출의 종류

(1) 직접 유출 : 강수 후 단시간 유출로 지표면, 수로상 유출 강수

(2) 기저 유출 : 비 오기 전, 건천 후의 유출

(3) 지표면 유출수 : 초과 강우량의 지표면 유출

(4) 수로상 유출 : 수로에 떨어진 강수로 직접 유출

(5) 지표하 유출 : 강수량의 일부가 지하 침투하여 유출되는 것

(6) 초기 지표하 유출

(7) 자연 지표하 : 강수 후 지표와 유출이 하천으로 유출

(8) 지하수 유출 : 지하로 스며드는 곳 유출

(15) 안정하도의 설계방법

1. 개요

안정하도란 하천의 종·횡단 형상, 평면 형상이 변하지 않고 동적으로 평형 상태인 하도를 말하며, 임의의 구간에서 유입, 유출 유사량이 같은 하천이나 세굴−퇴적이 0인 상태를 말한다.

2. 안정하도의 설계이론

(1) 레짐 이론(Regime Theory)

경험적 방법으로 유량, 하폭, 수심 사이에 일정한 관계가 있다고 가정한다.

(2) 유사량 이론

하상 경계면에서 마찰과 수리적인 이론을 토대로 수리량과 유사량과의 관계를 성립시켜 설계한다. 이것이 합리적인 설계방법이다.

3. 안정하도의 설계 절차

(1) 조도계수 N값 결정

(2) 현 하도에 대해 부등류, 각 단면의 유사량 계산

(3) 계획 유사량 결정은 유역 특성, 토지 이용, 경제성을 고려하여 결정

(4) 세굴, 퇴적 상황을 고려하여 하도 단면을 가정

(5) 가정 단면을 이용하여 유량, 유사 등 각종 유량으로 부등류 계산

(6) 부등류 계산 시 수리량, 하상 재료 등을 이용하여 유사량을 산정

(7) 각 단면의 유사량이 같아질 때까지 반복 계산하여 결정

4. 설계 시 고려사항

(1) 계획 유량이 안전하게 유하되도록 한다.

(2) 소류사, 부유사에 의한 유사 운반량을 동일하게 한다.

(3) 각 단면, 유량에 대해 유사량이 각 단면에서 동일해야 한다.

(4) 유사량은 현지 조사 및 단면에서 산정한다.

(5) 계획 홍수위는 가급적 낮추는 것이 좋다.

(6) 저수로, 고수부지는 평면적·종횡단적으로 연속성이 있는 것이 유지관리상 바람직하다.

(7) 하상은 가급적 변화시키지 않는 것이 하상 안정에 유리하다.

5. 결론

안정하도의 설계 이론 중 유사량 이론이 합리적이며, 설계 시 기존 하상을 급격히 변화시키지 않는다.

16 수문학적 홍수 추적

1. 개요

홍수파의 연속 방정식을 기초로 하여 저류 방정식을 사용하는 근사해법으로, 저수지 추적, 하도 추적, 유역 추적으로 구분할 수 있다.

2. 저수지 추적

(1) 종류

① 저류지시법

② 수중 펄스법

③ 계수 펄스법

④ Gould 함수법

⑤ 누가곡선법 중 가장 많이 사용하는 저류지시법 작성 절차를 살펴보면 다음과 같다.

(2) 저류지시법

① 지형도로부터 표고별 유출량곡선과 표고별 저류량 곡선 산정

유출량곡선 → Weir식 : $Q_w = CLH^{3/2}$

Orifice식 : $Q_w = CA\sqrt{2gh}$

② ①항으로부터 저류량 대 유출량곡선 작성

이때 연속방정식은 $\dfrac{I_1 + I_2}{2} - \dfrac{Q_1 + Q_2}{2} = \dfrac{S_2 - S_1}{\Delta t}$ 에서 이를 정리하면,

$$\frac{I_1 + I_2}{2}\Delta t + \left(S_1 - \frac{1}{2}Q_1\Delta t\right) = \left(S_2 + \frac{1}{2}Q_2\Delta t\right) \quad\cdots\cdots\cdots\cdots\cdots\cdots ⓐ$$

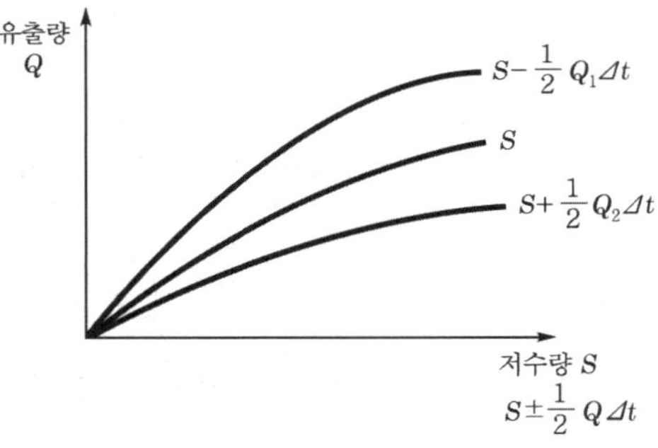

[유출량 수문곡선]

이므로, 유출량 수문곡선을 만들 수 있다. 위의 그림으로부터 Q_1에 해당하는 $S - \dfrac{1}{2}Q_1\Delta t$의 값을 찾고, 이 값에 $\dfrac{I_1 + I_2}{2}\Delta t$를 합한 값이 $S + \dfrac{1}{2}Q_2\Delta t$이므로 $Q = Q_2$이다. 따라서 이 Q_2의 값은 다음 구간에서 Q_1값을 취하고 이 방법을 반복하여 추적하는 방법이다.

3. 하도 추적(Channel Routing)

(1) 종류

① Musking Gum 방법

② 도해 추적법

③ Convex 방법

(2) Musking Gum 방법

① 하도 추적 중 가장 많이 사용하는 방법이다.

② 자연하도에 있어 저류량과 유출량 관계는 단일 관계가 성립하지 않고 루프형으로 나타난다.

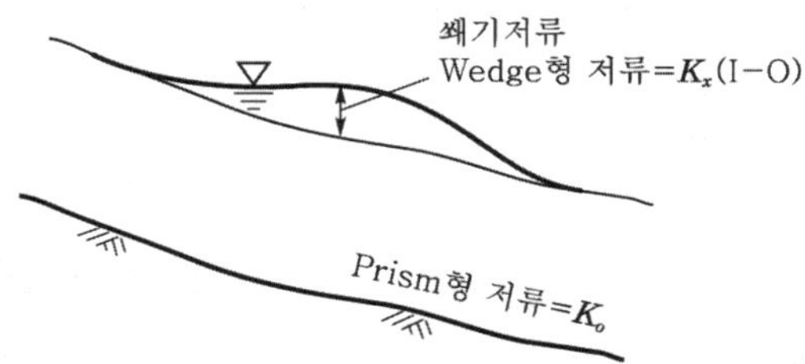

(3) 하도 추적 시 국지적 유입량의 처리

① 저류 구간 상·하류 간 유입 시 : 본류의 유량에 추가

② 하류단 유입 시 : 하류단 유출량에 추가

③ 지류의 유입량이 클 경우 추적 구간을 짧게 하는 것이 안전

4. 유역 추적(Watershed Routing)

저수지와 자연하도에 대한 상사선을 이용하고 유효 강우량을 입력하여 추적을 실시하며, 유역의 유출-수문곡선을 얻는 것을 유역 추적법이라 한다.

(1) 종류

① Nash의 선형저수지 방법

② Musking Gum의 유역 추적법

③ RRL 방법 → 소규모 저수지

④ 시간·면적 곡선 유역 추적법

⑤ Clark의 유역 추적법

(2) Clark의 유역 추적법

① 유역 출구에 저수지 가정(1개소)

② 유하시간-유역면적도를 구한 수문곡선을 유입 수문곡선으로 하여 저수지 추적을
   실시, 유역의 수문곡선을 얻는다.

③ Δt 시간 동안 유입 유량

$$I_i = \frac{A_i \times 10^6}{\Delta t \times 3,600 \times 100} = 2.778 \frac{A_i}{\Delta t}$$

여기서, I_i : 구간 유입량$(\mathrm{m^3/sec})$

A_i : 구간 유역 면적$(\mathrm{km^2})$

④ 저류 방정식

$$S = K \cdot Q \quad \cdots\cdots\cdots\cdots\cdots\cdots\cdots\cdots\cdots\cdots\cdots \text{ⓐ}$$

여기서, S : 저류량

Q : 유출량

K : 저류 상수

⑤ 연속방정식

$$\frac{I_1 + I_2}{2} - \frac{Q_1 + Q_2}{2} = \frac{S_2 - S_1}{-\Delta t} \quad \cdots\cdots\cdots\cdots\cdots\cdots \text{ⓑ}$$

ⓐ식을 ⓑ식에 대입하면

$$\frac{I_1 + I_2}{2} - \frac{Q_1 + Q_2}{2} = \frac{K}{\Delta t}(Q_2 - Q_1)$$

$$\therefore \ Q_2 = C_o I_2 + C_1 I_1 + C_2 Q_1 \quad \cdots\cdots\cdots\cdots\cdots\cdots \text{ⓒ}$$

여기서, $C_o = \dfrac{0.5\Delta t}{K + 0.5\Delta t}$

$C_1 = \dfrac{0.5\Delta t}{K + 0.5\Delta t}$

$C_2 = \dfrac{K - 0.5\Delta t}{K + 0.5\Delta t}$

$$\therefore \ C_o + C_1 + C_2 = 1$$

$I = I_1 = I_2$ 라면

$$Q_2 = C_3 I_0 + C_2 I_1 \quad \cdots\cdots\cdots\cdots\cdots\cdots\cdots\cdots\cdots \text{ⓓ}$$

여기서, $C_3 = \dfrac{\Delta t}{K + 0.5\Delta t} (= C_o + C_1)$

⑥ ⓒ, ⓓ식으로 구한 유량도는 순간 단위유량도이다. 지속시간 Δt를 가진 단위유량
   도를 구하기 위해서는 $u_i = \dfrac{1}{2}(Q_i + Q_i - \Delta t)$ 식으로 구한다.

⑦ 저류 상수 K 산정

㉠ 홍수 기록 자료가 있을 때

$$I - Q = \frac{ds}{dt} = K = \frac{d_o}{dt}$$

$I = 0$이라면

$$K = -0 \Big/ \frac{d_o}{dt} \quad\text{···} ⓔ$$

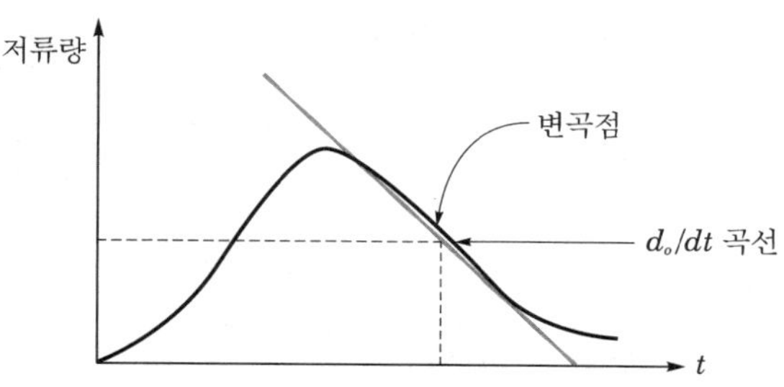

[그림 3-8] 실측 수문곡선

㉡ 실측 수문곡선이 없을 때
- 저류 상수 K, 집중시간 T_c비의 관계로부터 구한다.
- $K = \alpha\, T_c\,(\alpha = 0.8 \sim 1.1)$

5. 결론

구조물과 설계빈도는 구조물의 시공, 경제성, 위치 등을 고려하고, 대규모 수공 구조물의 설계 홍수량 및 추적법 결정 등을 종합적으로 판단해야 한다.

17 하천의 기능 및 하천환경 정비

1. 하천의 기능

(1) 이수 기능

① 이수 : 생활, 공업, 농업, 하천유지
② 교통 : 수운
③ 산업 : 수력, 어업, 골재 채취
④ 여가 : 생태계 여가 보전

(2) **치수 기능**

　① 홍수 소통, 홍수 피해 경감

　② 하수, 폐수 배수

　③ 지하수 공급 배제

　④ 토사 소통

(3) **환경 기능**

　① **자연 보전** : 수질 자정, 생태계 보전

　② **친수** : 수상 높이, 수면 경관

　③ **공간** : 공간 이용 피난 방지

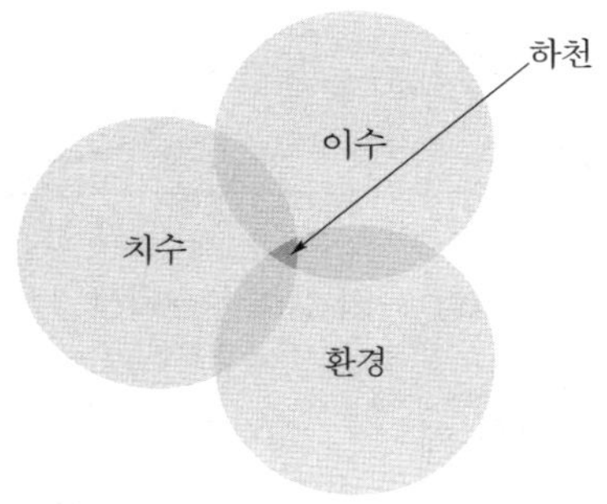

[하천의 기능]

2. 하천환경 정비기법

(1) **하천의 환경 기능**

환경 기능은 이수, 치수와 더불어 하천의 3대 고유 기능 중 하나이면서 자연 보전, 친수, 공간 기능, 피난 방지 등의 기능이 있다.

(2) **국내 하천 현황**

　① 1960~1970년대에 급속한 산업화로 도시하천을 중심으로 한 하천의 건천화, 오염 확대, 황폐화 등으로 환경 기능이 저하되어 녹색 숲, 푸른 물에 대한 요구가 증대되었다.

　② 하천환경 기능 증진의 필요성이 높아짐에 따라 하천 수량, 수질 환경 개선, 하천 공간 정비 기본방침을 설정하고, 하천환경 정비 계획을 수립, 실시하고 있다.

3. 결론

2000년 이후 계획을 친수 환경이 대두됨에 따라 하천환경 정비 계획 수립 및 시정이 시급하다.

18 제방의 형식

1. 개요

제방은 크게 하천 제방과 해안 제방으로 구분된다.

2. 하천 제방

(1) **본제** : 본뚝

(2) **부제** : 보충 역할을 하는 제방

(3) **놀뚝** : 홍수량 일부를 저습지로 유도하여 수위 상승 감도 목적

(4) **윤중재** : 주변을 둘러쌓아 설치하는 방법

(5) **횡제** : 제외 농경지 보호 및 유수지로 이용하기 위해 유향에 직각으로 설치

(6) **배활제(가름뚝)** : 합류 시나 분류 시 하천의 중앙에 설치

(7) **원류제** : 일정 수위 이상의 원류

(8) **역류제** : 배수제, 역류 방지제

(9) **도류제** : 유향 조정, 퇴사 방지 목적

(10) **물막이뚝** : 체절 목적

3. 해안 제방

(1) 방파제

(2) 방조제

(3) 돌출제

(4) 이안제

19 제방의 표준 단면

1. 개요

제방은 계획 홍수위에 대비한 여유고, 단면을 보유하고 유세에 대응하는 호반 등을 설비한 것으로, 제방 축조 시 연약지반을 피하고 구 제방 및 관련 시설 여유 등을 고려하여 시행해야 한다.

2. 제방 표준 단면 선정 시 고려사항

(1) 제방고

(2) 여유고

(3) 둑마루 폭

(4) 제방의 소단

(5) 비탈 경사 등을 고려

3. 특성

(1) **제방고**

계획 홍수위+여유고

(2) **여유고**

① 계획 홍수량 규모에 따라 결정한다(최소 0.6m 이상).

② 기준

계획 홍수량(m^3/sec)	제방 여유고(m)
200 미만	0.6m 이상
200~500	0.8m 이상
500~2,000	1.0m 이상
2,000~5,000	1.2m 이상
5,000~10,000	1.5m 이상
10,000 이상	2.0m 이상

(3) 둑마루 폭

① 계획 홍수량의 규모에 따라 정한다(최소 3m 이상).

② 하천 시설 기준

계획 홍수량(m^3/sec)	둑마루 폭(m)
500 미만	3.0m 이상
500~2,000	4.0m 이상
2,000~5,000	5.0m 이상
5,000~10,000	6.0m 이상
10,000 이상	7.0m 이상

(4) 제방의 소단(턱)

① 소단은 하천 제외 지측 제방의 직고 6m 이상인 경우는 둑마루 TOP으로부터 3~5m마다

② 제내 지측은 4m 이상인 경우 2~3m마다 설치

③ 소단쪽은 3m 이상

(5) 비탈경사

① 제방의 비탈 경사는 20% 이상의 완만한 경사

② 단, 콘크리트나 피복 시는 예외

4. 결론

계획 홍수, 빈도별, 제방 단면 및 여유고는 각각 다르며, 제방의 제내, 외지 등의 관리, 내수 배제 등을 고려해야 한다.

20 하도(河道)의 사행(Meandering)

1. 개요

(1) 하도의 사행은 하도의 유로가 뱀처럼 좌우로 구부러져 흐르는 현상으로 주로 충적평야에서 볼 수 있다.

(2) 특히, 흐름의 방향과 종횡단 상태가 불안정하며, 수류가 교호적으로 반복하는 곳에 사행 현상이 발달한다.

(3) 하천 상류부의 급경사지는 대부분 직선형 하도이며, 중하류부는 사행 하천이 많다.

2. 사행의 원인

(1) 만곡의 凹部에서는 측방 침식이 점차 심해져 사행이 발달

(2) 하상 凹凸의 불규칙성, 지질의 불균일성, 하안 붕탁, 지류의 합류 등이 원인

3. 사행의 특징

(1) 하천유량의 대소가 사행 규모에 관계하며, 많을수록 심해진다.

(2) 유층 토사가 많을수록, 경사가 클수록 사행의 파장이나 사행 발달이 커진다.

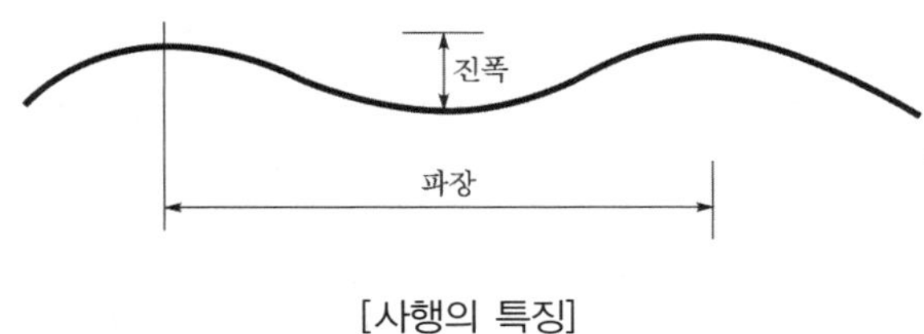

[사행의 특징]

4. 사행 관련 Fargue의 법칙

(1) 곡선을 따라서 가장 깊은 점과 가장 얕은 점은 하도의 곡률 반경이 가장 작은 위치 및 가장 큰 위치에서 하류를 향하도록 유로 폭의 약 2배 정도의 거리에 있다.

(2) 동일 하천에서 곡선의 평균 수심은 평균 곡률이 클수록 크다.

(3) 사행은 만곡이 좌우로 교차되기 때문에 만곡부 사이에서는 직선 형상의 전향부가 교차되어 있으며, 이 전향부에는 3가지 형태가 있다.

① 정상 전향 : 곡선이 연속되어 있는 것
② 변위 전향 : 곡선이 불연속된 것
③ 평판 전향 : 평탄하게 된 것

(4) **사행장 구하는 공식**

$$L = F\sqrt{R \cdot b}$$

여기서, F : 사행계수(100~160)

$\quad\quad\quad R$: 지배 유량의 경심

$\quad\quad\quad b$: 하폭

5. 결론

사행의 원인과 사행의 특징 등을 분류하고, 공식을 설명한다.

21 하상의 평형이론

1. 개요

(1) 계획 하상의 종단형은 국부적인 세굴 퇴적이 발생하지 않도록 하는 것이 이상적이다.

(2) 이론

① 정적 평형이론 : 소류력＝하상 재토 마찰력

② 동적 평형이론 : 임의 구간에서 유출입, 토사량이 균형

2. 물부의 동적 하상 평형이론

(1) Sternberg 법칙 공식

$$i = I_c C^{-\frac{c\phi}{2}x} + \frac{c\phi}{D} H_c e^{\frac{c\phi}{b}}$$

여기서, i : 평형하상경사

I_c, H_c : 한계 소류력 시의 경사, 수심

$c\phi$: 정수

x : 거리

(2) Sternberg의 법칙

① 하상 재료인 사락(모래, 자갈)의 중량 감소는 마찰 저항에 비례한다.

② $-dp = c\phi p dx$

여기서, p : 수중에서 사락의 중량

dx, dp : 유하 거리 dx에서의 중량 감소 dp

ϕp : dx 구간에서의 마찰 저항

③ 기점 $x = 0$에 있어 사력 입자의 중량을 p_o라 하면 $p = p_o \cdot e^{-c\phi x}$ (여기서 $c\phi$는 상수)

22 하천종합계획의 필요성

1. 개요

하천종합계획은 유역 계획 중 가장 하부 구조에 속하는 계획으로 유역의 고도 이용을 위한 것이다. 이는 자연적, 사회적 현상에 기본을 두고 하천 및 유역의 양자 관계가 이상적으로 기능을 유지할 수 있게 유역, 유출계획, 토사 환경계획 등을 타 계획과 부합되도록 일관성 있게 종합적으로 수립해야 한다.

2. 계획의 내용

(1) 하천 및 그 유역 특성의 대표적 지표가 되는 자료 정리

(2) 해석 목적에 대한 대구분 분류 및 평가 등

(3) 어느 시설 이론을 포함한 기본 방침의 설정

3. 하천종합계획의 기본 방침

(1) 유역 계획 → 유역에 관한 사항

(2) 유출 계획 → 유출에 관한 사항(수문/유황, 홍수, 지하수)

(3) 유출 토사 → 토사에 관한 사항

(4) 환경 계획 → 환경에 관한 계획

이상의 4가지 내용이 상호 보완적으로 설정

4. 기본 방침 내용

(1) **유역 계획**

  ① **자연적** : 지형, 지세, 지질
  ② **사회적** : 사회적 인위적 인구, 자산 등

(2) **유출계획 : 유출 기구, 유출 조절계획 설정**

  ① 수문 자료 검토
  ② 유황 조절 현황 파악
  ③ 홍수 및 홍수조절 파악
  ④ 지하수 기구 파악

(3) **유출 토사계획**

유역, 유출계획에 따라 토사의 유출 기구 및 조정 또는 조절 계획을 설정하는 것으로
검토해야 한다.
  ① 토사 유출 기구의 파악
  ② 유송 토사의 파악
  ③ 토사량의 파악
  ④ 유송 토사가 미치는 영향 파악

(4) 환경계획

하천 및 그 유역 환경의 유지관리 개선에 관한 계획으로 자연하천환경 보전, 하천공간 및 유하량과 질에 대한 유지 개선 등에 관한 계획이다.

5. 결론

하천종합계획은 유역계획의 가장 기초가 되도록 계획하고, 기본 방침은 유역·유출, 토사·환경계획과 조화롭게 계획한다.

23 하천유역종합계획의 구성

1. 개요

하천유역종합계획의 구성 부분은 대상에 따른 구분과 사업 목적에 따른 구분으로 대별되며, 이를 살펴보면 다음과 같다.

2. 대상에 따른 구분

(1) 유역계획

하천 측면에서 본 유역의 적절한 모습 설정 및 사회적·자연적 유역 정비

(2) 유출계획

① 유출 기구의 평가, 조절
② 치수, 이수 기능의 평가
③ 유출수의 유도계획
④ 유량 조절 지하수 기구

(3) 유사계획

① 유출 토사의 억제, 조절 시스템
② 적정 하도 및 연안 조건의 확보
③ 토지 이용, 골재 이용

(4) 환경계획

① 적절한 자연환경 보전
② 하천 공간, 수질, 수량의 유지 개선
③ 사회 조건의 변화, 수환경의 변화

3. 사업 목적에 따른 구분

(1) 홍수 방어계획

① 기본 홍수의 설정(홍수 수문곡선)
② 홍수 방어 효과를 확보하기 위한 대책 책정

(2) 이수계획

① 이수 : 생활용수, 공업용수, 농업용수
② 교통 : 주운
③ 산업 : 수력, 어업, 골재

(3) 치수계획

홍수, 하·폐수, 지하수, 토사 소통

(4) 하천환경관리계획

① 하천환경, 유역 환경 기본 설정
② 하천유지 개선을 위한 시행의 책정(자연, 친수, 공간 기능)

(5) 하도계획

① 홍수량 소통
② 하상 안정설계
③ 하도계획, 지류, 합류계획

(6) 하구 처리계획 : 홍수량 소통, 하구 막힘 및 처리 대책

(7) 내수 배제계획

① 내수 문제 설정
② 내수 처리 방식
　　㉠ 도시화와 수문 특성 변화
　　㉡ 도시 지역 침수 피해 증가

(8) 유사 조절계획 : 토사 재해 방지, 유출 토사 조절

(9) 침하 방지계획 : 가옥, 공공시설

4. 결론

하천종합계획을 대상으로 사업 목적에 의해 구분하고, 계획 시 시공성, 경제성, 안전성, 주변 환경 등을 조화롭게 고려해야 한다.

24 경인운하의 역할

1. 개요

우리나라 물류체계의 새로운 장이 될 경인운하는 인천~서울 간 2,500t급, 2,000t급, 900t급 등의 컨테이너, 일반 화물, 바지선의 운항을 가능케 함으로써 중량 화물은 물론 수도권 교통 완화와 인천항 체증 완화에도 크게 도움이 될 것이며, 굴포천 유역의 근원적 치수 대책과 다양한 위락, 관광 자원 개발로 친수 공간으로서의 역할도 기대된다.

2. 배경

(1) 조선 중종 김안로에 의해 김포~굴포 운하 공사 시도

(2) 구간은 현재의 신곡 수중보에서 굴포천을 따라 인천 북쪽 연안 지방 구간 약 20km로 추정

(3) 1980년대 수공에서 미육군공병단과 1980~1981년 남한강 주운 예비 타당성 조사 실시

(4) 1982~1986년 한강종합개발사업 실시

3. 경인운하 건설계획

(1) 경인운하

① 구간 : 서울~인천
② 운송 내용 : 수출입 및 연안 수송, 컨테이너 화물, 철강, 벌크, 해사 등
③ 갑문 형식 : Sector Gate
④ 통행 방법 : 쌍방 통행
⑤ 항로 연장 : 8.2km
⑥ 항로 폭 : 100m

(2) 서울 터미널

전국적으로 크게 부족한 물류 단지와 창고 수요를 충족시키는 데 일부 담당

(3) 서해 터미널

① 경인운하의 서해 측에 설치
② 부산항 하역의 경인 지역 출입, 수출입 컨테이너 화물, 대중교통

1 터널 하천관리

1. 개요

현상 하도의 하류부가 도시화하여 하폭 유지 곤란 시 실시한다.

2. 설계 유량

(1) 계획 홍수량에 대해 할증 실시

(2) 여러 가지 저해 요인 고려

3. 터널 하천의 일반 기준

(1) **설계 유량** : 설계 홍수량의 130% 이상

(2) **단면적** : 설계 유량 단면적의 15% 이상

(3) **설계 유속** : 7m/sec 이하

(4) **압력 터널이 되지 않도록**

4. 결론

가급적 지양하되 불가피할 경우 관리 기준을 만족시켜야 한다.

2 제주도 수자원 종합개발계획 수립

1. 수자원 현황

(1) 섬 전체가 투수성 화산암

(2) 다우 지역임에도 강우가 지하로 침투하여 지표 유출은 미약하고 지하수가 풍부

(3) 일반 개황

① 면적 : 1,825km^2

② 행정구역 : 2시 2군 7읍 5면

③ 인구 : 522,000명

(4) **지형** : 동서 74km, 남북 32km

(5) **지질** : 제3기 플라이오세에서 제4기 초까지 화산 활동에 의해 생성된 화산도로서 90%
이상이 투수성이 큰 현무암

2. 수자원 부존량

(1) **총강우량** : 연 33.9억 톤

① **연평균 강수량** : 1,872mm

(2) **총증발량** : 연 12.6억 톤(37%)

① **직접 유출** : 연 6.4억 톤(19%)

② **지하수 함량** : 연 14.9억 톤(44%)

3. 제주도 지하수의 부존 특성

(1) 지하수는 투수성이 낮은 분포 위치에 따라 기저 및 준기저, 상위 지하수로 분류

(2) 특히 동부 지역의 해안 용출수는 염분이 함유되어 있다.

4. 지하수 개발 가능량

(1) 지하수 전체 함량은 400만 톤

(2) 전체 함량의 41%에 달하는 170만 톤으로 충분

5. 수자원 개발 계획

(1) 깨끗하고 충분한 물의 적기 공급 및 부존 수자원의 효율적 관리를 위한 관리 체제 구축

(2) **기존 용수 시설 수급 체계의 문제점**

① 용수 공급 효율이 낮음

② 지역적 용수 부족, 균형적 배분 곤란

③ 용수가 일부 지역에 편중되어 원거리 지역에서 용수원 개발 불가피

(3) 수자원 개발 계획 방향

① 수질관리 최우선으로 충분한 수자원 확보 모색

② 수자원의 균형적 배분 도모

③ 합리적이고 체계적인 대용량 개발 및 갈수기에 대비할 수 있는 예비 수량의 확보

④ 지방 자치단체의 수원 개발 계획과 연계하여 수립

⑤ 수질오염 지역은 폐쇄 대체 용수원 개발 공급

(4) 수원 개발 계획

① 대용량 개발이 가능한 기저 지하수, 해안 용출수 분포 지역 대상

② 추가 수원 개발 공급

(5) 용수 공급 방안

① 합리적인 이용과 균형적 배분, 수질 보전, 효율성 측면에서 광역 용수 공급 체제 구축

② 제주도 용수 공급 방안
　　㉠ 읍면 단위 구분 → 지역 상수도
　　㉡ 도 전역 단일 공급 체계 → 광역 상수도 공급

6. 결론

수자원의 합리적인 이용과 용수의 균형적 배분, 수질 보전 및 용수 시설 운영 관리, 효율성 및 제주도 개발의 잠재적 측면을 고려할 때 지역 단위 용수 공급 체계에서 점진적으로 광역 상수도 공급 체제로의 전환이 바람직하다.

3 하도계획

1. 개요

하도계획은 수리·구조적으로 안전하고 경제적인 방법을 선택한다. 또한 하천의 특성, 토지의 이용 현황, 공사비 등을 고려하여 결정한다.

2. 하도계획의 방법

(1) **제방 축조** : 홍수 소통, 월류 방지 고려

(2) **확폭, 준설 굴착** : 홍수 소통, 하수 처리

(3) **하도법선** : 유수 소통 원활

(4) **하도정비** : 유수 소통 원활

(5) **방수로 및 수로 부체** : 유수 소통 원활

3. 하도계획 순서

(1) 개수 구간 설정

(2) 계획 홍수량 산정

(3) 계획 법선 결정

(4) 하도 종단, 횡단 설정

(5) 개수 효율의 검토

4. 하도 법선 선정 시 고려사항

(1) 가급적 원활

(2) 곡선부는 다소 넓게

(3) 가급적 직선, 충분한 하폭 유지

(4) 인구 조밀 지역은 멀리

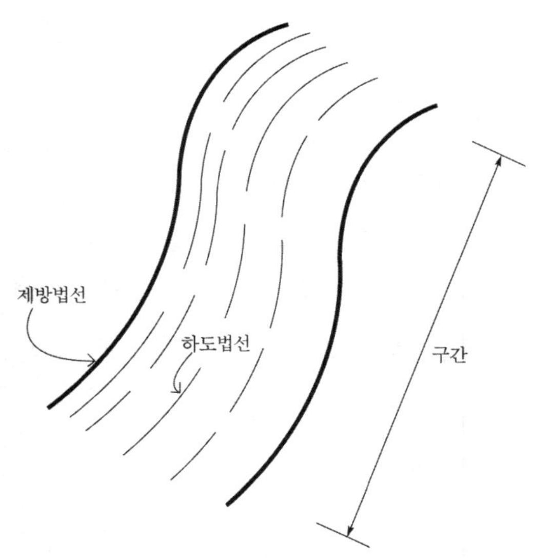

[하도법선 · 제방법선 선정]

5. 제방법선 선정 시 고려사항

(1) 급류 하천은 직선형으로

(2) 양안 법선은 가급적 나란히

(3) 본 지류는 합류 전 T자 모양이 되지 않게 가름둑을 설치

(4) 지반이 투수성이며 연약 지반은 가급적 회피

6. 결론

하천 개수 계획은 경제적인 시설물이 되도록 하며 상·하류 일관성 있는 계획 및 토지 이용 계획을 고려, 수계를 종합적으로 고려하여 계획을 수립한다.

4 제방법선에 대한 대책

1. 개요

하도란 홍수량, 유하물을 소통시키는 것으로 영구적·안정적으로 계획해야 한다. 제방은 홍수 시 하천 연안 지역의 홍수 피해 방지, 외수의 월류 방지, 유수 소통 원활 등을 목적으로 축조하는 하천 구조물로서 계획 하폭 및 제반 여건에 관해 제방 법선을 설정하되 기설 제방과 현재의 상하류 지형, 지세, 하상 경사 등을 충분히 고려하여 제방 법선 계획을 수립한다.

2. 제방법선 대책

(1) 급류부 굴곡 사행 구간 : 완만한 곡선

(2) 기성제 구간 : 양안을 가능한 한 평행으로

(3) 사수역 : 유효 면적의 감소를 고려하여 법선 결정

(4) 공사비, 유지관리비 절약 등을 고려하여 가급적 지반이 높은 곳을 선택

(5) 상하류 제방법선, 지형, 연안토지 이용 현황, 개수 후 제방 안전 등을 고려

(6) 소지류 유입 시 : 하구부가 적절한 폭 유지

(7) 개수 공사비의 절감 및 지류 홍수 소통

    ① 지류를 직선화

    ② 본류 구간과 연결하는 제방법선 결정

    ③ 안정 하상 유지, 유수 소통을 원활하게 하기 위해 기존 고수부지 등을 굴착 정비

3. 결론

제방법선은 급류 하천은 직선으로, 양안법선은 나란히, 본 지류 합류점은 T자 모양이 되지 않게 가름둑을 설치하고 연약지반은 가급적 피한다.

5 하도계획 시 단면설계 기준

1. 개요

대상 유역의 단면 기준은 하도계획, 지류 합류계획, 하구 처리계획, 내측 처리계획 등을 검토한다.

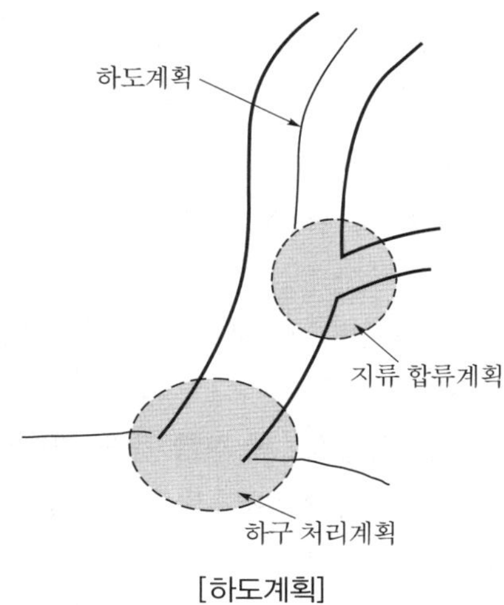

[하도계획]

2. 하도계획

(1) 기본 방향

① 하도계획의 기본 방침
　㉠ 유량 안전
　㉡ 하천 이용 증대 및 자연환경 보전
② 하도계획의 순서
　㉠ 계획 홍수량 설정
　㉡ 계획 구간 설정
　㉢ 계획 구간 법선 설정

   ㄹ 하도의 종횡단 계획

   ㅁ 개수 효과 검토

  ③ **조도계수**

   ㄱ 일반 하도 : 0.03~0.035

   ㄴ 굴착 하천 : 0.035

   ㄷ Con'c : 0.025

  ④ **수위** : 계획 홍수위는 유량, 하도, 종횡단형을 고려하고, 가능하면 기왕 홍수의 최고 수위 이하를 취한다.

  ⑤ **하도의 종단형**

   ㄱ 하상 경사

    • 가급적 현재의 평균 하상 경사 중시

    • 상류 급경사 → 하류 완경사

   ㄴ 계획 하상고

    • 제내 지반, 지하수위

    • 용수의 취수위 등을 고려하여 정한다.

  ⑥ **하도의 횡단형**

   ㄱ 횡단형 : 일반적으로 북단면으로 하며, 하도의 상황, 유지의 난이 등을 고려한다.

   ㄴ 하폭

    • 계획 홍수량, 하천 상황, 주변 현황 등을 고려하여 설정한다.

    • 기설 제방 상태, 연안의 가옥 밀집 상태 등을 고려한다.

   ㄷ 저수로의 폭, 홍수터의 높이

    • 홍수터의 높이는 저수로 폭과 함께 검토

    • 중소 하천 : 홍수터상의 유속 2m/sec

   ㄹ 만곡부의 횡단형

    • 홍수 시 편류 발생

    • 외측 수위가 상승하므로 내외 측에 있어 사수역 발생 및 과류에 대한 유효 하폭의 10~20% 확대

3. 지류 합류계획

(1) 합류점의 성격

  ① 합류점에는 유량, 유속, 유출 토사량의 영향으로 성격이 변화된다.

  ② 지류의 유출 토사가 많으면 본류에 부담을 준다.

③ 유출 토사의 정도에 따라 천정천이 되거나 제내지 배수 불량이 되기도 한다.

④ 유출 토사의 정도가 같고 본류의 홍수량이 크면 지류가 배수 불량이 되어 저습지가 많다.

(2) 합류점의 처리

① 합류 하천 하상을 동일하게

② 합류 각도는 평행하게 합류

(3) 합류점의 조정

가급적 합류 후의 하폭은 합류 전의 재하천 전하폭이 되도록 한다.

(4) 합류점의 계획 홍수위

① 지류는 본류의 첨두 유량에 대응하는 배수 계산 수위

② 지류 계획 홍수량이 합류하면서 본류 수위를 기점 수위로 하여 배수 계획하는 수위

4. 하구 처리계획

(1) 목적

하구 처리는 계획 홍수량 이하의 유량을 안전하게 유하시키고, 각종 재해를 방지한다.

(2) 하구 처리방식 결정 시 고려사항

① 수계 전체 기능이 경제적일 것

② 하천 수운에 지장을 주지 않을 것

③ 장래 유지가 용이할 것

④ 하천 이용을 손상시키지 않을 것

(3) 하구 계획 홍수위

하구의 개량 계획 및 영향을 고려하여 선정

(4) 하구부의 하도계획

① 계획 홍수량 충분히 처리

② 장래 유지 관리 용이

③ 하구 부근 이수 측면에 지장 없게

(5) 하구부 계획 홍수위 결정

① 계획 홍수량 유하 시 조위

② 부등류 계산 출발 지점

③ 조도계수 등을 고려하여 결정

(6) 하구 계획 단면 결정

① 계획 홍수량 처리

② 하구 처리공과 같게(유지, 관리)

③ 저수 시 하구 부근의 이수에 지장이 없게

5. 내수 처리계획

(1) 내수계획의 기본 방침

① 최적의 내수 처리방식 결정

② 최적의 시설 규모 결정

(2) 내수 조사

① 지형, 배수 계통 조사

② 배수시설, 기존 자료 조사

③ 수리 수문 관측 조사

④ 관련 사업계획

⑤ 경제 조사 및 현장 조사

    ㉠ 지형 : 특성, 식생, 토지 이용 파악

    ㉡ 배수 계통 : 하천, 하수도, 각종 용수로 유로

    ㉢ 배수시설 : 각종 수문, 펌프 시설

    ㉣ 기왕 자료 조사 : 강우, 강수, 내외 수위, 펌프 배수량 등

    ㉤ 경제 조사 : 경제 효과를 고려하여 결정

(3) 내수 처리계획의 검토 및 순서

① 계획 홍수의 선정 및 평가

② 최적 처리방식 및 시설 규모 결정

    ㉠ 계획 홍수량

      • 과거 내수 피해 홍수 자료

      • 대상 지역의 현재 및 장래에 대해 규모 결정

    ㉡ 복수 처리방식

      • 복수 처리방식은 내수 대상 지역이 지형 토지 이용 현황과 장래의 발전 등을 충분히 고려하여 복수로 선택

      • 복수 처리방식

        − 펌프 배수, 배수제, 수문, 유수지

6. 결론

하도계획 시 단면 설계 기준은 하도/지류/하구 처리/내수 처리계획으로 구분하며, 계획시 각 계획별 조사 등을 충분히 고려하여 시행할 필요가 있다.

6 첩수로계획

1. 개요

첩수로계획이란 원활한 유수 소통을 위해 만곡 수로를 직선 수로로 굴착하여 유로를 단축시키는 것을 말한다.

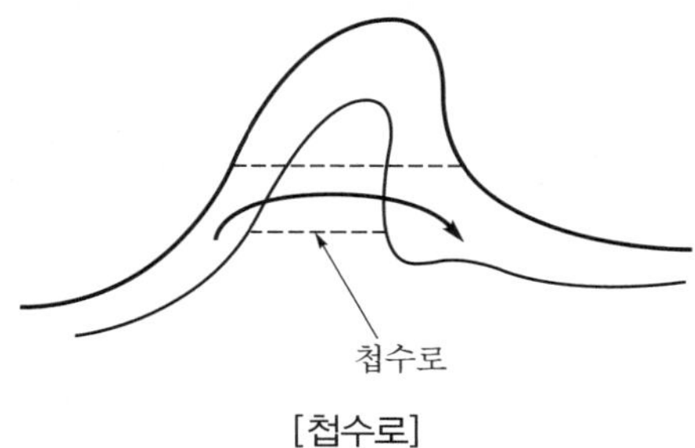

[첩수로]

2. 필요성

(1) 만곡이 심한 하천

(2) 하천 주변 시가지로 확폭 곤란 시

(3) 수위 저하 필요 시

3. 영향

기존 하천 단축으로 수면 경사가 급격해져 상류에는 유속 증가로 세굴이, 하류에는 퇴적이 발생하여 하류부 퇴적으로 내수 배제가 곤란할 수도 있다.

4. 고려사항

(1) 기존 배수 계통 고려

(2) 첩수로 상 · 하류 구간도 동시에 하상계획 실시

(3) 기존 구조물의 안정 검토

(4) 지하수위 영향 고려

5. 결론

주변 지형, 지질 상태 및 세굴, 퇴적 등을 충분히 고려하여 계획할 필요가 있다.

---

7 분류계획

1. 개요

분류란 방수로 및 수로 부체를 통해 유량을 분리하는 것이다.

2. 분류의 형식

(1) 방수로(放水路)

① 홍수량의 일부나 전부를 본류에서 분리 방류하는 수로
② 방수로 굴착 시 상류 하상은 저하되고 하류는 퇴적 현상 발생

(2) 수로 부체

홍수 소통 능력이 부족한 하천에서 인근의 여유 있는 하천으로 홍수의 일부를 방류하기 위한 개착 수로

3. 합류 시 고려사항

(1) 고수 유량에 대한 분류 배분

토지 이용, 하천 능력, 공사비, 경제성 등을 고려

(2) 저수 유량 시

갈수 시, 평수 시, 하천유지 유량을 고려하여 배분

(3) 분류 시기

① 내수 배제 능력
② 하구부의 염해 방지 고려하여 결정

4. 분류 위치 선정 시 고려사항

(1) 분류점 상류 유속 분포가 교란되지 않을 것

(2) 분류 후 유속이 가급적 동일할 것

(3) 사수역 발생이 없을 것

(4) 세굴 퇴적이 없을 것

(5) 유동 토사 배분이 적절할 것

(6) 수충부의 제방이 안전할 것

5. 분류의 방식

(1) 자연 분류

(2) 고정 웨어(Weir)식 분류

(3) 수문에 의한 분류

6. 결론

(1) 분류는 유량 배분 계획에 맞춰 배분한다.

(2) 만곡부 부분은 수충부로서 유속의 증대와 세굴을 조장하므로 좋지 않다.

(3) 만곡부 부분 또한 토사 퇴적이 쉽고 분류량이 불안정하며, 토사 유입 등이 있어 주의를 요한다.

---

8 자연하천 분류 시 수리계산식(水理計算式)

1. 개요

자연하천 분류 시 수위 계산은 하상의 안정 검토와 유량의 적정 배분을 검토하기 위해 실시한다.

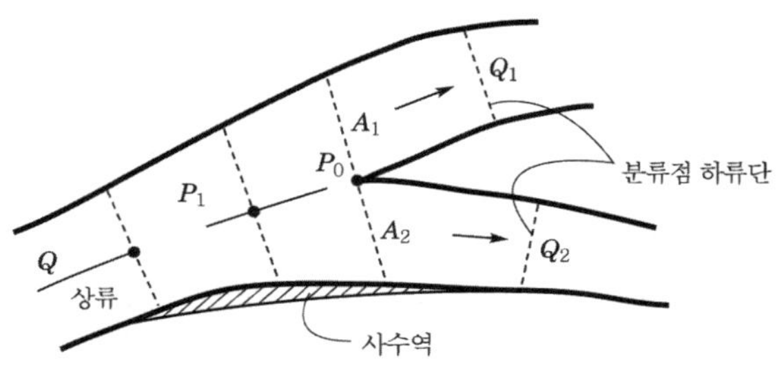

[자연하천 분류 시 수리계산식]

2. 수리계산 순서

(1) 분류 지점 P_0와 사수역 등을 추정

(2) P_0점에서 유선과 직교 단면 A_1, A_2를 결정

(3) 분류량 Q_1, Q_2를 가정

(4) Q_1, Q_2로 분류점 하류단에서, 부등류 계산으로 A_1, A_2의 평균 수위를 구한다.

(5) P_0점 수위는 A_1, A_2 단면 수위에 만곡 손실 고려

$$\Delta H = \frac{bv^2}{gr}$$

(6) A_1, A_2 단면 수위가 P_0점에서 불일치할 때 분류량을 가정, 반복, 추정

(7) P_0점 수위가 일치할 때까지 반복 계산 후 부등류 계산으로 수위 추적

3. 결론

이상 분류점의 수위는 Froude 수가 크지 않을 때는 가능하나 F_r이 크면 모형 실험에 의한다.

9 비구조적 홍수조절계획

1. 개요

(1) 홍수조절방법에는 구조적 시설물에 의한 것과 비구조적 홍수조절계획이 있다.

(2) 비구조적 홍수조절계획은 홍수 예 · 경보, 홍수터 관리, 홍수 보험, 홍수 방지, 유역 관리, 구조적 대책과 병행 등이 있다.

이하에는 비구조적 홍수조절계획에 대해 언급한다.

2. 비구조적 홍수조절계획

(1) 홍수 예·경보

홍수조절 저수지 조작의 최적화에 의한 재해의 사전 대비 및 피난 재해 감소 수단으로 제공
① 기상에 의한 방법 → 기압 고려
② 우량에 의한 방법 → 소하천
③ 수위에 의한 방법 → 대하천

(2) 홍수터 관리

① 홍수터의 이용 및 개발이 자연 여건에 부합되도록 지도 관리하여 토지 이용 증대
② **방법** : 구역의 지정, 토지 세분화 규제 및 건축 기준 강화

(3) 홍수 보험

① 홍수 시 경제적 피해 직접 보상
② 홍수 위험 국민 홍보
③ 홍수 피해 시 재정 부담 완화

(4) 홍수 방지

홍수 유발 자연 현상을 방지하는 것으로 기상 조절 등이 있으나 장래 연구 과제이다.

(5) 유역 관리

① 적절한 유역 관리는 강우 유출, 토사 유출 조절
② **방법** : 산림 녹화, 투수성 도로 포장

(6) 구조적 대책과 조합

① 구조적 대책과 조합으로 사업 효과 상승
② 사업의 경제성 증대

3. 결론

(1) 비구조적 홍수 피해 조절계획을 적극 검토하고 실시함으로써 홍수 피해를 사전 방지, 예방, 절감할 수 있으며, 우리나라에 맞는 방법을 도입 검토한다.

(2) 도입 시 외국의 사례 등을 고려, 재정적 투자와 연구기관의 지속적 연구 사업이 시행되어야 할 것이다.

10 제방 누수방지공법

1. 개요

누수란 제외 지측 수위가 제방 및 기초지반을 통해 제내 지측으로 유출되는 현상을 말하며, 심하면 제체의 파괴를 유발한다.

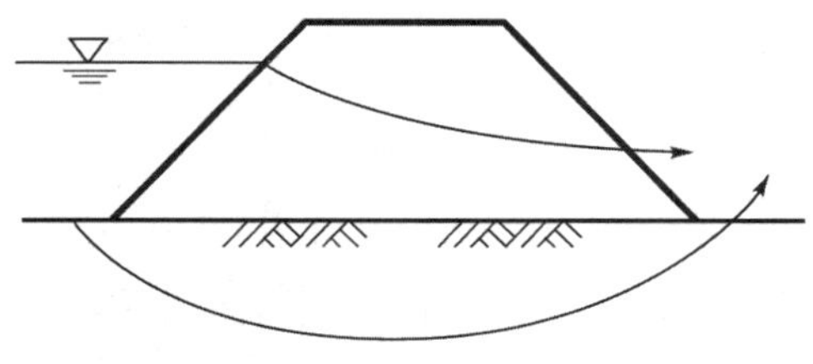

[제방 누수 개념도]

2. 누수의 원인

(1) 제체를 통한 누수

① 제체 토질, 입도 분포 불량

② 단면 부족

③ 침투로 길이가 짧을 때

(2) 기초지반을 통한 누수

① 기초지반이 투수성 지반일 때

② 투수성 토층이 노출될 때

(3) 기타 누수

① 두더지, 들쥐에 의해

② 배수 암거, 흄관 등과 제체 접촉부의 접착 불량 시

③ 나무 뿌리

3. 누수 대책

(1) 축조 재료의 양질 토사 이용

(2) 차수벽 설치

(3) 점토 코어를 설치

(4) 제방 단면 확대

(5) 침투로 길이 연장

(6) 수위 차 낮추기

4. 결론

이상의 누수 원인에 의한 누수 방지 대책은 단독보다는 가능한 한 몇 개의 방법을 조합하여 시행하는 것이 바람직하며, 압성토공법과 시공 기간을 연장하여 충분한 공사 기간에 의해 축제할 필요가 있다.

11 제방 축제 시 연약지반 처리공법

1. 개요

제체의 안전을 도모하기 위해 연약지반을 가급적 피해야 하며, 부득이 축조할 경우 연약지반을 처리한 후 축조한다.

2. 처리공법

(1) 샌드 드레인(Sand Drain) → 샌드 파일(Sand Pile)

(2) 고결 → 시멘트(Cement)에 의한 고결

(3) 기초 보강 → 섶하상, 시트 파일

(4) 예비 둑 설치 → 제방 양측에 예비 둑

(5) 치환공법 → 양질 토사 치환

(6) 프리로드(Preload) 공법

3. 설계 축조 시 고려사항

(1) 제방 축조 지점에 배수구를 설치하여 지하 수위 감소

(2) 기초 지질 조사를 철저히 하고, 지지력 침하량 정확히 산정

(3) 시공에는 적절한 성토 속도 유지와 압성토 방법으로 성토

(4) 침하판을 설치하여 축조 완료 후에라도 보강 대책 검토

4. 결론

(1) 축조 시 가급적 연약지반을 피한다.

(2) 부득이 연약지반 처리를 할 경우 현장 조사와 지질 조사를 철저히 하여 설계 시공 시 각별한 주의를 요한다.

12 제방 파괴의 원인과 대책

1. 개요

파괴 원인은 제체 및 기초지반 불량이며, 외적 및 내적 요인으로 구분할 수 있다.

2. 파괴 원인

(1) 외적 요인

① 홍수량의 과도 책정
② 이상 홍수 발생
③ 지진, 상류 댐의 파괴 시

(2) 내적 요인

① 재료 부적합
② 수문 암거, 배수관 연결부 불량
③ 제체 및 기초지반 누수
④ 제방 단면의 부족
⑤ 시공 성토 다짐 불량

3. 제방 파괴의 양상

(1) 월류(Overtopping)

외수가 제방을 월류하여 토립자가 침식되어 파괴

(2) 활동(Sliding)

제외 지측의 홍수가 침투되어 제체가 포화 상태로 되어 일정 사면을 따라 붕괴되는 현상

(3) 누수 및 배관

제외 지측 유수가 제내 지측으로 유출되면서 제방이 파괴되는 현상으로, 축조 재료, 단면 부족, 길이 부족에 의해 발생

4. 대책

(1) 적당한 계획 홍수량 책정

(2) 충분한 제체 단면 확보

(3) 축재 재료 선정 중시

(4) 시공 시 철저한 품질관리

(5) 하천관리 전문 인력 확보

(6) 시공 시 축재 재료 및 기초지반 검토

(7) 하천관리의 일원화

(8) 법령 제도의 정비

(9) 기타 : 호안 설치, 파일, 시트 파일, 주입공법, 부제 설치, 점토 코어, 블록 설치

5. 결론

(1) 파괴 전 지속적인 유지관리와 제방 안전 검토를 실시하여 조기에 원인을 발견하여 적절한 대책을 수립한다.

(2) 대책 수립은 단독 시행보다는 몇 가지 방법을 조합하여 종합적인 검토하에 시행하는 것이 바람직하다.

13 하천유지 유량에 대한 개념(국내 하천유지 유량)

1. 개요

(1) 1960년대 수자원종합개발 10개년 계획에서 하천유지 유량 처음 사용

(2) 1971년 유수의 정상적인 기능, 상태 파악을 위한 유량

(3) 시설 기준 : 주운, 어업, 경관, 염해 방지, 하구 폐색 방지, 유수의 수질 유지 등을 유지해야 할 수량

2. 기존의 하천유량(국내)

(1) 하천유지 유량

① 하천 주운, 어업, 경관, 염해 방지, 하구 폐색 방지
② 동식물의 보호, 수질 보전 목적을 충족시키기 위해 자연하천에서 정하는 최소 유량을 말한다.

(2) 이수 유량

① 유수의 점용(占用)을 위해 필요한 수량
② 생활 · 공업 · 농업 · 이수 · 치수 용수량

(3) 정상 유량

하천의 정상 기능을 유지하기 위한 수량(유지+이수 유량)

3. 외국의 유지 유량 개념

(1) **미국** : 일종의 물 권리로 파악, 하류에 보장하는 유량 · 갈수량 기준
(2) **일본** : 우리나라와 비슷

4. 유지 유량 개념의 설정 및 방향 제시

(1) 평균 갈수량

① 갈수량의 평균
② 갈수 시에도 자연하천에 흐르는 유량
③ 건천화 방지, 하류 하천에 보장해 주어야 할 유량

(2) 환경보전 유량

① 하천 주운, 어업, 하천 경관, 염해 방지, 관광
② 하구 폐색 방지, 동식물의 생태 보호

(3) 하천유지 유량(평 + 보)

① 평균 갈수량과 환경보전 유량 중 최대치
② 하천의 정상적 기능 및 상태를 유지하기 위해 수요 공급을 모두 만족하는 유량

(4) 하천관리 유량

하천유지 유량+이수 유량
즉, 평균 갈수량 < 환경보전 유량 < 하천유지 유량 < 하천관리 유량

5. 하천유지 유량 개념의 장단점

(1) 장점(개념 적용)

① 환경보전 유량 > 평균 갈수량일 때 → 하천유지 유량을 환경보전 유량으로 결정

② 환경보전 유량 < 평균 갈수량일 때 → 하천유지 유량을 평균 갈수량으로 결정

(2) 단점

① 공급과 수요의 환경보전 유량을 명백히 구분하기가 쉽지 않다.

② 물 공급이 하천유지 유량을 만족시키지 못하는 경우가 있다.

6. 결론

따라서 하천유지 유량은 하천의 정상적인 기능 및 상태를 유지하기 위해 필요한 물로서 지역 간 유역 간 분쟁 발생 차원에서 하천유지 유량을 설정하고, 시행 요령이 뒤따라야 한다.

 **참고**

주요 하천의 유지 유량(2011년 기준)
- 한강 : 인도교 지점, 100CMS(1996)
- 낙동강 : 진동 지점, 70CMS
- 금강 : 규암 지점 30CMS
- 섬진강 : 송정 지역 30CMS
- 만경강 : 20CMS

14 하천유량의 측정

1. 측정방법

(1) Weir 사용방법

(2) Flume 사용방법

(3) 유속 및 수위를 직접 측정하여 구하는 방법

① 부저 사용－표면, 봉 부저

② 항공 사진

③ 회전식 유속계 사용

(4) 약품 농도 희석 이용

(5) 수위−유량곡선을 이용

(6) 유량계−전자 및 초음파

본문에서는 유속 및 수위를 측정하여 구하는 방법에 대해 언급하고자 한다.

2. 평균 유속 유량 산정

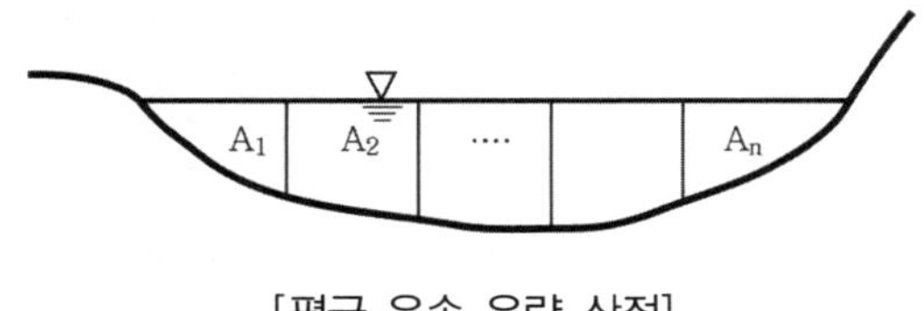

[평균 유속 유량 산정]

(1) **2점법** : $\dfrac{1}{2}(V_{0.2} + U_{0.8})$

(2) **3점법** : $\dfrac{1}{4}(V_{0.2} + 2V_{0.6} + V_{0.8})$

(3) **4점법** : $\dfrac{1}{5}(V_{0.2} + V_{0.4} + V_{0.6} + V_{0.8}) + (V_{0.2} + V_{0.8})$

(4) **1점법** : $V_{0.6}$

(5) **표면 유속방법**

$V_m = \alpha V_s (\alpha = 0.7 \sim 0.9)$ α : 표면 유속계수

$V_{0.2}$: 수면부터 수심의 0.2배가 되는 곳의 유속

$\therefore$ 총유량 $Q = \Sigma A_i V_i$ 이다.

3. 유속 측정 시 고려사항

(1) 단면에 수직 방향으로

(2) 30cm 이상 수심에서 실시

(3) $V = 0.1 \sim 0.5\,\mathrm{m/sec}$ 이상의 유속에서 실시

(4) 수초가 없는 곳에서

(5) 하상이 안정된 곳

4. WMO(세계기상기구) 기준

(1) 하천 합류점 부근은 피한다.

(2) 발전소 방류 수위 변동이 있는 곳은 피한다.

(3) 하상 변동이 없는 지점을 선정한다.

(4) 비교적 직선 부분이 좋다.

5. 수위, 유량 관측소 위치 선정 시 고려사항

(1) 수위 관측소 선정 시

① 수류 일정하고 유속 변화가 없는 곳
② 유로 하상 변동이 없는 곳
③ 관측이 편리한 곳

(2) 유량 관측도 설치 시

① 수류가 정상이고 변동이 없는 곳
② 갈수 시에도 관측이 가능한 곳
③ 관측이 편리한 곳

(3) 유량, 수위 관측소 선정 시

① 수류 정상, 하상 변동이 없는 곳
② 관측이 편리한 곳
③ 갈수 시에도 관측이 가능한 곳

6. 결론

하천유량 측정방법은 Weir 사용, 직접 측정, 약품 농도 희석 이용, 수위－유량곡선 이용, 유량계 측정이 있으며, 그 지형에 맞는 방법으로 측정한다. 수위 및 유량 관측소 설치 위치는 수류가 일정하고 지형 변동이 없으며, 관측이 편리한 곳에 설치해야 한다.

15 합리식의 가정

1. 개요

합리식은 유출 특성을 가지는 유역에 적용하는 것이 바람직하다.

2. 가정

(1) 강우강도 I에 대한 홍수량 Q는 유역의 도달시간과 같거나 더 큰 시간 동안 계속될 때 최대치에 도달한다.

(2) 유출계수 C는 강우–유출에 관계없이 동일하다.

(3) C는 모든 강우에 대해 동일하다.

3. 합리식의 사용

(1) 합리식은 강우의 침투 및 저류 효과가 적은 도시나 소유역에 잘 맞는 것으로 알려져 있다.

(2) 유역면적이 커지면 저류 효과가 커지고 합리식의 선형 강우–유출 관계 가정이 성립되지 않으므로 주의를 요한다.

(3) 따라서 합리식 적용 유역 면적의 크기는 대략 100km2 이하가 되는 유역에 적용 시 신뢰도가 높다.

4. 합리식에 의한 유량 계산

$$Q_p = \frac{1}{3.6} C \cdot I \cdot A = 0.2778 C \cdot I \cdot A$$

여기서, Q_p : 첨두홍수량$(\mathrm{m^3/sec})$
        C : 유출계수
        I : 강우강도$(\mathrm{mm/hr})$
        A : 유역면적$(\mathrm{km^2})$
        $I = \dfrac{R}{24} \left(\dfrac{24}{T} \right)^{\sqrt{3}}$ (I : T시간 동안의 강우강도)

5. 결론

합류식의 적용은 첨두 및 저류 효과가 적은 소유역이나 대략 유역 면적이 $100\mathrm{km}^2$ 이하에 적용 시 신뢰도가 높다.

16 어도의 종류 및 특징

1. 개요

하천에 물고기 등의 이동을 곤란하게 하거나 불가능하게 하는 방해물이 있을 때 물고기의 이동 목적으로 어도를 설치

2. 어도의 종류(하천시설기준)

(1) 수로식 어도

① 평면식 어도 : 낙차가 작은 보에 설치

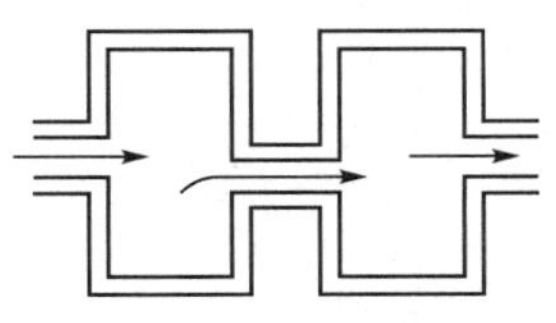

② 도벽식 어도 : 유도벽을 어도 측벽에 직각으로 설치

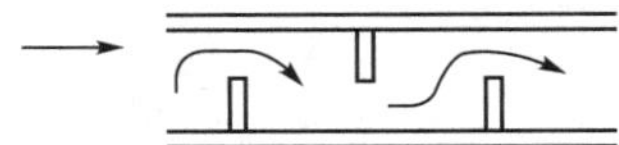

③ 계단식 어도 : 평면수로에 칸막이 설치

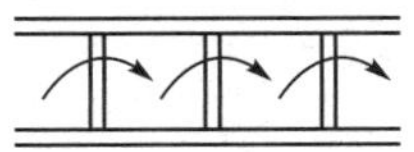

(2) 엘리베이터식 어도

올라오는 물고기를 엘리베이터로
이동시키는 방식

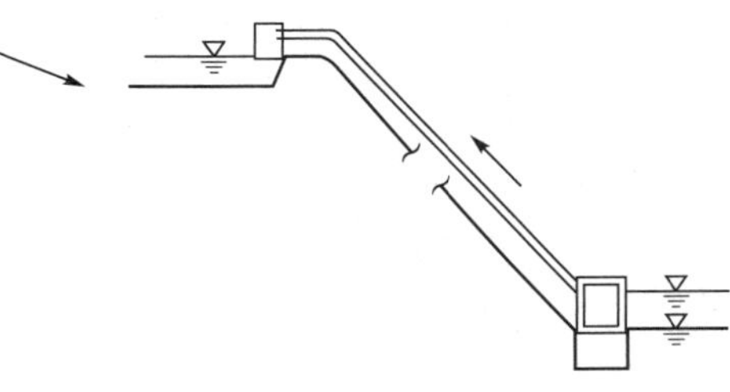

(3) 갑문식 어도

갑문을 개폐하여 내부 수위를 조절,
물고기를 유도하는 방식

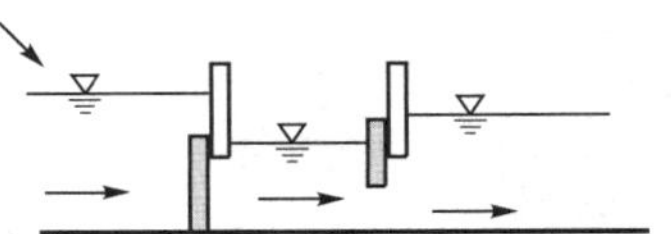

3. 어도의 규모

(1) 어류의 생태와 습성을 고려하여 선택

(2) 어도의 경사는 대체로 1/10 이하로 함.

4. 어도의 설계조건

(1) 어류가 무리 없이 입구에 도달할 수 있게 한다.

(2) 어류가 어도를 이용하여 쉽게 출구로 나가야 한다.

(3) 출구에서 나온 어류는 위험상태에 빠지지 않아야 한다.

5. 결론

어도의 위치는 어도의 규모, 어도로 물고기를 모으는 효과, 홍수 시의 기능, 배사, 유지관리 및 경관 등을 고려하여 결정하여야 한다.

3 홍수관리

1 홍수 예·경보의 현황과 평가

1. 개요

홍수 예·경보는 홍수조절용 저수지의 최적화를 기하고 재해에 대한 사전 대비책 및 피난 등으로 홍수 피해의 감소 수단을 제공한다.

2. 홍수 예·경보 방법

(1) 수위법

① 주로 대하천에 적용

② 과거 상·하류 수위 관계를 검토하여 예보하는 방법

(2) 우량법

① 주로 소하천에 적용

② 과거 강우량, 유출량, 수위 관계를 검토하여 예보

③ 비교적 정확한 예보 가능

④ 현재 세계적으로 사용

(3) 기상법

① 과거 호우로 발생한 불연속선 등의 검토

② 기압의 이동 경로를 고려하여 예보

3. 국내 홍수 예·경보의 실태(현황)

(1) 일제시대 → 수위법 사용

(2) 70년대 이후 → 우량법 사용

(3) 현재 홍수 예·경보 체제를 갖춘 하천 : 한강, 낙동강, 금강, 섬진강, 영산강

4. 홍수 예·경보의 평가

(1) **예·경보의 시한성** : 대비 시간을 충분히 가져야 한다.

(2) **예·경보의 정확성** : 실제와 예보 수위의 오차가 적어야 한다.

5. 문제점 및 대책

(1) 문제점

① 수문 자료 및 분석 미흡

② 예보 시설 미비, 경험 부족

③ 전문 기술자 부족

④ 강우량 예측 및 정확도 불량

(2) 계산방법

① 수문 자료와 경험 축적

② 시설의 현대화

③ 전문인 양성 및 확보

④ 강우량 예측의 정확도 제고

⑤ 소극적 예보에서 적극적인 다목적댐 운영의 최적화로 전환

⑥ 유출 모델, 하도 추적 모델 개발

⑦ 제도 개선

6. 결론

(1) 전문 기술자 배치, 양성

(2) 5개 수계에 설치된 예·경보 시스템을 타 수계에도 설치

(3) 중장기적 종합 대책 수립 필요

2 내수 처리 대책

1. 개요

내수 처리 대책은 도시 자연이나 농지 지역에 침수, 침식, 유사 문제로 수리 환경적 재해 방지 및 조절할 수 있는 내수 처리 대책을 수립하는 것이다.

2. 내수 피해 원인

(1) 본류 하천 상류에 퇴적, 내수 배제 불량

(2) 내수 지역 유역의 토지 이용 변화로 유출량 증가, 도달시간의 감소

(3) 저지대 매립으로 저류 용량 감소

(4) 본류 제방의 누수

(5) 하구 폐색 및 고조

3. 내수 재해 방지 조사

(1) 배수 계통, 배수 시설 조사

(2) 기왕 자료, 수리, 수문 조사

(3) 지형, 홍수 흔적 조사

(4) 관련 사업 계획 및 도시계획 조사

(5) 경제성 조사

4. 내수 처리대책 순서

(1) 모형 설정

(2) 예상 피해액 조사

(3) 복수의 처리방식 설정 및 비용 대 편익 산정

(4) 경제성 분석

(5) 최적 처리방식 및 시설 규모 결정

5. 내수 처리 대책

(1) **구조적 홍수조절방법**

① 펌프장, 유수지, 배수제

② 고지 배수로, 하수망 확충

③ 수문, 통문 설치

④ 하류 하상 굴착

⑤ 우수 저류 시설

⑥ 유역의 침투성 포장

(2) 비구조적 조절방법

① 홍수 예 · 경보

② 홍수터 관리

ⓐ 구역 지정　　　　　ⓑ 토지 세분화

ⓒ 건축 기준　　　　　ⓓ 홍수 보험

ⓔ 재해 홍보 및 유역 관리

6. 결론

내수 처리 대책은 내수 피해 원인 규명과 대책 수립을 위한 조사를 철저히 하고, 수립 시에는 구조적, 비구조적 홍수조절방법을 병용하는 것이 최적이다. 또한 환경, 교통 등을 종합 검토하여 합리적인 계획을 수립한다.

3 수제에 대한 연구

1. 개요

(1) 수류의 유향을 변경하고 저수로의 폭과 수심을 유지한다.

(2) 유수 집중으로 취수가 용이하고, 유수를 유도하여 제방, 호안을 보호한다.

2. 수제의 종류

(1) 투과 여부에 따른 분류

① 투과 수제 : 수제 효과 미흡—말뚝, 수제

② 불투과 수제 : 수류에 저항하는 힘이 큰 월류, 비월류 수제

③ 혼용 수제 : 혼용 수제

(2) 설치 방향에 따른 분류

① 횡수제

ⓐ 수류의 방향 전환 목적

ⓑ 유선의 직각으로 설치

• 상향 수제 → 상향으로

• 하향 수제 → 하향으로

• 직각 수제 → 수류와 직각으로

② 평행 수제

    ㉠ 흐름에 평행하게 설치

    ㉡ 유수를 일정 방향으로 유도

3. 수제의 설계

(1) 수제 길이 : 저수로 하천 폭을 고려하여 결정

① 폭이 100m 이상 : $\dfrac{1}{10} \sim \dfrac{1}{20}$

② 폭이 100m 이하 : $\dfrac{1}{5} \sim \dfrac{1}{10}$

(2) 수제의 간격

① 수로 경사, 유향, 사행 등을 고려하여 결정

② 윙클(Winkle)식(급류 하천에서)

$$L_{\max} = Caton_\alpha \times \frac{B-b}{2}$$

여기서, B : 하폭

        b : 저수로 폭

(3) 수제의 높이

수제 형식과 종류에 따라 다르다. 평균 저수위보다 0.6~1.0m 정도 높게 설치

(4) 수제 폭 : 소류력에 의해 세굴되지 않을 정도

(5) 수제 법선 : 저수로 법선과 나란히 두부 정리

4. 설치 위치 선정 시 고려사항

(1) 유속이 심해 기초 세굴이 심할 때

(2) 유향 변경 시

(3) 수류를 반류시키는 곳

(4) 급류 하천이나 대하천에서 수심이 같은 수충부

5. 결론

수제는 하폭이 좁은 곳은 맞지 않는다. 국내 하천은 하상계수가 커서 수제보다는 호안공법이 효과적이다. 다만 감조하천에서는 필요하며, 종합적인 검토가 필요하다.

4 고정보의 설계 검토

1. 개요

보는 각종 용수, 취수, 주운 등을 위해 수위를 높이고 조수의 역류 방지를 위해 하천을 횡단하여 설치하는 구조물이다. 종류로는 가동보와 고정보로 대별된다.

2. 보의 종류

(1) **설치 목적에 따라** : 취수, 분류, 방조보

(2) **구조 기능에 따라** : 가동보, 고정보

(3) **평면 형상에 따라** : 직선, 경사, 굴절, 원호형 보

3. 고정보의 안정

(1) **전도** : 합력이 바닥면 길이의 중앙의 1/3 이내에 들도록

(2) **활동** : $s = \dfrac{\Sigma 수평력}{\Sigma 수직력} \times 1.2 < f$

여기서, $f = 0.7 \sim 0.75$

(3) **침하** : 지반 응력이 허용지력에 안전할 것

4. 설계(고정보) – 하천시설 기준

(1) **하류 측 물받이 설계**

$$l_1 = 0.6\,C\sqrt{d}$$

여기서, C : 블라이(Bligh) 계수

d : 하류 측 웨어 높이

(2) **물받이 두께(하류 측)**

$$TA \geqq \frac{4}{3}\frac{\Delta h - hf}{r - 1}$$

여기서, Δh : 상·하류 수위차

hf : 손실두수

r : 물받이 재료 비중

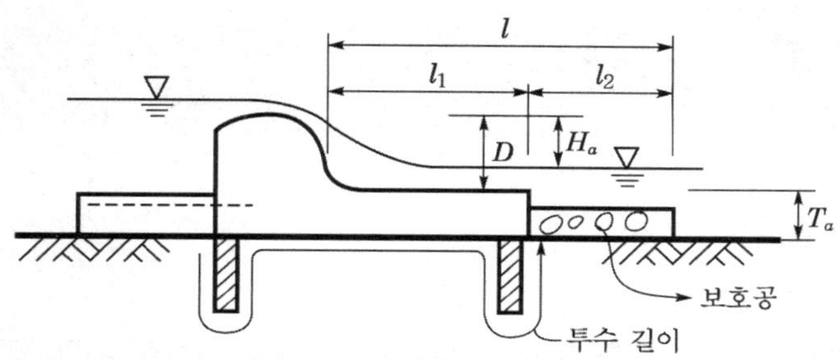

[하류 측 물받이 두께]

(3) **상류 측 물받이 두께** : 하류 측 두께의 1/2~1/3

(4) **바닥 보호공**

$$l_2 = l - l_1$$

$$l = 0.66\,C\,(H_a \cdot Q)^{\frac{1}{2}}$$

여기서, H_a : 높이

Q : 홍수량

C : Bligh 계수

5. 보 위치 선정 시 고려사항

(1) 취수보는 취수 확보, 공사비가 적고 유지 관리가 편한 곳

(2) 홍수 시 하상 변동이 적은 곳

(3) 구조적인 안정을 얻을 수 있는 곳

(4) 보 설치로 상·하류 영향이 적은 지점

(5) 공사 시행에 편리한 지점 등 종합적으로 고려

6. 결론

보 설계 시공 시는 상기 조건을 종합적으로 고려하여 계획, 구조적으로 안정적이고 수리적으로 유리한 단면을 선정하도록 한다. 최근에는 저류 기능을 갖는 수위 유지 시설과 홍수 시 자동 감지 장치에 의해 상류 수위에 영향을 미치지 않는 가동보를 설치하는 실정이다. 단, 고정보가 비싼 것이 단점이다.

수문분석

1 설계빈도 설정상 위험도

1. 개요

위험도를 선정하여 최적의 빈도를 찾는다.

2. 위험도의 분류

(1) 종류

① 기본 위험도(Basic Risk)

② 불확실성 위험도

(2) 내용

① 기본 위험도

㉠ 선정된 강우량이나 홍수량을 초과하여 일어나는 위험

㉡ 즉, $P > P_0$ (P : 일정 강우량, P_0 : 설계 강우량)

② 불확실성 위험도 : 자료의 빈곤 측정 오차, 해석의 오류로 인해 사용하는 자료 및 해석방법이 모집단의 특성과 다른 것

3. 위험도의 적용

(1) 위험도는 일반적으로 확률로 표시

(2) 만일, 설계 홍수량 Q_0, 초과 확률 P라면 비초과 확률은 $q = 1 - P$이며, Q_0보다 큰 홍수가 일어나지 않을 확률은 $1 - P$이다.

(3) 2년 확률은 $(1 - P)^2$, n년 확률은 $(1 - P)^n$이다.

4. 위험도 확률

(1) $(1 - P)^n$은 n년 동안에 Q_0보다 큰 홍수가 일어나지 않을 확률

(2) $1 - (1 - P)^n$: n년 동안 1번 이상 일어날 확률

(3) 위험도 확률이 R이라면

$$R = 1 - (1 - P)^n$$

여기서, P : 설계 홍수량 Q_0의 초과 확률

(4) n년 동안 Q_0보다 큰 홍수가 k번 일어날 확률은

$$R = (k^n) P^k (1 - P)^{n-k} \ \text{또는} \ \frac{n!}{k!(n-k)!} P^k (1 - P)^{n-k}$$

로 구할 수 있다.

5. 결론

최적의 설계빈도 및 종류 등을 숙지할 필요가 있다.

② 수문곡선에 영향을 주는 요인(단위유량도)

1. 지형학적 요인

(1) 영향 요인

① 유역 면적, 유로 연장, 유역 형상

② 수로 분포, 경사

③ 지표 이용 상태 : 습지, 호수, 도시화

(2) 유역 면적, 유로 연장, 형상

① 동일 지역이라도 연장 형상에 따라 유출률이 다르다.

② 유로 연장이 짧으면 첨두 유량이 커진다.

③ 형상계수가 1에 가까우면 유역의 형상이 정방형과 같아 기저시간이 짧아지고 첨두 유량은 증가한다(하천 형상계수 : A/L^2).

(3) 수로 분포 : 수로 분포에 따라 유출 영향

(4) 수로 경사, 지표면 경사 : 경사가 급하면 도달시간이 짧아져 급격한 상승곡선을 나타 낸다.

(5) 토지 지표 이용 상태 : 식생의 정도가 유출 영향을 초래한다.

2. 기상학적 요소

(1) 영향 요인

① 강우강도와 지속기간

② 강우의 시간적, 공간적 분포

③ 강우의 진행 방향

(2) 강우강도와 지속시간

① 강우강도가 일정하고 지속시간이 커지면 유량이 증가하고 기저시간이 길어진다.

② 따라서 강우강도는 유량에, 지속시간은 기저시간에 영향을 미친다.

(3) 강우의 시간적, 공간적 분포

① 강우의 깊이는 면적이 커짐에 따라 지수함수의 형태로 감소한다.

② 강우강도는 지속시간이 길어짐에 따라 지수 형태로 감소한다.

(4) 강우의 진행 방향

① 강우가 유역의 상류에서 하류로 이동 시 : 수문곡선은 급격한 상승과 하강

② 하류에서 상류로 이동 시 : 원만한 상승과 하강으로 기저시간이 길다.

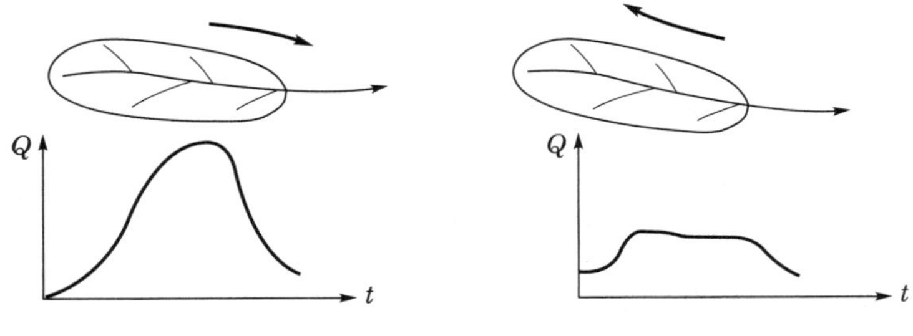

[강우의 진행 방향]

3. 결론

지형, 기상, 영향 인자 및 특성에 맞는 자료 특성을 자각하여 수문곡선을 계획 수립한다.

3 단위유량도

1. 개요

어느 유역에 지속시간 t_r 을 가진 단위 유효 강우가 1cm 내렸을 때, 이로 인한 유역 출구에서의 직접 유출 수문곡선을 단위유량도(Unit Hydrograph)라고 한다.

즉, 단위유량도 $=\dfrac{\text{직접 유출 수문곡선}}{\text{유효 강우량}}$

2. 단위유량도 작성의 기본 가정

(1) 가정

① 일정 기저시간 : 유출량은 다르나 기저시간은 동일

② 유역의 선형성 : 비례 가정, 중첩 가정

③ 강우, 시간적 공간적 균일성

(2) 내용

① 일정 기저시간 : 각종 강도의 강우 시 유출량은 그 크기는 다르나 기저시간은 동일하다.

② 유역의 선형성

　㉠ 비례 가정 : 동일 지속시간의 유출 수문곡선의 종거는 강우강도에 직접 비례한다.

　㉡ 중첩 가정 : 일련의 유효 강우에 의한 총유출은 각 시간의 유효 강우량에 의한 개개의 유출량을 합한 것과 같다.

　㉢ 강우의 시간적, 공간적 균일성 : 강우는 시간적, 공간적으로 균일해야 한다.

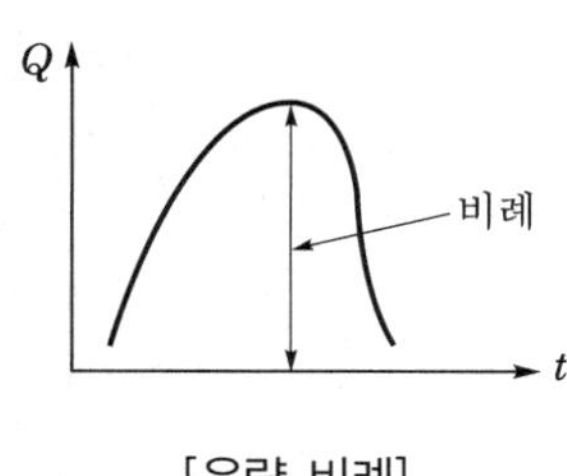

[유량 비례]

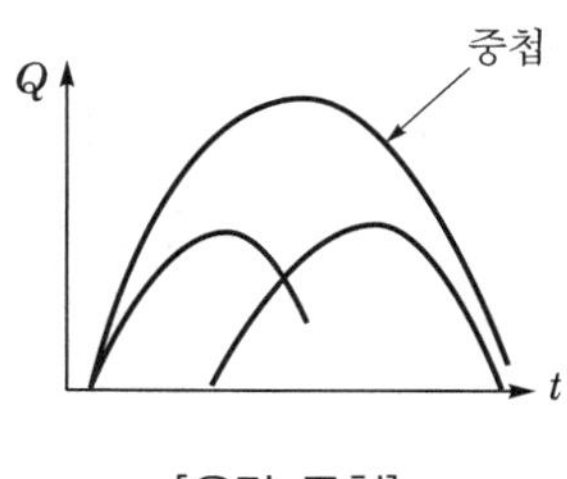

[유량 중첩]

3. 단위유량도의 유도방법

   (1) 기왕의 강우–유출 자료로부터 유도하는 방법

      ① 단순 호우로부터의 유도방법

      ② 복합 강우로부터의 단위도 유도방법

   (2) 유역 특성 인자를 이용한 종합단위도법에 의한 방법

4. 단순 호우로부터 단위의 유도

   (1) 호우 · 유출 기록 수집

     단위도를 유도하기 위해서는 해당 유역에 내린 호우와 유출 기록을 가능한 한 최대로 수집

   (2) 호우 사상을 선별, 분석

      ① 가급적 단순 호우 사상 선정

      ② 강우 지속, 강우강도가 균일한 것

      ③ 공간적 분포가 균일한 것

      ④ 직접 유출량이 1cm와 같거나 다소 큰 것을 선정

   (3) 단위유량도의 유도

      ① 관측된 수문곡선으로부터 기저 유량과 직접 유출을 분리하고, 직접 유출량의 강우 주상도로부터 손실을 제거하여 유효 강우량을 구한다.

      ② 유효 강우량 산정방법

         ㉠ $\phi - \text{Index}$

         ㉡ $w - \text{Index}$

         ㉢ SCS 방법

$$R_e\,(R-f) = (\Sigma q_i) \times 3,600 \times \Delta t / (A \times 10^4)$$

     여기서, R_e : 유효 강우량(cm)

          Δt : 강우 지속시간(hr)

          q_i : Δt에 대한 직접 유출량(m^3/sec)

          A : 유역 면적(km^2)

          $R,\ f$: 강우 및 손실량(cm)

          Σq_i : Δt 시간 간격의 수문곡선 종거의 합(m^3/sec)

      ③ ①항에서 구한 직접 유출 수문곡선의 종거를 ②항에서 구한 유효 강우량으로 나누면 단위유량도를 구할 수 있다.

5. 복합 강우로부터의 단위도 유도

(1) 유도로 과정

먼저 단순 호우로부터의 단위도 유도과정과 동일

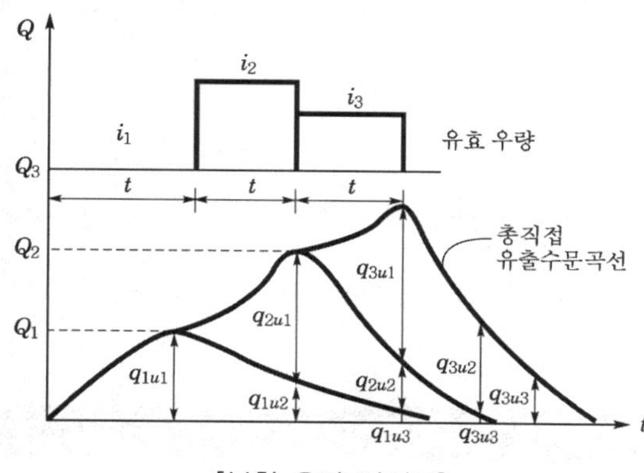

[복합 유량 단위도]

(2) 복합 유량 단위도

상기와 같이 유효 우량과 직접 유출수문곡선이 작성되면 다음 절차에 의해 단위도를 유도할 수 있다.

① 복합 강우의 총지속시간을 몇 개의 동일 지속시간으로 나눈다.

② 각 지속시간의 강우에 해당하는 수문곡선을 총수문곡선으로부터 나눈다. 이때, 각 수문곡선의 기저시간은 동일하다.

③ 강우강도, 지속시간과 분리된 수문곡선에 의해 단위도의 종거를 구할 수 있다.

즉, 직접 유출량

$$qi = i_1 \cdot t \; (i_1 은 \; 강우강도)$$

④ 수문곡선의 종거는

$$Q_1 = q_1 u_1$$

$$Q_2 = q_2 u_1 + q_2 u_2$$

$$Q_3 = q_3 u_1 + q_2 u_2 + q_1 u_3$$

이므로 순차적으로 계산하면

⑤ 단위도의 증거는 u_1, u_2, u_3, $\cdots$, u_n을 구할 수 있으며, 각 시간의 u_i는 $u_i - 1$의 값에 의해 결정된다.

6. 종합단위도법에 의한 단위도 유도

(1) 종합단위도법에 의한 단위도 유도는 유역 면적, 유로 연장, 유역 경사, 유역 특성 인자를 이용하여 단위도를 작성할 수 있다.

(2) 종류로는 Nakayasa 방법(중안)과 Snyder 방법 등이 있다.

7. 결론

단위유량도 $= \dfrac{\text{직접 유출수문곡선}}{\text{유효 강우량}}$ 으로 산정하며, 단순, 복합, 종합적인 유도방법이 있다.

유역의 면적, 연장, 경사 등 특성 인자의 선별이 중요하다.

4 단위유량도의 지속시간 변경방법

1. 개요

어떤 유역에 대해 작성된 임의의 지속시간 단위도로부터 다른 지속시간을 가진 단위도를 유도하는 방법으로 정수배 방법과 S−Curve 방법이 있다.

2. 단위유량도의 지속시간 변경

(1) **정수배 방법에 의한 변환**

① 짧은 지속시간을 긴 지속시간을 가진 단위도로 변환하는 방법

② t_1 지속시간을 가진 단위도에서 nt_1 단위도 유도 시

㉠ t_1 지속시간 단위도를 t_1 시간씩 지체시킨 n 개의 t_1 시간 단위도의 합을 정수배 n 으로 나눈다.

㉡ 2시간 단위도, 4시간 단위도를 구할 때,

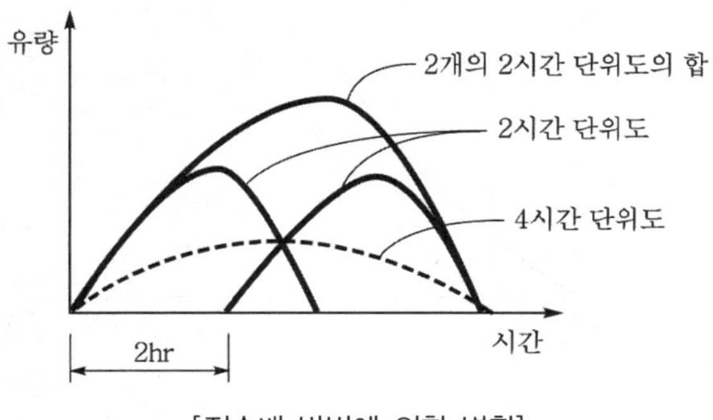

[정수배 방법에 의한 변환]

- 위 그림에서 2시간 지속시간을 가진 단위도를 2시간만큼 지체시킨다.
- 이 두 개의 2시간 단위도를 합하여 2로 나누면 구하고자 하는 4시간 단위도를 구할 수 있다.

(2) S-Curve에 의한 지속시간 변환

① 지속시간이 긴 단위도에서 짧은 단위도를 구하고자 할 경우

② 어떤 유역에 균일한 강도로 t_1시간 동안 1cm의 강우가 연속적으로 내릴 때의 수문곡선을 의미한다.

③ 즉, $1/t_1$[cm/hr]의 평균 유출량의 크기는

$$Q_e = \frac{1\,[\text{cm}]}{t_1\,[\text{hr}]} \times A = \frac{2.778}{t_1} \times A$$

여기서, Q_e : 평균 유출량(m^3/sec)

$\quad\quad\quad t_1$: 지속시간(hr)

$\quad\quad\quad A$: 유역면적(km^2)

④ t_1의 지속시간을 가진 단위도에서 t_2시간을 가진 지속시간의 단위도를 유도할 경우

㉠ t_1시간의 S-Curve를 t_2시간만큼 지체시킨 후

㉡ 이 두 개의 S-Curve의 종거 차에 t_1/t_2을 곱하여 구할 수 있다.

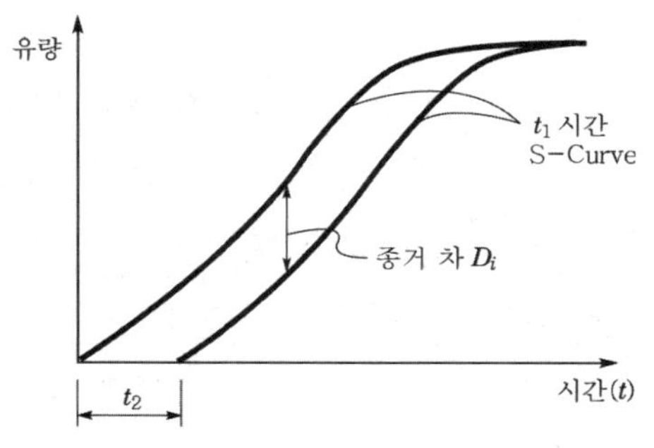

[S-Curve에 의한 변환]

ⓒ 위의 그림에서 지속시간 t_2를 가진 단위도의 종거 $u_i = \dfrac{t_1}{t_2} \times D_i$ 이다. 즉, u_i는 t_2 시간의 지속시간을 가진 단위도의 종거이다.

3. 결론

유량도 지속시간 변환의 종류는 정수배 방법과 S-Curve 방법이 있다. 정수배 방법은 짧은 지속시간을 길게 하고, S-Curve는 긴 시간을 짧은 지속시간의 단위유량도를 구하는 데 활용한다.

5 단위도를 이용한 유출량 산정방법

1. 개요

일명 단위유량도법으로, 한 유역의 단위 유량도(Unit Hydrograph) 혹은 단위도를 특정 시간 동안 균일한 강도로 유역 전반에 걸쳐 균등하게 내리는 단위 유효 강우량으로 인해 발생하는 직접 유출 수문곡선을 말한다.

2. 단위도를 이용한 유출량 산정방법

(1) 설계빈도의 선택

① 빈도의 선택 : 기왕 홍수, 경제성, 설계 대상 지역의 중요도, 설계 구조물의 종류 및 위험도(Risk) 등을 고려하여 결정

② 저수지 : 댐 정고, 여수로 고려

③ 제방 : 준용, 지방, 직할 하천

(2) 설계 확률 강우량 결정

① 설계빈도, 강우 지속시간을 고려, 설계 확률 강우량을 결정

② 산정방법 : Gumbel, Gumbel-Chow법, IWAI법-log Normal법 등

③ 검정방법 : α^2-test, K-S

(3) 설계 강우량 주상도의 작성

① 설계 지역의 과거 호우 자료 분석

② 그 지역에 적합한 모형을 만들어 사용하는 것이 좋다.

③ 일반적으로 Monobe 공식을 이용한다.

[Monobe 공식]

$$R_t = \frac{R_T}{T}\left(\frac{T}{t}\right)^{2/3} \times t$$

여기서, R_T : 지속시간이 T인 총유량(mm)

R_t : 강우 시점부터 t시간까지의 누가우량(mm)

(4) 설계 유효 우량의 산정

① 설계 유효 우량은 그 지역의 과거 유출 자료를 분석하여 결정하는 것이 좋다.

② 기왕의 자료가 부족한 경우는 SCS 방법, ϕ-Index법, w-Index법 등의 방법이 있으나, 상기 방법 중 SCS 방법에 의한 CN값이 많이 이용된다.

(5) 단위유량도 작성

① 강우-유출 자료가 있는 경우 유역의 대표 단위유량도를 유도한다.

② 자료가 없을 경우, 합성 단위유량도법에 의한 단위도를 작성한다.

③ A-R, Nakayasu, Snyder법 등

(6) 설계 홍수 수문곡선의 합성

① (4)항에서 얻은 설계 유효 우량 주상도와 (5)항의 단위유량도를 적용하여 직접 유출 수문곡선을 구한다.

② 기저 유량을 가산하여 설계 홍수 수문곡선을 작성한다.

③ 이때, 피크 유량이 설계 홍수량이다.

즉, 유효 우량+단위유량도+기저 유량=설계 홍수량

3. 결론

단위유량도를 이용한 유출량 산정은 상기 순서에 의해 산정해야 하며, 중규모 유역에 적합한 방법이다. 유출량 산정 시 각 단계별로 적용하는 데 세심한 주의를 요한다. 또한 적용 시 적합한 방법을 연구 개발한다.

6 소규모 수공 구조물의 설계 홍수량 결정방법

1. 단순 홍수량 산정 공식

(1) Mayer 공식

$$Q = CA^n \, [A : \text{유역면적}(\text{km}^2), \ C, \ n : \text{상수}]$$

(2) 가지야마식(梶山式)

$$Q_{\max} = F(310 + r)\left(4 + \frac{A}{L^2}\right)A^{0.877 - 0.041\log 10A}$$

※ 수정 가지야마식

① $A < 42.91\,\text{km}^2$일 때

$$Q = F(310 + r)\left(4 + \frac{A}{L^2}\right) \times A^{1.016 - 0.1135\log 10A}$$

② $A > 42.91\,\text{km}^2$일 때

$$Q = 1.886F(310 + r)(4 + 1/L^2) \times A^{0.6784 - 0.0101\log 10A}$$

가지야마식은 확률 강우량 결정 시 대체로 큰 값을 주고 있다.

2. 합리식의 이용

(1) 비행장의 배수 설계, 도수 우수 관망 설계 등 → 소유역에 적합

(2) 유역 면적이 크면 사용 곤란

(3) 산정 공식은 Monobe 공식으로

$$I = \frac{R_{24}}{24}\left(\frac{24}{t_c}\right)^{2/3}$$

여기서, R_{24} : 유역의 24시간 최대 우량(mm)

t_c : 유역 도달시간(상류는 Rizha 공식, 하류는 Kraven 공식 사용)

I 는 mm/hr가 된다.

(4) $Q = \dfrac{1}{3.6}CIA\,[\text{m}^3/\text{sec}]$

3. 결론

상기 공식 적용 시 유역 구분이 필요하다.

7 수문학적 설계방법 적용(홍수유출 분석)

1. 개요

중소 하천의 수문학적 설계는 수공 구조물의 크기, 종류, 용도에 따라 달라진다.

2. 설계방법

(1) **설계빈도** : 대상 구조물에 따른다.

(2) **홍수도달시간** : 대상 지역의 지형 인자로부터 도달시간 추정, 회기식을 이용하여 홍수도달시간을 계산

(3) **설계 강우량의 결정**

① 홍수도달시간을 설계 강우의 지속시간으로 한다.

② IDF 곡선식에서 설계 강우강도를 산정하고, 지속시간을 곱해 설계 강우량을 결정한다.

(4) **설계 우량 주상도 작성**

① 과거 호우 기록의 시간 분포를 통계 분석하여 결정한 것으로 작성한다.

② 생기 확률별 강우 분포도를 이용하여 총강우량을 배분함으로써 설계 주상도를 작성한다.

(5) **설계 유효 우량 결정**

① 설계 우량 주상도로부터 침투, 증발산 차단 및 지표 저류 등과 같은 요인에 의한 손실 성분을 뺀 설계 우량 결정은 SCS 방법을 이용한다.

② 이때의 선행 강우 조건은 AMC−Ⅲ 조건을 적용한다.

(6) **대표 합성 단위유량도 작성**

유역의 지형 인자로부터 대표 합성 유량 단위도 모델을 사용하여 단위 유량도 형상을 작성한다.

(7) **설계 홍수 수문곡선의 합성**

① 설계 유효 우량 주상도에 대표 합성 단위유량도를 적용하여 직접 유출 수문곡선을 작성한다.

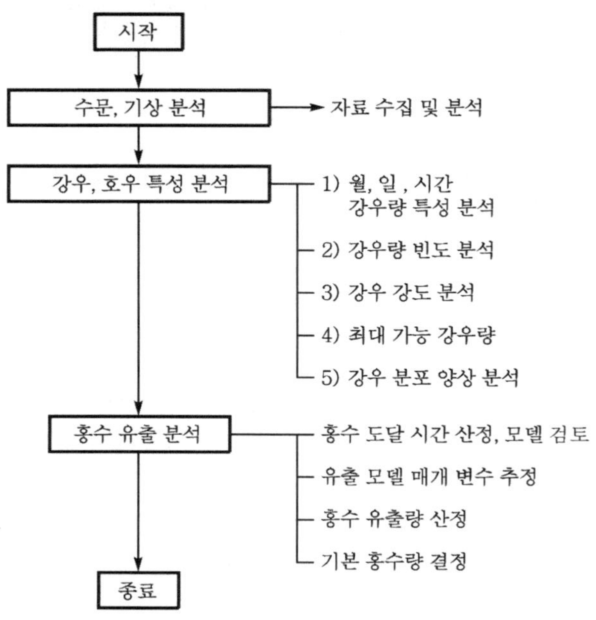

[수문학적 조사 및 해석 과정]

② 대상 유역에 적합한 기저 유량을 추정하여 더함으로써 설계 홍수 수문곡선을 합성한다.

③ 이때의 첨두 유량을 설계 홍수량으로 한다.

3. 결론

유량(유출량) 단위도 설계방법으로 설계빈도, 강우량, 주상도, 유효 우량, 대표 합성 단위유량도, 설계 홍수 수문곡선의 순서에 의해 설계 유출 수문곡선을 작성한다.

8 홍수유출 분석순서

1. 홍수 자료 조사

(1) 홍수 자료

(2) 분석 대상 홍수, 추정 대상 홍수의 결정

(3) 강우 결측 기록 보완

(4) 유역 평균 강우량 계산

(5) 강우량과 홍수량의 기간 분포 작성

2. 홍수유출 계산방법

(1) 유역 특성에 따라

① 소규모 : 1시간($2.5km^2$ 이내)

② 중규모 : $100 \sim 5,000km^2$

③ 대규모 : 중규모 유역의 집합체

(2) 계산방법에 따라

① 중소 하천 유역 유출 계산법(소, 중)

② 대하천 유역 유출 계산법

③ 도시 하천 유역의 유출 계산법

　ⓐ 합리식 → 도시 관거의 설계

　ⓑ BRRL → 홍수 능력 평가, 유수지의 설계

　ⓒ ILLUDAS

3. 홍수유출 계산법 선정 시 고려사항

(1) 유효 우량의 산정방법

(2) 대상 유역의 규모

(3) 유역의 형태, 지질, 식생 피복

(4) 홍수 규모 등을 고려한다.

4. 결론

(1) 홍수유출 분석은 소, 중, 대로 구분한다.

(2) 계산방법은 우량, 유역 형태, 규모 등을 고려하여 분석한다.

9 홍수유출 계산방법

1. 개요

홍수유출 규모 특성은 소규모, 중규모, 대규모 유역으로 분류하여 유출 특성에 맞는 계산방법을 사용해야 한다.

2. 홍수유출 유역의 특성 및 계산

(1) 유역별 특성

① 소규모 유역의 특성

㉠ 강우강도 일정, 공간적으로 균일

㉡ 강우 지속시간이 홍수도달시간보다 길다.

㉢ 지표면 유출이 지배적이고 하도의 저류 효과는 없다.

㉣ 유역 면적이 $2.5km^2$ 이내이거나 홍수도달시간이 1시간 이내인 경우

② 중규모 유역의 특성

㉠ 강우강도는 시간에 따라 변하나 공간적으로는 변하지 않는 유역

㉡ 유역면적 : $100 \sim 5,000km^2$ 이하의 면적

㉢ 유출 계산은 단위유량도법을 이용

③ 대규모 유역의 특성

㉠ 강우 지속시간 동안 강우강도는 시간적, 공간적으로 변한다.

㉡ 유출은 지표면 유출 및 하도 유출로 구성

㉢ 중규모 유역의 집합체

(2) 홍수유출 계산방법의 종류

① 중소 하천 계산

㉠ 소규모 하천 유역

- 가지야마 공식
- 합리식

㉡ 중규모 하천 유역

- 단위유량도법
- 합성 단위유량도법
- 유역 홍수 추적법(SCS)
- 유출 함수법
- 선형 유출 계산

② 대규모 하천 계산

  ㉠ 대규모 하천 유출 특성은 유역 전체에 걸쳐 공간적으로 크게 변하므로 단일 유역으로 해석할 수 없다.

  ㉡ 따라서 중, 소유역으로 분할하여 선형, 비선형 유출 계산을 시행한다.

  ㉢ 하도 홍수 추적, 저수지 홍수 추적을 실시하여 본류 유역 출구 지점에서의 홍수량 계산을 한다.

③ 도시 하천

  ㉠ 일반적으로 도시하천은 불투수 지역의 증가로 홍수도달이 빨라지고 첨두홍수량이 증가된다.

  ㉡ 도시 하천은 대부분 소규모 하천으로 분류된다.

  ㉢ 유출 계산방법

   • 합리식

   • BRRL법

   • ILLUDAS법

   • SWMM법

   • ILSD법 등이 있다.

3. 홍수유출 계산법 선정 시 고려사항

(1) 유효 우량 산정방법

(2) **대상 유역의 규모** : 소, 중, 대 유역

(3) 유역의 형태, 지질, 식생 피복

(4) 주요 유출 성분의 검토 – 지표 유출, 중간 유출 등

(5) 홍수의 규모

4. 유출 모형의 검정과 오차

(1) **유출 모형의 검정**

  ① 측정치와 실측치를 합친 정도를 검측 시 홍수량의 첨두치가 일치의 중점이 될 수 있고 유출, 수문곡선 전체의 일치를 중시

  ② 하천 제방의 유출 계산 시 첨두치의 홍수량 추정과 홍수유출 용적을 잘 맞추는 것이 좋다.

(2) 유출 모형의 허용 오차

$$E = \frac{1}{n} \sum_{i=1}^{n} \left[\frac{Q_o(i) - Q_c(i)}{Q_{op}} \right]^2$$

여기서, E : 오차(0.03 이하)

Q_{op} : 실측 첨두 유량(m^3/sec)

$Q_o(i)$: i의 계산 실측 홍수량(m^3/sec)

$Q_c(i)$: i_c의 계산 홍수량(m^3/sec)

n : 계산 시간 구간의 수

$$E = \frac{1}{n} \sum_{i=1}^{n} \left[\frac{Q_o(i) - Q_c(i)}{Q_{op}} \right]^2 = 0.03 \text{ 이하}$$

5. 결론

소, 중, 대 유역의 특성에 맞게 계산방법 선정과 각각의 유출 모형에 첨두 유량에 대한 실측과 계산 홍수량에 의한 검정이 필요하다.

10 홍수량 산정방법

1. 개요

홍수량 산정방법은 산정 지점에 장기간의 유량 자료가 있는 경우와 없는 경우로 구분된다.

2. 유량 자료가 있는 경우

(1) 산정 순서

① 장기간의 유량 자료를 연 최대 계열로 분류

② 분류된 유량 자료를 크기순으로 나열

③ 확률 분포형 적당 여부 조사

④ 빈도 해석방법에 대해 재현기간별로 홍수량을 구한다.

(2) 빈도 해석방법

① 도시 하천 적용 공식

㉠ California법

ⓛ Weibull법

ⓒ Hazen법

② 확률 분포에 의한 빈도 해석

㉠ 정규 분포법

ⓛ 대수 정규 분포법

ⓒ Pearson Type Ⅰ법

㉣ Log-Pearson Type Ⅲ법

㉤ 극치 분포법

③ 빈도계수에 의한 빈도 해석방법

3. 장시간의 유량 자료가 없는 경우의 홍수량 산정방법

(1) 유역의 특성 인자

① 유역 면적, 유로 연장

② 유로 경사 등을 고려하여 만든 강우-유출 관계 공식으로부터 구한다.

③ 공식

㉠ 합리식, 가지야마식

ⓛ RRL, ILLUDAS법

ⓒ 단위유량도

㉣ 합성 단위도법

㉤ 유역 홍수 추적법

㉥ 유출 함수법 등

(2) 자연 하천 유역 홍수량 산정

① 소규모 유역($100km^2$ 미만)

㉠ 수정 합리식

ⓛ 가지야마식

② 중규모 유역($100\sim5,000km^2$ 미만)

㉠ 단위유량도법

ⓛ 합성 단위도법

ⓒ 유역 추적법

㉣ 유출 함수

㉤ 선형 유출 함수법

③ 대규모 유역(5,000km^2 이상)

  ㉠ 전 유역을 중규모로 나눈다.

  ㉡ 각 중규모의 유출 수문곡선을 구한다.

  ㉢ 이들 유역을 합산하여 하도 홍수 추적과 저수지 홍수 추적을 실시한다.

④ 도시 하천 유역의 홍수량 산정

  ㉠ 도시 하천은 대부분 소규모 유역 분류

  ㉡ BRRL법, 합리식, ILLUDAS법, SWMM법, ILSD법으로 구한다.

4. 기타 방법에 의한 홍수량 산정

비유량법이 있다. 이 방법은 유역 특성과 기상 특성이 비슷한 지역에서 산정된 홍수량을 그 유역 면적으로 나눠 단위 면적당 홍수량을 구하고, 구하고자 하는 유역에 대해 비유량을 면적에 곱해 구한다. 비유량의 단위는 m^3/sec/km^{2}이다.

5. 유역 규모별 홍수유출 특성

(1) 소규모 유역

① 강우강도는 시간적, 공간적으로 일정

② 유출은 지표 유출이 주가 되고, 하도 저류 효과는 없다.

③ 도달 시간이 1시간 이내이면 소유역으로 파악

④ 유역면적 : 100km^2 미만

(2) 중규모 유역

① 강우강도는 시간에 따라 변하나 공간적으로는 변하지 않는다.

② 유출은 지표면 유출과 하도 유출이 주가 되고 저류 효과는 없다.

③ 유역면적 : 100~5,000km^2

④ 유출 계산 → 단위유량도법

(3) 대규모 유역

① 강우시간, 강도는 시간적, 공간적으로 변한다.

② 대규모 유역은 중규모 유역의 집합체라 할 수 있다.

③ 중규모 유역에 대한 유출 계산과 하도 추적을 실시하여 홍수량 산정

④ 유역면적 : 5,000km^2 이상의 유역

6. 결론

종류, 해석방법, 규모별로 구분하여 정리한다.

11 중소 하천 유역의 홍수유출 계산

1. 소하천

단순 홍수량 : 합리식, 가지야마식

2. 중하천

(1) 단위유량도법

(2) 합성 단위유량도법 : Snyder 유량도법, US/SCS 합성 단위유량도법

(3) 유출 함수법 : 나카야스[中安]식

(4) **유역 추적법**

　① 선형 모형 : NASH 모형, Clark 모형

　② 비선형 모형 : 국내 홍수 예·경보 프로그램에 사용되고 있는 저류 함수법

12 대하천 유역의 홍수유출

1. 유역 및 하도의 분할

(1) 우선, 전 지역을 중규모 유역 군으로 적절히 분류

(2) 지류, 본류, 분할로 상류부터 하류로 축차적인 유출 계산

2. 고려사항

(1) 분할 중규모 면적 : $1,000\text{km}^2$ 이내가 되도록

(2) 주요 지류, 본류 합류점이 분할된 유역의 출구점이 되도록

(3) 지형, 지질, 하도 특성을 고려한다.

3. 유역 및 홍수유출 계산 절차

(1) 분할 지점에서의 홍수유출은 상류에서 하류 방향으로

(2) 하도 추적 및 저수지 추적

(3) 추적방법 및 절차

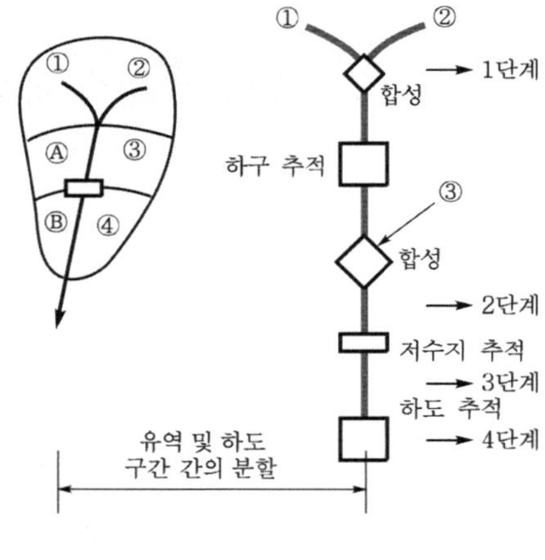

[추적방법 및 절차]

4. 분할 중규모 유역의 홍수유출 계산

(1) 강우－유출 관계 모형을 적용하여 계산

(2) **추적방법**

① 자연 하도 추적

② 저수지 추적

5. 결론

홍수추적방법은 소·중·대 하천 유역 및 도시 하천으로 분류하여 추적한다.

13 도시 하천의 홍수유출 계산

1. 개요

(1) 유역면적이 작고 불투수면이 증가하고 홍수유출 용적이 증대되며, 첨두홍수량의 크기가 크고 발생 시각도 빨라진다.

(2) 홍수유출 계산방법으로는 합리식, BRRL법, ILLDAS법으로 구분한다.

2. 합리식

(1) 소규모 하천

(2) 도시 하천의 배수 시설 설계를 위한 첨두홍수량을 계산하는 방법

$$Q = \frac{1}{3600}\ \text{CIA}, \quad I = \frac{R24}{24}\left(\frac{24}{T}\right)^{\frac{1}{2}}$$

3. BRRL

배수 면적이 비교적 적은 도시 하천에 국한하여 사용하는 홍수유출 계산방법이다.

(1) 적용 전제 조건

① 직접 연결 불투수 지역이 전체 유역의 15% 이상

② 배수 면적 13km^2 미만

③ 재현기간 20년 미만 시

(2) 단위 유역별 홍수유출 계산 절차

① 배수 유역, 토지 이용 현황도 작성

② 도달시간, 면적곡선의 작성

③ 우량 추상도 작성

　㉠ 실제 호우 → 유역 전체의 누가우량곡선

　㉡ 설계 호우 → 강우강도식으로부터 설계 강우강도 결정

④ 홍수유출 계산

　㉠ 합리식 : $Q = 0.2778\,\text{CIA}$

　㉡ 계산 절차 요약

　　• step Ⅰ : 유역특성 변수 결정

　　• step Ⅱ : 시간면적곡선 결정

　　• step Ⅲ : 강우 주상도의 작성

　　• step Ⅳ : 홍수유출 수문곡선의 계산

4. 결론

도시 하천의 홍수유출은 도시특성상 불투수면의 증가로 첨두홍수량이 크게 발생하며, 합리식, 가지야마식 등 소하천 홍수유출 계산방법으로 산정한다.

14 자연 하도에서의 수리학적 홍수 추적

1. 개요

일반적으로 수문학적 홍수 추적에 의해 문제 해결이 가능하나 수리학적 홍수 추적 기법에 의해서만 적절한 해석이 가능한 특수한 경우가 있다.

2. 수리학적 홍수 추적기법에 의해 해석이 가능한 경우

(1) 하구부의 복잡한 하천 수계 흐름

(2) 역류부의 유출 해석

(3) 댐 파괴 시 홍수의 하류 전파

(4) PMF와 같은 비정상적인 과대 홍수의 추정

3. 수리학적 홍수 추적방법의 개념

(1) 부정류인 홍수류의 연속방정식과 운동량 방정식을 연립하여 적절한 초기 조건과 경계 조건에 맞추어 해를 구해 유출 계산을 수행할 수 있다.

(2) 이 두 방정식은 편미분방정식으로 해석이 곤란하여 크게 발달하지 못했다.

(3) 최근 고속 전자계산기의 발달로 편미분방정식의 수치 해석이 발전함에 따라 유출해석을 위한 확률론적 유출 모형에 많이 활용되고 있다.

4. 편미분방정식 방법

(1) 해석적 방법

(2) 도해적 방법

(3) 수치 해석적 방법

으로 대별하며 최근 수치 해석법이 널리 사용되고 있다.

5. 수치 해석방법

유한차분법에 의해 계략을 풀이하는 방법으로, Explicit 방법, Inplicit 방법, 특성곡선법이 있다.

6. 지배 방정식의 기본식

(1) 연속방정식

$$\frac{\alpha y}{\alpha t} + v\frac{\alpha y}{\alpha x} + y\frac{\alpha v}{\alpha x} - \bar{i} = 0$$

여기서, v : 유속

y : 수심

x : 거리

t : 시간

i : Δi 시간 동안의 평균 유입량

(2) 운동량 방정식

$$\frac{\alpha v}{\alpha t} + v\frac{\alpha v}{\alpha x} + g\frac{\alpha y}{\alpha x} + \frac{v}{g}\bar{i} - g(S_o - S_f) = 0$$

여기서, g : 중력 가속도

S_o : 하도 경사

S_f : 에너지 경사

7. 결론

수리학적 홍수 추적은 부정류, 운동량 방정식으로 하천 수계나 PMF와 같은 비정상적인 과대 홍수의 추정에 주로 사용된다.

15 Rating-Curve(수위-유량곡선 연장법)

1. 개요

(1) 유량의 자료가 없는 측정 지역에서 수위-유량곡선을 사용하기 위해서는 기존의 수위-유량 관계곡선 연장이 필요하다.

(2) 연장방법

① 전대수지법

② Stevens법

③ Slop-Area법

2. 전대수지법

전대수지법은 전대수지상에서 Q와 $(g-z)$ 관계가 직선이 되는 z값을 취해 임의의 g에 대해 Q를 찾는 방법으로, 가정의 이론적 근거가 미약하다.

$$Q = a(g-z)^b \ \cdots\cdots\cdots \ ①$$

여기서, $a,\ b$: 상수(대수지에 도시하여 구함)

g : 수위(m)

$g-z$: 표고차(수위계의 영점 표고와 유량 0과의 고차)

Q : 유량

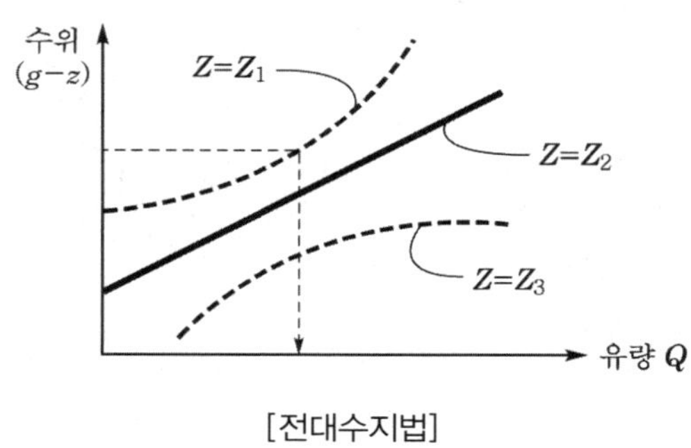

[전대수지법]

3. Stevens법

(1) 산식은 Chezy의 평균 유속방법을 이용한다.

$$Q = CA\sqrt{RS} \ \cdots\cdots\cdots\cdots\cdots\cdots\cdots\cdots\cdots\cdots\cdots\cdots\cdots\cdots\cdots\cdots\cdots \ ⓐ$$

여기서, A : 단면적

C : 계수

R : 동수반경(A/P)

S : 에너지 경사

(2) $C\sqrt{S}$가 일정하면

$$Q = KA\sqrt{D} \ \cdots\cdots\cdots\cdots\cdots\cdots\cdots\cdots\cdots\cdots\cdots\cdots\cdots\cdots\cdots\cdots \ ⓑ$$

여기서, D : 수심

K : 상수

(3) 위의 ⓑ식에서 유량 $Q : A\sqrt{D}$는 수위 g의 함수로 표시할 수 있다.

즉, $Q = \phi(A\sqrt{D}) \ \cdots\cdots\cdots\cdots\cdots\cdots\cdots\cdots\cdots\cdots\cdots\cdots\cdots\cdots \ ⓒ$

$A\sqrt{D} = \phi(g) \ \cdots\cdots\cdots\cdots\cdots\cdots\cdots\cdots\cdots\cdots\cdots\cdots\cdots\cdots \ ⓓ$

(4) ⓒ, ⓓ식을 선형 방안지에 구획(Plotting)하여 Q, h의 관계를 구할 수 있다.

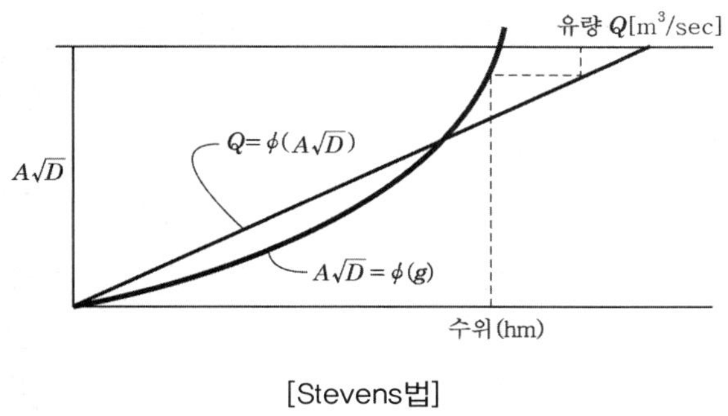

[Stevens법]

4. Slop-Area법

적용 시 조도계수 n값 선정에 세심한 주의가 필요하다. 홍수 흔적이 있는 경우 사용한다.

(16) 홍수량의 지역 빈도 해석 절차

1. 개요

(1) 점 빈도 해석 결과는 분석이 시행되는 지점에만 사용할 수 있으며, 면적을 대표하는 관측 자료가 없는 지점에 사용할 수 없으므로 이를 위해 지역 변동 분석을 한다.

(2) 지역 분석방법으로는 지표 홍수량법, 중(重)회귀분석방법, 정방형 그리드법 등이 있으며, 가장 많이 사용하는 방법은 지표 홍수량법이다.

2. 지표 홍수량법

무차원 홍수빈도곡선을 작성하고 유역의 특성(유역 면적, 유로 연장)과 연평균 홍수량과 회귀 분석을 유도함으로써 재현기간에 해당하는 홍수량을 구할 수 있다.

3. 적용 절차

(1) 순수성을 가진 관측 전의 자료 열거(단, 5년 이내 자료는 버린다.)

(2) 각 지점의 자료가 대표될 수 있도록 공동 기간 선택, 결측 자료는 보완

(3) 홍수량-빈도곡선을 극치 확률 지상에 작성한다.

(4) 각 지점 자료에 대해 재현기간을 Weibull 공식 $\left(T = \dfrac{n+1}{m}\right)$에 의거하여 부여하고, $T = 2.33$년의 홍수량을 그 지점의 연평균 홍수량으로 한다.

$KT = 0$에 해당하는 T값

$$KT = -[0.45 + 0.7797\{\log\ln T - \ln(T-1)\}]$$

(5) 홍수량 자료를 무차원으로 만든다.

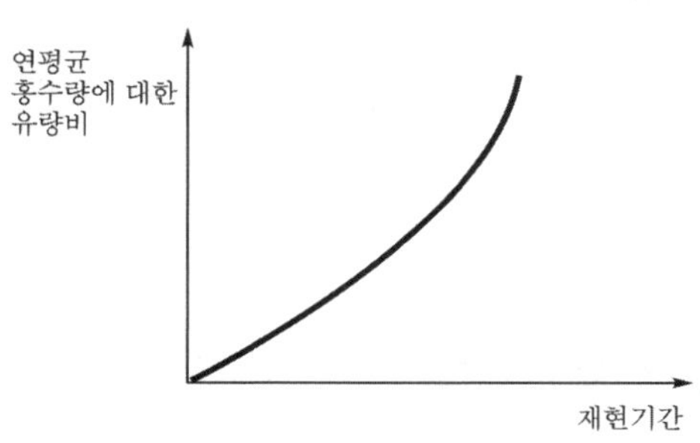

[무차원 홍수빈도곡선]

(6) 회귀분석방법에 의해 유역 면적과 연평균 홍수량과의 회귀 공식을 만든다.

4. 결론

재현기간 T년의 값을 구하고자 할 때 ⑥항에서 연평균 홍수량을 구한 다음 ⑤항의 무차원 홍수빈도곡선으로부터 재현기간 T에 해당하는 무차원량 $XT/X^{2.33}$을 구하면 XT를 구할 수 있다.

17 갈수(渴水) 해석(Low Flow Analysis)

1. 개요

하천의 최소 유량이 계획 수요량보다 클 경우에는 문제가 없으나 갈수 기간, 물 부족 시 부족량에 대한 영향을 조사해야 한다. 이때 갈수량 조사는 유량지속곡선(Flow Duration Curve)과 갈수 빈도 해석에 따른다.

2. 유량지속곡선(Flow Duration Curve)

(1) 일명 유량빈도곡선, 유황곡선이라 하며, 일정 유량값과 같거나 큰 값이 전체 시간에 몇 %에 해당하는가를 나타낸 곡선이다.

(2) 이 곡선은 해당 자료에서 일정 값과 같거나 큰 값의 수를 계산하여 전체 자료 수를 나눔으로써 시간에 대한 백분율을(%) 얻는다.

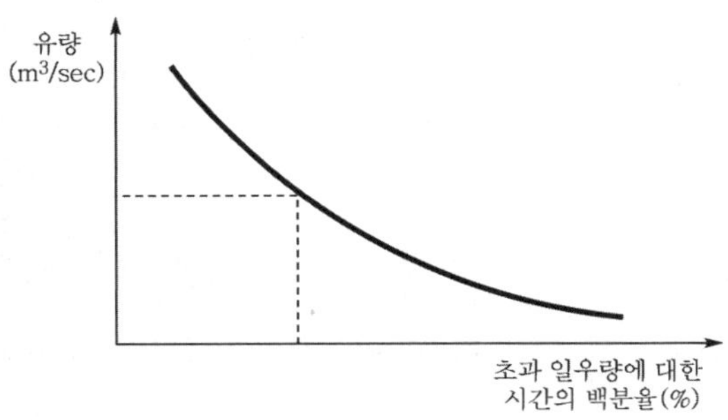

[유량지속곡선]

(3) **이와 같이 작성된 유량지속곡선은 하천의 유황 비교에 매우 효과적이다.**

　① 경사 완만 하천 : 홍수가 적고 하상계수가 낮은 하천, 지하수 공급 큼.

　② 경사 급한 하천 : 홍수와 한발이 빈번하고 하상계수가 높고, 치수 불리

(4) **유황 분석 시 사용하는 유량**

　① 갈수량(Q_{355}) : 355일보다 적지 않은 유량

　② 저수량(Q_{275}) : 275일보다 적지 않은 유량

　③ 평수량(Q_{185}) : 185일보다 적지 않은 유량

　④ 풍수량(Q_{95}) : 95일보다 적지 않은 유량

　⑤ 연평균 유량 : 1년 총계 일우량을 당해 일수로 나눈 유량

3. 갈수 빈도 해석

(1) 갈수기의 유량 크기, 지속시간을 고려하여 실시한다.

(2) 갈수 빈도 해석은 Weibull 또는 3변수 대수 정규 분포를 사용한다.

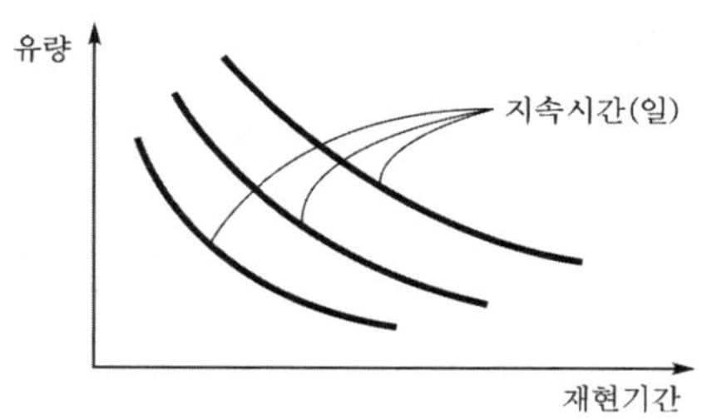

[갈수 빈도 해석]

4. 결론

(1) 갈수 해석은 하상계수가 크고 수량 관리가 곤란할 때 필요하다.

(2) 수위−유량 측정 지점에 대해 하천 유황 분석을 실시하여 지속적인 연구 수행이 필요하다.

18 강우−유출 모형(Rainfall, Runoff Model)

1. 강우−유출 모형의 종류

(1) 경험적 모형

① 합리식

② 가지야마식 등 첨두홍수량만 계산하는 방식

(2) 블랙 박스 모형

① 단위도 모형 : 단위도 이용, 유출량 계산

예) 종합단위도법, 유출 함수법

② 비선형 모형 : 비선형 강우 유출 시 유출량 계산

예) 저류 함수법, 탱크 모델

③ 회귀 분석 모형(CLS법)

설정된 관계식을 다수의 변수에 맞추는 것

(3) 모의 및 과정 모형

강우−유출의 물리적인 과정을 모형화한다는 점에서 블랙 박스 모형과 다르다.

예) ① SSARR Model → 미공병단

② Stanford Watershod Model

③ Sacramento Model

④ 등가 조도법

2. 좋은 모델의 기준

(1) 모형 추정치가 실측치와 잘 일치할 것

(2) 이해가 쉽고 무리 없는 모형

(3) 계산이 간편할 것

3. 모형 선정 시 주의사항

(1) 강우 손실, 손실량, 시간적 변화를 파악하여 적절한 모형 선정

(2) 유역의 형태, 지질, 식생, 토지 이용 현황 고려

(3) 유출 성분의 검토

(4) 홍수의 규모 → 기왕의 유출 자료를 바탕으로

4. 방법별 장단점 비교

(1) 경험적 모형

① 계산이 쉽고 적용 간편

② 첨두 유량만 계산

③ 변수 적용 시 세심한 주의 필요

(2) 블랙박스 모형

① 수문곡선을 작성, 변수가 적어 적용이 간편

② 유출, 강우 자료가 충분한 경우 비교적 정확

③ 유역 특성을 충분히 반영

(3) 모의 및 과정 모형

① 수문곡선 작성

② 자료 충분 시 계산이 비교적 정확

③ 비교적 변수가 많음.

④ 계산이 복잡

5. 유출 계산 시 고려사항

(1) 강우량은 그 유역의 대표값일 것

(2) 유역의 상태 변화 관계, 즉 강우−유출의 관계를 상세히 조사할 것(도시화, 댐, 하도개수 등)

(3) 강우, 유량 자료가 없는 곳은 지리적 연구나 확률의 검토 등으로 유출량을 추정

6. 결론

(1) **유출 해석** : 유출 계산은 해당 유역의 강우 유출 기록을 이용하며, 그 유역의 강우−유출 특성을 밝혀 유출 모형을 결정하는 해석이다.

(2) **유출 예측** : 선정된 유출 모형을 사용하여 강우량으로부터 유출량을 추정하는 예측이다. 강우 유출 모형은 하천별, 지형, 하천, 산지, 도시, 기왕 자료의 특성을 충분히 파악하여 선정해야 한다.

19 수위−유량곡선식의 조정

1. 개요

자연하천에서 강우 시 수위−유량을 나타내는 곡선으로 일정한 형태를 보인다.

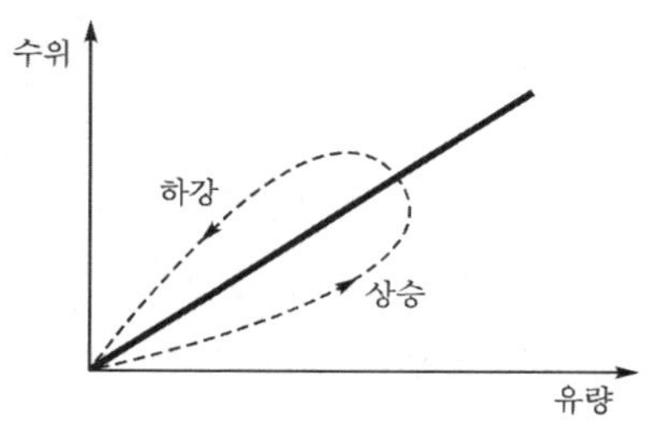

[수위−유량곡선]

(1) 자연하천에서 수위−유량곡선은 수위 상승 시 상승 유량이 하강 시 유량보다 큰 루프형 곡선을 형성하게 된다.

(2) **루프의 형성 이유**

① 하상 준설, 세굴, 인위적, 자연적 하도 변화

② 배수 및 저하 효과

③ 하도 내 초목, 얼음 효과

④ 홍수 시 수위의 급상승 및 하강 효과

위의 ②, ④에 대한 수위－유량곡선의 조정방법을 아래에서 설명한다.

2. 배수 및 저하 효과가 발생하는 경우의 조정방법

(1) 일정 수면 하강고에 의한 방법

(2) 정상 수면 하강고에 의한 방법

3. 홍수 시 수위 급상승, 급하강할 경우 조정

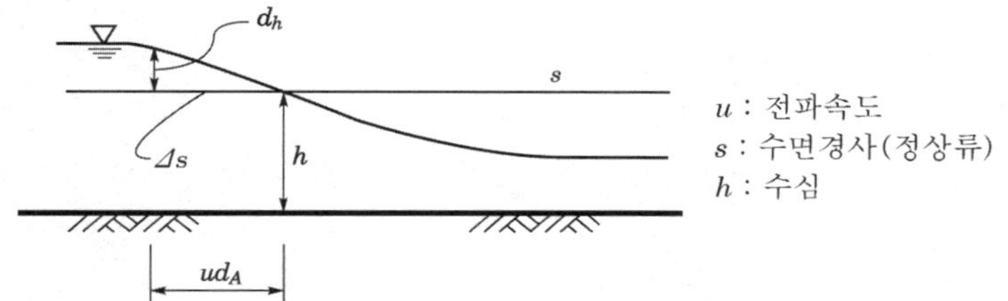

[급상승, 급하강 시의 수위 조절]

(1) Manning 공식으로부터 유량은 수면 경사의 제곱근에 비례한다.

① 정상류의 유량 : $Q\alpha\sqrt{s}$

② 홍수 시의 유량 : $Q_s\alpha\sqrt{s+\Delta s}$

여기서, $\Delta s = \dfrac{dh}{udt} = \dfrac{dh/dt}{u}$

$$\therefore \frac{Q_s}{Q} = \sqrt{\frac{s+\Delta s}{s}} = \sqrt{1+\frac{dh/dt}{su}}$$

(2) 한편 홍수파의 전파 속도 u는 평균 유속의 약 1.3배 정도이므로

$$u = 1.3\frac{Q_s}{A}$$

$\therefore$ 정상 상태의 유량 Q는

$$Q = \frac{Q_s}{\sqrt{1+\dfrac{A(dh/dt)}{1.3SQ_S}}} \;\; 이다.$$

4. 결론

수위-유량곡선의 하상 형태, 산지, 도시 지역 등 여러 가지 예기치 못한 변화에 대해 곡선이 일정치 못해 조정방법 등을 고려할 필요가 있다.

20 같은 수위라도 수위 상승 시의 유량이 수위 하강 시의 유량보다 큰 이유

1. 개요

일반적으로 같은 수위라도 수위 상승 시의 유량이 수위 하강 시의 유량보다 크다. 그 이유는 다음과 같다.

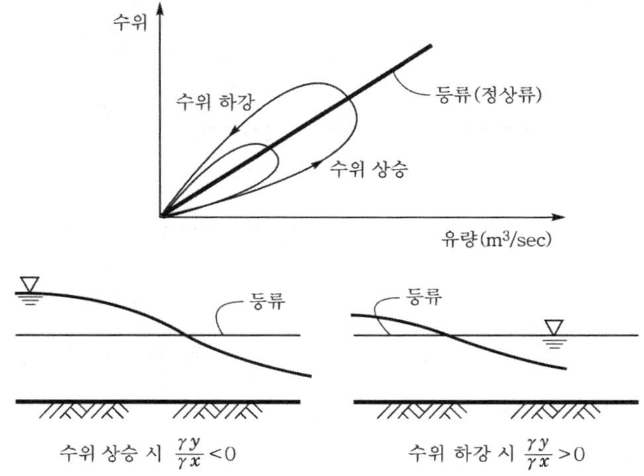

[수위 상승-하강 시의 유량 비교]

2. 이유

(1) 비정상류의 일반 공식

$$\frac{\alpha v}{\alpha t} + v\frac{\alpha v}{\alpha x} + y\frac{\alpha y}{\alpha x} - g_{s_o} + g_{s_t} = 0$$

여기서, v : 유속

g : 중력 가속도

y : 수심

s_o : 하상 경사

$$s_t : 에너지\ 경사$$

$$x,\ t : 거리\ 및\ 시간$$

(2) 홍수류의 경우 가속 상태 항은 다른 항에 비해 극히 적으므로 생략하면,

$$\frac{\alpha y}{\alpha x} - s_o + s_t = 0 \quad\cdots\cdots\quad ⓐ$$

chezy 공식에서 sf 는

$$s_f = V^2 / C^2 R \quad\cdots\cdots\quad ⓑ$$

ⓑ식을 ⓐ식에 대입 정리하면,

$$\frac{\alpha y}{\alpha x} - s_o + \frac{V^2}{C^2 R} = 0$$

$$\frac{V^2}{C^2 R} = s_o - \frac{\alpha y}{\alpha x}$$

$$\therefore\ V = C\sqrt{R_{s_o}\left(1 - \frac{1}{s_o}\right)\cdot\frac{\alpha y}{\alpha x}}$$

(3) 상기 식을 유량으로 표시하면

$$Q = Q_o\sqrt{1 - \frac{1}{s_o}\cdot\frac{\alpha y}{\alpha x}} \quad\cdots\cdots\quad ⓒ$$

여기서, $Q_o = A C\sqrt{R_{s_o}}$ 로 정상류 혹은 등류의 유량

(4) ⓒ식에서 수위 상승 시 수면 경사는 $\dfrac{\alpha y}{\alpha x} > 0$ 이며, 수위 하강 시의 수면 경사는

$\dfrac{\alpha y}{\alpha x} > 0$ 이므로

(5) 수위 상승 시의 유량은 수위 하강 시의 유량보다 커져 홍수 시의 수위-유량곡선은 루프형 곡선을 형성

3. 결론

수위-유량곡선은 수위 상승 시의 유량이 수위 하강 시의 유량보다 큰 루프형 곡선을 형성하게 되는데, 이 루프 곡선을 형성하기 위해서는

(1) 하상 준설, 세굴, 자연적 하도 변화

(2) 배수 및 하도 내 저수 효과

(3) 홍수위의 급상승, 하강 효과 등을 조정하여 사용해야 한다.

21 수위 – 유량 관계곡선 적용 시 문제점(오차)

1. 개요

(1) 하상의 변동에 따라 수정, 보완되어야 하나 현재는 미흡하다.

(2) 저수 부분을 소홀히 취급하는 경우 상·하류 수위표 지점의 일관성이 결여된다.

2. 적용 시 문제점

(1) 수위–유량곡선은 하상 변동의 영향을 고려 매년 수정 보완해야 하지만 그렇지 못하다.

(2) 대부분 저수 부분을 소홀히 한다.

(3) 수위–유량 관계곡선 작성 시 상·하류 수위표 지점의 일관된 유량 측정 성과가 적어 상류의 유량이 하류의 유량보다 큰 경우 그 원인 파악이 힘들다.

(4) 유량 측정 성과의 영점 표고 관리 정확성이 결여된 경우가 있다.

3. 결론

(1) 수위–유량 관계곡선 적용 시 문제점은 하상 변동 상황을 고려하여 매년 지속적으로 수정 보완해야 하며, 저수지의 홍수 시에도 관측 관리해야 한다.

(2) 관측원의 사기 앙양과 관측 기기 등 시설 확충을 도모함으로써 오차율을 제거할 수 있다.

22 수위측정자료의 오차

1. 개요

오차의 원인으로 유출량의 오차, 자료 측정 오차, 인위적 오차가 있다.

2. 수위 자료의 오차 및 원인

(1) 일평균 수위는 홍수가 단시간에 걸쳐 발생하고 관측 빈도 낮을 경우, 실제 수위와 잘 일치되지 않는 상태에서 측정되고 계산될 수 있다.

(2) 상류 유역에 상당한 우량이 발생해도 계기의 고장, 결측으로 수위를 알 수 없는 경우

(3) 자기수위계의 유지관리 상태 부적절 및 계기 불량으로 정확성이 결여된 경우

(4) 관측원의 기록지 변경 시 오차

(5) 측정 자료의 정리 입력 과정 인위적 오차

(6) 호우 시 펜의 잉크가 번져 수지 판독 곤란 시

3. 결론

오차 발생 해소 방안은 수위 기록지의 관리를 철저히 하고, 관측원의 사기 앙양을 위해 정기적으로 자질 교육을 실시하며, 최신 수위계를 확충하는 것이다. 또한 수위 관측 요령을 연구, 개발할 필요가 있다.

23 D−A−D(Depth Area Duration) 해석

1. 개요

(1) 강우의 깊이(Depth), 유역면적(Area), 지속시간의 관계(Duration)란 일정 지점의 강우 깊이 유역면적 지속시간의 관계를 알면 우수거, 배수구, 설계가 편리한데, 이 관계를 D−A−D라 부른다.

(2) D−A−D는 강우 중 최대값을 택해 분석하는 것이 보통이다.

2. D−A−D 작성 절차

(1) 강우 기록 중 최대 강우량 선정

(2) 주변 유역 내의 누가우량곡선을 얻는다.

(3) Thiessen 다각형을 구한다.

(4) 등우선도 작성과 등우선 내 면적 산출

(5) 각 등우선 간의 평균 누가우량을 구한다. 즉, 등우선 내에 포함되어 있는 관측소의 누가우량곡선에 Thiessen의 다각형을 참조하여 구한 각 관측소의 가중값을 곱해 평균 누가우량곡선을 구한다.

(6) 등우선 면적을 점차적으로 합하면서 면적 증가에 따른 평균 우량곡선을 구한다.

(7) 면적별 평균 우량곡선으로부터 지속시간에 따른 최대 강우량을 구한다.

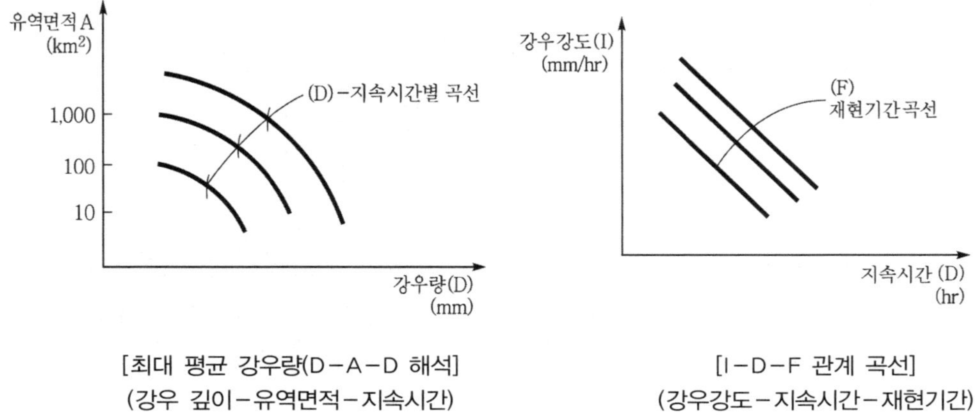

[최대 평균 강우량(D−A−D 해석]
(강우 깊이−유역면적−지속시간)

[I−D−F 관계 곡선]
(강우강도−지속시간−재현기간)

(8) (7)항에서 구한 면적별, 지속시간별 강우량을 면적은 종, 강우량은 횡으로 지속시간은 매개 변수로 하여 도시한다.

3. 결론

D−A−D 해석은 그 지역의 최대 강우량을 이용하여 도로, 우수 처리, 배수구 등의 규모 결정에 편리하다.

24 면적 평균 강우량의 산정

1. 개요

(1) 관측 강우 자료는 점우량으로 이를 이용하여 면적 평균 강우량을 얻을 필요가 있다.

(2) 산정방법에는 산술평균법, Thiessen법, 등우선법, 삼각형법이 있다.

2. 면적 평균 강우량 산정방법

(1) 산술평균법

① 가장 간편

② 비교적 평탄한 지역

③ 관측치가 균등하게 분포된 곳

④ 공식

$$\overline{P} = \frac{1}{n}\sum_{p_i=1}^{n} p_i \quad (p_i : i\,점의\ 관측\ 우량)$$

(2) Thiessen법

① 각 관측소가 차지하는 면적을 전체 면적으로 나눈 것을 가중값으로 하여 평균을 구하는 방법
② 각 관측소가 차지하는 면적은 관측소 간에 수직 이등분선을 그어 구성된 다각형 면적을 산출
③ 공식

$$\overline{p} = w_1 p_1 + w_2 p_2 + \cdots w_n p_n$$
$$w_1 = A_1 / A$$
$$w_2 = A_2 / A$$

여기서, A_1 : 대표 면적

$$A = \sum_{i=1}^{n} A_i$$

④ 즉, 면적 가중 평균치에 의한 강우량

(3) 등우선법

① 등우선을 작성할 수 있도록 관측소의 수가 많아야 한다.
② 산악지대는 비교적 정확
③ 전자 계산기 이용 곤란
④ 공식

$$\overline{p} = (A_1 \overline{p_1} + A_2 \overline{p_2} + \cdots A_n \overline{p_n}) \div \sum_{i=1}^{n} A_i$$

여기서, p_i : 등우선 간 평균 우량
$\qquad A_i$: 등우선 간 면적

(4) 삼각형법

① 유역 내와 유역 주변의 관측소를 삼각형이 되도록 직선으로 연결
② 삼각형 면적 내의 평균 우량은 삼각형을 구성하고 있는 관측소의 값을 평균
③ 각 삼각형과 평균 우량과의 면적을 곱한 후 전체 면적으로 나눠 평균 강우량을 산정

3. 방법별 비교

구분	산출평균법	Thiessen법	등우선법	삼각형법
방법	객관적	객관적	주관적	객관적
속도	빠름	보통	느림	보통
지형	고려 안 함	고려 안 함	고려함	고려 안 함
오차 수정	고려할 수 없음	고려할 수 없음	고려함	고려할 수 없음
계산기 적용	양호	보통	빈약	보통
정확도	빈약	보통	좋음	보통

4. 결론

평균 강우량 산정방법을 비교 분석하고, 그 특징을 파악하여 정리한다.

25 추계학적 수문 모의기법

1. 개요

추계학적 수문 모의기법에 의한 하천유량 모의발생방법

(1) 단순 반복 연장법

(2) 무작위 발생방법

(3) 자기회귀형 발생방법

2. 모의발생기법

(1) 단순 반복 연장방법

① 단기간 하천유량을 장기간 자료로 확충하기 위한 간단한 방법

② 과거 유량 계열 순서대로 계속 반복된다고 가정

③ 이는 Rippl법으로 알려짐.

④ 이론적 근거가 불충분

(2) 무작위 발생방법

① 유량 계열을 형성하는 개개의 유량은 특정한 이론 확률 분포형에 따라 분포

② 각각 독립적으로 발생한다고 가정하는 방법

③ 유량 자료 계열의 모의발생을 위해 사용되는 방법으로서 몬테카를로법으로 알려짐.

④ 적용 절차

  ㉠ 적정 확률 분포형의 설정

  ㉡ 균등 난수의 발생(0과 1 사이의 균등 난수)

  ㉢ 표준 정규 분포 난수의 발생

  ㉣ 각종 분포형 합성 유량 계열 발생

  ㉤ 합성 유량 계열의 검토

(3) 자기회귀형 발생방법

① 유량 계열을 형성하는 개개의 유량은 서로 독립적이 아니라 의존적

② 앞의 값이 뒤의 값에 영향을 미친다고 가정하는 방법

③ 관측 유량 계열이 수문학적 지속성을 가질 경우의 모의발생기법

④ 자기회귀형 발생방법의 종류

  ㉠ Markov Model

  ㉡ AR Model

  ㉢ ARMA Model

  ㉣ ARIMA Model

⑤ 수문학적 지속성에 따라 상관 차수 결정

3. 유량 계열 모의발생모형의 응용

(1) 응용 분야

① 저수지의 규모 결정

② 저수지의 운영 조작 분석

③ 광역 수자원 시스템 분석에 응용

(2) 저수지의 규모 결정

유량 계열을 모의 발생시켜 물의 공급량과 소요량을 물수지 분석함으로써 신뢰성을 가지는 저수지 규모 결정

(3) 저수지의 운영 조작 분석

저수지의 물을 가장 합리적이고 생산적으로 사용할 수 있는 기준을 설정하는 것으로 이에 응용될 수 있으며, 특히 저수지군의 관리 문제에 효율적으로 응용될 수 있다.

(4) 광역 수자원 시스템 분석

단일 저수지의 운영 조작 분석이나 규모 결정뿐만 아니라 유역 전반에 걸친 수자원 시스템의 설계 및 운영을 위한 입력 자료를 제공하는 수단으로 응용될 수 있다.

4. 결론

추계학적 수문, 모의기법에는 단순 반복, 연장방법, 무작위 발생방법, 자기회귀형 발생방법이 있으며, 응용 분야는 저수지 규모, 운영, 수자원 시스템 분석에 주로 이용된다.

26 확정론적 수문 모의모형

1. 개요

(1) 확정론적 수문 모의모형

강우-유출 관계의 확정성을 전제로 하며, 자연 현상을 수학적으로 모의하는 모형

(2) 추계학적 수문 모의모형

실측된 수문 시계열의 확률 통계적 거동을 재현시킴으로써 장래에 발생할 수문사장을 예측하고자 하는 모형

2. 확정론적 수문 모형의 분류

(1) Lumped Model(LM)

① 유역을 등질의 배수역으로 보고 균등 강우 조건 하에 있다고 가정
② 과정 변수의 공간적 변화가 없는 것으로 보는 모형

(2) Distributed Model(DM)

① 유역을 여러 개의 소유역으로 구분하여 유역 특성 인자 수문 과정 변수 고려
② 개개의 소유역별로 모의하여 전 유역의 수문학적 반응을 알고자 하는 방법
③ Distributed Model이 Lumped Model보다는 유역 전반에 걸친 수문학적 변화를 합리적으로 고려하는 방법이지만, 입력 강우나 유역 특성 변수에 대한 자료가 미흡하면 Lumped Model보다 못한 경우도 많다.
④ 확정론적 수문 모형
　　㉠ 시간 길이에 따라 연속 모형과 사상 모형으로 구분
　　㉡ 적용 목적에 따라 일반 목적 모형과 특수 목적 모형으로 구분

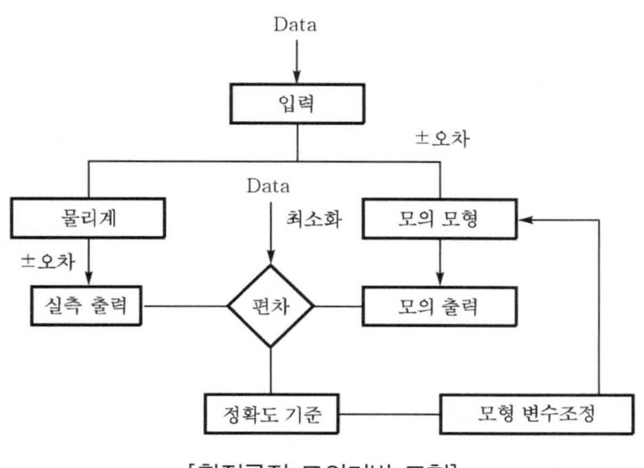

[확정론적 모의기법 모형]

3. 확정론적 수문 모형의 단계별 절차

(1) 모형의 입력 및 출력 자료 선정

① 수문 계통의 입력 자료, 강우량 기타 수문 기상 변수, 유역 특성, 과정 변수
② 유역 출력 자료-유출률, 유출 용적, 증발량 등

(2) 모형 구조의 선택

개개의 성분 과정을 밝혀 물의 순환에 관한 개념적 지식에 의해 흐름도를 작성하는 것이 통상적이다.

(3) 정확도 기준에 의한 모형의 검정

① 검정 정확도 기준 : 실측 결과 비교하여 모의 결과를 받아들일 것인가를 평가하는 기준을 말한다. 이는 수문량의 종류에 따라 다르다.
② 모형의 검정
  ㉠ 어느 정도의 정확도 기준을 만족시킬 때까지 자연계에서 발생한 호우로 인해 유역의 유출을 재현할 수 있도록 모형의 변수를 조정하는 과정이라 할 수 있다.
  ㉡ 모형의 검정은 결국 모형이 포함하고 있는 변수의 최적화를 의미하는 것으로, 다음과 같이 구분할 수 있다.
    • 시행착오법 : 변수치를 계속 조정
    • 자동 변수 최적화 기법 : 프로그램으로 자동 조정
    • 혼합방법 : 시행착오법+자동 변수 최적화 기법의 혼합

4. 모의모형의 응용

(1) 수문, 수자원의 자료 관리

① 수문, 기상 자료, 유역의 물리 특성 자료 및 과정 변수 자료 등을 검토하여 저장하며, 최신 자료 보완

② 기존 우량 계측망의 적합성 검토 및 새로운 계측망의 설계

③ 자료의 모의발생

(2) 수문학적 설계

① 댐과 저수지의 계획 홍수량 및 저수지로부터 연간 공급 가능량 산정

② 홍수의 빈도 해석 및 범람도 작성

③ 우수 관거 설계

④ 관개, 농경지 배수 시설 설계

(3) 수자원 시스템의 운영 조작

저수지 및 관개 시설 등의 완공 후 운영 조작은 각 시설물의 편익 극대화에 대단히 중요하다.

27 수공 구조물의 설계 홍수량 결정방법 및 문제점

1. 개요

일반적인 수공 구조물의 홍수량 결정방법

(1) 확률 홍수량

(2) 표준 설계 홍수량

(3) 가능 최대 홍수량

2. 설계 홍수량 결정방법

(1) 확률 홍수량(확률 강우량의 단위도)

① 강우 자료의 빈도해석에 의해 확률 강우량을 산정

② 유출 모형(단위도)을 이용하여 확률 홍수량을 산정

③ 기왕의 홍수 자료를 빈도 해석하여 확률 홍수량을 산정

(2) 표준 설계 홍수량(표준 강우량+단위도)

① 표준 설계 강우량에 유출 모형(단위도)을 이용하여 산정

② 이는 기왕의 최대 자료를 이용하여 구한 D−A−D 관계로부터 얻을 수 있는 최대값을 말하며, PMP값의 50% 정도

* PMP(Probable Maximum Precipitation) : 가능 최대 강우량

(3) 가능 최대 홍수량

① 강우의 가능 최대 강우량(PMP)으로 인한 홍수량으로 PMP에 유출 예측을 위해 선정된 유출 모형(단위도)을 적용하여 산정

② PMP의 산정방법

　㉠ 통계적인 방법

　㉡ 대기 중 수분량에서의 추정법

　㉢ 기왕 최대 강우량에서의 추정법

3. 적용 시 고려사항

(1) 수공 구조물의 설계 홍수량 결정법 중 국내에는 확률 홍수량과 PMP 방법을 사용한다.

(2) 확률 홍수량 방법 적용

① 여수로 설계빈도 결정 시 적용 홍수량

　㉠ Con'c 댐 : 200년

　㉡ Rock Fill 댐 : 200년×1.2

② 제방 설계빈도

　㉠ 직할 하천 : 100~200년

　㉡ 지방 하천 : 80~100년

　㉢ 준용 하천 : 30~50년

(3) PMP 방법 적용 : PMP는 일반적으로 댐 표고 결정 시 많이 사용하고 있다.

4. 문제점

(1) 확률 홍수량 적용 시

① 기왕의 홍수 자료(유출−수문곡선)를 이용하여 산정하나 유량 자료가 극히 미비하며, 적용이 어려운 실정이다.

② 향후 지속적인 유량 측정을 실시하여 홍수 자료의 확충을 기해야 한다.

(2) PMP 적용 시

① 먼저, PMP를 정확하게 산정해야 한다. 아직 공인된 기준이 없어 다목적댐과 같이 대규모 수공 구조물 설계 시 어려움이 많다.

② 따라서 공인된 PMP를 산정하여 적용토록 지속적인 연구가 있어야 한다.

5. 결론

최근 이상 강우와 게릴라성 폭우 시 강우 유출 유량, 가능 최대 강우량의 예측이 점차 어려워지고 있다. 또, 댐, 하천 설계 시 빈도 개념이 점차 PMP를 이용한 PMF를 반영하는 추세이므로, 이에 대한 적극적인 연구가 필요하다.

28 대유역의 설계홍수량 산정 절차

1. 대유역의 특성

(1) 대상

대대적인 파괴 시 막대한 인명, 재산피해(대규모 댐, 하구언)

(2) 대상유역의 특성

① 강우의 시간적 · 공간적 변화가 심함

② 하도저류효과가 큼

③ 단위도 개념 : 강우–유출관계 분석, 댐 : PMF 적용

④ 단일 유역 해석 불가능 : 중규모 유역의 집합체로 간주(하도망모형)

　　→ 중규모 유역 유출계산 + 저수지 추적 + 하도 추적

2. 설계홍수량 산정절차

(1) 홍수량 산정지점

① 주요 지류합류점, 주요 구조물 지점, 유역홍수량 변화 파악 가능, 간격 두고 지점 선정

② 홍수방어 대안, 홍수조절효과 평가 필요지점

(2) 소유역 및 하도구간 분할

① 소유역 분할 : 단위도법 가정만족(강우유출 선형성, 유역 동질성, 강우강도 균일성)

② 분할 소유역 수↑ → 강우유출 모의결과↑

　┌ 원인 : 모형의 보수성 → 분할 수↑ → 여유량 축적
　└ 대안 : 소유역 면적 가급적 50~1,000km^{2}가 바람직함, 매개변수 검보정, 분포형
　　　　모형 적용

(3) 설계강우

① 설계빈도 결정 : 기왕의 홍수, 경제성, 대상구조물의 중요도, 위험도 등 고려

② 수문자료 수집 : 강우량 연최대치 계열 이상치, 무작위성, 경향성 검정

③ 지점확률 강우량

　㉠ 매개변수 추정(모멘트법, 최우도법, PWM(확률가중모멘트법), L-moment)

　㉡ 적합도 검정(χ^2, $k-s$, ppcc, CVM)

　㉢ 최적분포형 선정(Gumbel, GEV)

　㉣ 확률강우량 계산(임의시간 환산계수 고려)

　㉤ ZDF 관계

④ 면적확률 강우량 : 면적 25.9km^2 이상의 경우 산정지점 면적에 따라 ARF 계수
고려

⑤ 강우의 시간분포 : Huff, Yen-Chow 등

⑥ 유효유량 주상도 : SCS-CN(CNIII, CN37)

(4) 강우-유출모형

① 모형매개변수 초기치 산정(경험공식) : 집중시간, 자체시간, 저류상수

② 모형 : Hec-I, Hec-Hns, WHS(임계지속시간 산정)

합성단위도 : Clark-단위도 특성에 대한 제어가 가장 유리

③ 소유역 홍수수문곡선 : 유효우량 주상도 + 단위도 → 직접유출 수문곡선 → 기저
유량 → 소유역별 홍수수문곡선 산정

④ 산정지점별 홍수수문곡선

　㉠ (소유역 홍수수문곡선 + 저수지 추적 + 하도 추적) 합성

　㉡ 저수지 추적

　㉢ 하도 추적

(5) 모형의 보정과 검정

① 보정(Calibration)

　㉠ 실측 수문자료와 모형에 의한 결과의 편차가 최소화되도록 모형 매개변수를 조
　　정(최적화기법, 민감도분석 등)

ⓛ 첨두홍수량, 총 홍수체적, 수문곡선 형상 등 기준

② 검정(Verification) : 모형보정에 사용되지 않은 다른 실측자료 이용 검정

(6) 임계지속시간 고려(Critical Storm Duration)

① 첨두유량 최대치 기준 : 홍수방어용 구조물(우수관거, 하천저수계획) 도달시간의 2.5~6배 정도

② 총 유출량 최대치 기준 : 홍수저류용 구조물(댐, 유수지, 저류지) 최대 저수위(최대 저류용량, 최대 방류량)

※ 신뢰할 만한 실측강우량이 있는 경우 반드시 빈도를 분석하여 홍수량을 산정하고, 강우−유출 모형 및 홍수량과 비교 검토한다.

29 도시홍수유출 계산방법(RRL)

1. 도시홍수유출모형 개요

(1) 도시유출 특성

① 불투수면 증가 → 유출률 증가

② 지표면 조도 감소 → 홍수지체시간 감소 → 첨두홍수량(2~3배) 증가, 총유출량 증가, 기저시간 감소

③ 수학적으로 개선된 인위적인 배수시스템

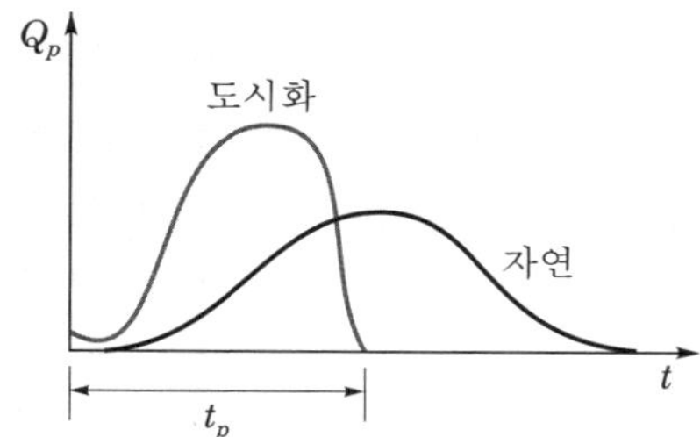

(2) 도시유출모형의 종류

RRL, ILLUDAS, SWMM, Mouse−Korea, STORM 등

2. BRRL

(1) 개요

① 도시 배수관망을 설계하기 위해 영국도로연구소에서 개발

② 직접 연결 불투수지역의 유출만을 고려하는 도시유출모형

③ 시간면적 관계곡선에 의한 유역홍수 추적 + 우수관거 추적

(2) 적용조건

① **직접연결 불투수지역** : 전체 유역의 최소 15% 이상(도시지역)

② **설계호우 재현기간** : 20년 미만

③ **소유역** : 13km^2 미만

(3) 적용절차

① 배수유역도 작성

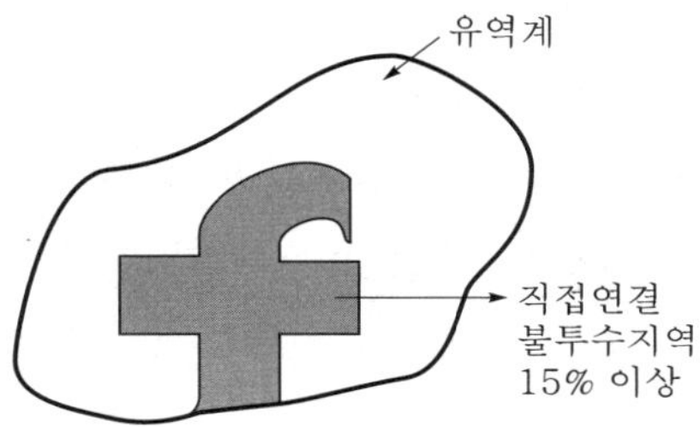

② 시간-면적곡선 작성

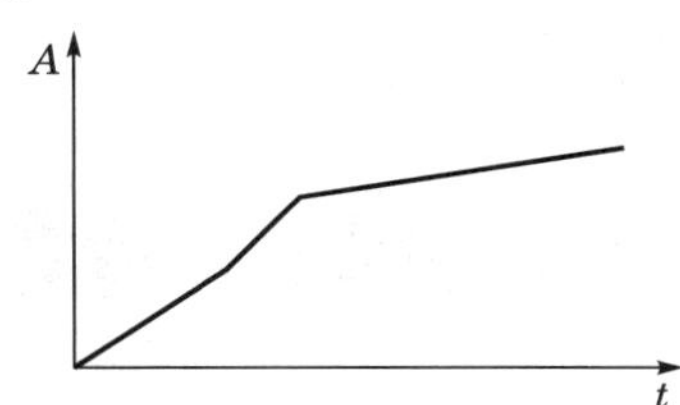

③ 설계우량주상도 작성

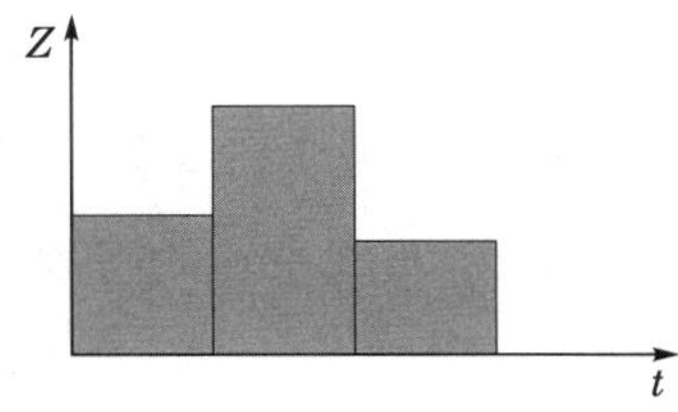

④ 유출수문곡선 합성

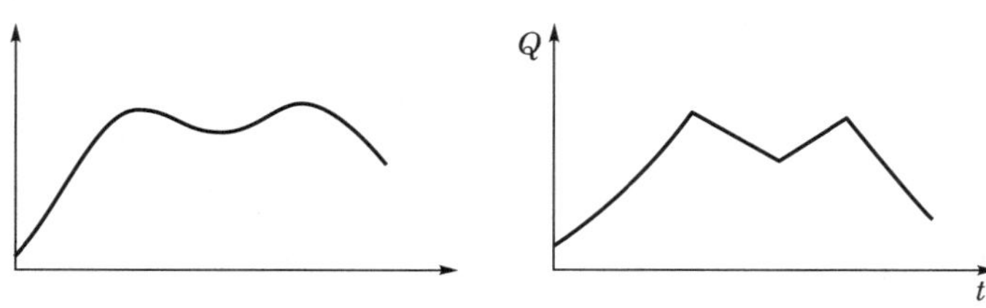

(4) KRRL 비교

① 전체 유역면적을 고려 → BRRL 적용

② 유출계수 C 적용 → 유역침투특성 반영

→ 국내펌프장에 주로 사용

③ 홍수량 크기 : 합리식 > KRRL > ILUUPAS

(5) 문제점(등시간도, 유출계수 → 주관적)

① 동시간도 작성 주관적

② 유역의 저류효과 무시(전이만 고려)

→ 불투수면적 증가, 집수면적 감소 적용

③ KRRL 유출계수 적용 주관적

30 강수량의 조정, 보완 및 확충

1. 목적

(1) 강수량 조사가 기상학적 원인 이외에 다른 영향을 받았는지의 여부 판단(관측소 이동 등)

(2) 자료의 오차수정, 결측치 보완, 가용자료의 확충

(3) **강우자료 영향인자** : 우량계 위치, 노출상태, 강우관측방법 등

2. 자료의 일관성 검정방법 분류

(1) **도식적 방법**

① 이중누가우량 분석법

② 시계열도법

③ 상단도법

(2) 해석적 방법

① 가설검정법

② 시계열분석법

③ 상관 및 회차분석법

3. 이중누가유량 분석법(Double Mass Analysis)

(1) **목적** : 자료의 일관성 검사 → 가용자료 확충

(2) **일관성 결여원인** : 우량계 위치, 형식, 측정방법 등 변화

(3) **교정방법**

① 변동관측소, 인접관측소 파악

② 연강우량 또는 계절강우량 누가우량계산

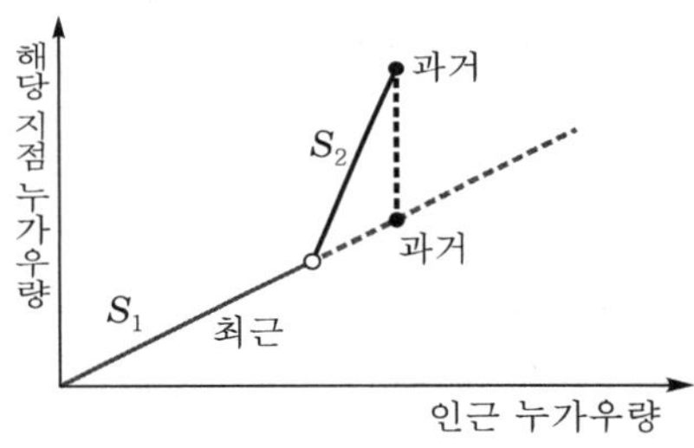

③ 방안지에 도시하여 기울기의 변화 여부 판단

④ 변화가 있는 경우 현재 기록을 유지하고, 과거 기록 수정

(4) **적용 시 주의사항**

① 인근 관측소들의 자료의 동질성이 양호해야 함

② 10m 이상의 인근 관측소 선택

③ 경사 변화가 5년 이내인 경우에만 적용

④ 우리나라는 계절적 강우량 사용이 효과적

4. 결측치 보완방법

(1) **결측치 보완목적**

강우자료가 일정 기간 결측 → 결측자료 보완 → 가용자료 확충

(2) 결측치 보정방법

① 산술평균법 : 오차 10% 이내 적용

② 정상연강수량 비율법 : $\dfrac{P_x}{N_x} = \dfrac{1}{3}\left(\dfrac{P_A}{N_A} + \dfrac{P_B}{N_B} + \dfrac{P_C}{N_C}\right)$

③ 등우선법

④ 회귀분석법

⑤ 역거리가중법(RDS)

⑥ 크리깅법

(3) 실무적용 시 주의사항

① 빈도해석 시 단기간의 결측치는 제외시키기보다는 보완하는 것이 타당하다. 단, 가급적 짧은 결측기간에만 적용한다.

② 단기간 강우강도의 시공간적 변동성을 충분히 고려하여 신중하게 사용한다.

③ 기상청, 홍수통제소의 강우자료 DB와 수문연보의 자료를 비교하여 보완한다.

(4) 최근 기술동향

① 낙동강 유역 종합치수계획(2005년) 등에서는 지점범용 크리깅법이 적용되었다(2009년 보완 시 RDS법 적용).

② 최근에는 크리깅기법, 코크리깅법, 회귀분석법 등 다양한 방법이 시도되고 있다.

31 도시 홍수유출 계산방법 종류 및 장단점

1. 개요

(1) 특성

① 불투수면 증가 시 유출률 증가(유출률 : 자연 0.25~0.3, 도시화 0.8~0.9)

    ㉠ 지표면 조도 저하 시 홍수지체시간 감소

    ㉡ 첨두홍수량(2~3배) 증가, 총유출량 증가, 기저시간 감소

② 수학적으로 개선된 인위적 배수시스템

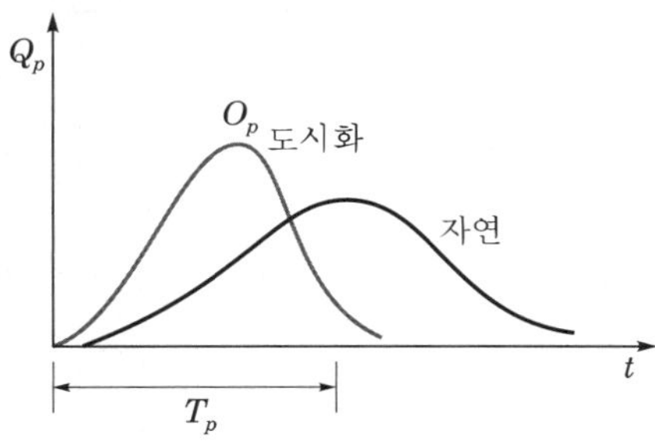

(2) 유출모형의 종류

RRL, ILLUDAS, SWMM, STORM 등

2. BRRL

구분	내용
1. 개요	① 도시 배수관망을 설계하기 위해 영국도로연구소에서 개발 ② 직접연결, 불투수지역의 유출만을 고려한 도시유출모형 ③ 시간면적 관계곡선에 의한 유역 홍수추적 + 우수관거 추적 　　(유역저류효과 무시, 유출단순전이)　　　(저류효과 고려) 　　　　　　　　↓ 우수관거 직접 불투수지역(C=1.0) → 소유역 출구로 직접 유출시키는 데 기여
2. 적용조건	① 직접 연결 불투수 지역 : 전체 유역 가운데 최소 15% 이상(도시지역) ② 설계호우 재현기간 : 20년 미만 ③ 소유역 : 13km^2 미만(합리식: 10년 미만, 5km^2 미만)
3. 적용절차	① 배수유역도 작성 ② 시간-면적곡선 작성

구분	내용
3. 적용절차	③ 설계우량 주상도 작성 ④ 유출수문곡선 합성 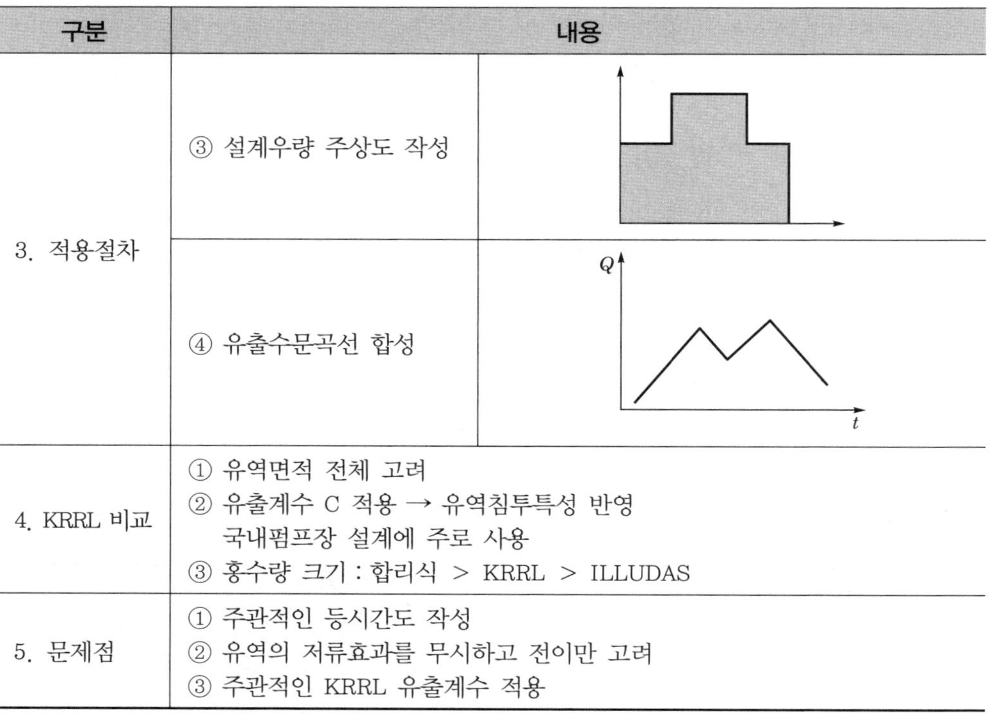
4. KRRL 비교	① 유역면적 전체 고려 ② 유출계수 C 적용 → 유역침투특성 반영 　국내펌프장 설계에 주로 사용 ③ 홍수량 크기 : 합리식 > KRRL > ILLUDAS
5. 문제점	① 주관적인 등시간도 작성 ② 유역의 저류효과를 무시하고 전이만 고려 ③ 주관적인 KRRL 유출계수 적용

3. ILLUDAS

구분	내용
1. 개요	① RRL 모형을 미국 도시지역에 적용한 결과 10~25% 오차 발생, 투수지역 유출고려 및 보완 ② 전체 유역 　불투수(포장) ┬ 직접 연결 　　　　　　　└ 간접 연결 ┐ 　투수(비포장) → 침투 고려 ┘ → 고려 → 합성 우수관거 추적(저류 고려)
2. 적용조건	① 소유역 협상 직사각형, 관로단면 원형으로 가정 ② 투수지역 유출량 → 불투수지역 관통 유입 ③ 간접 연결 불투수지역 유출량 → 투수지역에 균등 배분
3. 적용절차	① 전체 유역을 소유역으로 구분 ② 소유역별 ─ 포장 지역 / 비포장 지역 ─ 유출량 합성 → 소유역별 유출수문곡선 ③ 우수관거 추적(원형, 사각형, 사다리꼴) → Plus법 ④ 유수지 설계 : 기존 유수지 평가모드, 신설 유수지 설계모드 ⑤ 임계지속기간(Huff) : 우수관거 Q_p, 유수지 V_p

구분	내용
4. 문제점	① 모형개발 후 갱신하지 않음 ② 주관적인 포장, 비포장 지역 구분 ③ 우수관거 홍수추적 시 유입량이 관거소통능력 초과 시 월류를 처리하지 못함 ④ 등류계산에 따른 배수영향 및 on-line 저류지 고려 불가

4. SWMM

구분	내용
1. 개요	① 도시유역 종합모형-유출해석(유출, 월류해석, 배수위 영향 등)-수질해석 ② 기존 모형들의 가정이 가진 한계를 대부분 해결
2. 모형특성	① 시간 특성 : 단일, 연속 강우 적용, 강우 간격 임의 설정 ② 공간적 특성 : 배수구역 합성, 분리 가능 ③ 물리적 특성 : 지표면 유출(비선형 저류방정식). 　　침투량(Horton, Green-Ampt) ④ 지배방정식 : Run-off 블록, Transport 블록, Extrain 블록
3. 문제점	① 타 모형에 비해 매개변수 종류와 입력자료 많음

5. 결론

도시유출해석모형을 선택한다.

(1) 불투수유역 지배적, 소유역 : 합리식, RRL

(2) 투수지역유출 동시에 고려 : ILLUDAS, SWMM

(3) 관망의 저류효과 및 배수의 영향, 유수지 연계 등 : SWMM

32 유역의 지형학적 요소가 강우유출에 미치는 영향

1. 개요

(1) 유출은 강수현상에 의한 지표, 지하에서의 흐름으로 정의

(2) 유역의 면적, 경사 등 지형학적 요소는 강우유출의 시간, 패턴, 총량 등에 직접적인 영향을 미치며, 기후학적 요소와 함께 유출의 지배인자임.

(3) 최근 수치지도의 활용으로 유역의 기초자료 등의 신뢰도가 크게 향상되었으나 아직까지 도달시간 등의 추정에 신뢰도가 떨어짐.

2. 유출의 지배인자

(1) 지형학적 인자

유역특성, 수로특성 → 면적, 경사, 방향성, 형상, 토지피복, 조도계수 등

(2) 기후학적 인자

강수, 차단, 증발, 증산 등 → 손실량으로 총유출량에 기여

3. 지형학적 인자에 의한 유출의 영향

(1) 유역면적

면적이 클수록 크고 단위면적당 첨두유량은 감소
(∵ 도달시간의 증가, 유역평균 강우강도 감소)

(2) 유역경사

경사가 클수록 크고 첨두유량 증가
(∵ 도달시간의 단축, 유속 증가, 침투능 저하)

(3) 유역의 방향성

바람, 호우전선의 이동 방향이 계절성을 가질 경우 유역의 방향성에 따라 유출에 큰
영향

(4) 유역의 형상

① 우지상, 수지상, 방사상 등의 형상에 따라 동일 유역의 면적이라도 유출에 영향
② 강우의 이동 시 더 큰 차이 발생

(5) 유역고도

① 고도가 증가하면 크고 강우는 증가하나 증발은 감소
② 증발의 감소는 강우의 감소를 초래하므로 뚜렷한 영향성은 없으며 통계적 해석
　 필요

(6) 수계의 양상

① 하천의 개수율 증가 → 유출률 증가(도시유역)
② 호수, 늪 지역이 많은 경우 유출이 지연됨

(7) 토지이용 상태

토지이용에 따른 불투수면적 증가 → 유출률 증가

(8) 유로특성

하천수로의 단면크기, 형상, 경사, 통수능, 조도계수, 배수영향 등

4. 기후학적 인자에 따른 유출의 영향

(1) 강우

① 유출에 가장 큰 영향을 미침
② 강우의 종류, 강도, 지속시간, 시공간적 분포 등

(2) 차단

① 식생피복에 따라 엽면 줄기 등에 의한 차단율 영향
② 기후의 영향에 따라 식물의 종류, 생장속도에 영향

(3) 증발, 증산

유역의 기온, 바람, 상대습도에 따라 증발, 산량 영향으로 유출에 영향

5. 문제점

(1) 현재 유출량 계산 시 면적, 형상, 토지이용은 합리적인 값 적용(수치지도)

(2) 유출에 크게 기여하는 도달시간은 의무경험공식으로 신뢰도가 매우 낮다.

(3) 시험유역을 통한 국내 유역의 도달시간은 면적 관계식이 필요하다.

(4) 경사에 따른 강수의 보정, 도달시간 보정, 홍수량의 보정이 필요하다.

---

33 SCS 유효우량 산정방법

1. 개요

(1) 유역에 내린 강우는 지형, 토양조건, 선행강우, 피복조건 등 지형학적 요소들에 의해 손실은 필연적이다.

(2) 강우지속시간에 따른 총강우량 중 손실량을 고려한 강우량을 유효우량이라 하며, 유출에 직접 기여하는 우량이다.

2. 유효우량 산정방법

개요도	구분	주요 내용
	일정비법	– 시간구간별 일정비가 손실되고, 나머지는 유출에 기여
	일정손실률법	– 강우지속기간 동안 침투능의 토양 속 손실률은 일정하게 손실 – ϕ-index, w-index
	초기손실– 일정손실률법	– 초기토양 침투량이 충적될 때까지 모두 손실되고, 이후 일정률로 손실 발생
	침투곡선법	– 강우지속시간에 따른 토양침투량이 일정한 감수곡선을 나타냄
	표준강우– 유출곡선법	– 실측을 바탕으로 유역유출특성조건에 따른 강우유출량 관계곡선식 이용 – SCS 유효우량산정법

3. 유효우량 산정절차

(1) 특징

① 유역의 토양형, 피복상태, 선행토양함수조건(AMC) 이용. 총강우량에 따른 유효우량 산정

② 토양형별 유출률 : A < B < C < D

③ AMC별 유출률 : I < Ⅱ < Ⅲ

(2) 산정절차

산정절차	주요 내용
① 토양분포도 작성	토양도를 이용하여 지형도에 4개의 토양군별 분포도 작성
↓	
② 토지이용도 작성	토지피복도(토지이용도)를 이용하여 식생 피복상태별 분포도 작성
↓	
③ CN값 산정	①, ②를 중첩하여 면적가중평균 후 평균유출곡선지수(CN)값 산정
↓	
④ AMC 산정	선행 5일 강수량을 고려하여 AMC 조건 선정 → CN값 변동
↓	
⑤ SP값 산정	잠재보유우량(S)을 결정하여 누가우량(P)값 결정
↓	
⑥ 유효우량 산정	계산시간별 유효우량(Q) 산정

(3) 적용공식

$$Q = \frac{(P-0.2S)^2}{P+0.8S} , \quad S = \frac{25,400}{CN} - 254$$

여기서, S : 잠재보유우량

P : 누가우량

(4) 문제점 및 개선방안

① 문제점

㉠ 미국의 CN조건기준을 그대로 적용하여 원문해석에 주관성 개입

㉡ 국내 기후, 지형, 지질, 식생을 고려한 CN값의 제시 필요

㉢ AMC 적용 시 사용자 주관에 따라 적용

② 개선방안

㉠ 국내 시험유역 등 대표유역을 선정하며 CN값의 국내기준 제시

㉡ 강우-유출 사상으로부터 해당 유역의 CN값을 직접 계산하여 비교분석 필요

㉢ AMC에 대한 명확한 기준 제시 필요함. 최근의 국지적 집중호우를 감안할 때 태풍 후 집중호우로 2차 강우에 의한 피해가 많았으므로 AMC III or AMc 2:8 법의 적용이 타당함.

34 PMP도를 이용한 유역 내 PMP 추정

1. 개요

(1) 유역의 설계홍수량은 최대치 개념과 최적치 개념에 의해 결정된다.

(2) 최대치 개념의 설계홍수량 적용 시 그 유역에 내릴 수 있는 가상의 최대 강우량을 사용하여 이를 가능최대강수량(PMP)이라 한다.

(3) WMO(1986년)에 의하면 "주어진 지속시간 동안 특정 유역에 물리적으로 발생 가능한 이론적 최대강우깊이"를 의미한다.

2. PMP 적용대상

(1) 파괴 시 막대한 인명피해와 광범위한 재산피해가 예상되는 구조물

(2) 대규모 댐의 본체 및 조정지

(3) 대하천의 제방 및 하구언

(4) 원자력 발전시설

(5) 비상대처계획 수립(EAP) 대상 구조물

3. 추정방법

(1) PMP-DAD도

① 국토교통부는 대규모 수공구조물 설계에 적합한 표준 수문량을 제시하기 위하여 한국가능최대강수량도(PMP도)를 작성

② 수분최대화, 전이, 포락에 의한 수문기상학적 방법 이용

(2) PMP 추정절차

① 대상유역의 위치와 유역면적 및 유역중심을 도상에서 선정

② PMP도를 이용하여 면적별로 강우깊이 - 지속시간을 도면상에 도시하여 포락 및 균일화 실시

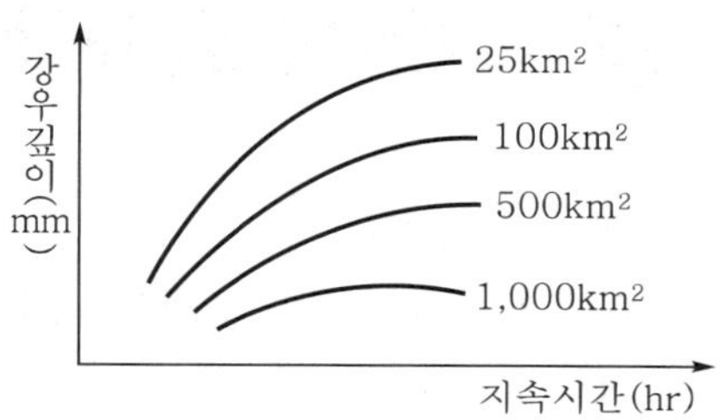

③ 이 값을 반대수지상에 도시하여 지속시간별로 강우깊이−면적의 포락 및 균일화 실시
　　㉠ 면적별(강우깊이−지속시간)
　　㉡ 지속시간별(강우깊이−유역면적)

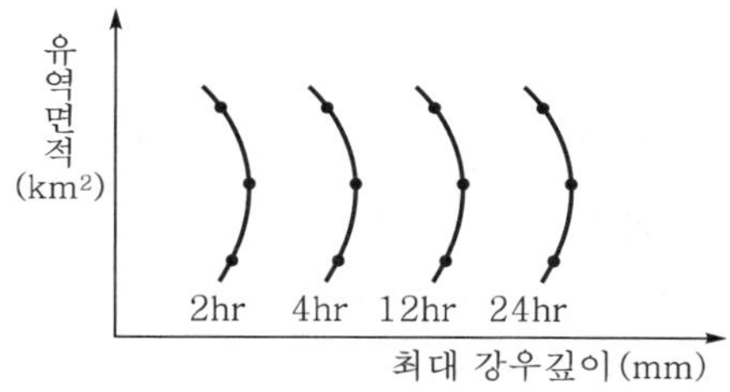

④ 도면상에 각 지속시간별로 대상면적에 부합하는 PMP를 내삽하여 결정

4. 유의점

(1) PMP 분포는 최적치 개념이 아닌 최대치 개념의 시간분포 사용

(2) 따라서 PMP는 시간분포에 따라 최대 50%까지 차이가 발생

(3) PMP의 시간분포는 Pilgim & Cordery 방법을 추천하며, 저수지 추적의 경우 Huff의 극한치 이용

5. 결론

(1) 한국가능최대강수량도는 유역중심이 아닌 호우중심으로 추정된다.

(2) 임의의 유역에서 PMP 추정 시 대홍수의 존재 유무 및 강우에 대한 대홍수 산악효과 등 유역특성에 따라 PMP를 재검토할 필요가 있다.

(3) 선행강우를 고려하지 않으므로 PMP 추정 시 이를 고려해야 한다.

35 장·단기 유출 모형과 개선사항

1. 개요

유출이란 강우의 일부분이 지표 또는 하천으로 흐르는 과정을 말하며, 하천유출량은 이수 · 치수 측면에서 가장 핵심적인 수문량이다.

(1) **유출기구(Runoff Mechanism)** : (지표, 중간), 기저유출

총유출＝직접유출(지표유출 + 중간유출) + 기저유출

(2) **강우 – 유출모형 이용** : 유출과정을 실험적으로 나타냄.

2. 장기유출 및 단기유출 특성

(1) 장기유출

① 자료계열의 지속성이 길다. 장기간의 강우–유출관계 필요 시 적용한다.

② 연유량과 같은 정상계열에서만 적용

③ 댐유입량 산정, 용수공급량 산정 시 적용

④ 저수지 소요용량 결정 시 적용

(2) 단기유출

① 자료계열의 지속성이 짧다.

② 장기간의 특성치가 보전되지 않는다.

③ 수문시계열에 나타나는 극치사상과 장기간의 홍수나 가뭄이 잘 나타나지 않는다.

3. 유출모형

(1) 장기유출 모형

① 종류 : Kajiyama, Tank, 비유량법 등

② 소규모 댐의 일별 유입량과 방류량 모의

③ 유역관리를 위한 유출량 산정, 저수지 유형에 사용

(2) 단기유출 모형

① 한 번의 강우로 유량과 수위변동 해석

② 홍수대책, 수자원 개발에 필요한 정보 확보

③ 저류함수법 : 저류함수와 연속방정식을 조합하여 홍수유출량을 산정한다. 홍수예경보시스템에 사용

4. 유의사항 및 개선방안

(1) 유의사항

① 신뢰성 있는 결과도출을 위한 적절한 모형 선택

② 선택된 모형 → 유역특성에 맞게 보정하고 검증

(2) 개선방안

① **시행착오법** : 수정보완 – 단독 또는 병용

② **최적화 기법** : 자동보정 – 단독 또는 병용

③ **모형의 신뢰성 향상과 검증을 위해 실측 강우, 유출량, 증발량 사용**

5. 결론

(1) 수문모형은 자료, 매개변수, 모형구조의 불확실성으로 인해 비전문가가 적용 시 정확성, 신뢰성이 떨어진다.

(2) 그러므로 수문모형의 신뢰성, 정확성을 좌우하는 매개변수에 대한 이해의 폭을 넓혀야 한다.

(3) 수문모형은 물순환과정을 이해하고 이수, 치수, 환경 목적으로 물을 다루는 데 유용하게 이용된다.

36 수문학적 설계에 필요한 자료

1. 수문학적 설계 개요

(1) 수문설계

수공구조물의 크기 또는 치수를 결정하는 데 기준이 되는 설계홍수량(Design Flood) 결정

(2) 구조물의 수문학적 특성

① **홍수소통 목적** : 하천제방, 우수관거 → 첨두홍수량 필요

② **저류기능 목적** : 댐, 저류지 홍수총량(임계지속시간) → 홍수수문곡선 필요

2. 수문설계를 위한 자료 획득

(1) 지상학적 자료

  ① 지형도(DEM, TIN, 수치지형도)

    ㉠ 국토지리정보원(1:5,000, 1:25,000)

    ㉡ 유역면적, 유로연장, 유로경사, 유역형상

      개략적인 토지이용현황 파악 → 도달시간(t_c), 하도저류상수(k)

  ② 토지이용도

    ㉠ 환경부 : 토지피복도

    ㉡ 국토부 : 토지이용현황도

  ③ 토양도 : 개략토양도, 정밀토양도 → SCS−CN → 유효우량 산정

  ④ 지질도

    ㉠ 지질자원연구원(1:50,000)

    ㉡ 분포형 모형에 이용

  ⑤ 임상도 : 장기유출, 증발산 등

(2) 기상 · 수문자료

  ① 기상자료 : 강우량, 기온, 습도, 증발량 등

  ② 수문자료 : 강우량, 하천유량, 하천수위, 지하수위 등

  ③ 자료 취득 : 기상청, 홍수통제소, Wanis

5 수리분석

1. 치수의 단위 구역

1. 개요

동일 성향의 치수 사업이 적용될 수 있는 지역으로 치수 관련 자료 관리 및 수계 주의에 입각한 치수 정책, 치수 사업 분석과 시행의 기본 단위이다.

2. 치수 단위 구역의 필요성

(1) 과학적인 치수 사업이 시급

(2) 치수 사업 분석 및 시행에 수계 주의 채택 요망

(3) 치수 관련 자료의 전산화

(4) 치수 정책 결정에 정략적이고 객관적인 자료 제공

(5) 치수 사업의 투자효율 증진

3. 치수 단위 구역의 분할 기준

(1) 하천의 배치를 고려한 소유역 분할

(2) 균일한 토지 이용 상태로 분할

(3) 치수 단위, 행정 구역을 연계

4. 치수 단위 구역의 활용 및 적용

(1) 수해 예상 지역의 선정 작업

(2) 치수 사업의 우선 순위 결정

(3) 행정 단위별 수계별 통계

(4) 행정 단위에 검토된 사항 제시

5. 결론

치수 단위 구역의 분할 및 관리와 원활한 자료 수집, 정리 등으로 효율 증진이 필요하다.

2 개수로(開水路)의 난류 유속 분포

1. 난류 상태의 유속 분포

$$V = V_{\max} + \frac{2.3}{K_o} V^x \log y/d$$

여기서, $V_{\max}$: 최대 유속

K_o : 계수

V^x : Plandle에 의한 마찰 속도

y : 하상으로부터 수직거리

d : 수심

2. 평균 유속 V

(1) 평균 유속 V는 하상으로부터 $0.4d$가 되는 지점

(2) 수면으로부터 $0.6d$가 되는 지점에서의 유속과 같다고 할 수 있다.

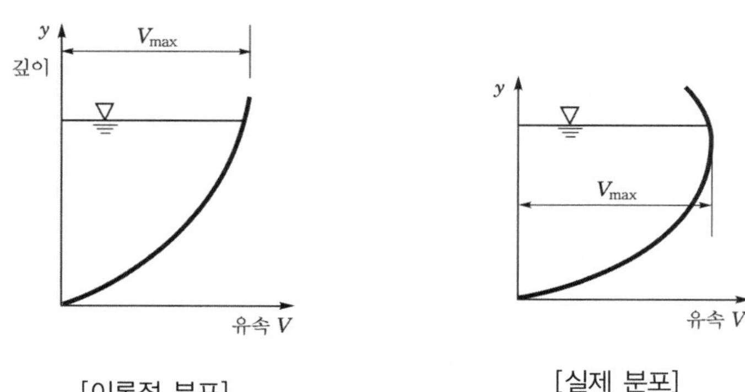

3. 실제 유속 분포

실제 유속 분포는 최대 유속이($V_{\max}$) 수면보다 다소 낮은 지점에서 일어난다.

4. 평균 유속 산정

(1) 평균 유속 산정은 수면으로부터 $0.6d$ 깊이

(2) 또는 $0.8d$ 및 $0.2d$ 평균값을 택하는 것이 보통이다.

3 소류력과 한계 소류력

1. 개요

소류력이란 수로의 윤변에 작용하는 마찰력을 말하며, 한계 소류력은 소류력에 의해 유량
이 증가하고 어느 시점에서 하상 재료를 움직이게 하는데, 이때의 소류력을 한계 소류력
이라 한다.

2. 소류력

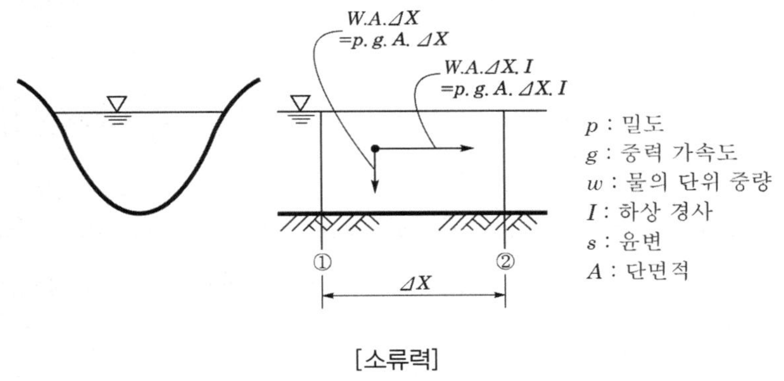

[소류력]

(1) 하상에 작용하는 마찰력 T_o(소류력)

$$T_o = T_o b \cdot \Delta x = p \cdot g \cdot A \cdot \Delta x \cdot I \quad \text{ⓐ}$$

$$T = p \cdot g \cdot R \cdot I = w \cdot R \cdot I \quad \text{ⓑ}$$

(2) 보통 부등류에서는 하상 경사 대신 에너지 경사 I_c를 사용한다.

3. 한계 소류력

(1) 한계 소류력 경험식

Shield 공식

$$T_o = 0.056(\rho' - \rho)g \cdot d$$

여기서, T_o : 한계 소류력(g/cm^2)

ρ' : 토사, 물의 질량

g : 중력 가속도

d : 토사의 입자

4. 결론

소류력, 한계 소류력의 개념을 정리하고, 관련 공식을 유도한다.

④ 홍수파(Flood Wave)

1. 개요

(1) 하천의 여러 지점의 수위 곡선에서 같은 시각의 그림을 그리면 수면은 하천을 따라 파장을 그리는데, 이를 홍수파라 한다.

(2) 파장은 높이에 비해 극히 길고, 대부분 하천 전체에 걸쳐 하나의 파장을 이룬다.

(3) 형상은 하천에 따라 다르고, 동일 하천이라도 상·하류에 따라 다르다.

(4) 하천의 연안, 바닥 상태, 지류나 본류, 제방 파괴 등이 홍수파에 영향을 끼친다.

2. 홍수파의 전파

(1) 각 지점의 수위곡선에서 각각 최고 수위의 시각을 구해 그 시간 차로 거리를 나누면 홍수파의 전파 속도를 구할 수 있다.

(2) 전파 속도는 하천에 따라 다르다.

(3) **홍수파의 전파 속도는 하천수의 평균 유속과의 비**

① 구형 단면 : $\mu = \dfrac{3}{2}V = 1.5V$

② 삼각형 면 : $\mu = \dfrac{5}{4}V = 1.25V$

③ 포물선 면 : $\mu = \dfrac{4}{3}\,V = 1.33\,V$

여기서, μ : 홍수파의 전파 속도

V : 평균 유속

3. 상기 전파 속도의 이론

(1) 실제 관측에서 홍수파의 전파 속도는 물분자의 1.4~2.0배가 된다.

(2) 이는 홍수파가 파동 전파의 성질을 갖고 있다는 것을 의미한다.

(3) 그러나 홍수파는 상류에서 수위의 최고를 나타낸 시간에 의해 그 전파 속도를 추정하므로, 상·하류의 하도에서 유입이나 하도 외로로의 유출이 있을 때에는 파동 전파의 물리적 의미는 감소된다.

4. 결론

홍수파는 수위곡선에서 같은 시각의 수면곡선을 연결한 것으로, 하천 전체에 걸쳐 파장을 이루며, 하천, 연안, 바닥 상태, 제방, 유출입 등에 따라 전파 속도는 다르다.

5 분류하천에서 Channel ①, ②의 수리 계산을 하고 A점의 수위 구하는 방법

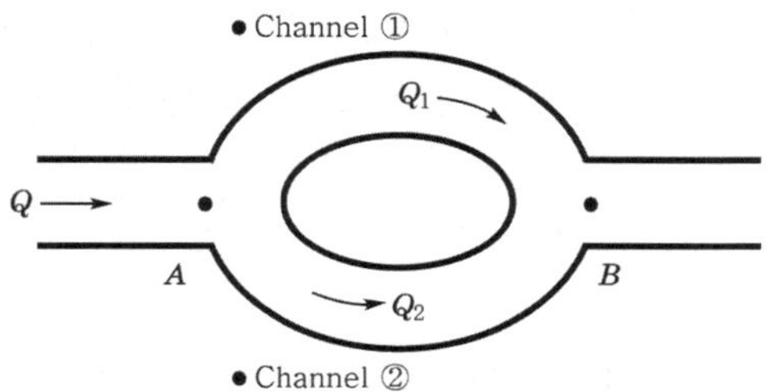

1. 수리 계산(분류 수로) 구분

(1) 상류일 경우(Subcritical Flow)

(2) 사류일 경우(Supercritical Flow)

(3) 등류일 경우(Uniform Flow)

2. 수리 계산방법

(1) 상류일 경우

① 먼저 Channel별로 Q_1, Q_2를 가정하여 유량을 분리한다.

$$Q = Q_1 + Q_2$$

② B점을 기점 수위로 하여 Channel ①에 Q_1, Channel ②에 Q_2로 하여 A점의 배수위를 계산한다.

③ 이때, B점 수위 결정방법

  ㉠ 흔적 수위 이용

  ㉡ Rating Curve 이용

  ㉢ 기 산정한 수위 이용 – 하류 측 수위 산정 시 이용

④ 상기 ①, ②를 반복하여 다음 상관도를 작성한다.

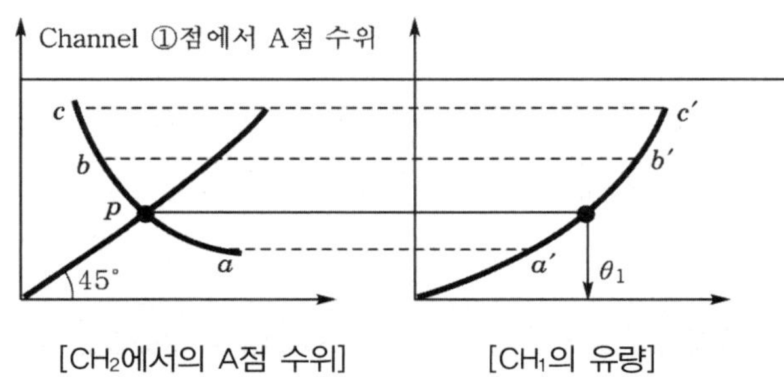

여기서, P : 양쪽 수로에서 계산한 A점의 수위가 같아지는 점

⑤ 위의 그림에서 A점의 수위가 같아지는 유량 Q_1을 구한다.

$$Q_2 = Q - Q_1 = 0$$

(2) 사류(射流)인 경우

Control Point는 A점이며, A점에서 유입량에 따라 다르다.

(3) 등류(等流)인 경우

- $Q = Q_1 + Q_2$
- $Q_1 = K_1 \sqrt{S_1}$
- $Q_2 = K_2 \sqrt{S_2}$

여기서, K = 통수능

$$\therefore K = \frac{1}{n} A R^{2/3}$$

3. 결론

일반적으로 분류는 하도 유량의 원활한 소통과 처리를 위해 그 지역의 특성, 세굴, 퇴적 등의 영향을 고려하여 세심한 계획이 필요하다.

6 한계경사(Critical Slope)

1. 개요

한계경사란 상류에서 사류로 변할 때 발생하는 지배 단면에서의 수면경사로, 이때 수심을 한계수심, 이때의 흐름 상태를 한계류라 하며 $(F_r = 1)$이다.

2. 구형 단면일 때

(1) **평균 유속을 Chezy 공식으로 구하면**

$$V = C\sqrt{RI}$$

$$Q = C \cdot A \sqrt{RI} \quad \cdots\cdots\cdots\cdots\cdots\cdots\cdots\cdots\cdots\cdots\cdots\cdots\cdots\cdots\cdots\cdots ⓐ$$

수심에 비해 하폭이 넓은 하천은

- $R = h$이고
- $A = bh$이므로 이를 ⓐ식에 대입하면

$$Q = c \cdot b \cdot h \sqrt{hI} = c \cdot b \cdot h^{3/2} \sqrt{I}$$

$$h = \left(\frac{Q_2}{c^2 b^2 I}\right)^{1/3} \quad \cdots\cdots\cdots\cdots\cdots\cdots\cdots\cdots\cdots\cdots\cdots\cdots\cdots ⓑ$$

3. 흐름 상태 분류

ⓑ식에서 $h > h_c$일 때 → 상류

$\quad\quad\quad\quad h < h_c$일 때 → 사류

4. 한계수심

구형 수로에서 한계수심 h_c는

$$h_c = \left(\frac{\alpha Q^2}{g b^2}\right)^{1/3} \quad \cdots\cdots\cdots\cdots\cdots\cdots\cdots\cdots\cdots\cdots\cdots\cdots\cdots ⓒ$$

5. 한계경사

한계경사는 $h = h_c$일 때의 경사이므로

$$\left(\frac{Q^2}{c^2 b^2 I}\right)^{1/3} = \left(\frac{\alpha Q^2}{g b^2}\right)^{1/3} \text{에서}$$

$$I = \frac{g}{\alpha c^2} \quad \cdots\cdots\cdots\cdots\cdots\cdots\cdots\cdots\cdots\cdots\cdots\cdots\cdots\cdots\cdots\cdots\cdots\cdots\cdots\cdots \text{ⓓ}$$

6. Chezy 공식의 c와 Manning 공식의 n과의 관계

$c = \dfrac{1}{n} R^{1/6} = \dfrac{1}{n} h^{1/6}$로 수심이 커지면 한계경사도 커진다.

7. 식 ⓓ에 의한 흐름 상태 정의

(1) $I < \dfrac{g}{\alpha c^2} \rightarrow$ 상류

(2) $I = \dfrac{g}{\alpha c^2} \rightarrow$ 한계류

(3) $I > \dfrac{g}{\alpha c^2} \rightarrow$ 사류

8. 결론

한계경사는 상류와 사류를 구분하고 흐름 상태 등을 알 수 있으며, 여수로, 급류부 등의 수리 계산 시 적용한다.

7 지배 단면이 생기는 수로의 부등류(不等流)

1. 개요

(1) 수로의 경사가 완경사에서 급경사로 변하면 흐름은 상류에서 한계수심을 거쳐 사류로 된다.

(2) 상류에서 사류로 변할 때 한계수심이 생기는 단면을 지배 단면이라고 한다.

2. 직사각형 수로에 대한 부등류의 기본식

$$\frac{dh}{dx} = \frac{ih^3 - \dfrac{Q^2}{c^2 b^2}}{h^3 - \dfrac{\alpha Q^2}{g b^2}} = \frac{F_1(hx)}{F_2(h)}$$

$F_1 = O$에 대한 수심 $h_o = \sqrt[3]{Q^2/c^2 b^2 i}$

$F_2 = O_1$에 대한 수심 $h_c = \sqrt[3]{\alpha Q^2/g b^2}$

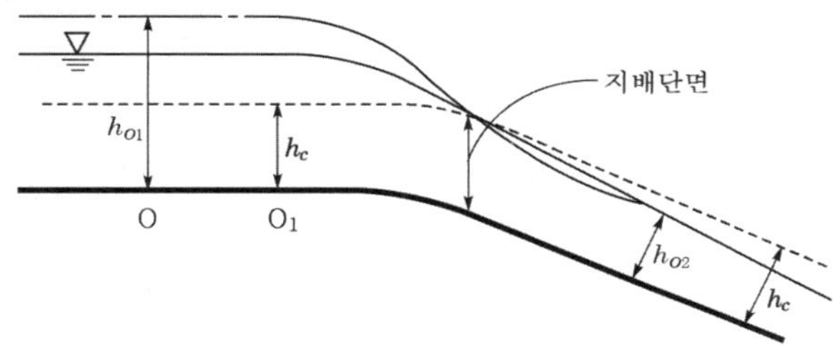

즉, 상류 측에서는 완경사이므로 $h_o > h_c$이고 하류 측에서는 급경사로 $h_o < h_c$가 되며, 경사 변화부에서 만난다. 이 지점 단면을 지배 단면이라고 한다.

3. 결론

따라서 지배 단면을 기준으로 상류 측은 상류, 하류 측은 사류이므로 하류로 향해 수면 계산을 한다.

 부등류(점변류)의 기본 방정식과 수면곡선을 판별하기 위한 기본식

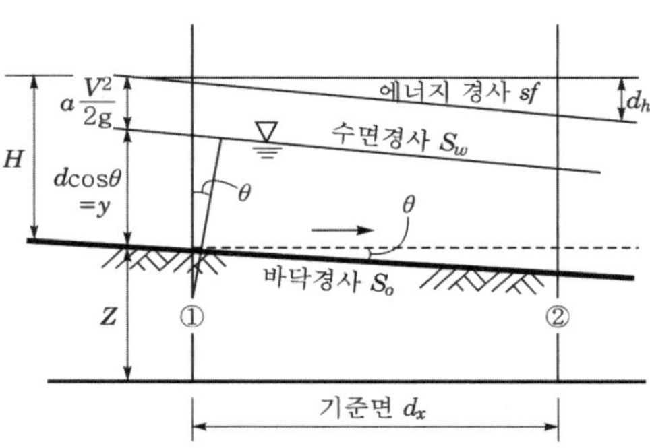

(1) 위의 그림에서 total head H는

① $H = z + d\cos\theta + \alpha\dfrac{V^2}{2g}$ ·· ⓐ

여기서, H : 총수두

z : 위치수두

θ : 하상 경사

V : 평균 유속

α : 에너지 보정계수

단, 하상 경사 완만 시

$d\cos\theta \fallingdotseq y$, $\alpha = 1$이라면

$$H = z + y + \frac{V^2}{2g}$$ ·· ⓑ

② 식 ⓑ를 x에 대해 미분하면

$$\frac{dH}{dx} = \frac{dz}{dx} + \frac{dy}{dx} + \frac{d}{dx}\left(\frac{V^2}{2g}\right)$$ ······································· ⓒ

$$\frac{dh}{dx} = -sf$$

$$\frac{dz}{dx} = -s_o$$

$$\frac{dy}{dx} = 수면경사이다.$$

한편,

$$\frac{d}{dx}\left(\frac{V^2}{2g}\right) = \frac{d}{dx}\left(\frac{Q^2}{2gA^2}\right) = \left(-\frac{Q^2 I}{gA^3}\right)\frac{dy}{dx} \quad \text{........................} \ \text{ⓓ}$$

따라서 식 ⓒ에서는

$$-sf = -s_o + \frac{dy}{dx} - \frac{Q^2 I}{gA^3} \cdot \frac{dy}{dx}$$

$$\therefore \ \frac{dy}{dx} = \frac{s_o - sf}{1 - \dfrac{Q^2 I}{gA^3}} = \frac{s_o - sf}{1 - Fr^2} \quad \text{........................} \ \text{ⓔ}$$

이 식 ⓔ가 부등류의 기본식이다.

(2) 단면계수 검토

① 단면계수 $z = A\sqrt{D}$ 에서 $D = \dfrac{A}{T}$ 이므로 $(dA = T)$

$$z = \sqrt{\frac{A^3}{T}} \ , \ z^2 = \frac{A^3}{T}$$

② 수로 내에 한계류가 흐른다면

$$\frac{Q^2 I}{gA^3} = Fr^2 \ \text{에서} \ \frac{Q^2}{g} = \frac{Ac^3}{T} = zc^2$$

따라서 $1 - \dfrac{Q^2 T}{gA^3} = 1 - \dfrac{Q^2}{g}$

$$\frac{T}{A^3} = 1 - \left(\frac{z_e^2}{z^2}\right)$$

또, Manning 공식에서 $s_o = \left(\dfrac{Q}{K_n}\right)^2$, $sf = \left(\dfrac{Q}{K}\right)^2$ 이므로

$$\frac{dy}{dx} = \frac{s_o\left(1 - \dfrac{sf}{s_o}\right)}{1 - \left(\dfrac{zc}{z}\right)^2}$$

여기서, $\dfrac{sf}{s_o} = \dfrac{(Q/K)^2}{(Q/K_n)^2} = \left(\dfrac{K_n}{K}\right)^2$

$$\therefore \ \frac{dy}{dx} = s_o \frac{1 - \left(\dfrac{K_n}{k}\right)^2}{1 - \left(\dfrac{zc}{z}\right)^2} \quad \text{........................} \ \text{ⓕ}$$

③ 식 ⑥는 부등류의 수면형을 판별하기 위한 기본식이다.

$$Q = \frac{1}{n} A R^{2/3} I^{1/2}$$

$$K = \frac{1}{n} A R^{2/3}$$

$$s = \left(\frac{Q}{K}\right)^2$$

④ Manning의 공식에 의해

$$\left(\frac{K_n}{K}\right)^2 = \left(\frac{y_n}{y}\right)^{10/3}$$

$$\left(\frac{z_c}{z}\right)^2 = \left(\frac{hc}{y}\right)^3$$

$$\therefore \frac{dy}{dx} = s_o \frac{1 - \left(\dfrac{y_n}{y}\right)^{10/3}}{1 - \left(\dfrac{y_c}{y}\right)^3}$$

여기서, y, y_n, y_c는 각각 점변류의 수심, 등류수심, 한계수심이다.

⑤ 한편 Chezy 공식에서 $\dfrac{dy}{dx} = s_o \dfrac{1 - \left(\dfrac{y_n}{y}\right)^3}{1 - \left(\dfrac{y_c}{y}\right)^3}$ 이다.

9 부정류의 흐름 및 연속 방정식과 운동량 방정식

1. 개요

(1) 수류 단면에서 유량(유적, 유속)이 시간에 따라 변화하는 흐름을 부정류라 한다.

(2) 홍수파나 감조하천에서의 흐름 모양 등

2. 부정류의 연속 방정식

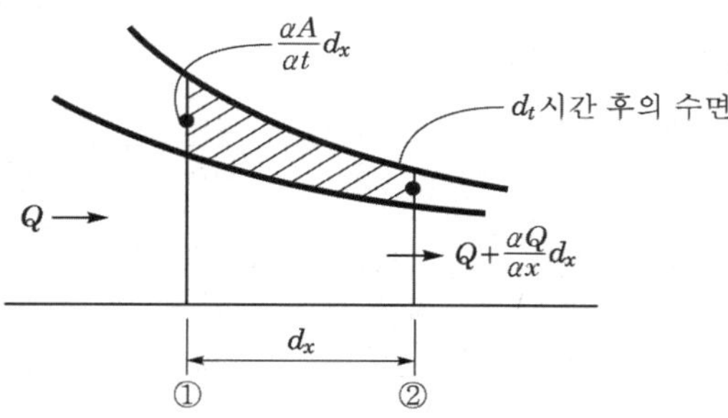

위의 그림에서 ① 단면의 유입량 Q와 ② 단면 유출량 $Q+\dfrac{\alpha Q}{\alpha x}dx$와의 차는 단위시간당

유수 단면적의 증가량 $\dfrac{\alpha \Delta}{\alpha t}dx$와 같으므로

(1) $\dfrac{\alpha \Delta}{\alpha t}dx = Q-\left(Q+\dfrac{\alpha Q}{\alpha x}dx\right)$

(2) $\dfrac{\alpha \Delta}{\alpha t}dx = -\dfrac{\alpha Q}{\alpha x}dx$ 에서 양변을 dx로 나누고 정리하면

(3) $\dfrac{\alpha A}{\alpha t}+\dfrac{\alpha Q}{\alpha x}= 0$ 이며, 부정류의 연속 방정식이다.

3. 운동량 방정식

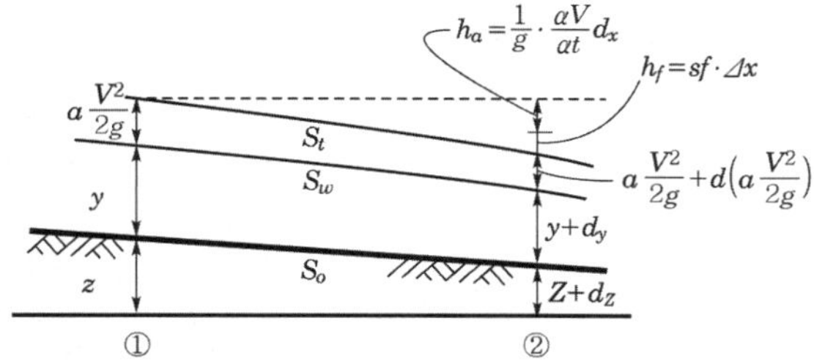

위의 그림에서 에너지 법칙을 적용

(1) $z+y+a\dfrac{v^2}{2g}=(z+dx)+(y+dy)+\left(\alpha\dfrac{v^2}{2g}\right)+d\left(\alpha\dfrac{V^2}{2g}\right)+(sf+dx)+\dfrac{1}{g}\cdot\dfrac{\alpha V}{\alpha t}\cdot dx$

에서

(2) $dz + dy + d\left(\alpha \dfrac{V^2}{2g}\right) = -sf\,dx + \dfrac{\alpha v}{g\alpha t}dx$ ⓐ

양변을 dx로 나누고 정리하면

$$\dfrac{\alpha z}{\alpha x} + \dfrac{\alpha y}{\alpha x} + \dfrac{\alpha v}{g}\cdot\dfrac{\alpha v}{\alpha x} + sf + \dfrac{1}{g}\cdot\dfrac{2v}{\alpha t} = 0$$ ⓑ

여기서 수로 바닥 기울기는 $\dfrac{\alpha z}{\alpha x} = -so$ 이므로, 또 양변을 g로 곱하면

$$g\dfrac{\alpha y}{\alpha x} + \alpha v\cdot\dfrac{\alpha v}{\alpha x} + \dfrac{\alpha v}{\alpha t} - g(so - sf) = 0$$ ⓒ

(3) 위의 식 ⓒ가 부정류의 운동량 방정식이다.

4. 결론

상기 식들을 해석적으로 푸는 것은 쉬운 일이 아니다. 따라서 각 항에서 적당한 근사치로 구한다.

(1) Manning 식 : $V = \dfrac{1}{n}R^{2/3}I^{1/2}$

$$\therefore\ I = \dfrac{n^2 v^2}{R^{4/3}}(-sf)$$

(2) Chezy 식 : $V = C\sqrt{RI}$

$$\therefore\ I = \dfrac{v^2}{C^2 R}(z = sf)$$

10 한계수심 및 한계류의 특성

1. 한계수심

한계수심(Critical Depth)이란 비에너지가 최소인 수심이다.

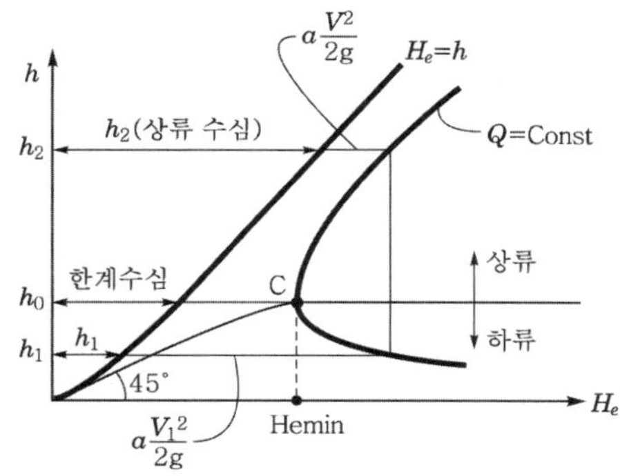

(1) 위의 그림에서 비에너지가 최소인 수심이 한계수심으로

$$\frac{\alpha H_e}{\alpha h}=0\,\text{에서}$$

(2) $H_e = h + \alpha\dfrac{Q^2}{2gA^2}$

(3) 따라서 $\dfrac{\alpha}{\alpha h}\left(h+\alpha\dfrac{Q^2}{2gA^2}\right)=1-\dfrac{\alpha Q^2}{gA^3}\cdot\dfrac{\alpha A}{\alpha h}$ ⋯⋯⋯⋯⋯⋯⋯⋯⋯⋯ ⓐ

$$\frac{\alpha A}{\alpha h}=\frac{gA^3}{\alpha Q^2}$$ ⋯⋯⋯⋯⋯⋯⋯⋯⋯⋯⋯⋯⋯⋯ ⓑ

여기서, $A = ah^n$ 이므로

$$\frac{\alpha A}{\alpha h}=nah^{n-1}$$ ⋯⋯⋯⋯⋯⋯⋯⋯⋯⋯⋯⋯ ⓒ

식 ⓒ를 식 ⓑ에 대입

$$nah^{n-1}=\frac{gA^3}{\alpha Q^2}\,\text{에 } h=h_c\text{라 하면}$$

$$h_c=\left(\frac{\alpha Q^2}{ga^2}\right)^{\frac{1}{2n+1}}\text{이 한계수심이다.}$$

2. 한계류(F_r : Froude Number)

(1) 식 ⓑ에서

$$\frac{\alpha A}{\alpha h} = T = \frac{A}{D} \text{이므로}$$

$$\frac{A}{D} = \frac{gA^3}{\alpha Q^2}$$

$$D = \frac{\alpha Q^2}{gh^2}$$

여기서, $Q = A \cdot V$, $D = \dfrac{V^2}{g}$

(2) 즉, $F_r = \dfrac{V}{\sqrt{gD}} = 1$ $\cdots\cdots\cdots\cdots\cdots\cdots\cdots\cdots\cdots\cdots\cdots\cdots\cdots\cdots\cdots\cdots\cdots\cdots\cdots\cdots\cdots\cdots\cdots\cdots$ ⓓ

(3) 한계수심 상태 F_r은 1이며 비에너지가 최소가 되고, 이때의 수심을 한계수심, 유속을 한계유속, 흐름 상태를 한계류, 단면을 지배단면이라 한다.

(4) 또한, F_r의 크기에 따라

① $F_r > 1$: 사류

② $F_r = 1$: 한계류

③ $F_r < 1$: 하류 상태이다.

3. 흐름의 한계상태에 의한 수면 계산

(1) 흐름이 상류이면

① $\dfrac{V}{\sqrt{gD}} < 1$

② 유수의 평균 유속 V보다 크기 때문에 흐름은 하류 하천의 지배를 받으므로, 수면곡선은 하류에서 상류로 계산한다.

(2) 흐름의 상태가 사류이면

① $\dfrac{V}{\sqrt{gD}} > 1$

② 표면파의 전파 속도 $\sqrt{gD}$ 가 유수의 평균 유속 V보다 작으므로 이때의 흐름은 상류 하천의 통제를 받으므로 수면곡선 계산을 상류에서 하류로 한다.

4. 한계류의 특성 요약

(1) 주어진 유량에 대해 비에너지, 비력이 최소이다.

(2) 유량이 최대이다.

(3) 전파 속도와 평균 유속이 같다.

(4) $F_r = 1$이다.

(5) 속도수두는 수리 수심의 $\dfrac{1}{2}$이다.

5. 흐름 구분방법

(1) Froude Number에 따라

   ① 상류 : $F_r < 1$

   ② 한계류 : $F_r = 1$

   ③ 사류 : $F_r > 1$

(2) 등류 수심에 따라

   ① 상류 : $h_c < h$

   ② 한계류 : $h_c = h$

   ③ 사류 : $h_c > h$

(3) 수로 경사에 따라

   ① 상류 : $I < \dfrac{g}{\alpha c^2}$

   ② 한계류 : $I = \dfrac{g}{\alpha c^2}$

   ③ 사류 : $I > \dfrac{g}{\alpha c^2}$

로 구분할 수 있으며, 특히 한계류가 되는 흐름의 경사 I_c를 한계경사(Critical Slope)라고 한다.

예) 직사각형 수로의 한계수심

$$h_c = \left(\frac{\alpha Q^2}{gb^2} \right)^{1/3}$$

$$\text{한계경사 } I_c = \frac{g}{\alpha c^2}$$

11 수리특성곡선(水理特性曲線)

1. 개요

(1) 하수관과 속도 터널 내의 흐름은 경우에 따라 물이 전단면에 차서 흐를 때가 있고, 단면의 일부분을 흐를 때도 있다.

(2) 전자는 관수로 흐름(Pipe Flow)으로 취급하고, 후자는 개수로 흐름으로 취급한다.

2. 수리특성곡선

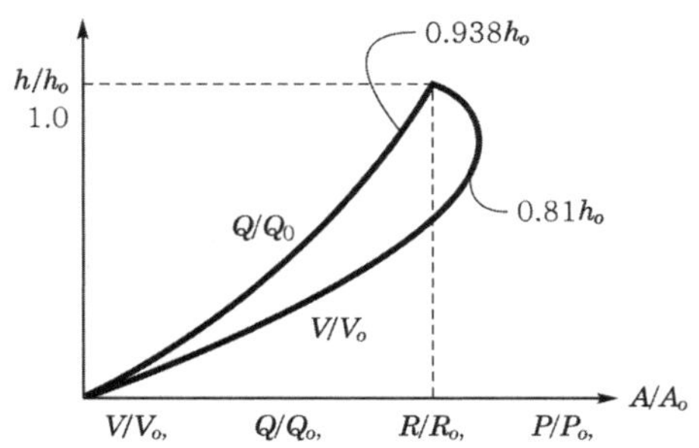

양 단면에서 임의의 수심 h와 만수 시의 수심 h_o의 비 h/h_o에 대한 V/V_o, Q/Q_o, R/R_o, P/P_o, A/A_o 등의 관계곡선을 수리특성곡선이라 한다.

3. 결론

상기 수리특성곡선에서 보는 바와 같이 V/V_o는 $0.81h_o$에서 최대가 되고, Q/Q_o는 $0.938h_o$에서 최대가 된다.

12 점성계수

1. 개요

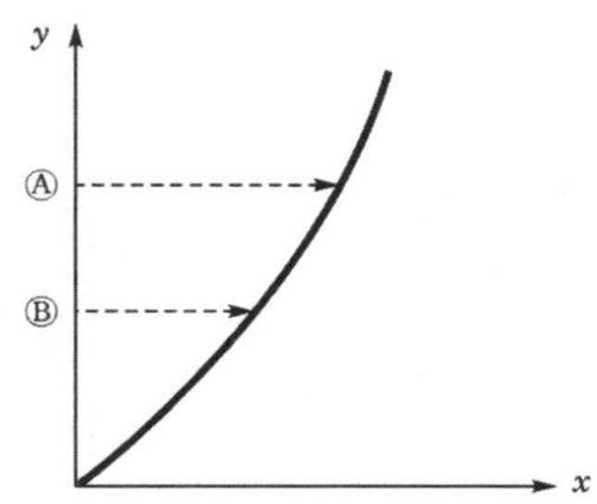

(1) 위 그림의 Ⓐ, Ⓑ 단면에서 유속을 V_A, V_B라 할 때 $V_A > V_B$이면

① Ⓐ 단면 유체는 Ⓑ 단면 유체를 감속

② Ⓑ 단면 유체는 Ⓐ 단면 유체를 가속시키려는 경향이 있다.

(2) 이와 같이 유체 내부에 상대 속도와 관련해서 일어나는 저항을 유체의 내부 마찰 저항이라고 하고, 저항 원인이 되는 성질을 점성이라 한다.

2. 점성계수

(1) 이와 같은 상대 속도에 의해 생기는 마찰력은 y축에 수직이 되는 면에 작용하는 전단력을 T로 하면 $T = \mu \dfrac{dx}{dy}(kg/h^2)$이며, μ를 점성계수라 한다.

(2) μ를 유체의 밀도 ρ로 나눈 값을 동점성계수, 즉 $r = \dfrac{M}{\rho}$이다.

3. 점성계수와 동점성계수 단위

(1) **점성계수(μ)** : $g.sec/cm^2$

(2) **동점성계수(r)** : $cm^2/sec \rightarrow$ Stokes

13 비력(比力)

1. 개요

비력이란 물의 단위중량당 정수압과 동수압을 합한 것을 말한다.

비력＝정수압＋동수압

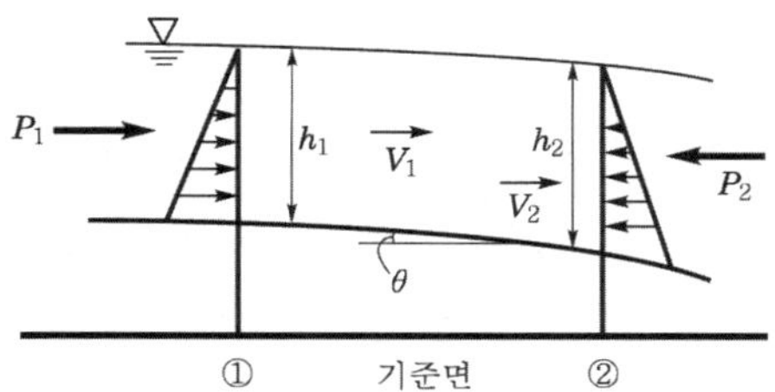

2. 비력 산출

(1) 위의 그림에서 단면 ①, ②의 구간이 짧고 θ가 작으면 역적－운동량 방정식은

$$P_1 - P_2 = \rho Q(V_2 - V_1) \quad\text{···}\ⓐ$$

여기서, ρ : 밀도 $= \dfrac{w}{g}$

$\quad\quad\quad Q$: 유량

$\quad\quad\quad V_1, V_2$: 유속

(2) P_1, P_2는 단면 ①, ②에서의 정수압으로

$$P_1 = whG \cdot A_1$$
$$P_2 = whG \cdot A_2$$

여기서, hG : 도심까지의 거리

(3) 따라서 식 ⓐ는

$$whG_1 A_1 - whG_2 A_2 = \frac{w}{g} Q(V_2 - V_1) \quad\text{···································}\ⓑ$$

양변을 w로 나누고 정리하면

$$hG \cdot A_1 + \frac{Q}{g} V_1 = hG_2 A_2 + \frac{Q}{g} V_2$$

즉, $hG \cdot A + \dfrac{Q}{g} V = \text{Const.}$ 여기서, $V = \dfrac{Q}{A}$이므로

$\therefore$ 비력 $M = hG \cdot A + \dfrac{Q^2}{gA} = \text{Const}$로서 비력이다.

(4) 비력은 개수로 흐름의 운동량으로 단위중량당 운동(동수 압력)과 정압력(정수 압력)을 합한 것이다.

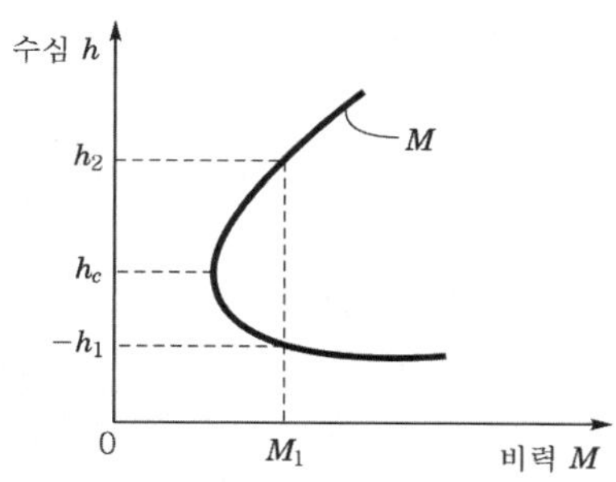

14 비(比)에너지

1. 개요

수로 바닥을 기준으로 한 단위 유수가 가진 흐름의 에너지를 말한다.

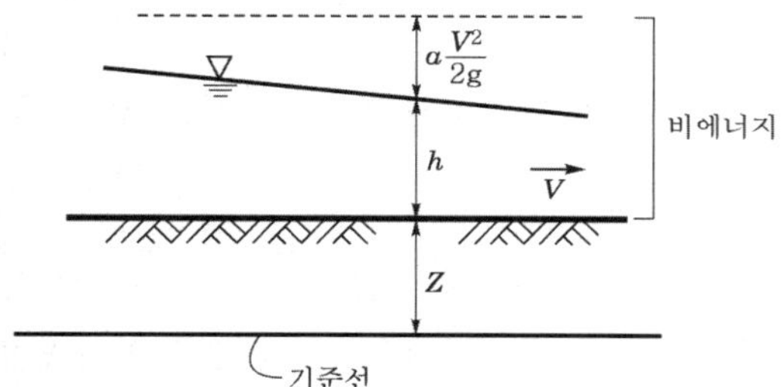

2. 비에너지 산출

위의 그림에서

$$H_e = h + \alpha\frac{V^2}{2g} \quad\text{ⓐ}$$

(1) 등류인 경우

$$V = \frac{Q}{A}$$

$$H_e = h + \alpha\frac{Q^2}{2gA^2} \quad\text{ⓑ}$$

(2) 유수 단면적 A는 $A = ah^n$으로 표시할 수 있으므로

$$H_e = h + \alpha \frac{Q^2}{2ga^2h^2} \quad \text{………………………………………………} ⓒ$$

여기서, H_e : 비에너지

　　　a, n : 상수

3. 유량이 일정할 때 He와 h와의 관계

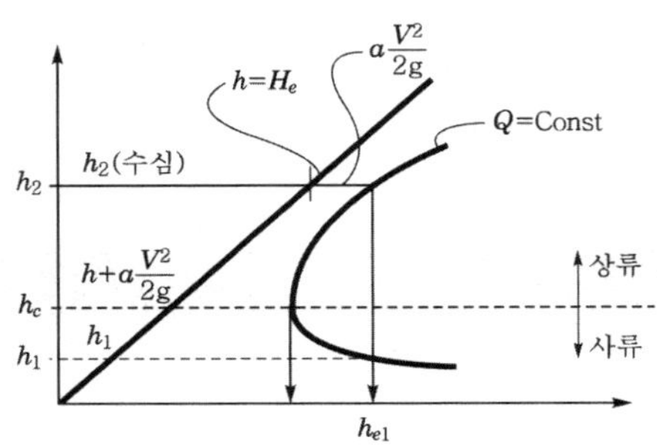

(1) $Q = \text{Const}$에 대한 곡선은 $h = H_e$인 직선과 H_e축에 점차 가까워진다.

(2) $Q = \text{Const}$ 곡선과 $h = H_e$인 직선과의 수평거리는 속도수두 $\left(\alpha\dfrac{V^2}{2g}\right)h = H_e$인 직선과 h축과의 수심(h)이다.

(3) 비에너지가 최소인 수심은 1개이며 이를 한계수심이라 하고, 이 수심을 기준으로 큰 수심은 상류, 작은 수심은 사류, 한계수심의 단면을 지배 단면이라 하고, 상류에서 사류로 바뀔 때 발생한다.

15 비에너지 곡선과 비력곡선 비교

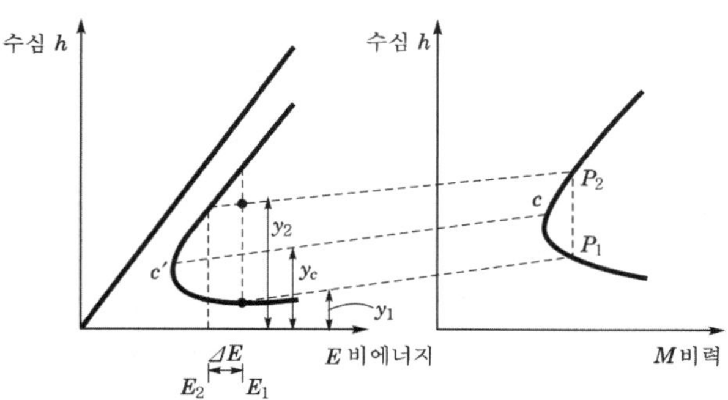

(1) 어떤 크기의 비에너지 E_1을 가지고 흐를 수 있는 수심은 y_1(사류), y_2(상류)의 2개의 수심이 있다.

(2) 어떤 크기의 비력 M_i를 가지고 흐를 수 있는 수심은 y_1, y_2 2개의 수심이 있다.

16 수평 직사각형 수로의 도수에 대한 기초적 특성

1. 개요

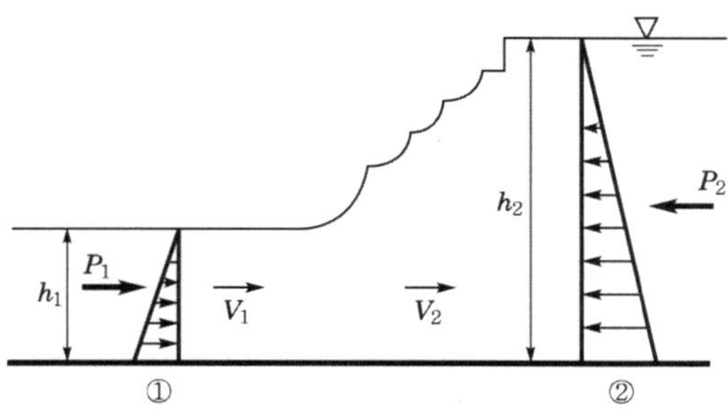

기초적 직사각형 수로의 특성

(1) 도수 전후의 수심

$$\frac{h_2}{h_1} = \frac{1}{2}\left(\sqrt{8F_r{}^2 + 1} - 1\right)$$

(2) 도수 전후의 에너지 손실

$$\Delta h = \frac{(h_2 - h_1)^3}{4h_1 h_2}$$

2. 도수 전후의 수심

(1) 위 그림의 ①, ② 단면에 역적·운동량 방정식을 적용하면,

$$h\,G_1 A_1 + \frac{Q^2}{gA_1} = h\,G_2 A_2 + \frac{Q^2}{gA_2} \quad \cdots\cdots\cdots\cdots\cdots\cdots\cdots\cdots\cdots\cdots\cdots\cdots\cdots\cdots \text{ⓐ}$$

여기서, $h\,G = \dfrac{h}{2}$, $A = Bh$

(2) $\dfrac{Bh_1^2}{2} + \dfrac{Q^2}{gBh_1} = \dfrac{Bh_2^2}{2} + \dfrac{Q^2}{gBh_2}$

$$\frac{Q^2}{gBh_1 h_2}(h_2 - h_1) = \frac{B}{2}(h_2{}^2 - h_1{}^2)$$

$$\frac{Q^2}{gBh_1 h_2} = \frac{B}{2}(h_2 - h_1) \quad \cdots\cdots\cdots\cdots\cdots\cdots\cdots\cdots\cdots\cdots\cdots\cdots \text{ⓑ}$$

여기서, $Q = Bg$ 이므로

$$\frac{g^2}{gh_1 h_2} = \frac{1}{2}(h_2 + h_1) \quad \cdots\cdots\cdots\cdots\cdots\cdots\cdots\cdots\cdots\cdots\cdots\cdots\cdots\cdots \text{ⓒ}$$

$g = h_1 v_1$ 이므로 정리하면,

$$\frac{v_1^2}{g} = \frac{h_1}{h_2} = \frac{1}{2}(h_2 + h_1)$$

$$\frac{v^2}{g} = \frac{1}{2} - \frac{h_2}{h_1}(h_2 + h_1)$$

$$\therefore \frac{v_1^2}{gh} = \frac{1}{2} \cdot \frac{h_2}{h_1}\left(\frac{h_2}{h_1} + 1\right) \quad \cdots\cdots\cdots\cdots\cdots\cdots\cdots\cdots\cdots\cdots \text{ⓓ}$$

식 ⓓ에서 $\dfrac{v_1^2}{gh_1} = F_r{}^2$, $\dfrac{h_2}{h_1} = x$ 라 하면,

$$2F_r{}^2 = x^2 + x$$

$$x = \frac{-b \pm \sqrt{b^2 - 4ac}}{2a} = \frac{-1 \pm \sqrt{1 - 8F_r{}^2}}{2}$$

$\dfrac{h_2}{h_1} > 0$ 이므로

$$\therefore \ \dfrac{h_2}{h_1} = \dfrac{1}{2}\left(\sqrt{8F_r^{\,2}+1}-1\right)$$

따라서 도수 전의 F_{r1}(Froude 수)과 도수 전의 수심 h_1이 주어지면 도수 후의 수심을 구할 수 있다.

3. 도수 전후의 에너지 손실 ΔH

위 그림의 ①, ② 단면의 차

$$\Delta H = \left(h_1 + \dfrac{v_1^{\,2}}{2g}\right) - \left(h_2 + \dfrac{v_2^{\,2}}{2g}\right) \ \cdots\cdots\cdots\cdots\cdots\cdots\cdots\cdots\cdots\cdots\cdots \ \text{ⓐ}$$

$$\Delta H = h_1 - h_2 + \dfrac{1}{2g}\left(v_1^{\,2} - v_2^{\,2}\right) \ \cdots\cdots\cdots\cdots\cdots\cdots\cdots\cdots\cdots\cdots\cdots \ \text{ⓑ}$$

식 ⓑ에서 $v = \dfrac{Q}{A}$, $A = Bh$ 이므로

$$\Delta H = (h_1 - h_2) + \dfrac{Q^2}{2gB^2}\left(\dfrac{1}{h_1^{\,2}} - \dfrac{1}{h_2^{\,2}}\right)$$

$Q = Bg$ 이므로

$$\Delta H = (h_1 - h_2) + \dfrac{q^2}{2g}\left(\dfrac{1}{h_1^{\,2}} - \dfrac{1}{h_2^{\,2}}\right)$$

$$\Delta H = \dfrac{q^2}{2gh_1^{\,2} \cdot h_2^{\,2}}(h_2^{\,2} - h_1^{\,2}) + (h_1 - h_2)$$

$$\Delta H = \dfrac{q^2}{gh_1 h_2} \cdot \dfrac{1}{2h_1 h_2}(h_2 - h_1)(h_2 + h_1) + (h_1 - h_2)$$

전 항 (2)의 식 ⓒ에서 $\dfrac{q^2}{gh_1 h_2} = \dfrac{1}{2}(h_2 + h_1)$ 이므로

$$\Delta H = \dfrac{1}{2}(h_2 + h_1)\dfrac{(h_2 - h_1)(h_2 + h_1)}{2h_1 h_2} + (h_1 - h_2)$$

$$= \dfrac{(h_2 - h_1)\{(h_1 + h_2)^2 - 4h_1 h_2\}}{4h_1 h_2} = \dfrac{(h_2 - h_1)^3}{4h_1 h_2}$$

즉, 도수로 인한 흐름 에너지의 손실은 도수 전후의 수심만 알면 구할 수 있다.

도수의 종류(F_r 수)

파상도수 : 1~1.7, **약**도수 : 1.7~2.5, **진**동도수 : 2.5~4.5, **정**상도수 : 4.5~9, **강**도수 : 9 이상

17 도수의 발생 위치와 하류 수위 조건

1. 월류형 Weir나 여수로 도수 형태의 종류

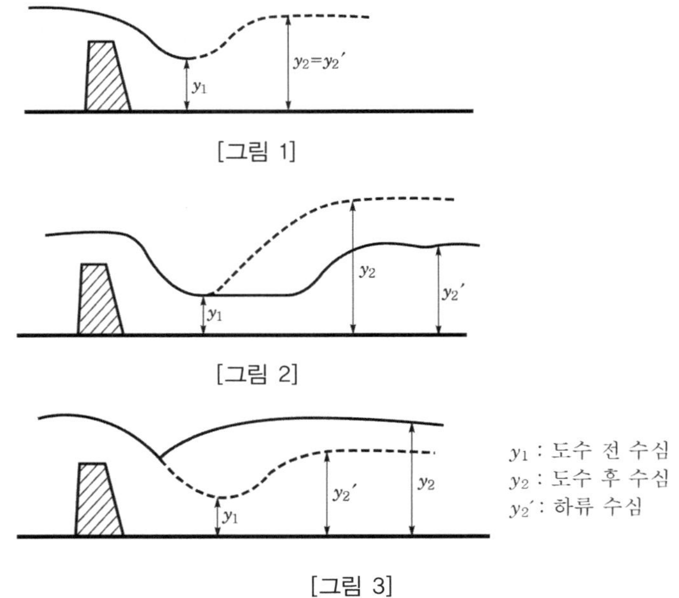

2. 도수 발생 위치와 하류 수위 조건

(1) [그림 1]의 경우

① 하류 수심 y_2'이 공액 수심 y_2와 같은 경우

② 도수는 여수로 종점부 수심 y_1에서 바로 시작되므로 감세 수로를 단축시킬 수 있는 경제적인 도수 형태이다.

(2) [그림 2]의 경우

① $y_2' < y_2$인 경우 도수는 종점부에서 상당히 떨어진 지점에서 발생

② 감세 수로가 길어져 비경제적이고, 감세 수로 내에 감세용 구조물을 설치하여 하류 수심을 크게 함으로써 감세 수로 길이를 단축시킬 수 있다.

(3) [그림 3]의 경우

하류 수심 y_2가 $y_2' > y_2$인 경우 도수는 여수로 하단보다 상류 방향으로 이동하여 잠수 상태에서 발생

3. 도수심과 유량과의 관계

도수 설계 시에는 도수심과 유량과의 관계를 감안해야 한다.

---

18 부등류 계산 시 주의사항(표준 축차 계산 시 주의사항)

1. 개요

부등류 계산 시에는 하도 상태, 구조물, 수류의 흐름을 고려하여 계산해야 한다. 주의사항으로는 지배 단면, 내삽 단면, 사수역 제거, 기타 하천 구조물 등을 고려해야 한다.

2. 지배 단면 발생 시

(1) 지배 단면 발생 지점

① 하구 수위가 낮은 지점
② 단면 급 확대부에서 수위가 낮은 경우
③ Weir, 낙차공 있을 경우
④ 퇴사 지역, 급경사 하류
⑤ 유량이 적은 경우

(2) 지배 단면 발생 시 수리 계산

① 천이부 발생 시 천이부 선정
② 하도 내 Weir, 낙차공이 있을 때, 이 지점에서의 한계수심을 구한다.
　㉠ 한계수심>상류일 때 흐름은 사류이므로 배수위 계산은 한계수심을 기점으로 실시한다.
　㉡ 한계수심<상류일 경우 하류에서부터 부등류를 계산한다.
③ 하구부 수위가 낮은 경우 한계수심이 발생하며, 급 하류부는 단락부 흐름, 상류는 M_2 곡선의 수면형이다. 하구부 수위>한계수심일 때 부등류 계산을 한다.

3. 내삽 단면 이용 지점

지배 단면이나 큰 에너지 발생 시 그 상류 수위 계산은 내삽 단면을 삽입하면 좋다.

4. 사수역 제거

(1) 흐름이 급 확대되는 곳에서 유선에 11°

(2) 급 축소되는 곳에서는 유선에 26° 정도 취하여 제거

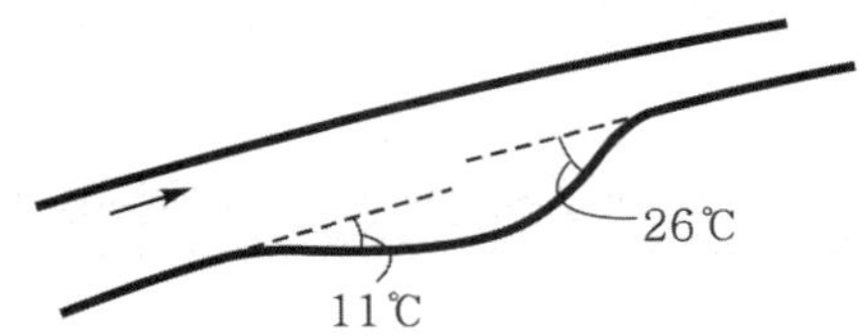

5. 결론

부등류 계산은 상기 주의사항을 고려하여 정도가 높은 수위 계산을 얻어야 하며, 합곡, 만곡, 교량, 분류 및 경험과 기술을 갖춘 자에게 판단하게 하여 오류를 범하지 않도록 해야 한다.

19 부등류 계산법(부등류 하천의 수면곡선 계산법)

1. 부등류 계산방법

① 도해법
② 직접 적분법
③ 축차 계산법
   ㉠ 직접 축차 계산법
   ㉡ 표준 축차 계산법

2. 도해법

도해 절차에 의한 계산방법

3. 직접 적분법

① Bress 배수곡선식 → 구형 단면 수로
② Tolk Mitt식 → 포물선형 수로
③ Back Meteff식 → 모든 단면 형태 적용
④ Monobe식 → 모든 단면 형태 적용
⑤ Chow식 → 모든 단면 형태 적용

4. 축차 계산법(Step by Step)

(1) 직접 축차법

각주식, 수로에 적용

(2) 표준 축차 계산법

① 불규칙 하천 수로에 적용

② 가장 널리 사용되는 방법

③ 표준 축차 계산 절차

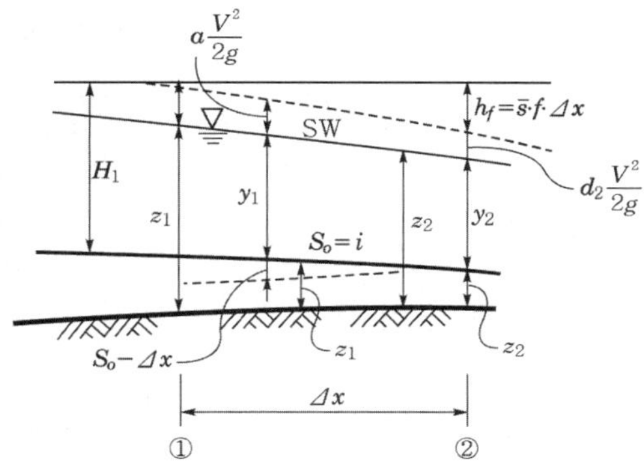

㉠ 기본식의 유도

• 위의 그림에서 ①, ② 단면의 수로 표고 z_1, z_2는

$$\left.\begin{array}{l} z_1 = z_2 + s_o\Delta x + y_1 \\ z_2 = z_2 + y_2 \end{array}\right\} \quad \text{ⓐ}$$

• ①, ② 단면에서 마찰손실수두 h_f는

$$h_f = \bar{s}f \cdot \Delta x = \frac{1}{2}(sf_1 + sf_2)\Delta x \quad \text{ⓑ}$$

• ①, ②의 단면의 에너지는

$$z_1 + \alpha_1\frac{v_1{}^2}{2g} = z_2 + \alpha_2\frac{v_2{}^2}{2g} + h_f + h_2 \quad \text{ⓒ}$$

• ①, ②의 단면에서의 Total 수두 H_1, H_2

$$\left.\begin{array}{l} H_1 = z_1 + \alpha_1\dfrac{v_1{}^2}{2g} \\[2ex] H_2 = z_2 + \alpha_2\dfrac{v_2{}^2}{2g} \end{array}\right\} \quad \text{ⓓ}$$

- 따라서 식 ⓓ를 식 ⓒ에 대입하고 h_e를 무시하면 ₩

$$H_1 = H_2 + h_f$$

$$H_1 = H_2 + sf_1 \cdot \Delta x \quad\text{ⓔ}$$

부등류의 기본식이다.

ⓛ 축차 계산법

- 상기 ①, ② 단면의 에너지를 갖게 하면

$$s_o \cdot \Delta x + y_1 + \alpha_1 \frac{v_1^{\ 2}}{2g} = y_2 + \alpha_2 \frac{v_2^{\ 2}}{2g} + \bar{s}f \cdot \Delta x \quad\text{ⓕ}$$

- 위 식에서 $\bar{s}f \cdot \Delta x$는 Manning 공식을 이용하면

$$h_f = \frac{1}{2}(sf_1 + sf_2)\Delta x = \frac{1}{2}\left(\frac{n_1^{\ 2}V_1^{\ 2}}{R_1^{\ 4/3}} + \frac{n_1^{\ 2}V_2^{\ 2}}{R_2^{\ 4/3}}\right)^2 \times \Delta x \quad\text{ⓖ}$$

ⓒ 식 ⓖ를 식 ⓕ에 대입하면,

$$Q = A \cdot V, \quad V = \frac{Q}{A} \text{이므로}$$

$$s_o \cdot \Delta x + y_1 + \alpha_1 \frac{v_1^{\ 2}}{2g} = y_2 + \alpha_2 \frac{v_2^{\ 2}}{2g} + \frac{1}{2}\left(\frac{n_1^{\ 2}v_1^{\ 2}}{R_1^{\ 4/3}} + \frac{n_2^{\ 2}v_2^{\ 2}}{R_2^{\ 4/3}}\right)\Delta x$$

$$s_o \cdot \Delta x + y_1 + \alpha_1 \frac{Q_1^{\ 2}}{2gA_1^{\ 2}} - \frac{1}{2}\frac{Q_1^{\ 2}}{R_1^{\ 4/3}A_1^{\ 2}} \cdot \Delta x$$

$$= y_2 + \alpha_2 \frac{Q_2^{\ 2}}{2gA_2^{\ 2}} + \frac{1}{2}\frac{Q_2^{\ 2}}{R_2^{\ 4/3}A_2^{\ 2}} \cdot \Delta x \quad\text{ⓗ}$$

식 ⓗ의 좌변을 ϕ_1, 우변을 ϕ_2라 놓으면

$$\phi_1 = \phi_2 \text{ (축차계산식)} \quad\text{ⓘ}$$

ⓔ 일반적 수리 계산은 ② 단면에서부터 ① 단면의 수심 h를 가정하여 시산법으로 $\phi_1 = \phi_2$가 될 때까지 h를 변화시키면서 계산을 실시한다.

ⓜ 흐름이 사류일 경우 : 상류에서 하류로, 흐름이 상류이면 하류에서 상류로 계산을 한다.

20 Slope−Area Method(수면경사−면적법에 의한 유량 산정)

1. 개요

수면경사−면적법(Slope−Area Method)에 의한 유량 산정 또는 흔적 수위에 의한 유량 계산법이라고 하며, 수면경사 면적 방법은 흔적 수위에 의한 점변류의 유량을 산정하는 방법이다.

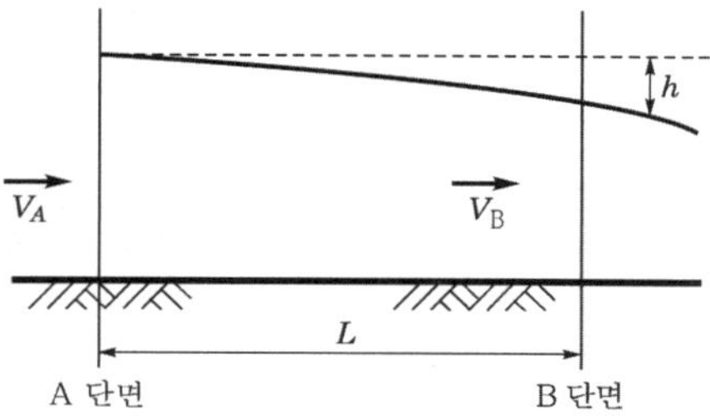

2. 유량의 계산

(1) 상기 단면 유량은

$$\left.\begin{array}{l} Q_A = \dfrac{1}{n}A_A R_A{}^{2/3} \cdot i^{1/2} \\[2mm] Q_B = \dfrac{1}{n}A_B R_B{}^{2/3} \cdot i^{1/2} \end{array}\right] \cdots\cdots\cdots\cdots\cdots\cdots\cdots\cdots\cdots\cdots ⓐ$$

(2) 위 식에서

$KA,\ KB$는 통수능으로부터

$$K = \frac{1}{n}AR^{2/3}$$

(3) $A,\ B$ 단면에서의 유량은 동일하므로

$$Q = K\sqrt{I} \cdots\cdots\cdots\cdots\cdots\cdots\cdots\cdots\cdots\cdots\cdots\cdots ⓑ$$

여기서, $K = \sqrt{KA - KB}$

$$s = \frac{F}{L} = \left\{ F + \alpha\left(d_A\frac{V_A{}^2}{2g} - d_B\frac{V_B{}^2}{2g} \right) \right\} \div L \cdots\cdots\cdots\cdots\cdots ⓒ$$

3. Slope-Area Method의 계산 절차

(1) 식 ⓒ에서는 V_A, V_B를 알 수 없어 속도수두를 구할 수 없기 때문에 계략치 F/L에서 에너지 경사를 구해 식 ⓑ로 유량을 구한다.

(2) 구해진 유량으로 V_A, V_B를 구해 식 ⓒ에 의거, 에너지 경사 s를 구하고, 다시 식 ⓑ로 유량 Q를 구해 첫 계산의 유량값과 비교하여 적정하면 계산 유량을 채택, 부적절하면 두 번째 유량을 가정하여 (1), (2) 방법을 반복 실시한다.

(3) 이 방법은 조도계수 n이 유량에 상당한 영향을 주므로 적용에 세심한 주의를 요한다.

21 수리학적 상사율과 수리학적 상사법칙

1. 개요

(1) 모형에서의 실험 결과를 원형에 적용시키기 위해 모형과 원형 사이에 수리학적 상사가 성립되어야 한다.

(2) **상사성의 종류**

① 기하학적 상사성

② 운동학적 상사성

③ 역학적 상사성

이 3가지 상사성이 성립되면 상사가 이루어졌다고 본다.

2. 상사법칙

(1) **기하학적 상사성**(Geometric Similarity)

① 흐름의 상태가 상사되는 것

② 각 경계의 대응점의 길이가 일정하면 상사가 성립

$$\text{즉,}\ \frac{L_m}{L_P} = \frac{V_m}{X_P} = \frac{Y_m}{Y_P} = R_r\,(\text{일정})$$

(2) **운동학적 상사성**(Kinematic Similarity)

① 유체의 운동에 관한 것

② 유체가 한 점에서 다른 한 점으로 이동하는 시간의 비가 같을 때 성립

$$\text{즉,}\ \frac{V_2}{V_p} = V_r,\ \frac{T_2}{T_p} = T_r\,(\text{유속, 시간})$$

(3) 역학적 상사성(Dynamic Similarity)

① 유체의 질량과 힘의 상사

② 기하학적 상사인 동시에 운동학적 상사

③ 유체의 각 대응점의 힘의 비가 같을 때 성립

$$즉, \ \frac{L_m}{L_r} = L_r, \ \frac{T_m}{T_P} = T_r, \ \frac{F_m}{F_P} = F_r \ (일정)$$

3. 특별 상사율

(1) Froude 상사율

자유 표면을 갖는 흐름에서 유체의 흐름이 중력의 지배를 받고 다른 인자는 무시할 수 있는 경우

(2) Reynolds 상사율

관수로의 흐름에서 점성력이 흐름을 지배하고 다른 힘들의 영향을 무시할 수 있는 경우

(3) Weber 상사율

표면장력이 흐름을 지배하는 경우

(4) Chauchy 상사율

기체의 탄성력이 흐름을 지배하는 경우

4. 수리학에서의 상사율

수리학에서의 상사는 Froude 상사율과 Reynolds 상사율이 많이 사용된다.

(1) Froude 상사율

① 시간비 : $T_r = \sqrt{L_r/g_r} = \sqrt{L_r}$

② 속도비 : $V_r = \dfrac{L_r}{T_r} = L_r / \sqrt{L_r/g_r} = L_r^{3/2}$

③ 유량비 : $Q_r = L_r^3 / T_r = L_r^3 / \sqrt{L_r/g_r} = L_r^{5/2} g_r^{1/2}$

④ 압력비 : $P_r = m_r / L_r T_r^2 = W_r L_r$

(2) Reynolds 상사율

① 시간비 : $T_r = L_r{}^2 \dfrac{\rho g}{\mu_r} = L_r{}^2 / V_r \left(V = \dfrac{\mu}{\rho} \right)$

② 속도비 : $V_r = L_r / T_r = L_r / L_r{}^2 / V_r = \dfrac{V_r}{L_r}$

③ 유량비 : $Q_r = L_r{}^3 / T_r = L_r{}^3 / L_r{}^2 / V_r$

④ 압력비 : $P_r = m_r / L_r T_r{}^2 = \rho_r \dfrac{V_r{}^2}{L_r{}^2}$

여기서, K : 환산계수

L_r : 수평 축척비

V_r : 수직 축척비

22 유사의 상사법칙

이동상 실험실에서 유사의 상사성을 만족시키기 위해 고려할 사항은 다음과 같다.

1. 유사의 상사성

(1) 현지 하천의 유사량을 기준치로 보고 모형의 유사량 환산치가 일치되게 한다.

(2) 적절한 모형사를 선정한다.

(3) 몇 가지 모형사로 기초 실험을 하여 모형사를 선정한다.

(4) **모형사에 의한 상사성 성립방법**

① 유량을 보정하는 방법
② 모형의 경사를 조정하는 방법

2. 이동상 실험에서의 모형 축척 시 고려사항

(1) 축척은 연직축과 수평 축척을 같게 하는 것이 좋다.

(2) 하천의 경우는 다른 식으로 경비를 줄일 수 있다.

(3) 하천의 모형 실험에서는 일반적으로 왜곡 모형을 사용하고, 모형사의 선정과 관련하여 유사량의 상사성을 만족시키도록 모형 축척을 결정해야 한다.

(4) 왜곡 모형 이동상 실험에서 유사의 상사성을 만족시키기 위한 유량 축척은

$$Q_r = KL_r Y_r^{\,2/3}$$

여기서, K : 환산계수

L_r : 수평 축척비

Y_r : 수직 축척비

23 수리모형 실험

1. π의 정리

(1) 어떤 현상의 물리량인 길이, 힘, 가속도, 점성계수 등이 n개가 있을 때, $A_1,\ A_2,\ \cdots,\ A_n$ 이라 하면 $f(A_1,\ A_2,\ \cdots,\ A_n)=0$으로 한다.

(2) n개의 물리량을 구성하는 1차량의 종류를 n개라 하면 $\phi(\pi_1,\ \pi_2,\ \pi_3,\ \cdots,\ \pi_{m-n})=0$

(3) n개의 물리량에서 m개의 1차량을 소거하여 차원(次元)이 없는 $(n-m)$개의 무차원적 (無次元積)을 만들 수 있다.

2. 수리모형과 상사법칙

수리학적 상사성은 모형에서 측정한 여러 가지 측정 결과를 원형에 적용할 때의 환산율을 규정하는 것이다.

(1) **기하학적** : 길이의 비가 같을 때

(2) **운동학적** : 운동이 상사이고 속도비가 같을 때

(3) **동역학적** : 질량, 힘의 비가 같을 때

3. 뉴튼의 상사성에 대한 법칙

원형과 모형에서 2개의 동역학적 상사 운동에 있어 대응하는 질량 m_n 및 m_p는 가속도 $Q_n,\ Q_p$를 받아

$$F_r = \rho(L_r)^3 \frac{L_r}{(T_r)^2} = \rho_r\, A_r\, (V_r)^2$$

으로 쓸 수 있으며, 운동을 일으키는 힘의 비는 관성력의 비와 같아야 하므로 $F_r = \phi(L_r \cdot T_r)$ 로 쓸 수 있다. 따라서 2개의 방정식으로부터 시간과 길이의 비관계식 $T_r = \phi(L_r)$을 얻을 수 있으며, 이를 특별 모형 법칙 또는 특별 상사율이라 한다.

(1) Froude 법칙

(2) Reynolds 법칙

(3) Weber 법칙

(4) Chezy 법칙

24 조도계수에 영향을 주는 요소와 일반 하천에서 조도계수 결정 시 고려사항

1. 조도계수에 영향을 주는 인자

(1) **표면 조도** : 윤변을 구성하는 입자, 형태

(2) **식물** : 식물 분포, 종류, 크기

(3) **수로의 불규칙** : 윤변 불규칙 모양

(4) **수로의 선형** : 완만, 곡선

(5) **세굴 및 침전** : 세굴과 침전 시 영향

(6) **수로의 크기와 형태** : 연장, 폭, 하상구배

(7) **장애물** : 수로 내 장애물

(8) **수심, 유량** : 수심 증가 시 조도 감소, 수심 감소 시 조도 증가

(9) **부유물질** : 부유, 소류물질에 따라

(10) **계절적 변화** : 계절적으로 식생 생태

2. 조도계수 결정 시 고려사항

(1) 영향 인자

(2) 대표 조도값을 참고

(3) 대표 하천의 형태 참고

(4) 실측 흔적 수위가 있을 때에는 조도계수 역산법으로

25 조도계수 역산법

1. 흔적 수위를 이용한 조도계수 역산법의 종류

(1) 등류계산에 의한 역산방법

(2) 부등류 계산에 의한 역산방법

(3) 부정류 계산에 의한 역산방법

(4) 하상 재료를 사용하는 방법

2. 등류계산에 의한 방법

흔적 수위가 적거나 하도의 종, 횡단면 변화가 적은 장소

$$n = (R^{2/3}\sqrt{\Delta H/\Delta x})/V$$

여기서, R : 경심, $\Delta H/\Delta x$: 수위 차, $V =$ 평균 유속

3. 부등류 계산에 의한 방법

(1) 유량 변화가 없고 단면 변화가 큰 구간

$$n^2 = 2\left\{\left(H_2 + \frac{V_2{}^2}{2g}\right) - \left(H_1 + \frac{V_1{}^2}{2g}\right)\right\} \Big/ \left\{\left(\frac{V_1{}^2}{R_1{}^{4/3}} + \frac{V_2{}^2}{R_2{}^{4/3}}\right) \cdot \Delta x\right\}$$

(2) 하류 단면에서 상류까지 일관하여 계산할 경우

① 사용식 : 표준 축차 계산법

② 계산 간격 : 150~200m

③ 계산법 : 단단면, 복단면 계산법으로

④ 유량 자료 : 기왕의 $H - Q$ 곡선에서의 측정치

⑤ 횡단면 : 홍수 후의 실측 단면 이용

⑥ 조도계수 결정 : 기왕의 수위와 계산 수위의 분산이 가장 적은 n값을 택한다.

4. 부정류 계산에 의한 법

비교적 실측 자료가 정비되어 있는 구간에서 시간별 홍수 규모별 조도계수를 역산할 때 사용한다.

5. 하상 재료를 이용한 방법

수리 자료가 적은 하천에서 하상 재료에 의거하여 산출한 유사 하천과 비교한다.

26 층류와 난류의 정의

1. 개요

(1) 층류

① 직각 방향의 흐름 선분은 없고 층상으로 흐른다.

② 흐름에 있어서 층류와 난류의 구분은 Reynolds 수의 크기에 따라 구분한다.

(2) 난류

액체 입자가 층을 이루지 않고 흐트러져 흐르는 흐름

2. 레이놀즈 수(Reynolds)

(1) 공식 : $R_e = \dfrac{VD}{\gamma}$

여기서, γ : 유체의 동점성계수 $\left(\dfrac{\mu}{\rho}\right)$

V : 평균 유속

D : 관의 지름

(2) $R_e >$ 한계 R_e 일 때 → 난류

$R_e <$ 한계 R_e 일 때 → 층류

한계 R_e : 관수로 2,000, 개수로 500을 기준으로 한다.

27 하도의 조도계수 결정방법

1. 개요

하도의 조도계수 결정은 흔적 수위를 사용한 역산법과 경험 공식에 의한 경우가 있다.

2. 흔적 수위를 사용한 조도계수 역산법

(1) 흔적 수위 측정

(2) 역산방법의 선정

역산방법의 선정은 자료의 종류, 정도, 하도 간격 등에 따라 선정하며, 그 방법 및 종류는 다음과 같다.

① 등류 계산에 의한 조도계수 역산

$$n = \frac{1}{V} R^{2/3} \left(\sqrt{\Delta H / \Delta x} \right)$$

② 부등류 계산에 의한 조도계수의 역산

$$n^2 = 2 \left\{ \left(H_2 + \frac{V_2{}^2}{2g} \right) - \left(H_1 + \frac{V_1{}^2}{2g} \right) \right\} \bigg/ \left\{ \left(\frac{V_1{}^2}{R_1{}^{4/3}} + \frac{V_2{}^2}{R_2{}^{4/3}} \right) \cdot \Delta x \right\}$$

　　㉠ 표준 축차 계산법에 의한 조도계수 역산

　　㉡ 하천의 하류에서 상류까지 일관하며 조도계수를 구할 경우

　　㉢ 조도계수가 일정하다고 생각되는 비교적 장거리 구간의 하도에서 축차법으로 조
　　　도계수를 역산할 수 있으며, 이때 부등류 계산은 표준 축차 계산법을 사용한다.

③ 부정류 계산에 의한 역산법

④ 하상 재료에 의한 방법

3. 경험 공식에 의한 조도계수 결정

(1) Manning 공식에서 조도계수에 영향을 주는 요소

① 표면 조도

② 수로의 부정 상태

③ 수로의 법선

④ 수로상의 장애물

⑤ 수로의 크기, 형상

⑥ 부유 물질과 소류 물질의 양

⑦ 계절적인 변화 등

(2) 특성

① **표면 조도** : 수로의 윤변 상태의 토사(세립토는 n이 작고, 조립토는 n이 크다.)

② **식물** : 식물의 높이, 밀생 상태, 분포

③ **수로의 부정** : 수로의 불규칙, 수로의 요철

④ **수로 법선** : 곡률 반경, 완만한 만곡부

⑤ **장애물** : 장애물의 크기, 형상, 수량

⑥ **수로의 크기, 형상** : 형상과 크기

⑦ **수위 및 유량** : 유량 증가 시 n 감소

⑧ **부유 물질, 소류물**에 따라 증감

4. 결론

이상 수로의 형성, 상태, 유지관리 상태에 따라 상이하므로 관련 조건 연구 평가가 필요하며, 그때그때 상황에 맞게 n값을 적절히 증가시킬 필요가 있다.

28 점변류 수면곡선형의 경사 영역의 분류

1. 개요

점변류의 수면곡선은 수로 경사에 따라 5개로 구분되고 수로상의 등류 수심선과 한계수심선에 의해 흐름의 영역은 3개로 구분된다.

2. 수로 경사에 의한 구분

(1) 수평경사

(2) 완경사

(3) 한계경사

(4) 급경사

(5) 역경사

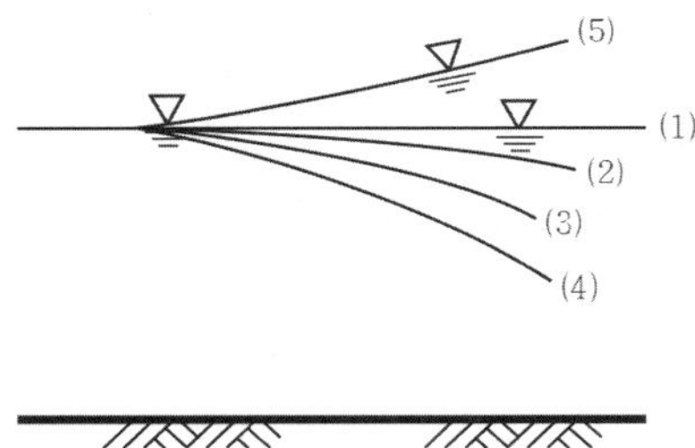

3. 등류수심선과 한계수심선에 의한 영역 구분

(1) 제1영역

① $y > y_n,\ y > y_e$

② 등류, 한계수심선보다 수심이 큰 영역

(2) 제2영역

① $y_n > y > y_c,\ y_c > y \geqq y_n$

② 등류수심과 한계수심선 사이의 영역

(3) 제3영역

① $y < y_n$, $y < y_c$

② 등류 한계수심이 작은 영역

기타 자연계에서 발생하는 점변류의 수면곡선형은 15가지가 된다.

4. 점변류의 수면곡선 분류

구분	제1영역 $y > y_n$ $y < y_c$	제2영역 $y_n \geq y > y_c$ $y_c \geq y \geq y_n$	제3영역 $y < y_n$ $y < y_c$
수평경사	H_1	H_2	H_3
완경사	M_1	M_2	M_3
한계경사	C_1	C_2	C_3
급경사	S_1	S_2	S_3
역경사	Nome A_1	A_2	A_3

5. 수면곡선의 특성

(1) M 곡선($S_o < S_c$, $y_n > y_c$)

① M_1 곡선 : 댐, 웨어, 수문 같은 하천구조물이나 만곡 등으로 완경사 수로 내의 점변류 수심이 등류 수심보다 크면서 배수곡선을 그릴 때 나타난다.

② M_2 곡선 : 수로의 단락, 급격한 확대나 수심이 작아질 때

③ M_3 곡선 : 수로 경사가 급경사에서 완경사로 급변할 시나 수문 출구부 직하류에 발생하는 것으로 도수 현상을 수반한다.

(2) S 곡선($S_o < S_c$, $y_n < y_c$)

① S_1 곡선 : 상류에서 사류 시 댐, 수문에 의해 발생

② S_2 곡선 : 완경사에서 급경사 시 짧은 구간에서 발생

③ S_3 곡선 : 급경사가 완만해질 때나 수문 설치로 수심이 등류 수심보다 작을 때 발생

(3) C 곡선($S_o = S_e$, $y_n = y_e$)

M, S 곡선 간의 변이를 대표하는 곡선으로 C_1, C_2, C_3 곡선이 있다.

(4) H 곡선($S_o = 0$, $y_n = \infty$)

① H 곡선은 수평 수로상에 발생

② H_1은 존재하지 않고, H_2, H_3 곡선은 M_2, M_3 곡선과 유사하다.

(5) A 곡선($S_o < 0$, y_n : 존재하지 않음)

역경사는 흔하지 않고 A_2, A_3 곡선만 존재하며, H_2, H_3 곡선과 거의 비슷하다.

29 수격작용(Water Hammering) 또는 수충작용

1. 개요

관로상의 조절 밸브를 갑자기 폐쇄하거나 펌프를 정지시켰을 때 관로 내 유량은 크게 변화하게 되며, 관내의 물질과 운동량 때문에 관벽에 큰 힘을 가하게 되어 정상적인 동수압보다 큰 압력이 상승하는 현상을 수격작용이라 한다.

2. 전파 속도

(1) 상기와 같은 과부하 시 관내의 압력이 급상승, 강하 시 엄청난 속도로(약 1,000m/sec)
로 전파한다. 이때,

(2) 전파 속도 V_c는

$$V_c = V_p / \sqrt{1 + \frac{D \cdot K}{T \cdot E}}$$

여기서, V_p : 음파 속도(1,400m/sec)

K : 물의 탄성계수

T : 철판 두께(cm)

E : 철판의 탄성계수

D : 관경(cm)

3. 수격작용의 완화방법

(1) 종류

① 파속 감소방법

② Air Chamber

③ 조압수조(Surge Tank)

④ 밸브에 의한 방법

(2) 파속 감소에 의한 방법

① 액체의 압축성

② 관내 기체량

③ 관벽 재료의 탄성과 관의 저항

(3) Air Chamber에 의한 방법

① 관내 공기, 물, 방 설치, 즉 Chamber의 설치

② 펌프 배출구나 직하류 또는 기타 수격작용이 예상되는 곳에 널리 사용한다.

(4) 조압수조(Surge Tank)방법

① 관에 연결된 위가 열린 수조로 압력파를 상쇄시키는 장치

② 고압을 제거하거나 감소시키는 수단

③ 조압수조의 종류

㉠ 단동 조압수조

㉡ 제수공 수조

ⓒ 차동 수조

ⓔ 수실 수조

(5) 밸브에 의한 방법

① 종류

ⓐ 안전 밸브

ⓑ 압력 완화 밸브

ⓒ 압력조절 밸브

ⓔ 공기 흡입 밸브

ⓜ 체크 밸브

30 조압수조(Surge Tank)

1. 개요

관로 내에서 밸브가 급격히 폐쇄될 때 관로 내에 높은 압력이 유발, 관의 파괴에 대비하여 고압관의 설치가 필요하지만 비경제적이므로 이를 대비하기 위해 고압을 감소 내지 제거하는 수단으로 압축된 흐름을 수로 내로 유입시키고, 수조 내에서 진동시켜(surging) 관로 파괴를 방지하기 위한 수조를 조압수조라 한다.

2. 조압수조의 기능

(1) 관로 내 압력을 경감시킨다.

(2) 압력 터널 내의 물을 가속, 감소하여 새로운 부하의 유량에 이르러 평형을 이루게 된다.

3. 조압수조의 종류 및 특징

(1) 종류

① 단동 조압수조

② 제수공 조압수조

③ 차동 조압수조

④ 수실 조압수조

(2) 특성

① 단동 조압수조

㉠ 단면이 큰 1개의 관

㉡ 수로 설치상 간편

② 제수공 조압수조

㉠ Tank 저부에 Orifice가 있어 이것을 통해 압력 수조와 연결한다.

㉡ 단동 수조에 비해 용적이 작아진다.

㉢ Surging이 속히 감쇄된다.

③ 차동 조압수조

㉠ 압력 수조 내에 압력 수로와 동등한 관을 세워 만든 구조이다.

㉡ 단동, 제수공 조합에 비해 개량형이다.

④ 수실 조압수조

㉠ 비교적 가는 관과 이것에 연결되는 상하부 수실로 이루어진 수조이다.

㉡ 차동과 비슷한 성능을 가지며, 상실은 잉여 수량, 하실은 부족 수량 보급을 담당한다.

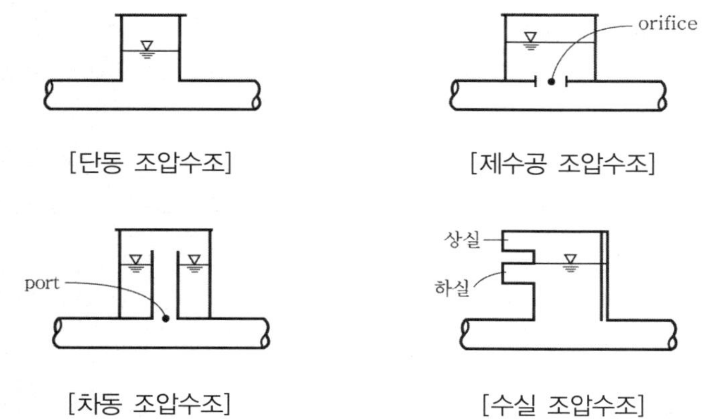

31 수리상 유리한 단면과 산정방법

1. 개요

(1) 일정한 단면에 가장 많은 유량이 흐르는 수로 단면을 수리상 유리한 단면이라 한다.

(2) 이는 경심(R)이 최대이거나 윤변(P)이 최소가 되어야 한다.

2. 구형 단면에서 검토

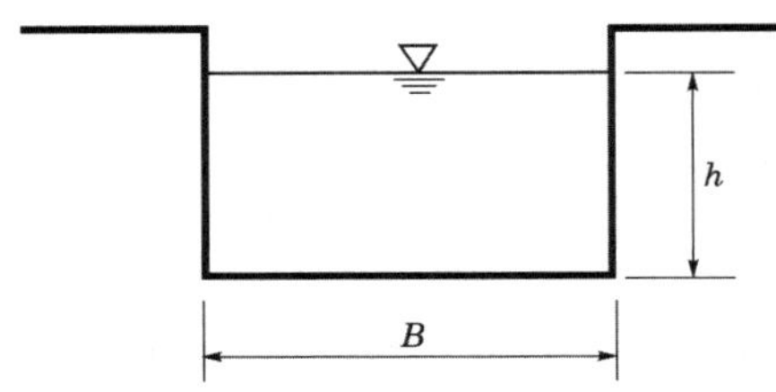

(1) 단면 산정

① 단면적 : $A = Bh$

② 윤변 : $P = 2h + B$

③ 경심 : $R = A/P = \dfrac{Bh}{(B+2h)}$

(2) 최대 유량 조건 검토

① 주어진 단면과 수로 경사에서 윤변 P가 최소가 되어야 한다.

② $P = 2h + B = 2h + \dfrac{A}{h}$

h에 대하여 미분하면

$$\frac{\alpha P}{\alpha h} = \frac{\alpha}{\alpha h}\left(2h + \frac{A}{h}\right) = 0$$

$$z + (-1)A\frac{1}{h^2} = 0 \ (A : 일정)$$

$$z = \frac{A}{h^2} = 0$$

$$z = \frac{Bh}{h^2} = 0, \ \ z - \frac{B}{h} = 0$$

$$\frac{B}{h} = 2 \quad \therefore \ h = \frac{B}{2} \ 이다.$$

3. 제형 단면에서 유리한 단면 검토

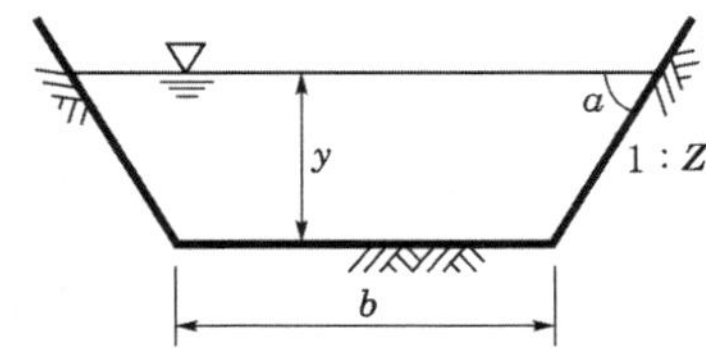

(1) 단면 산정

① 단면적 : $A = by + zy^2$

② 윤변

$$p = b + 2y\sqrt{1+z^2} \quad \therefore \ b = p - 2y\sqrt{1+z^2}$$

$$A = (p - 2y\sqrt{1+z^2})y + zy^2$$

A는 일정하므로

③ z는 상수로 보고 y에 대해 미분하면

$$\frac{dA}{dy} = 0 = \left(\frac{dp}{dy} - 2\sqrt{1+z^2}\right)y + (p - 2y\sqrt{1+z^2}) + 2zy$$

여기서 p가 최소가 되기 위해서는 $\dfrac{dp}{dy} = 0$이 되어야 하므로

$p = 4y\sqrt{1+z^2} - 2zy$에서 p를 최소로 하는 z는

$$\frac{dp}{dz} = \frac{4zy}{\sqrt{1+z^2}} - 2y = 0$$

$$\therefore \ z = \frac{1}{\sqrt{3}} \ \ (즉, \ x = 60°)$$

$$\therefore \ p = 2\sqrt{3}\,y, \ \ b = \frac{2\sqrt{3}}{3}y$$

$A = \sqrt{3}\,y^2$이 된다.

32 침식성 수로의 안정설계

1. 개요

침식성 수로는 유수에 의해 수로가 세굴, 퇴적으로 유지되지 않을 경우 유지될 수 있도록 수리학적 조건으로 설계함을 의미한다. 설계방법에는 다음과 같은 것들이 있다.

(1) 최대 허용 유속법

(2) 허용 소류력법

(3) 평형 수로 개념 도입법

2. 최대 허용 유속법

(1) 수로 입자를 침식시키지 않을 정도의 최대 유속으로, 이는 수중식물 번식 방지를 위한 허용의 소유 속도를 고려해야 한다.

(2) **최대 허용 유속법은**

① 허용 최대 유속이 주어지면 $A = \dfrac{Q}{V}$ 에서 A 를 결정

② Manning 식에서 $R = \left(\dfrac{nv}{s_o^{1/2}} \right)^{3/2}$

③ A 와 R 은 수로 폭 T 와 y 의 함수이므로 수로 단면을 결정할 수 있다.

3. 허용 소류력법

(1) 수로 단면에 작용하는 최대 소류력이 허용 소류력 내에 들도록 수로 단면을 결정하는 방법

(2) **적용 절차**

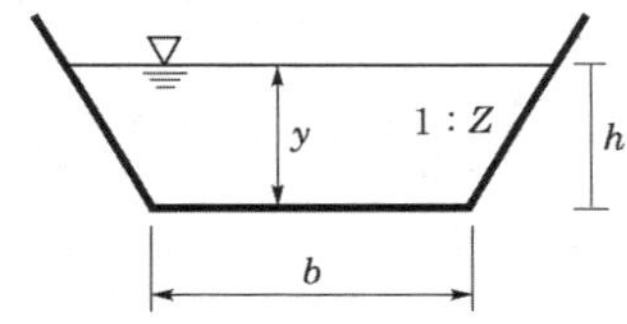

① 주어진 z 값과 b/y 로 최대 소류력을 산정
② 바닥의 소류력을 구하고 소류력 비를 이용하여 사면 소류력을 구한다.
③ ①, ② 소류력을 같게 놓고 가정한 b/y 값을 사용하여 b 를 계산한다.
④ ③에서 결정된 단면으로 설계 유량을 유송 검토
⑤ 결과 부족 시 ①~③ 반복
⑥ 안전 설계를 위해 10% 내외의 안전계수를 주어 최종 단면을 결정한다.

(3) **소류력** : 유수가 수로의 윤변에 작용하는 마찰력

① **사면** : $0.75 wys_o$

② **바닥** : $0.97 wys_o$

(4) **한계 소류력** : 하상 토사가 움직이기 시작할 때의 소류력

4. 평형 수로 개념에 의한 방법

(1) 수로나 하천이 장기간에 걸쳐 국부적인 세굴과 퇴적을 거친 후 종국에는 그 경사와 단면의 크기 및 형상이 일정해진 상태를 말한다.

(2) **평행 수로 설계 공식**

① Kanedy 공식

② Blench 방법

③ Lacey 방법

④ Simons-Albertson 방법 등이 있다.

5. 결론

수로의 안정설계의 종류와 개념을 정리하고, 세굴, 침식을 고려해 설계해야 한다.

33 계획 홍수량 결정 시 고려사항

1. 개요

계획 홍수량이란 홍수조절, 계획에 있어 기본 홍수를 합리적으로 홍수조절 댐 등에 배분하고, 각 지점의 하도, 조절 댐 등의 계획에서 기준이 되는 홍수량을 말한다.

2. 고려사항

(1) 댐, 유수지 등 각종 시설물의 기술적, 사회적 환경보전 견지에서 검토

(2) 하도 : 하도의 개수, 첩수로, 방수로, 파천, 분류에 대한 검토

(3) 개발 계획 : 현재, 장래 개발 계획, 타 사업과의 제반 문제 검토

(4) 초과 홍수에 대한 검토

(5) 사업 실시 각 단계 검토

(6) 개수 후 유지 관리의 난이에 대한 검토

34 수면경사 단면적법

1. 개요

(1) 홍수 시 유량측정이 어려운 경우 흔적수위를 이용한 간접유량 계산방법이다.

(2) 흐름을 등류로 가정하여 에너지 보정방정식을 이용한다. 유속의 보정을 통해 유량을 추정한다.

(3) 배수영향이 있는 곳은 적용할 수 없다.

흔적수위 → 등류가정 → 에너지 보정방정식 이용 → 유속보정 ⇒ 유량추정

2. 유량 측정방법

구분	특징
1. 유속계 이용법	① 평수 시, 저수 시에 주로 이용 ② 유속계에 의한 유속 수심 측정 ③ $Q = AV$이므로 평균단면적법, 중간단면적법 등으로 면적에 따른 세부 방법이 있음.
2. 봉부자 이용법	① 홍수 시 유속측정이 어려운 경우 적용 ② 흘수를 확보한 봉부자를 투하해 일정 구간의 시간 측정 ③ 단면적은 횡단측량성과 이용
3. 수면경사 단면적법	① 이론적 계산에 의한 간접유량 계산방법 ② $S_w \neq S_f$이나 $S_w = S_f$(수면경사＝에너지경사)로 가정해(등류로 가정) 유속을 보정하여 S_f값을 추정하는 방법

3. 계산방법

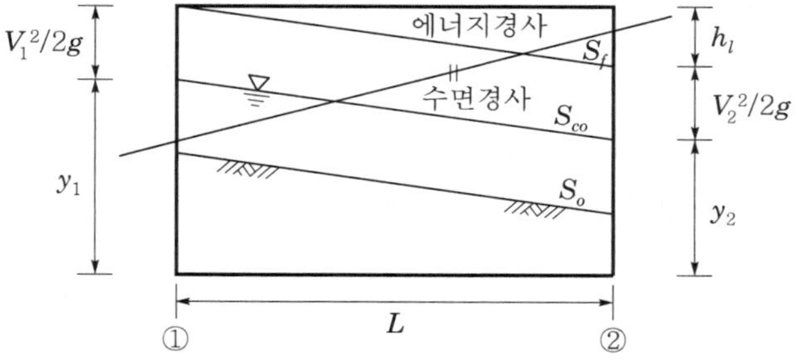

(1) 홍수 시 흔적을 알고 있는 ①, ②에서 에너지방정식 적용

$$y_1 + \alpha_1\left(V_1^2/2g\right) = y_2 + \alpha_2\left(V_2^2/2g\right) + h_l \cdots\cdots\cdots ⓐ$$

(2) $S_w = S_f$로 가정(등류로 가정) $h_l = y_2 - y_1$이므로 $\alpha_1\left(V_1{}^2/2g\right) - \alpha_2\left(V_2{}^2/2g\right) = 0$이다.

$$\therefore\ S_f = h_L/L \quad \text{...} \quad \text{ⓑ}$$

(3) 흔적수위를 이용한 단면별 통수능 계산이 가능하므로

$$Q = A \cdot \frac{1}{n} R^{\frac{2}{3}} \cdot S_f^{\frac{1}{2}} = K \cdot S_f^{\frac{1}{2}}$$

$$= \sqrt{K_1 K_2}\, S^{\frac{1}{2}} \,(K:\ \text{통수능}) = \sqrt{K_1 K_2}\, S^{\frac{1}{2}} \quad \text{.........................} \quad \text{ⓒ}$$

(4) $Q = A_1 V_1 = A_2 V_2$에서 V_1, V_2 계산

(5) 계산된 V_1, V_2 → ⓐ에 대입하여 h_ℓ과 S_f를 재계산

(6) ⓑ식에서 S_f와 일치될 때가지 시행착오법(Trial and Error Method)으로 계산

(7) ⓒ식에서 최종 유량 계산

4. 적용 시 유의점

(1) 흔적수의 정확도 확보(홍수 직후 신속하게 조사)

(2) 조도계수가 변하므로 홍수단면의 정확한 조도계수 추정

(3) 되도록 단면변화가 적고 직선구간에 적용

(4) 횡단면은 3개 이상 선정 → 충분한 계산 필요

(5) 등류가정 $\left(\dfrac{d_y}{d_x} = 0\right)$이므로 배수위구간에는 적용 불가

5. 결론

(1) 수면경사 단면적법은 간접유량계산법으로 홍수 시 측정성과의 검증, 유량의 추정 시 주로 적용된다.

(2) 이론상 한계점이 있어서 흔적수위의 신뢰도, 조도계수의 정확도가 필요하다.

(3) 무엇보다 기초수문자료의 양적, 질적 향상이 중요하며, 지속적인 투자를 통한 수문관 측시설의 확충이 필요하다.

(4) 최근에는 ADP, 초음파유속계 등 홍수 시 측정장비가 발달되어 수면경사 단면적법의 적용사례가 줄어드는 추세이다.

35 수리모형실험의 필요성

1. 수리모형실험의 정의

(1) 원형 성능을 파악하기 위해 원형을 축소하거나 확대시켜 만든 모형에 실험을 실시한다. 이를 통해 각종 현상을 관찰한다.

(2) 구분 : 유체, 기초실험, 비교실험, 원형설계

(3) 대상 : 관수로, 개수로(고정상, 이동상), 수공구조물, 수력기계 등

2. 필요성

(1) 수치해석방법으로 분석이 어려운 경우의 대안으로 실물에서 일어날 수 있는 현상을 재현한다.

(2) 수리구조물 계획, 설계 시 수리학적 기능을 충분히 파악한다. 합리적인 계획, 설계를 통해 가장 안전하고 경제적인 구조물의 설계가 가능하다.

(3) 흐름을 지배하는 힘을 고려한 상사법칙으로, 모형실험결과를 분석하면 원형에서 흐름 거동을 예견

(4) 수리모형실험에서 모형(Model)과 원형(Prototype)은 수리학적 거동의 유사성이 보장되어야 한다.

3. 장점

(1) 원형의 복잡한 경계조건을 비교적 단순하게 적용이 가능하다.

(2) 각종 상황을 비교검토할 수 있다.

(3) 여러 가지 축척의 선택이 가능하다.

(4) 직접 육안으로 관찰하여 공학적인 이해가 쉽다.

(5) 시공낭비를 방지할 수 있다.

4. 한계성

(1) **수리모형 규모 한계**

① 상한선 : 실험실 크기

② 하한선 : 상사조건

(2) 유체 점성 및 표면장력은 실제 흐름과 다를 수 있다.

예 : 모형웨어 수두 최소 6mm 이상 → 표면장력에는 영향이 없다.

5. 결론

① 수리모형실험이 모든 수리현상에 대한 해답을 제공하는 것이 아니므로 수리학적 이론에 대한 깊은 이해가 전제되어야 하며, 수치모형과 비교검토할 필요가 있다.

② 고정상 수리모형의 경우 Froude 법칙이 성립되도록 맞추는 Model Calibration이 필요하다.

③ 이동상 수로의 경우 정상적인 상사성을 얻을 수 없으므로 모형실험 전에 현장 실측을 실시한다.

④ 현장에서 얻은 현상을 모형에서 재현함으로써 원형과 모형의 수리학적 상사를 확인한다.

36 수리학적 완전상사

1. 개요

(1) 자연의 수리현상은 관찰, 모의실험에 의해 해석한다.

(2) 수치모의의 한계를 보완하고, 원형의 합리적 설계를 위해 수리모형실험을 실시한다.

(3) 수리모형실험은 모형과 원형의 수리학적 거동의 유사성이 보장되어야 한다. 이를 수리학적 상사라 한다.

2. 수리학적 상사

(1) 분류

구분	특징
1. 기하학적 상사 (Geometric) 모양	• 원형과 모형에서 모양(Shape, Form)의 유사성이 성립 • 대응 길이의 축척이 일정하게 유지될 때 성립 • $L_r = L_p/L_n$
2. 운동학적 상사 (Kinematic) 운동	• 원형과 모형의 운동의 유사성이 성립 • 주요 물리량 : 속도, 가속도, 유량, 각변위, 각속도 등 • $V_r = L_r/T_r$
3. 동역학적 상사 (Dynamic) 힘	• 원형과 모형에서 작용하는 힘의 비가 일정하고 작용방향이 같은 경우 성립 • 주요 물리량 : 일(W), 동력(P), 힘(F) • $P_r = W_r/T_r = F_r \cdot L_r/T_r = P_r L_r^5 T_r^{-3}$

(2) 동역학적 상사 조건은 힘의 비가 일정해야 하므로 $F_r = M_r \cdot a_r = P_r L_r{}^4 T_r{}^{-2}$에서 기하학적 및 운동학적 상사이면, 대응체적의 밀도가 동일할 때 원형과 모형은 동역학적 상사이다.

(3) 수리학적 완전상사는 원형과 모형의 동역학적 상사일 경우 얻어진다.

3. 수리학적 완전상사

(1) 수리학적 완전상사는 동역학적 상사가 얻어져야 하므로 관성력과 5개 힘의 비가 원형과 모형에서 동일해야 한다. (관성력 F_i)

(2) 5개의 힘은 압력(F_p), 중력(F_G), 점성력(F_r), 표면장력(F_s), 압축력(F_E)

(3) 5개 성분력의 비는 흐름특성치인 5개의 무차원변량과 동일
(압력 → Euler수, 중력 → Froude수, 점성력 → Reynolds수, 표면장력 → Weber수, 압축력 → Cauch수)

$$(F_i/F_p) = (F_i/F_G) = (F_i/F_r) = (F_i/F_s) = (F_i/F_E)_n = 1$$
$$E_r = F_r = R_r = W_r = C_r = 1$$

4. 수리모형법칙

(1) 수리학적 완전상사를 동시에 만족시키는 모형유체를 얻기는 불가능하므로 실험대상의 흐름을 주로 지배하는 힘의 조건에 맞추어 실험과 분석을 실시한다.

(2) 수리모형실험 및 자료분석의 기준이 되는 제반 법칙을 수리모형법칙이라 한다.

(3) **특징**

구분	특징
Reynolds 법칙	점성력에 의한 흐름이 지배적인 경우 : 압력흐름, 관수로 등 $R_r = (P_p \cdot L_p \cdot V_p/\mu_p)/(P_n \cdot L_n \cdot V_n/\mu_n)$
Froude 법칙	흐름이 주로 중력의 지배를 받는 경우 : 중력흐름, 개수로 $F_r = (V_p/\sqrt{g_p L_p})/(V_n/s\sqrt{g_n L_n})$

(4) 이 밖에 Euler 법칙(압력), Weber 법칙(표면장력), Cauch 법칙(압축력) 등이 있다.

5. 결론

(1) 수리학적 완전상사는 동역학적 상사를 만족하여야 하나 이런 조건은 자연상태에서는 불가능하다.

(2) 따라서 수리모형실험 시 주요 관심대상과 흐름의 지배요인에 따라 선별하여 모형실험 및 분석에 활용된다.

37 하천법상 법정하천의 분류

(1) 국가하천

국토보전상 또는 국민경제상 중요한 하천으로서 국가가 관리하는 하천(과거, 직할하천)

(2) 지방1급하천 : 지방의 공공이해와 밀접한 관계가 있는 하천으로서 특별시장, 광역시장, 또는 도지사가 관리하는 하천(과거, 지방하천)

(3) 지방2급하천 : 국가하천 또는 지방1급하천에 유입되거나 이에서 분기되는 수류로서 국가하천 또는 지방1급하천에 준하여 시도지사가 관리하는 하천(과거, 준용하천)

(4) 비법정하천 : 소하천

38 부영양화의 원인 및 대책

부영양화(Eutrophication)란 미생물에 의한 유기물의 분해로 영양이 많아지는 현상을 말하며, 호수(녹조현상), 해수(적조현상)에서 발생한다.

(1) 녹조현상(Water Bloom)의 발생 원인

① 체류시간이 긴 정체수역일 때
② 영양염류인 질소, 인이 풍부할 때
③ 태양광선이 풍부할 때

(2) 피해

① 산소가 결핍되어 어류의 생활환경이 악화되어 물고기 폐사
② 영양염류가 풍부해지면 남조류가 이상 발생(녹조현상)
③ 투명도가 낮고 악취 발생

(3) 방지대책

① 질소, 인의 유입을 막기 위해 합성세제의 사용을 규제하거나 고도 처리
② 조류가 번식할 경우 황산동, 활성탄을 사용하여 제거

39 유역종합치수계획 수립 시 GIS의 구체적인 이용항목

1. GIS의 개요

GIS(Geographic Information System)는 지리적으로 분포하는 정보를 위치로 표시하는 공간정보와 성질을 표시하는 속성정보로서 관리, 이용하기 위한 컴퓨터시스템이다. 통상은 컴퓨터 본체 및 입출력장치를 포함하는 하드웨어와 해석에 필요한 소프트웨어를 합쳐 'GIS'라고 한다.

2. GIS의 기본기능

(1) **자료입력** : 지도의 입력, 속성의 입력, 화상정보의 입력

(2) **자료관리** : 입력정보의 자료형식 변환, 지도좌표의 부가

(3) **자료해석** : 지도의 중첩, 지도연산, 검색 분류, 네트워크 해석(거리계산, 경로탐색 등), 화상처리, 리모트센싱

(4) **자료출력** : 아날로그 출력, 화상출력, 지도출력, 디지털출력

3. GIS의 구체적인 이용항목

(1) **지형해석** : 내삽단면에 의한 표고치의 추정, 경사도, 사면방위의 산출, 수계의 판정, 가시영역의 판정, 낙수선 등의 축출

(2) **네트워크 해석** : 버퍼링, 평면거리 및 코스트거리의 산출, 거리의 판정(분류), 최적경로의 탐색, 근접성의 평가

(3) **리모트센싱** : 분류, 지도정보의 통합, 기본통계량의 산출, 토지피복분류, 토양부식량의 추정

(4) **지도연산** : 지도자료에 대한 산술연산, 논리연산, 토지평가, 새로운 주제도의 작성

(5) **지도 D/B** : 각종 주제도의 입력 및 통합관리

4. 우리나라의 GIS 구축현황

(1) **NGIS(국가수치지형도)** : 국가의 각종 기본이 되는 인프라를 수치지도화

(2) **하천GIS** : 하천주변수치지도를 제작하여 하천주제도를 구축하고, 하천대장, 하천정비 기본계획 등의 하천관련자료를 D/B화하여 하천관리를 위한 종합정보시스템

(3) 토지이용현황도

40 유역의 형상 구분

(1) 우지상

① 부채꼴 형상으로서 그 중앙에 간천이 흐르며, 좌·우안으로 각 지천이 합류되는 형상
② 홍수도달시간이 달라 첨두홍수량이 적고, 홍수가 오래 지속됨

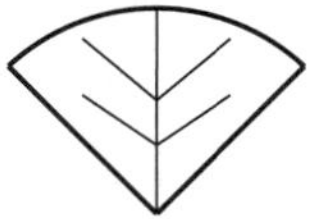

(2) 수지상

가장 보편적인 형태로서 지천의 유역이 작고 본천이 중앙을 관통하여 전체적으로 가늘고 긴 직사각형의 유역으로, 하천이 나뭇가지 모양인 유역

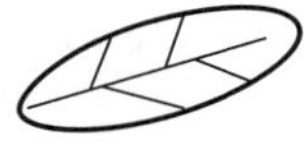

(3) 방사상

① 각 지천은 주위로부터 중심으로 유입
② 각 지천에서 유수가 거의 동시에 집중되어 첨두홍수량이 크다.

(4) 평행상

① 지천의 유역이 장대하고 서로 평행하다가 하구 부근에서 합류
② 홍수방어에 유리

(5) 복합형

방사상과 우지상이 함께 형성되는 경우가 가장 보편적이다.

41 하천제방의 여유고 결정 시 고려사항

1. 제방의 정의

제방은 유수가 하도 밖으로 넘치는 것을 방지하고 유수의 소통을 원활하게 하기 위한 하천의 양안축조물이다.

2. 제방고

제방고는 계획홍수위에 여유고를 더한 높이 이상으로 한다. 단 계획홍수위가 제내 지반고보다 낮고 치수상 지장이 없다고 판단되는 구간에서는 예외로 한다.

3. 여유고

여유고는 계획홍수량을 안전하게 소통시키기 위해서 하천에서 발생할 수 있는 여러 가지 불확실한 안전값으로 주어지는 여분의 제방높이를 말한다. 계획홍수량에 따른 여유고는 일반 하도에서는 최저값이지만 만곡부의 제방, 교량 상류부 등을 고려하여 더 큰 여유고를 가지도록 해야 한다. 이 값은 정확한 계산에 의한 것이 아니다. 경험에 의해 정해진 값으로 한다.

4. 계획홍수량에 따른 여유고

계획홍수량(m^3/sec)	여유고(m)	비고
200 미만	0.6 이상	
200 이상 ~ 500 미만	0.8 이상	
500 이상 ~ 2,000 미만	1.0 이상	
2,000 이상 ~ 5,000 미만	1.2 이상	
5,000 이상 ~ 10,000 미만	1.5 이상	
10,000 이상	2.0 이상	

계획홍수별 여유고는 일반 하도에서의 최저치로서 실제 여유고는 하천과 제방의 중요도, 제내지의 여건 등을 고려하여 결정해야 하며, 유량 규모에 얽매이지 않도록 유의해야 한다.

5. 여유고 결정 시 고려사항

(1) 안정률

(2) 제방의 유지

(3) 수문량의 불확실성

(4) 하도소통능력의 불확실성

(5) 하천, 지반의 변화

(6) 하도 내의 토사퇴적

(7) 지반의 침하

(8) 파랑 등에 의한 수면변동

6. 여유고의 예외 규정

굴입하도에서는 지형상황 등에 의해 치수상 지장이 없는 높이를 해당 구간에 적용하는 $500\text{m}^3/\text{sec}$ 미만일 때는 규정대로 하고, $500\text{m}^3/\text{sec}$ 이상일 때는 1.0m 이상이면 적당하다. 계획홍수량이 $50\text{m}^3/\text{sec}$ 이하이고 제방고가 1.0m 이하인 소하천에서는 0.3m 이상이면 적당하다.

CHAPTER 6

4대강, 소하천, 도시하천계획

1 하도계획 수립 시 기본 방향 및 절차

하천기본계획 수립 시 수문, 수리학적 사항, 하천계획단면 결정

1. 하도계획

(1) **정의** : 계획홍수량을 안전하게 유하시키고, 하상이 안전하게 유지되도록 하도의 평면, 종단, 횡단 계획 등을 결정하는 것

(2) **기본원칙** : 치수, 이수 환경 기능 조화 바탕

① 계획홍수량의 원활한 소통
② 유사량에 의한 안정하도 유지
③ 하천이용도 증진, 연안토지이용률 증진
④ 자연환경 보전

(3) **유의사항**

① 계획하폭에 여유가 있더라도 현 하천지형을 고려하여 하천부지를 최대한 활용
② 직선화되고 획일화된 하도계획은 지양
③ 하천의 구간별 특성에 맞게 계획수립, 단순 치수일변도는 지양
   (자연친화적 하천, 복원·보전, 신설하천 등)

2. 하도계획 절차

(1) 하도조사

(2) 계획빈도, 계획홍수량, 개수 전 홍수위

(3) 개수구간 설정

(4) 평면, 종단, 횡단 계획 ┬ 반복검토

(5) 계획홍수위, 안정하도 검토 ┘

(6) 개수효과 검토

3. 조사내용

하천수공구조물조사, 홍수재해 특성조사, 하도 단면형 조사, 종단변화조사, 하상변동량조사, 사행조사, 평면적 변화조사, 하상재료조사, 조도계수조사, 지천유입실태조사 등

4. 평면계획

계획 홍수량을 안전하게 소통시킬 수 있는 하도평면형, 제방법선, 저수로법선 지류합류점, 신설하천 형상 등 결정

(1) 하도평면형

① 과거 치수기능만을 고려, 하도직선화 → 흐름형태 단순화
  식생 및 생태계 단순화, 자정능력 감소 등 문제점
② 가능한 자연형태 선형 유지하여 자연형 하천이 되도록 함
  ㉠ 하도직선화 지양(하구부 예외)
  ㉡ 하천변 수충부, 습지, 사수역, 홍수터, 놀둑 보전 및 도입
  ㉢ 홍수소통능력이 부족한 경우 신설하천(방수로, 천수로) 도입

(2) 제방법선

① 치수상 안전하며 현재 및 과거의 하천형태 충분히 고려하여 결정
② 하도평면계획 기준, 현장 여건 고려하고, 가급적 곡선형태가 되도록 결정
  수충부 ×, 연약지반 ×, 하천환경 보전 고려하고, 지류합류점 고려

(3) 저수로 법선

① 현 저수로의 형상을 유지하며 사행형상 결정, 하안방어선 병용하여 결정
② 유심선 변화, 하천부지 이용계획, 저수호안 설치 여부 고려

5. 종단계획

(1) 계획홍수량 안전하게 소통, 유수에 대해 안정한 하도가 유지되도록 계획

(2) 하상변동을 예측하여 계획하상고, 계획하상경사 결정

(3) 현재 상태가 평형상태라면 유지, 급경사의 경우 완경사 점변 → 안정하도가 되도록 하상유지시설물 도입

(4) 생태계 보호, 경관유지를 위해 여울과 소 등 자연스러운 종단계획

6. 횡단형 계획(계획횡단형, 계획하도, 저수로폭 및 고수부지 높이)

(1) 계획횡단형

① 가능한 한 하천 본래의 자연적인 모양이 되도록 계획

② 처음부터 복단면으로 설정하지 말고 현재의 횡단형상을 최대한 살리도록 함

③ 필요시 복단면, 복복단면

④ 우리나라는 하상계수 $\left(\dfrac{Q_{\max}}{Q_{\min}}\right)$가 커서 중대하천의 경우 복단면이나 복복단면을 많이 적용

급류하천, 소하천 → 단단면이 일반적임.

(2) 계획하폭

① 가능한 한 최대폭 확보

② 기존 하도 고려, 현재 하천부지가 충분해도 줄이지 말아야 함.

③ 초기에 계획하폭 결정

　　㉠ 계획홍수량 크기에 따른 계획

　　㉡ 경험공식(대하천 공식, 중소하천 공식)

④ 계획하폭 결정

초기 계획하폭 이용 → 수면곡선을 계산하여 횡단면 적정성 검토 후 결정

(3) 저수로폭과 고수부지 높이

① 처음부터 침수빈도를 설정하여 폭, 높이를 결정하지 말고 현재의 횡단형상을 최대한 적용

② 유지용수 확보, 최저수심 확보, 수로유지 등 고려

③ 최근 하천홍수터에 대한 이용 요구가 높으므로 하천 환경기능을 최대한 고려

(4) 고수부지 높이

① 설계유속 : 2m/sec. 이보다 큰 경우 호안공 시공

② 홍수터 높이 : 침수빈도 연 1~3회, 비대칭, 다양한 높이로 결정(최근 고수부지 일부 20년 빈도 공원화)

(5) 저수로폭

① 현재의 하도상태 중심으로 사행성이 유지되도록 함

② 저수로폭은 평수량, 풍수량을 유하시키는 폭이 적정. 하폭의 1/3이 적절

③ 점진적으로 완성되도록 고려

7. 기타 계획

(1) 내수 배제 및 수공구조물 계획

(2) 신설 하천계획 : 방수로, 첨수로, 분수로 등

(3) 지류합류계획

(4) 하구처리계획

---

2 계획홍수위 결정 시 고려사항

1. 개요

(1) 하도계획, 방수로 및 첨수로, 홍수방어계획 등 각종 하천관련 계획의 기준이 되는 수위

(2) 기점홍수위를 기준으로 계획홍수량 규모에 따라 계획홍수위를 결정

(3) 첨두유량 또는 설계수문곡선상에 의해 결정된 계획홍수위에서 여유고를 더하여 제방, 댐시설의 계획고 결정

2. 계획홍수위 결정 시 기본방침(지류배수, 내배수, 하천횡단구조물 및 만곡부 영향을 고려하여 결정)

구분	주요 내용
1. 계획홍수량 유하 시	① 가능한 제내지 지반로 이하가 되도록 최소화 ② 기증최대 홍수위 이하
2. 내수 배제 및 지류처리	① 가능하면 하폭증가 → 계획홍수위 낮게 ② 불가능한 경우 → 강제배제 및 지류처리 방안 강구
3. 굴입하도 계획	① 가능한 굴입식 하도 설계방안검토 ② 지하수 문제, 취수문제 검토필요 ③ 하천유지용수 대책검토
4. 치수안전	① 과도한 굴입하도는 지양 ② 계획홍수위는 제내지 지반고 정도가 이상적

3. 기점홍수위 결정

(1) **하구** : 대조평균만조위

(2) **지류** : 기본적으로 본류계획홍수위

(3) **수공구조물** : 한계수심, 설계홍수위

(4) **하도급 확대** : 손실수두를 더한 수위

(5) **사수역** : 사수역을 고려한 수위

(6) 기왕최대수위 또는 흔적수위

(7) 수리모형실험에 의해 추정된 수위

4. 계획홍수위 결정 시 고려사항

1. 지류배수 영향	배수 영향으로 본류홍수위가 상승하거나 지류에 영향을 미치는 경우 : 배수 영향 정도, 배수 영향 구간 등 검토
2. 내배수 영향	본류 수위가 크게 상승할 경우 : 제내지반고, 배수상황, 배수처리방식 고려
3. 하천횡단구조물 영향	교량교각, 보 등 수위상승에 영향을 미치는 경우 : 조사하여 계획홍수위에 반영
4. 만곡부 영향	만곡 정도가 심하거나 굴곡이 져서 사수역이 발생하여 수위상승이 우려되는 경우에는 이 점을 고려하여 결정

5. 결론

(1) 현재 국내 하천의 계획홍수위는 대부분 제내지반고보다 높게 결정된다.

(2) 제내지 배수는 외수에 따라 강제 배수하거나 자연 배제하는 실정이다.

(3) 향후 하도계획 시에는 무분별한 제방계획보다는 최대한 하폭을 넓히는 계획수립이 필요하다(홍수터 확보).

(4) 기존 제방구간은 내수침입위험도를 분석하여 단기적으로 펌프장 계획 등을 수립하되, 장기적으로는 배후지에 이선제(부제) 계획을 수립하여 향후 하천구역으로 매입하고, 기존 제방은 천변저류지 등으로 활용하는 계획 수립이 필요하다.

(5) 환경녹지 확보, 홍수터 확보 및 위험도 저감을 통한 치수안전도와 하천환경개선의 노력이 필요하다.

③ 고향의 강 추진 배경 및 기대 효과

1. 추진배경

(1) 4대강 살리기와 연계하여 지방하천의 홍수안전, 풍부한 물과 문화, 생태환경기능 재창조를 위한 지방 하천정비 수립

(2) 최근 하천이 지역을 대표하는 랜드마크로 부각됨에 따라 시군구별로 1개의 대표 하천을 복합 정비하는 사업을 추진(이수, 치수, 친수, 생태기능)

2. 고향의 강 사업

(1) 목적

하천의 이수, 치수, 생태기능 증진, 역사, 문화를 연계한 다기능 복합정비사업으로, 과거, 현재, 미래가 공존하는 정감 어린 하천 조성

(2) 정비 방향

① 자연재해로부터 안전하며, 하천 본래의 환경을 최대한 유지

② 이수, 생태, 친수기능 증진을 위한 청정수량 확보(수환경개선계획 수립)

③ 하천생태계 보전을 위해 다양한 서식환경을 조성하고, 하천변 식생과 하천경관을 보전하여 향상되도록 계획

④ 하천유역의 역사, 문화 등을 고려하고 지역사회가 바라는 방향과 목적을 위해 지역주민과 합의된 관리 방향 모색

(3) 고려사항

① 하천의 현지 여건, 시공간적 변화, 환경특성, 하천의 역동성, 경제성 고려

② 하천 여건을 고려한 기법, 인위적 교란과 2차적 환경훼손을 최소화하는 계획 수립

③ 전문인력 구성, 지역주민의 이해와 참여 유도(협의체 구성)

3. 사업시행 절차

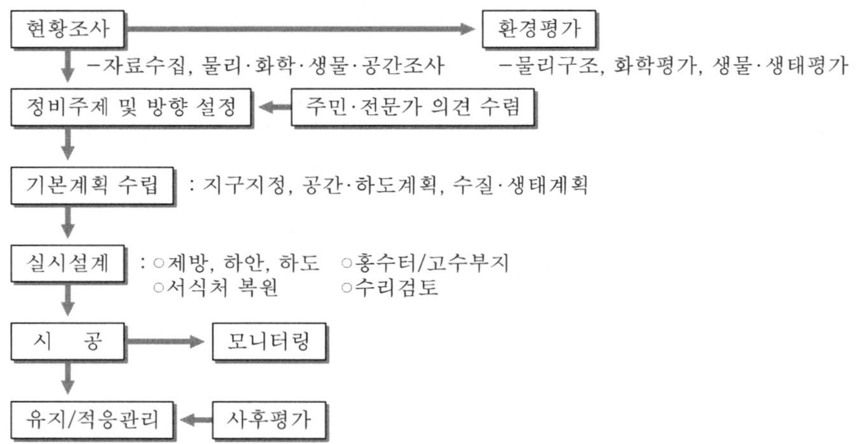

4. 기대효과

(1) 지역 고유의 특색을 반영한 문화공간으로 조성하여 주민이 친근하게 접근할 수 있는 지역명소로 개발

(2) 하천이용 활성화에 따른 지역경제발전, 지역주민의 정서적 어메니티(amenity) 향상에 기여, 문화하천 조성을 통한 국토의 품격 향상 기대

4 4대강 살리기 이후 하천유지관리 기본 방향

하천이용 활성화를 중심으로 살펴본다.

1. 4대강 사업 후 여건 변화

(1) 홍수 : 치수능력 강화(200년 빈도)

(2) 이수 : 13억 톤 물 추가 확보

(3) 친수 : 강변 생태공간 조성

(4) 하천의 기능과 역할에 대한 기대 다양화

(5) 휴식, 레저, 관광, 문화 등 하천에 대한 새로운 수요 증대

(6) 지자체 하천이용 수요 : 축구장, 골프장, 강수욕장, 테니스장 등

2. 새로운 미션 : 보전과 이용의 균형

(1) **보전** : 환경적 건전성 지속 유지 필요

(2) **이용** : 새로운 수요에 대응하고, 지역경제 활성화를 촉진시키기 위한 지속 가능한 하천관리 및 이용방안 필요

3. 국내외 하천이용 사례 시사점

(1) **해외 선진국** : 현지 여건에 맞게 하천을 다양하게 이용

① 도시, 산업지역 : 하천생태공원, 각종 레크리에이션 시설을 설치하여 부족한 여가 및 친환경 공간 제공

② 경제 및 산업낙후지역 : 캠핑장, 레프팅, 낚시터 등으로 지역경제 활성화

(2) **국내외 하천이용 성공사례 시사점**

① 현지 여건과 수요를 반영한 합리적 계획 수립

② 지자체의 강한 추진의지 및 국가와 지자체 간 역할분담

③ 하천관리 커버넌스 구축

4. 하천이용 기본 방향

(1) **강의 건강성 및 쾌적성 지속유지** : 수량 및 수질관리

(2) 보전과 이용의 균형

(3) 상·하류 공동이용을 통해 공생발전 도모

(4) **효율적 이용 및 관리방안**

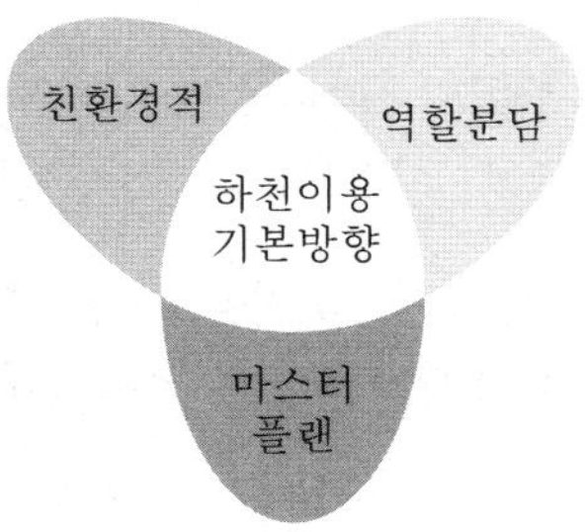

① 이용도가 높은 곳을 친환경적으로 중점 이용하고 나머지는 보전

② 국가와 지자체 간 역할을 분담하여 체계적인 하천이용 및 관리 도모

③ 난개발 방지를 위해 하천이용에 관한 지역별 하천이용 마스터플랜 수립

④ 각계각층이 참여하는 유역발전협의체 구성 운영

5. 세부 추진방안

(1) 하천전용 가이드라인 수립 및 제시(원가허유)

① 하천이용에 관한 기본**원**칙 재정립

② 사업유형별 **가**이드라인 수립 및 제시

③ **허**가사항에 대한 명확한 구분

④ 유지관리대책 수립(주기적 모니터링, 일상점검과 불법행위 감시체계)

(2) 지역별 하천이용 마스터플랜 수립(난수하새)

① 난개발 방지를 위하여 마스터플랜 수립

(사업추진 시 우려되는 난개발 및 각종 부작용 최소화)

② **수**요를 감안한 공간적 · 시간적 사업배치로 계획의 실효성 도모

③ **하**천부지 밖 친수구역 개발계획과 연계 검토

④ **새**로운 수익모델 발굴 및 재원조달계획 병행

(3) 유역협의체 구성운영

① 계획수립 단계부터 상 · 하류 지자체 지역주민 등 각계각층이 참여하는 유역발전협의체 구성 운영

② 강을 통한 지역 간 공생 발전의 새로운 모범창출

③ 특히 NGO 참여를 통해 장래의 사회적 갈등을 미연에 예방

5 국가 지방하천 정비방안

1. 추진배경

(1) 4대강 살리기 사업이 마무리됨에 따라 나머지 국가하천 및 지방하천에 대해서도 체계적인 정비방안 마련 필요

(2) 기후변화에 따른 집중호우의 증가, 하천을 복합적으로 활용하고자 하는 지역의 요구 등으로 지류하천에 대한 투자확대 필요성 지속적으로 제기

(3) 4대강 외 지류하천정비(홍수예방, 하천환경정비 등)의 본격 추진으로 하천을 중심으로 한 국토의 품격제고 및 경쟁력 향상

2. 비전 목표 전략 및 과제

(1) **비전** : 모두 함께 누리는 쾌적한 강

(2) **목표** : 4대강 살리기 사업의 성과를 전국으로 확대 발전

하천을 중심으로 한 국토의 품격 및 경쟁력 향상

(3) **추진전략** : 홍수에 취약한 하천을 우선 정비

획일적 배분이 아닌 선택과 집중 원칙에 따라 투자

(4) **주요 과제**

홍수피해예방 : 제방보강, 하도정비 등을 통해 홍수안전도

하천환경정비 : 물순환형 하천정비, 맞춤형 수변공간, 생태하천 등으로 건강한 하천조성

3. 문제점(현재 하천사업)

(1) 치수안전도가 확보된 4대강 본류에 비해 나머지 지류하천은 홍수에 상대적으로 취약

(2) 치수기능 중심의 하천정비로 생태문화 경관 등 다양한 하천기능에 대한 고려가 상대적으로 미흡

(3) 하천공간의 다양한 활용에 대한 사회적 요구 증가

4. 정비 방향

(1) 홍수예방과 하천환경에 중점

(2) 지역 수계특성을 고려한 정비

(3) 우선순위에 따른 단계적 투자

5. 추진계획

(1) **홍수예방**

① 집중호우 등에 대비하기 위해 보강이 필요한 하천을 단계적으로 정비, 재해로부터 안전한 국토환경 조성

② 홍수 시 큰 피해가 예상되는 도심하천과 치수안전도가 부족한 홍수취약구간을 중심으로 단계적 정비

③ 지방하천 중요 구간(도심 등)은 현행 설계빈도 강화(50년, 80년 → 100년 이상)하여 홍수방어능력을 높이고, 하천기본계획 수립률(72%)도 조기에 제고

(2) **하천환경 정비**

① 건천화 또는 복개된 도심하천 복원, 친환경적이고 쾌적한 도시여건 조성

② 하천정비 시 필요한 곳은 생태하천 및 친수공간 조성

6. 기대효과

하천이 홍수에 안전하고, 물이 맑고 풍부한 자연친화적 생태 및 문화공간으로 탈바꿈

(1) **치수안전도 향상** : 홍수피해와 복구비 절감

(2) **하천유량개선** : 유량 증가로 풍부한 물환경기반 조성

(3) **하천의 건강성 회복** : 생태하천조성으로 건강한 하천으로 탈바꿈

(4) **지역의 문화 · 경제 활성화** : 강을 활용한 새로운 형태의 여가패턴 창출, 지역경제 활성화, 국민여가문화 규준 및 삶의 질 향상

6 하상유지공 설계절차 및 계획

1. 하상유지공 설계절차

(1) **대상하천 선정**

하상저하 진행, 예측되는 하천

(2) **하상변동 모의**

① 계획하상고－장래하상고 비교

② 장기적인 안정하도유지 여부 검토

③ 기본구조물 안전 검토

(3) **하상유지공 계획**

① 필요 위치, 단면 검토

② 기존구조물 활용방안도 검토

(4) **하상고 예측 검토**

① 하상유지공 설치 시 하상고 예측

② 하상유지공 보완

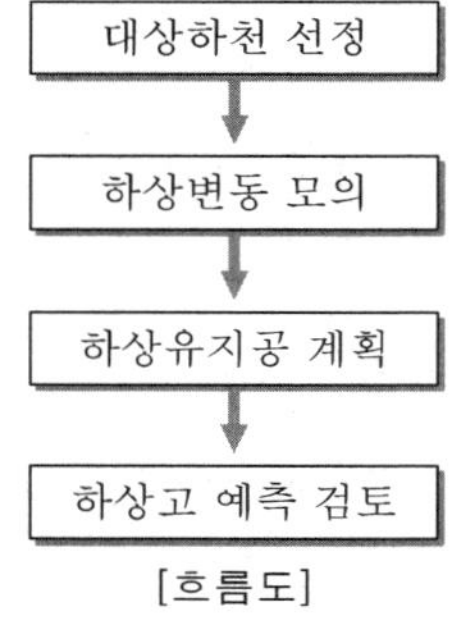

[흐름도]

2. 하상유지공 계획

(1) **기본 방향**

장래 하도변화 예측 → 하상유지공 계획, 설치 → 안정하도 유지

(2) 하상유지공 구성

상류 측 바닥보호공 → 본체 → 물받이 → 하류 측 바닥보호공

(3) 구성요소별 고려사항

① 본체

  ㉠ 평면형상 : 하천 흐름에 직각 방향

  ㉡ 종단형상 : 폭 1.0m 이상, 하류경사 1:0.5 이상, 상류경사 1:0~1:0.5

  ㉢ 횡단현상 : 하천 흐름 방향 기준 수평

  ㉣ 안정검토 : 전도, 활동 침하 검토

② 물받이

  ㉠ 도수(hydraulic jump) 발생 : 유수의 세력을 완화시킬 목적으로 설치

  ㉡ 길이는 세굴을 방지할 수 있는 정도

    상류 흐름인 완경사 하천 : 낙차의 2~3배 혹은 하류 측 바닥보호공 길이의 1/3 정도

③ 바닥보호공

  ㉠ 국부세굴 방지, 하상유지공 보호

  ㉡ 굴요성 구조로 설계(돌망태, 블록공, 사석)

④ 치수벽

  ㉠ 파이핑 방지 위해 설치

  ㉡ 깊이 : 치수벽 간격의 1/2 이내

7 가뭄평가지표 및 장단기 대책

1. 개요

(1) **정의** : 장기간 강수의 부족으로 사용할 용수량이 없는 경우

(2) **종류**

① **기상학적 가뭄** : 강수량 부족

② **농업적 가뭄** : 농업에 필요한 토양수분량 부족

③ **수문학적 가뭄** : 하천유량, 저수지, 호수, 지하수 수량 부족

④ **사회 · 경제적 가뭄** : 인간의 경제활동에 피해를 주는 현상

(3) **가뭄의 원인**

① **지형, 기후적 요인** : 복합적이나 근본적인 강수량 부족

② **인위적 요인** : 수자원시설물 부족, 물관리체계 부족, 가뭄관리체계 부족

(4) 특징

① 기후에서 나타나는 정상적인 현상(반복적, 7~10년)임. 가뭄대비도 정상적으로 필요하며 위기관리차원이 아닌 사전대책차원의 대책 수립이 필요

② 잠행성 피해 파악 정량화에 어려움이 따르고, 대책마련이 어려움.

2. 가뭄평가지표

(1) 개요

① 가뭄심도를 평가하기 위해 가뭄지수를 산정하여 평가

② 의사결정 시 한 가지 지수가 적합하다고 판단하기 어려움 → 종합적으로 분석하여 결정

③ 과거 하천기본계획

    ㉠ 기상학적 지표 : 과우량, 과우일수

    ㉡ 수문학적 지표 : 저수율 등을 이용

(2) 가뭄지수

구분	주요 내용
① 표준강수지수(SPI)	– 가장 간단하고, 강수량만 이용
② 파머가뭄지수(PDSI)	– 파머(Palmer)에 의해 개발된 최초의 포괄적 가뭄지수 – 강우량, 기온, 토양수분량을 이용한 물수지분석을 통해 산정 – 미국 전역은 구한 자료가 있음(가뭄지역 지원 여부 결정) – 지형적으로 균일하고 넓은 지역에 적용 시 효과적임. → (국가적 계획 시 지역별 선정→지역별 비교)
③ 지표수 공급지수(SWSI)	– 유역의 상이한 물공급 여건 고려 – 저수지 용수공급능력 정량적 수치화 – 강수량, 하천유량, 저수지 저류량 등 이용

3. 가뭄대책

긴급대책과 항구대책으로 나뉜다.

(1) 긴급대책(단기대책)

매년 가뭄 발생을 예상하고 단계별 대책 수립

구분	주요 내용
사전단계	• 강우량, 저수율 등 기상분석 • 가뭄상습지 관리 : 용수원 조기 개발 • 용수확보 대책추진 : 농번기 전에 농업용수 조기 개발, 수리시설, 양수장비 등 점검 • 용수절약 운동 : 절수재배
대책단계	• 가뭄 우려 시 : 양수장비 배정, 중장비 지원, 기술 지원 • 가뭄 확산 시 : 중앙정부 지원, 용수원 개발(관정, 하상굴착, 보 등) • 다목적 댐 비상용수 공급, 제한급수, 단수, 수리권 조정
해갈단계	• 해갈 시 : 영농대책-늦은 모내기 총동원 　　　　　　안전대책-장비철수, 원상복구 등

(2) 항구대책(장기대책)

향후 극심한 가뭄에 대해 피해 방지

구분	주요 내용
정책적 대책	• 가뭄 관련 법령 및 제도 개선 • 농업용수 개발 및 농업종합개발사업 추진 • 농촌 용수 이용 합리화 계획 추진 • 수리시설 재편, 개보수, 보강 개발
구조적 대책	• 신규 댐 축조, 용수 재이용 시설확충 • 대체수자원 개발(지하댐, 강변여과수, 해수담수화) • 광역상수도 확충 • 누수방지, 중수도, 절수기기
비구조적 대책	• 용수절약 및 절수재배, 요금조정, 절수형 사회시스템 • 가뭄관리 시스템 구축(가뭄정보구축, 예 · 경보) • 수리시설 내한능력 재조사 • 기존 댐 연계 운영

8 소하천의 필요성, 기본 방향 및 개선사항

1. 개요

(1) 1970년대 새마을사업 시 비체계적 관리

(2) 소하천정비법(1995), 재해예방, 생활환경 개선을 목적으로 법정하천화

　　(현재 계획수립률 98%, 개수율 38%)

2. 소하천의 정의

(1) **하천법의 적용을 받지 않고 소하천정비법 적용**

(2) **지정기준**

　　① 대상 : 일시적이 아닌 유수가 있거나 있을 것으로 예상되는 구역

　　② 규모 : 평균 하폭 2m 이상, 총연장 500m 이상

(3) **지정 및 관리청** : 시장, 군수 및 자치구 구청장

3. 목적 및 필요성

홍수로 인한 재해예방 및 주민의 생활환경 개선

4. 기본 방향

(1) 치수 · 이수상의 안정성 확보

(2) 소하천 본래의 자연감, 자연상태와 조화

(3) 생태계 특성 고려, 양호한 서식환경, 경관보전 및 향상

　　→ 인간과 생물이 공존하는 자연형 소하천 정비

5. 정비 방향(고려사항)

(1) **재해예방과 병행**

　　이수 · 치수 환경기능 도입뿐만 아니라 농어촌 생활환경 개선

(2) **친수적 환경 고려**

　　① 자연생태계를 배려한 자연보전계획

　　② 수변공간 조성 등 친수공간 확보

　　③ 쉼터 등 다목적 이용공간 조성

(3) 농수로, 농로의 동시 정비로 농어업 생산기반시설 확충 도모

(4) 지역경제 활성화 및 수계별 완료 위주 추진

6. 주요 내용

(1) **측량** : 지형현황측량, 종횡단측량, 구조물 조사

(2) **기본사항** : 유역개황, 유역 및 하천특성, 기상 및 강우, 수문, 유출, 치수사업연혁, 기본방침

(3) **재해예방, 환경개선, 수질보전**

(4) **공사시행 기본 방향**

　① 홍수량 산정

　② 이수 · 갈수량 관리

　③ 하상안정 및 유지

(5) **공사실시 사항**

　① 홍수위와 횡단형 결정

　② 기존시설물 조사

　③ 시설물계획

　④ 유지관리계획

(6) **치수경제성 분석**

(7) **경지정리사업**

(8) **효과분석 및 건의**

7. 개선사항

(1) 소하천변 농경지 이용 홍수저류공간 확보, 다목적 이용 → 홍수피해 절대방지개념이 아니고 상 · 하류 연계 종합치수계획 — 일률적 제방계획 지양, 저류공간개념 도입

(2) 심의 내실화 → 체계적인 검토, 심의위원회 구성

(3) 소하천 정기점검 → 유지관리 제도화

(4) 용도 폐기된 소하천시설물 일제 정비

(5) 우리나라 소하천유출특성을 고려한 유출모형 개발 필요

(6) 복구 위주의 사업에서 벗어나 개수율 증대(예산 확보)

9 소하천 유형별 정비 방향

1. 개요

(1) 소하천사업은 그동안 입지특성, 규모 등과 상관없이 획일적으로 이루어져 왔음.

(2) 중규모 이상의 하천에 정비기법이 적용되어 적절치 못한 사례가 많음.

(3) 소하천은 산지, 농경지 및 도시소하천으로 나누어 입지특성에 따른 정비방법이 고려되어야 함.

2. 소하천정비유형별 분류

(1) **산지 소하천** : 산지 계곡, 제방이 없는 소하천

(2) **농경지 소하천** : 충분한 하천부지가 있는 소하천
하천부지가 제한적인 소하천(제방이 있는 소하천, 옹벽이 있는 소하천)

(3) **도시 소하천** : 제방이 있는 소하천, 옹벽이 있는 소하천

3. 소하천 유형별 정비 방향

(1) **산지 소하천**

① 하도계획에 앞서 계곡이나 소하천 시점부에 사방댐 설치 고려

② 경사가 급하고 침식이 활발한 산지 소하천 특성상 인위적인 단면형상 구조보다는 상·하류 자연상태구간을 고려하여 단면결정

③ 대규모 피해가 발생하지 않는다면 전면적인 제방계획은 지양

④ 교량의 경우 충분한 형하고 및 경가장 확보

⑤ 안정하상계획은 인위적인 낙차공 설치보다는 자연적인 상태의 여울과 웅덩이 형태로 정비

(2) **농경지 소하천**

① 충분한 하천 부지를 확보할 수 있는 소하천의 경우
　㉠ 역사적인 자료를 통해 옛 하도 물길 복원
　㉡ 획일적인 단면보다는 수충부와 만곡부에 따라 다양한 기울기로 하안 조성
　㉢ 제방 상단에서 저수로 하안까지 만경사 사면 형성

② 충분한 하천부지 확보가 어려운 농경지 소하천의 경우
토지를 매입한 일부 구간을 활용하여 천변저류지를 설치하여 홍수위 저감 및 생물 서식처 제공

③ 옹벽에 의해 하천폭이 제한되어 있는 농경지 소하천의 경우

    ㉠ 동물들이 이동할 수 있는 생태통로 조성

    ㉡ 기존 콘크리트 옹벽 녹화공법 도입

    ㉢ 다공성 소재 등 다양한 하안구조를 사용하여 수서생물서식공간 확보

(3) 도시 소하천

① 충분한 하천부지를 확보할 수 있는 도시하천의 경우 농경지 소하천 정비 방향과 동일함

② 도시 소하천은 다른 유형의 소하천보다 하천오염도가 높아 별도의 수질개선계획이 수립되어야 함

③ 유역 내 지하수 함양량을 증대시키기 위해 빗물저류 및 침투방법 적용

④ 인구밀집지역 인근 소하천은 친수구역으로 선정할 수 있으나 생태계 영향이 최소화되도록 시설물을 최소화함

⑤ 산책로와 자전거도로는 제방 상단이나 제내지 설치가 원칙이나 하천 내에 조성할 경우 대피로가 확보되어야 함

⑥ 옹벽에 의해 하천폭이 제한되어 있는 도시 소하천의 경우

    ㉠ 옹벽에 대한 녹화공법 도입

    ㉡ 저수로 하안에 대한 친생태적으로 설계

    ㉢ 자연적인 여울과 웅덩이 형성 설계

4. 고려사항

(1) 소하천의 입지 및 수문지형학적 특성을 고려하여 소하천의 정비 방향 설정

(2) 소하천 주변지역의 도시계획과의 연계를 검토하여 계획 수립

(3) 홍수피해를 저감하기 위해 구조물적 대책과 비구조물적 대책을 병행하여 수립

(4) 하류에 위치하고 있는 국가 및 지방하천과의 연계를 검토하여 계획수립

10 도시하천의 문제점 및 보전대책

1. 개요

(1) 도시하천의 문제점 및 개선 방향의 세가지 측면. 이수, 치수, 환경 고려

(2) 도시하천은 불투수층 증대로 유출량 증가

(3) 도시하천은 지표면 조도 감소로 홍수지체시간 감소

(4) 첨두홍수량 증가, 기저시간 감소, 총 유출용적 증가, 지하수위 저하

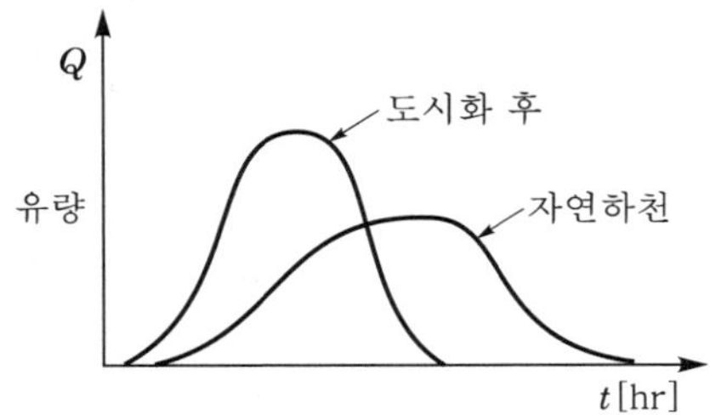

2. 치수측면

(1) 문제점

① 하도 및 치수시설물의 부담 증가

② 주거지, 상가, 산업시설 밀집으로 확폭 축제 등 개수사업에 어려움. 도시화−부지 확보 어려움

③ 홍수터이용률 증가로 홍수피해 증가, 통수능 저감

④ 내배수시설 미비 및 미정비로 노후화(내수침수피해)

⑤ 우수침투시설 및 우수저류시설 부족(건천화)으로 홍수량 증가

⑥ 각종 치수시설물의 유지관리 소홀

(2) **대책 및 개선 방향** : 구조적 · 비구조적 치수종합대책 필요

① **치수시설**

㉠ 하천개수(제방, 호안, 준설, 하도정비 등)

㉡ 내수배제 계획(배수문, 배수펌프장, 유수지, 조절지)

㉢ 신설하천(방수로, 첩수로, 부체수로, 지하방수로)

㉣ 하수도 정비, 수퍼제방 도입

② **우수유출억제 계획**

㉠ 우수저류시설(다목적 유수지, 방재조절지, 지하저류지 등)

㉡ 우수침투시설(침투 정도, 침투성 보장, 침투구 등)

㉢ 수원보전(개발규제, 산림육성)

③ **토사방지** : 침사지 설치

④ **비구조적 홍수대책** : 홍수예 · 경보시스템, 홍수보험, 홍수터관리 등

3. 이수측면

(1) 문제점

① 인구증가 및 생활수준 향상으로 용수수요량 증가

② 불투수면적 증가로 지하수위 저하, 평수량, 갈수량이 감소되어 건천화됨

③ 점·비점오염원 증가로 수질이 저하되어 이수기능이 마비됨

(2) 대책

① 댐 및 저수지로부터 용수공급(수자원개발), 하구호 및 하구언으로부터 용수공급

② 광역상수도에 의한 용수공급, 타 하천으로부터 도수

③ 유지유량 확보–물순환시스템, 대체수자원 개발

　　(지하수 개발, 냉각수 재사용, 하수처리수 도입, 지하철 배출수 이용)

④ 우수유출억제시설(침투시설, 녹지확보, 저류지 등)

⑤ 저류지합형 치수정책, 수요관리

4. 환경측면(수질, 하천공간 이용)

(1) 수질측면 문제점과 대책

① 문제점

　㉠ 점·비점오염원 증가 : 도시하수, 산업폐수 등 도시화·산업화로 도로 및 나대지 토사 과다 유출, 탁도 증가, 오염물질 유입

　㉡ 하천수량 감소로 수질오염 악화

② 대책

　㉠ 하천유황 개선

　㉡ 오염부하량 감소

　㉢ 하수 및 폐수처리장 건설

　㉣ 분류식 하수관 건설

　㉤ 오니준설, 폭기시설 등 하천정화시설 도입

　㉥ 수질보전수로

　㉦ 수질관리체계의 일원화 및 법령정비, 대국민홍보

(2) 하천공간 이용 측면의 문제점과 대책

① 문제점

　㉠ 하천복개 → 기능상실

　㉡ 수량감소, 수질악화 → 친수기능 상실

　　　ⓒ 하천골재 과다채취

　　　ⓔ 고수부지 무분별한 경작 및 주차장화

　　② 대책

　　　㉠ 자연형, 친환경적 하도정비

　　　ⓛ 친수성을 감안한 하천환경정비

　　　ⓒ 하천수질 개선

　　　ⓔ 보전, 복원, 친수지구 지정 → 관리

11 도시유역의 우수유출 저감계획

1. 도시화로 인한 유출특성

(1) 불투수성 면적 증가 → 유출량 증가, 총 유출량 증가

(2) 자연유역은 거칠고 요면부를 가지나 도시화 유역은 유역응답이 신속하여

　　→ 첨두시간 단축, 유역지체 감소, 수문곡선 상층부 급해짐 → 침투홍수량 증가

(3) 침투 감소 → 갈수량 감소, 도시하천 건천화로 지하수위 저하

(4) 도시 점·비점오염원 증가 → 하천수질 악화

(5) 하천 주변 수도 이용 → 홍수피해 잠재능 증대 → 하천개수사업 어려움, 유수지 확보
등 공간적·재정적으로 어려움

(6) 도시지역 배수계통 : 합류식, 분류식으로 복잡

2. 우수유출 저감시설 정의

본래 유역이 가지고 있던 저류 및 침투능력을 유지하기 위한 시설물로, 저류형과 침투형
으로 구분되며, 홍수피해 방지, 수자원활용도 증진, 건천화 방지, 하천생태계 복원 등의
기능을 한다.

3. 저감시설 구분

구분	주요 내용
1. 우수저류시설	① 우수를 일정 시설에 일시 저장한 후 홍수 후 방류하는 시설 ② 첨두홍수량 저감, 빗물 재활용
2. 우수침투시설	① 지하로 침투되도록 하는 시설 ② 우수유출량 감소 → 하류하천 홍수부담 경감 　한정된 수자원 활용과 자연생태계 유지에 기여

4. 저감시설 종류

종류	특징
1. 우수저류시설	① 지역 내 저류(on-site) 　– 유역저류시설(공원, 녹지, 학교 등 공공시설용지) 　– 주차장 저류, 주택정원, 저류조, 지하공간, 건물지하 ② 지역 외 저류(off-site) 　– 전용 저류시설(홍수조절지, 우수저류시설 등) 　– 겸용 저류시설(다목적 유수지, 치수녹지)
2. 우수침투시설	① 침투형 : 침투유입구, 침투측구, 침투도로, 침투지, 침투도랑, 투수성 포장 등 ② 우물형 : 건식 우물, 습식 우물

5. 결론

(1) 홍수방어계획이나 각종 개발계획 수립 시 반드시 검토

(2) 우수유출 억제시설은 물환경보전에 이바지하며, 지역개발에 있어 토지의 유효 이용 도모 기대

(3) 침투시설 설치 시 지반특성에 맞는 실용적인 계획 필요, 지하수 오염방지대책 수립

(4) 소규모 저류시설의 경우 수문분석 및 유출분석 기준에 대한 연구 필요

(5) 정부의 적극적인 지원대책과 지속적인 연구 개발 필요

12 하천유지관리를 위한 모니터링

1. 개요

(1) 수변조사 결과를 분석한 후 설정된 목적과 목표달성도 확인

(2) 자연친화적 공법 적용에 따른 예상치 못한 문제점 파악과 대응방안을 구축하는 데 목적이 있음.

2. 조사항목

구분	주요 내용
1. 수질 및 유량	① 조사항목 및 지점은 대상하천의 특성을 고려하여 설정 ② 일반적인 조사항목은 BOD, COD, DO, DH, T-N, T-P
2. 저니질	① 조사항목 및 지점은 대상하천의 특성을 고려하여 설정 ② 일반적인 조사항목은 COD, T-N, T-P, SS
3. 하상재료 및 하도특성	① 입도분석 및 입경가적곡선을 작성 ② 평수기와 홍수 후의 하상재료 변화 조사 ③ 홍수 전후의 평면, 종단, 횡단형 조사 ④ 하도변의 여울, 소, 시주, 하충도의 침식과 퇴적, 하도특성조사
4. 수리모니터링	① 하천의 지형 및 평면, 종단, 횡단의 변화와 상·하류 간의 수리영향분석 ② 하천시설에 대한 퇴적, 침식, 세굴조사 ③ 조도계수 역산, 실제 유량에 대한 수위 검토
5. 생태계 모니터링	① 식물, 어패류, 양서류, 파충류, 저서동물, 무척추동물, 육상곤충, 조류, 포유류 조사
6. 적용 공법 모니터링	① 공법의 수리적 대응도 및 안정성 분석 ② 하천환경에 미치는 영향 분석 ③ 적용 공법의 설계 의도와 부합 여부의 평가 및 검증 ④ 향후 유사공법 적용 시 대안 제시
7. 경관 모니터링	① 항공사진 이용

3. 종합분석 및 평가

(1) 모니터링 조사항목에 대한 종합적인 분석 및 평가를 수행함으로써 설정된 목표의 달성도 확인

(2) 공법 적용에 따른 예상치 못한 문제점 파악과 대응방안 구축

(3) 향후 타 하천에서 유사한 자연친화적 하천정비사업 시행 시 참고자료로 활용

13 하천복원사업의 문제점 및 개선방안

1. 개요

하천복원사업은 1986년 한강종합개발과 같은 초보적인 사업에서 2010년 4대강 살리기, 고향의 강 정비사업, 생태하천복원사업 등 하천환경기능을 최대한 고려하는 사업으로 발전

2. 하천복원사업의 성과

(1) 하천을 시민과 주민이 친숙한 공간으로 느끼도록 변모시킴. 1990년대 전까지 하천, 특히 도시하천은 냄새 나고 더러운 기피의 대상이었음.

(2) 공공기관이 부족한 도시에서 하천공간은 시민에게 휴식, 오락, 운동의 장으로 제공되어 산책, 조깅, 자전거 타기, 롤러스케이트 타기 등은 이제 도시하천에서 낯익은 운동이 됨.

(3) 하천이 쾌적한 주거환경 조성에 핵심적인 역할을 함

잘 꾸며진 하천은 주민들이 우선적으로 선호하는 환경이며, 서울 양재천같이 부동산 가치가 상승함.

(4) **관광기능**

지역의 자연환경, 역사문화와 조화를 이룬 하천환경개선사업 시행. 함평 나비축제와 같이 외부인들에 대한 관광기능

(5) **하천생태계 복원에 일부 기여**

대부분의 하천복원사업이 친수성 개선에 초점이 맞추어짐으로써 생태계 보전 · 복원은 상대적으로 소홀해짐.

(6) **하천 수질개선에 기여**

① 중소하천 수질개선에 기여 : 오염하상토 준설, 자갈접촉산화법, 수변식생
② 결과적으로 대하천, 상수원 수질개선에 일부 기여함.

3. 문제점 및 개선방안

※ 충분한 경험, 관련지식, 정보의 부재, 부처별 · 지자체별로 시행 → 상당한 시행착오

(1) 하천복원을 단순히 하천을 공원으로 만드는 것으로 인식

① 한강종합개발사업의 강변고수부지의 공원화 사업 병행

② 타 도시하천에서도 운동장, 체육시설, 조경시설 등 하천공원 성격 강조

　– 공원하천을 지향하는 복원모형에서도 하천의 고유기능과 무관한 시설물 설치 지양

(2) 부적절한 공법 적용

① 생태호안이라는 명목으로 석재 투입

　→ 하천을 고착화, 인공하천으로 조성

② 생태적 · 경제적으로 바람직하지 않음

　→ 과다한 석재나 콘크리트 지양, 하천특성에 부합하는 자연형 하천 조성

(3) 홍수특성을 충분히 고려하지 않아 사업 중, 완료 후 홍수피해 발생. 특히 하천경사가 급한 도시하천에서 빈번

　→ 치수 등 하천기능에 충실하면서 친환경적 복원모형 적용

(4) 천편일률적인 사업

① 개별 하천의 특성 반영이 부족

② 평판이 좋은 기존 국내외 사례 모방

　→ 개별 하천의 고유특성 파악, 사업에 반영(자연환경, 경관, 역사, 문화, 친수활동 등)

(5) 하천의 자연적인 역동성에 대한 이해 부족

① 목석으로 자연상태의 저수로 인위적 정비 : 홍수 후 원래 상태로 돌아옴

② 인위적으로 조성한 하중도 : 홍수로 인해 하중도 침식, 사라짐.

　→ "형태의 자연형"에 충실, 하천의 역동성 충분히 고려

(6) 불분명한 하천복원사업

단순히 공원하천이 되거나 도시하천에서 부자연스럽고, 지속 가능하지 못한 하천

① 복원사업의 목적과 목표가 분명하고 지속 가능하게 계획

② 하천복원의 모델 설정

　㉠ 생태복원모형(ERM)

　㉡ 준생태복원모형(semi-ERM)

　㉢ 어메니티복원모형(ARM)

14 자연친화적 하천정비기법

1. 개요

(1) 자연친화적 하천정비는 하천의 환경기능을 전체적으로 보전, 복원 및 개선하는 하천환경정비사업을 말한다.

(2) 하천환경정비사업의 주요 관점은 수변조사를 통한 구간정비, 추이대 기능, 다양성 확보에 있다.

2. 기본 방향

(1) 하천이 갖는 자연성 유지

(2) 이수, 치수 및 환경기능의 조화

(3) 수환경과 하천공간의 일체화된 정비 및 유지관리

(4) 주민과 지역사회에 부응하는 하천환경정비

(5) 자연환경관리계획에 의한 체계적이고 합리적인 정비사업 실시

(6) 하천환경정비사업의 적극 추진

3. 기존 하천정비의 문제점

(1) 하천의 직강화

(2) 콘크리트 호안 블록의 정비문제

(3) 하천 부지의 편의적 이용

(4) 하천정비기술의 다양성 부족

(5) 하천의 복개

4. 하천환경 조성기법(수량확보, 수질개선, 하천공간 정비)

(1) **수량확보**

① 다목적 댐 도수

② 지하수 개발

③ 수량확보 및 수위조절을 위한 가동보

④ 하류부에서 상류부로 인공가압(순환시스템)

(2) 수질개선

구분	조성기법
유역 내 대책	• 오염원 관리 • 오염원 입지관리 • 환경기초시설 설치 운영
하천 내 대책	• 유지용수 확보 • 하상오니 준설 • 낙차공 설치(폭기작용) • 수중폭기 • 역간접촉산화법

(3) 하천공간정비

구분	조성기법
종적인 정비	• 수계를 일괄한 하천정비 • 자연적 · 사회적 여건 고려하여 지역구분 • 각 특성에 부합하는 기능공간정비
횡적인 정비	• 치수 · 이수 기능을 만족시키는 통수단면 확보 • 고수부지 및 저수로 정비

5. 결론

(1) 하천의 연속성을 고려하여 공간개념의 통합유역관리가 바람직

(2) 행정구역 관리체계에서 유역관리체계로 전환

(3) 하천은 상류와 하류가 유기적인 연관성을 가지고 있으므로 유역관리를 통한 이수, 치수, 환경계획이 균형을 이루도록 시행하여야 함.

(4) 자연친화적 하천정비기법

① 다공질 공간조성 및 비대칭형 계획

② 추이대복원

③ 여울, 소 조성

④ 하중도, 실개천, 습지 조성

⑤ 자연형 수제

⑥ 생태통로 및 수림대 수변식물군락 조성

⑦ 천변도로, 하천 내 복개 및 주차장 배제

⑧ 생태기능을 극대화할 수 있는 자연형 제방 축조

(5) 유의사항

① 시공 시 생태계 배려

② 영양분이 충분한 표토는 사토하지 않고 재이용

③ 무리한 하천환경정비 배제

④ 자연스러운 저수로 조성

15 포괄적인 하천재해저감대책

1. 하천의 정의

(1) 국가하천

① 유역면적 $200km^2$ 이상

② 다목적 댐 상·하류 배수위 영향이 미치는 하천

③ 유역면적 $50{\sim}200km^2$ 하천 중 각 목에 해당하는 하천

(2) 지방하천

지방의 공공 이해에 밀접한 관계 하천으로 시·도지사가 명칭과 구간 지정

(3) 소하천

① 하천법 미적용 하천으로 평균 하폭 2m 이상, 연장 500m 이상의 하천

② 일시적이거나 유수가 있을 것으로 예상되는 하천

2. 하천재해 위험후보지 선정기준

(1) 과거 재해발생지구

(2) 탐문, 설문조사에 따른 위험요인이 존재하는 지구

(3) 자연재해위험지구 중 하천재해인 침수, 유실, 고립위험지구

(4) 하천의 기본계획, 소하천 정비기본계획 미수립구간, 하천정비사업 미시행구간

(5) 홍수범람위험지구

(6) 비상대처계획(EAP) 미수립 시설을 포함한 수계

(7) 기능이 상실된 저수지 포함 수계

3. 하천 재해위험후보지 선정절차

(1) 기본조사

자료조사, 설문조사, 지자체 의견 등을 종합

(2) 하천정비 미수행구간

① 과거 재해발생 구간

② 제방 및 시설물의 취약성 등으로 인명피해 우려 지구

(3) 하천정비구간

제방, 제방구성요소, 하천구조물, 횡단시설물 등 2차적 위험 우려 지구

(4) 지구 및 시설물 대상으로 정성적 판단과 정량적 분석 → 위험 후보지 선정

4. 하천 재해저감대책

(1) 하천 재해 유형

① 호안유실

② 제방의 붕괴, 유실 및 변형

③ 하상안정시설의 유실

④ 제방도로피해

⑤ 하천횡단구조물 피해

⑥ 외수에 의한 범람 피해

⑦ 댐, 저수지 등의 붕괴

(2) 호안 유실에 대한 원인 및 대책

원인	대책
① 호안의 구성 재질강도가 낮거나 불량	① 송수량, 소류력, 유속에 따른 호안 재검토
② 소류력, 유속, 잡물에 의한 유실	② 하천 계획홍수위보다 높게 시공
③ 호안 내 공동현상	③ 제방의 연약화, 내외 수위차를 고려한 계획
④ 호안 기초(저부) 손상	④ 하천횡단구조물 가급적 억제

(3) 제방붕괴 원인 및 대책

원인	대책
① 제방월류 ② 제방침식 ③ 제체 불안정 ④ 구조물 안정성	① 제체폭 확대, 하도홍수분담량 저감 ② 압성토, 비탈면 피복 대책 ③ 제체 다짐 90% 이상, 하상재료 사용금지 ④ 공동현상 방지, 침투유로 연장

(4) 하상 안정시설 유실

원인	대책
① 소류작용에 의한 세굴 ② 불충분 근입거리 ③ 하상시설 손상	① 홍수량 변동에 따른 소류력 재평가 ② 교각 등 하천횡단구조물 배치 억제 ③ 불필요한 하천횡단구조물 철거

(5) 제방도로 피해

원인	대책
① 집중호우로 인한 인근 사면 활동 ② 지표수, 지하수, 용출수에 따른 사면붕괴 ③ 설계홍수량 이상에 의한 월류	① 정기적 안전점검-사면붕괴 방지대책 수립 ② 차수벽 설치 ③ 저수지, 홍수조절지 등 하도 홍수분담

(6) 하천횡단구조물 피해

원인	대책
① 기초세굴심 부족으로 교각 침하 및 유실 ② 만곡수충부의 교대부 유실 ③ 교량상판 여유고 부족	① 세굴심을 고려한 기초근입깊이/세굴방지 사석공 ② 만곡부를 피하며 홍수량 변동에 따른 소류력, 세굴방지 사석공 ③ 설계홍수위를 고려한 교량상판 여유고 확보

(7) 외수에 의한 범람피해

원인	대책
① 하상퇴적에 따른 홍수 통수단면 부족 ② 상류댐 홍수조절능력 부족 ③ 미개수하수 통수능 부족	① 통순단면 부족구간 하상준설 ② 홍수조절기능 추가 ③ 하천정비 기본계획 수립 및 정비사업 추진

(8) 댐, 저수지의 붕괴

원인	대책
① 이상 홍수 발생 ② 유지관리/안전관리 소홀 ③ 제체균열, 시공부실로 누수 발생	① 설계홍수량 재검토/대책 수립 ② 정기적 안전관리 및 진단으로 보강계획 수립 ③ 댐체침하, 누수 등 정기점검에 따른 대책 수립

16 기후변화 대응 재난관리개선 종합대책

1. 개요

(1) 우리나라 평균기온이 100년간 지구 평균 상승폭 0.75℃의 2배인 1.8℃ 상승

(2) 강수일수 18% 감소, 강수량 17% 증가 → 집중호우 증가

(3) 집중호우에 의한 하천 및 도심지 등의 피해 증가 및 가뭄, 해수면 상승 등의 재해로 피해예방 대책 필요. 통합재난관리시스템 구축

2. 기본 방향

(1) 기상, 재해예측 능력 향상

(2) 재해로부터 안전한 도시

(3) 맞춤형 투자로 재해에 강한 국토 조성

(4) 통합 재난관리 시스템 구축

(5) 미래 대비 재난관리 체질 개선(재난복구 및 인프라 기반 강화)

3. 주요 종합대책

(1) 기상 재해예측 능력 향상

① 한반도 상세지형자료를 고려한 기후변화 시나리오 생산

② 한반도 환경에 적합한 기상예측모델 개발 → 정확도 향상

③ 지역별, 유형별 맞춤형 예보시스템 구축

(2) 재해로부터 안전한 도시

① 도시 빗물처리기능 확충

㉠ 특별재난지역, 재해위험지구를 우선으로 하수관거 확충/정비, 설계기준 상향

예) 하수도 시설기준(2011년 4월 실제빈도 5~10년 → 10~30년)

㉡ 하수관거 배제능력 부족구간 : 저류시설, 대심도 빗물터널 설치, 확대

㉢ 빗물유출저감시설 및 공원형 저류시설 확충

㉣ 투수시설 설치 → 투수면적 확대

㉤ 민간개발사업 시 빗물처리시설 설치확대 유도 → 인센티브 제공(예 용적률 등)

② 도시방재 강화 및 위험지 정비

㉠ 도시계획 수립 시 재해취약성 평가 및 풍수해 저감 종합계획 반영

→ 재해저감을 위한 기반시설, 토지이용계획 마련

㉡ 수해위험이 높은 도심지 하천

→ 유역종합치수계획 수립 : 도시 수방시설과 유기적 홍수량 분담

→ 설계빈도 상향(100~200년) 및 도시 상류부 중소규모 홍수방어용 댐 건설

(3) 맞춤형 투자로 재해에 강한 국토 조성

① 홍수, 가뭄 대비 수자원 관리 확충

- 4대강 살리기 사업의 효과를 확산시키기 위해 하천정비 및 댐시설 정비 확대 추진

② 산사태 저감을 위한 사방시설 확대 및 예측, 대응 기반 확충

③ 농어업 환경변화에 대비한 시설 재정비

예) 재해위험도를 반영한 저수지, 양배수장 보수/보강, 제진설비 설치의 의무화

(4) 통합적 재난대응체제 구축(통합재난관리시스템 구축)

① 통합적 재난대응체제 개선 및 재난관리법령체제 정비

② 현장중심의 효율적인 재난대응체제 구축

③ 재난정보전달 및 비상통신체계 확충

④ 범국가적 무선, 위성망 기반의 재난통신체계 구축

(5) 재난복구 및 인프라 기반 강화(미래 대비 재난관리 체질 개선)

① 특별재난지역 선포기간 단축 및 지원현실화

② 재난복구사업의 조기 추진 / 체계적 관리

③ 재해대비 보험상품 개선 → 보험가입 활성화

④ 미래 재난에 효율적으로 대비하기 위한 R&D 강화

4. 결론

(1) 재해예방과 관련하여 정부 예산이 매해 증가 추세임.

(2) 중기 재정계획에 재난관리 예산 반영 필요

　→ 지속적인 재해예산투자로 기후변화에 대응하는 능력 구축

(3) 중장기적 대책으로 정부 및 국민 모두가 재난에 신속하게 대처하는 능력을 구축할 수 있도록 체계적 계획 수립 및 관리 필요

17 세계물포럼(World Water Forum)

1. 개요

전 세계의 정부, 수자원 전문가들이 참가하여 21세기 물문제에 대해 토론하고, 그 중요성을 널리 알리기 위한 국제회의

2. 주관

(1) 세계물위원회(World Water Counsil) 및 주최국의 물포럼 조직위원회에서 주관

(2) 1997년부터 3년마다 개최

3. 우리나라의 참여현황

(1) 제2차 세계물포럼부터 참석

(2) 2006년 6월 한국물포럼 설립 : 국제 수자원 네트워크의 중추적인 역할을 수행할 플랫폼을 설립해야 한다는 필요성에 부응하여 설립함.

(3) 2015년 제7차 세계물포럼 대구-경북에서 개최

18 해외 물시장 진출 공략

1. 해외시장 진출현황

(1) 국내 물기업은 치수, 이수, 친수 등 다양한 분야에서 강점 보유

(2) 적극적으로 해외 물시장 진출 추진

① K-Water : 민간기업과 협력하여 경영모델 구축에 선도적 역할
② 민간기업 : 수자원 개발, 관리, 댐 건설 및 해수담수화 플랜트 등의 분야에서 세계 최고의 역량 발휘

2. 해외시장 진출 관련 문제점

(1) 물시장 운영 부문

지방자치단체 중심의 사업경영 및 인력운영으로 자율성이 없음.

(2) 민간부문

운영경험 및 대외신인도 등이 상대적으로 미흡

(3) 해외사업 추진 메커니즘의 부재

① 국내기업의 해외 물시장 진출은 특정 분야에 국한
 － 조사, 설계, 시공, 플랜트 등
② 관련기업이 협력하여 경영하는 관리체계는 갖추어지지 않음.

3. 동향 및 여건 변화

(1) 해외

① 동아시아, 중동, 아프리카 시장－연간 10% 이상 성장
② 중국이 세계 물시장의 주요 국가로 부상
③ 인구증가, 기후변화, 재투자 수요 증가 등은 이러한 물시장 성장세를 더욱 가속화
 → 매년 5.6%의 높은 성장 전망
④ 기후변화 대응 물관리 인프라 투자 및 친수공간 개발을 위한 유역 종합개발 시장 성장
⑤ 물시장이 급성장
 → 물시장 진입국가와 전문 물기업은 증가, 특히 개도국에서 성장한 로컬 물기업의 시장 참여가 크게 증가
⑥ 시장의 불확실성 증대
 → 기업들은 가치(Value)의 수직계열화를 통한 규모 및 범위의 경제를 추구
⑦ 시스템 계획 설치 운영, 관리 등 수처리 전 과정의 Total Solution화 성향
⑧ 글로벌 기업의 경우 M&A, 전략적 제휴 등에 의한 해외시장 진출 사례 증가

(2) 국내

① 국내 물산업은 상하수도 보급확대정책에 힘입어 빠르게 성장
② 국내 상하수도 보급률은 선진국 수준에 도달
　　→ 국내 물산업의 성장은 한계에 도달할 것으로 전망
③ 반면, 해외 기업의 국내 물시장 참여는 다각적인 분야에서 점차 증가 추세
④ 국내 물산업의 성장 한계 극복, 국내 물기업 육성 및 국부창출, 외국계 기업의 국내시장 진출에 대응하기 위해서 해외시장 진출 필요

4. 추진계획

(1) 비전 및 목표

세계 속의 물산업 경쟁력 확보
해외 물시장 진출 확대를 통한 국익 창출

(2) 추진계획

① 대형 전문 물기업 육성 등 해외 물시장 진출 경쟁력 확보
　　㉠ 물산업은 타 산업 대비 시장실패율이 높음.
　　㉡ 시장실패율을 낮추기 위해서는 높은 협상력을 지닌 대형 전문기업 육성
　　㉢ 국내외 기업 간 M&A 및 전략적 제휴 등의 활성화를 통한 물기업 경쟁체계 마련
② 협력에 의한 해외시장 진출 메커니즘 구축

$$\frac{민간기업}{시공능력} + \frac{공기업}{SOC\ 운영\ 및\ 재원조달} \rightarrow 해외\ 물시장\ 진출\ 모델\ 구축$$

　　→ 정부차원의 해외진출 지원
　　→ 건설수주 지원센터 설치 운영
③ 국가차원의 기술 HUB 시스템 구축
　　㉠ 미래 기술 개발을 위한 물산업 클러스터 구축
　　㉡ 개발된 신기술 및 신제품의 조기검정을 위하여 테스트베드 구축
　　㉢ 4대강 살리기사업을 통해 하천정비사업의 노하우 축적
④ 물산업과 관련된 Water Grid 기술개발
　　㉠ IT기술을 물산업 전반에 접목
　　　　- 공급자와 소비자 간(쌍방향) 정보교환 및 수자원 활용 최적화
　　㉡ 국제협력과 연계한 전략적 홍보 및 마케팅 추진
　　　　- 세계 최대 규모의 물관련 행사인 세계물포럼 한국유치를 해외 물시장 진출 기회로 활용

  - 해외진출 대상국가 주요 인사 초청 및 주요 현장방문, 공무원 물관련 연수교
    육실시 등
  ⓒ 물산업의 해외진출에 대한 중장기 계획 수립
  - 급성장하는 해외 물산업시장에 대응하기 위한 세부 전략 마련

19 물발자국(Water Footprint)

1. 기본개념

(1) **인간이 사용하는 물의 양을 나타낸 지표**

물발자국(Water Footprint) → 인간이 직접 마시고 씻는 데 사용한 물 + 음식이나 제품을 만드는 데 소요되는 가상수(Virtual Water)

예) 쌀 1kg 생산, 물 2,500L 필요
    우유 1L 생산, 물 1,000L 필요

2. 필요성 도입배경

(1) 선진국과 저개발국 사이의 물 사용의 불균형 해소

(2) 전 세계 물 사용량 조절을 위해 도입

3. 국내현황

(1) 국가 간 상품과 서비스 거래, 물의 양으로 환산(Virtual Water)

  → 우리나라 물 자급률은 38%로 매우 낮음.

(2) UNESCO-IHE 평가대상 100개국 가운데 우리나라는 물수입률이 15번째로 높은 국가임.

4. 미래전망

(1) 국제적인 식량 및 에너지 정책 흐름

  → 국내 자급을 위해서 현 수준 사용량의 1.4배에 해당하는 물이 더 필요

(2) 미래 에너지로 각광받고 있는 바이오 에탄올, 수소가스 등을 중심으로 한 에너지 정책 추진 → 물 수요량 증가 전망

20 GIS 활용방안에 대하여

1. 개요

유역종합치수대책을 수립하기 위한 기초자료의 체계적 조사 및 분석 필요
→ 방대한 대유역의 객관적이고 체계적인 조사 분석을 위해 GIS 활용

2. 유역기초자료

(1) **유역특성 인자** : 유역면적, 평균경사, 평균고도, 방향성(DEM 이용)

(2) **유역형상** : 평균폭, 형상계수, 밀집도, 수치지형도, DEM 이용

(3) **하천형태** : 유로연장, 경사, 하천밀도, 하폭(DEM 이용)

(4) 인문 · 사회 · 경제조사(통계 DB, 행정구역도, 도로현황 등)

(5) 토질 및 토양조사(개략, 정밀토양도)

(6) 토지이용 현황조사(토지이용 현황도, 토지피복도)

3. 국내 GIS 구축현황

(1) **국토해양부** : 수치지형도, 토지이용현황도(국립지리정보원)

(2) **환경부** : 토지피복도, 녹지자연도, 식생도

(3) **농촌진흥청** : 정밀토양도

(4) **산림청** : 임상도, 산림 이용 기본도

(5) **수자원공사** : 주제도, 수자원 단위지도

(6) **지질연구소** : 지질도

※ 홍수량 산정

    – 도달시간(T_c) : 수치지형도, DEM 이용

    – CN ┌ 토지이용 : 토지이용 현황도, 토지피복도 이용
          └ 토양형태 : 개략, 정밀토양도 이용)

21 추이대(Ecotone)

1. 개요

(1) 두 생태계가 전이하는 영역

(2) 다양한 환경조건 → 다양한 식물군락, 동물군집의 생존을 가능하게 함.

(3) 연안대는 추이대의 전형적인 수역으로 동식물에 다양한 서식환경을 제공

※ 과거 호안공법은 주로 콘크리트 재료를 사용하여 경사가 급하여 추이대 파괴
　　→ 완경사 제방화, 은제공법 등을 적용하여 추이대(Ecotone) 복원

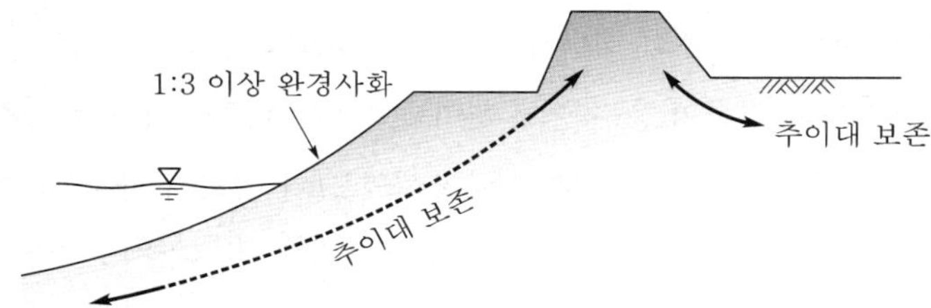

2. 은제공법

(1) 기존에 축조된 급경사 제방을 완경사 제방으로 만들어 생태기능을 극대화

(2) 기존 호안을 존치하고 그 위에 복토하여 1:3 이상 완경사로 만들어 녹지화
　　→ 치수안정성 도모, 콘크리트 폐기물 발생억제

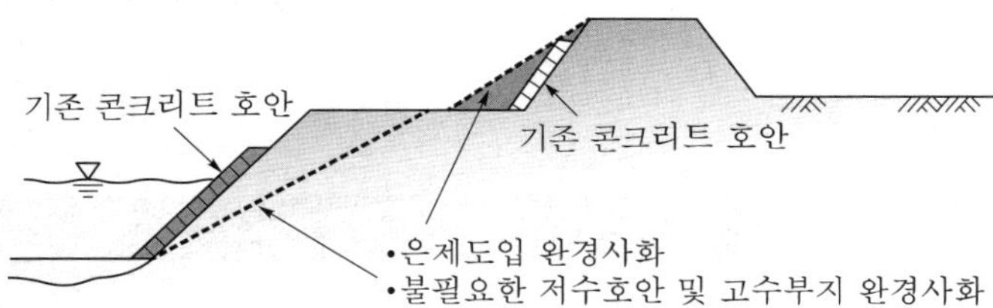

22 감조하천

1. 개요

하구 또는 하천의 하류부에서 조석의 영향으로 강물이 염분 및 수위, 특히 유속에 주기적인 변화를 일으키는 하천을 말한다.

2. 특징

(1) 경사가 완만한 대하천일수록 감조구간이 길어짐.

(2) 상류로 갈수록 감조 정도는 약해지지만, 국부적으로 하폭이 좁은 곳에서는 조석에너지가 집약되어 하류보다 감조 정도가 증가되는 경우도 있음

(3) 감조하고 있을 때의 강물이 용수 중에 섞여 들어가면 염해를 일으켜 농작물의 피해가 큼.

(4) 바닷물이 강을 거슬러 올라가는 거리는 조석의 크기 이외에 하천유량에 의해서도 달라지며, 탈수 등으로 유량이 감소하게 되면 상류까지 바닷물이 거슬러 올라간다.

3. 발생현상

(1) 해소

강어귀가 나팔모양으로 펼쳐져 있고, 앞바다가 멀리까지 얕으며 조차가 큰 경우에는 조파의 안면이 수벽을 이루어 강을 거슬러 올라가는데, 이를 해소라고 한다.

(2) 밀도류

밀물 때에는 바닷물이 쐐기꼴로 강바닥을 거슬러 올라가기 때문에 상층보다 하층 쪽의 염분의 농도가 높다.

23 엘니뇨와 라니냐

1. 엘니뇨(El Niño)

(1) 스페인어로 남자아이, 아기예수를 의미함.

(2) 열대 태평양 적도 부근에서 남미 해안과 중태평양에 걸쳐 광범위하게 해수면의 온도를 상승시킴(2~5℃)

(3) 2~7년마다 불규칙적으로 발생

(4) 주로 9월~3월 사이에 발생

2. 라니냐(La Niña)

(1) 스페인어로 여자아이를 의미함.

(2) 적도 무역풍이 발달함.

(3) 서태평양의 해수면과 수온이 상승함.

(4) 찬 해수의 용승현상 → 적도 동태평양 저수온 현상 강화

(5) 엘니뇨와 반대현상

3. 원인 및 대비

(1) 엘니뇨와 라니냐 현상은 아직까지 명백하게 규명이 되지 않음.

(2) 해수온도와 대기순환과 밀접한 관련이 있음.

(3) 장기적인 기상이변이 나타나므로 대비책이 필요

① **홍수현상** : 관계시설 정비 및 강화
② **가뭄 시** : 저수능력의 강화, 지하수 개발 등

PART 04

제방 및 하상

Chapter 01. 제방 및 하상의 안전

제방 및 하상의 안전

1 유수지 계획 시 고려사항

1. 개요

(1) 유수지의 위치 선정은 효과 및 저수 용량 확보가 유리한 지점에 설치한다.

(2) 유수지 계획은 치수, 레크리에이션 이수, 주차장 이용 등을 고려하여 다목적 계획이 바람직하다.

(3) **유수지 방식의 종류**

① 하도 유수지

② 조절지

2. 하도 유수지

(1) 유수지를 하도의 자연 저류 기능을 이용하거나 횡제 등을 설치하여 유수를 체류하는 형식이다.

(2) 배수 펌프장을 병행하여 시행하면 효과적이다.

3. 조절지(유수지)

(1) 월류제나 수문을 설치하고, 유수지와 하도를 완전 분리한다.

(2) 홍수 시 홍수를 일부 저류시키는 형식이다.

(3) **고려사항**

① 월류제의 높이는 조절 시 유량과 관련

② 하도는 가급적 직선이 되게 한다.

4. 내수 피해 조사

배수 계통, 기왕 자료, 지형, 홍수 추적 관련 사업, 경제성

5. 내수 처리 대책 순서

모형 설정, 피해액, 처치방식, 경제성, 처리방법, 시설 규모

6. 결론

상기의 하도 유수지, 조절지 중 방법의 선택은 유수지의 지형, 하천 상황, 유량 조절 조건, 용지 취득의 난이, 공사비, 경제성 등을 고려해서 결정한다.

2 사방의 기본계획

1. 개요

사방은 토사의 생산 및 유출 방지와 하천의 치수, 이수, 기능 보전을 도모하는 데 있다.

2. 유출 토사의 종류

(1) **계획 생산 토사량** : 기준점 상류 유역을 대상으로 토사의 생산, 형태별, 유역 내 생산 억제 시설이 없는 상태에서 산정하는 것

(2) **계획 유출 토사량** : 유수의 소류력에 의해 유출되는 토사량

(3) **계획 허용 유사량** : 기준점 하류에 무해한 유출 유사량

(4) **계획 초과 유사량** : 계획 기준점에서의 계획 유출 토사량에서 계획 허용 유사량을 감한 유사량

3. 사방의 기본계획

계획 초과 유사량을 합리적이고 효과적으로 처리하기 위한 것으로, 억제 및 조절 계획이 필요하다.

(1) **토사 생산 억제 계획**

사방댐, 유로공, 산복공 등을 실시한다.

(2) **토사 유출 억제 계획**

유해한 유출 토사를 사방 시설에 저류해서 그 유출을 억제하기 위한 사방댐 등에 합리적으로 배분한다.

(3) 유출 토사 조절 계획

유출 토사를 사방 시설에 일시적으로 저류해서 유수에 의해 안전하게 하류에 유하시키는
조절과 유출 토사의 입경을 조절하기 위한 계획으로, 사방댐 등에 합리적으로 배분한다.

(4) 환경보전과의 조정(사방시설별 분류)

① 산지 발생 억제 : 산복공, 사방댐

② 계안 발생 억제 : 사방댐, 호안공, 바닥 다짐공

③ 하도 발생 억제 : 바닥 다짐공, 수로공

④ 하도에서 유출 조절 : 사방댐, 바닥 다짐공

4. 결론

유출 토사의 종류, 기본계획, 유출 억제계획 등을 분류하고 적합한 계획을 수립한다.

3 유사 조사에 대한 고려사항

1. 유사 조사방법

(1) **유사량 직접 조사** : 관측, 굴착, 퇴사량 측정

(2) **하상 변동 조사** : 종 · 횡단 측량, 수위 조사, 하상 변동 조사

(3) **하상 재료 조사** : 하상 재료를 이용

2. 유사량 조사

(1) 유사량 조사방법

① 유사량 관측에 의한 조사

② 하상 굴착에 의한 조사

③ 퇴사량 측정에 의한 조사로 구분

(2) 내용

① 유사량 관측에 의한 조사

㉠ 부유사량 측정

- Point Intergrating Method : 측정 단면에 측선을 정하고 채수기를 사용해
서 부유사량의 농도를 측정한다.
- Depth Intergrating Method : 채수기를 올렸다 내렸다 하여 농도를 측정한다.

ⓛ 소유사량 측정 : 측정하고자 하는 단면에 채수기를 하상에 일정시간 정치한 후 포락된 토사를 계산하여 소유사량을 구한다.

② 하상 굴착에 의한 조사 : 유수에 의해 메워지는 물을 조사

③ 댐, 저수지의 퇴사량 측정에 의한 조사 : 저수지의 퇴사량을 조사

3. 하상(河床) 변동량 조사

(1) **종 · 횡단 측량 조사** : 종 · 횡단 측량을 실시하여 변동량 조사

(2) **수위 조사** : 수위 변동에 의한 조사

(3) **하상 변동 조사** : 하상 변동, 인공적 요인도 포함

(4) 홍수 시의 하상 변동 조사

4. 하상 재료 조사

하상 재료를 이용 유사량을 조사

5. 결론

유사 조사방법 및 그 지형 여건에 맞는 방법 선택

4 제방, 제체에서 침윤선을 구하는 방법

1. 개요

(1) 제방, 제체 단면에는 유수 침투 시 B.C.A와 같은 침윤선이 나타난다.

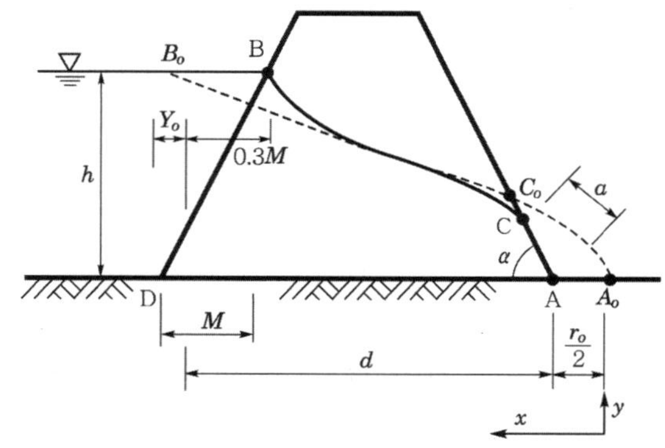

(2) 이 침윤선이 뒤 비탈 기슭에 도달하면 누수가 시작되고, 양이 많으면 파이핑 및 붕괴 위험이 있으므로 침윤선이 기슭 안쪽에 들어오게 해야 한다.

(3) 일반적으로 침윤선 계산은 Casagrand 방법을 적용한다.

2. 침윤선 계산방법

(1) 위의 그림에서

$$a = \sqrt{d^2 + h^2} - \sqrt{d^2 - h^2 \cot^2 \alpha}$$

$$X = \frac{Y^2 - (Y_0)^2}{2Y_0}$$

$$Y_0 = \sqrt{h^2 + d^2} - d$$

(2) Casagrand 침윤선 계산방법

① 제외지측 수면과 안비탈 교점 B, B점부터 D점과의 수평 거리 H

② B점부터 $0.3M$ 거리를 B_0라 한다.

③ 제내 측 비탈 끝 A와 B_0 수평거리를 d라 하면 $Y_0 = \sqrt{h^2 + d^2} - d$

④ A점부터 제내지측으로 $Y_0/2$을 A_0라 하고 A점을 초점으로 A_0, B_0를 통과하는 포물선이 침윤선을 결정하는 기본 포물선이다.

⑤ 실제 포물선은 B점부터 비탈면에 수직으로 유입하고, 제내 측 비탈면에 정하도록 침식하므로 C_0를 C로 옮기고 B, C와 같이 수정한다.

⑥ C점의 위치를 결정하는 비탈길 a는 전술한 식에 의해 결정한다.

$$a = \sqrt{d^2 + h^2} - \sqrt{d^2 - h^2 \cot^2 \alpha}$$

5 사면 활동(Land Sliding)

1. 개요

암석이나 지층이 일체가 되어 특정 사면상을 활동하는 것을 말한다.

2. 원인 및 대책

(1) **원인** : 지층 내부의 전단 저항력에 비해 상부의 암석이나 토사의 하중이 크기 때문

(2) **대책** : 지층 내부의 전단 저항력을 크게 하거나 지하 수위를 저하시킨다.

3. 방지공법

(1) 종류

① 배수공법

② 침투방지(우수)공법

③ 억제공법

④ 절취공법

(2) 내용

① **배수공법** : 지하수 배제

② **침투지치공법** : 지하수의 침투방지

㉠ 다짐

㉡ 약액 주입공법

③ **억제공법**

㉠ 사방댐 설치

㉡ 파일, 수제 호안공 설치

④ **절취공법** : Sliding 위험지구를 미리 절취하여 안전을 도모

4. 결론

(1) 토사 사면 붕괴 → 저부, 선단, 사면 내 파괴

(2) 암사면 파괴 → 평면, 쐐기, 전도, 원호 파괴 등이 있으며, 사전 조사 및 원인을 분석하여 적절한 공법을 선정한다.

---

6 제방의 안전대책 검토

1. 개요

(1) 근래 잦은 호우로 대규모 홍수가 유발되어 하천 시설물의 파괴 시 엄청난 침수 피해가 발생되고 있는 실정이다.

(2) 하천 치수 구조물의 유지관리 측면에서 기존 제방에 대한 충분한 안전 진단을 시행하여 문제점 및 대책 수집이 필요하다.

(3) 기존 제방에 대한 파괴 및 누수 원인을 분석하고, 보강 및 그 대책을 검토한다.

2. 기존 제방의 현황 파악

(1) 제방 위치, 종류(형식) 파악

(2) **과거 홍수 시 파괴 및 누수 현황 파악**

    ① 관련 자료   ② 현지 탐문조사

    ③ 지질조사

3. 제방 파괴 및 원인 분석

(1) **제체 단면**

    ① 월류 및 세굴   ② 침투 및 누수

    ③ 활동(Sliding)

(2) **기초 지반**

    ① 침투 및 누수   ② 활동 파괴

    ③ 침하

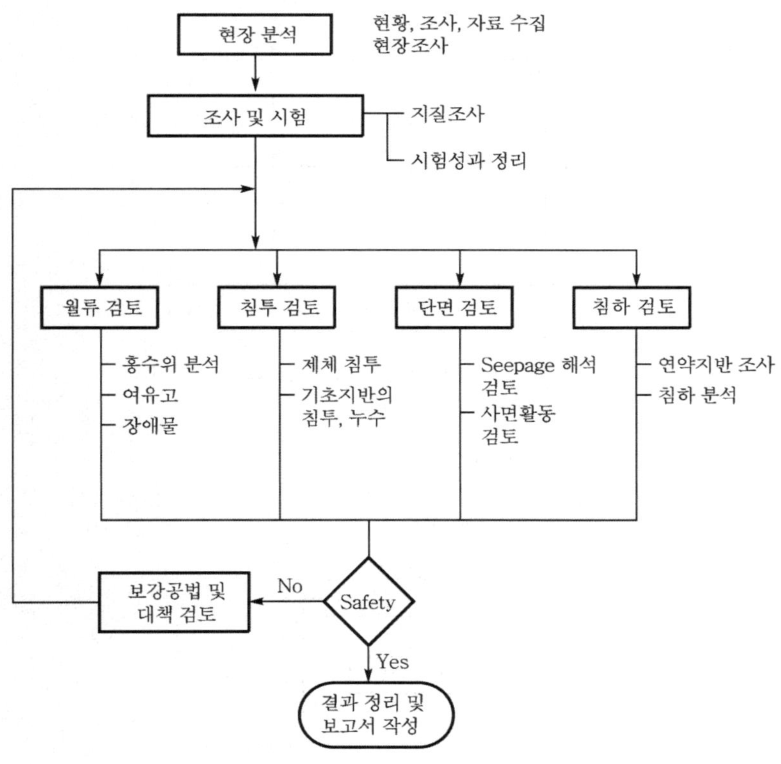

[제방 파괴 원인 분석]

4. 보강공법 및 대책 검토

(1) 침투 누수 대책

① 제체 누수 대책

㉠ 재료 선정

㉡ 단면 조정

㉢ 다짐 철저

㉣ 돌붙임. Con'c Block 섬유 불투수층 호안 설치

② 기초 지반 누수 대책

㉠ 제외지 측 : Sheet Wall

㉡ Grout : 차수벽 설치

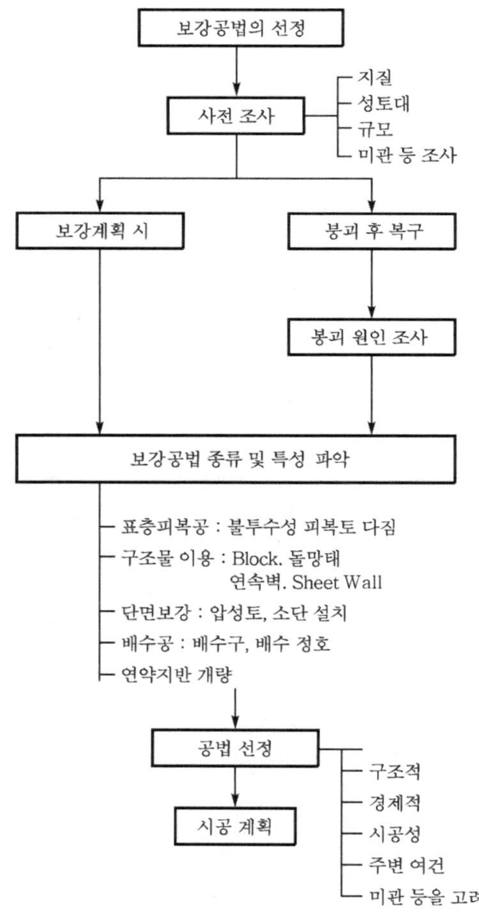

[보강공법의 선정]

    ⓒ 제내지 측 : 배수용 우물 배수구를 만들어 침윤선을 낮춤.

    ⓔ 제외 압성 토공법

(2) 단면 파괴 및 침하 대책

  ① 제체 단면 활동 파괴 대책

    ㉠ 단면 보강

    ㉡ See Page Control

    ㉢ 블록 돌망태공

  ② 침하 대책

    ㉠ 압성토 공법

    ㉡ 단면 보강

    ㉢ 연약지반 개량

7 호안(護岸)에 대한 정의

1. 개요

제방을 유수에 의한 침식, 침투로부터 보호하기 위한 구조물로 직접 하안을 보호하는 것이다.

2. 호안의 분류

(1) 고수 호안 : 고수 시 앞비탈 보호

(2) 저수 호안

  ① 저수로의 고정

  ② 고수부지의 결괴 방지

(3) 제방 호안 : 고수 호안 중 제방에 설치되는 것

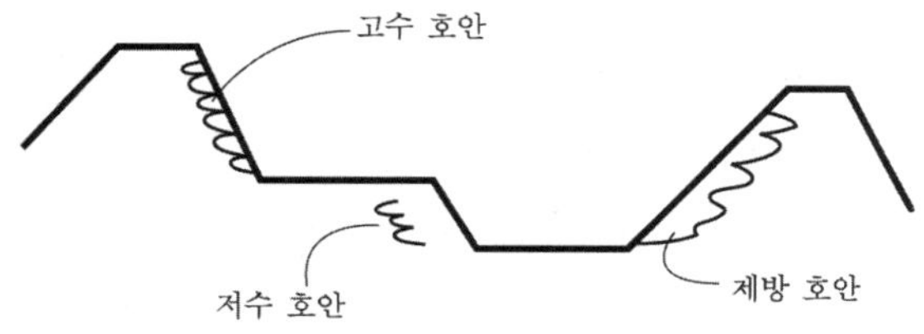

[호안의 분류]

3. 호안공법

(1) 종류

① 비탈 덮기공

② 비탈 멈춤공

③ 밑다짐공(바닥다짐공)

(2) 특징

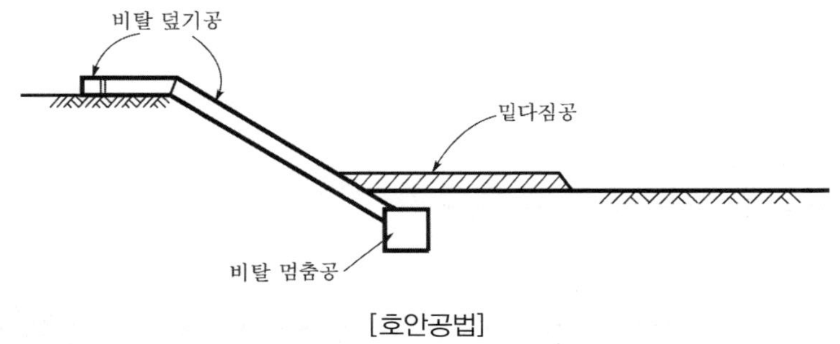

[호안공법]

① **비탈 덮기공의 종류** : 호박돌 붙임공, 깬돌, 콘크리트, 버들가지, 돌망태, 돌쌓기, AP계 비탈 덮기공

② **비탈 멈춤공의 종류** : 바자공, 널판 바자공, 말뚝 바자공, 널말뚝공(Sheetpile)

③ **밑다짐공의 종류** : 섶 침상공, 목 침상공, 콘크리트 블록, 사석공, 돌망태공

4. 호안 계획 시 고려사항

(1) 호안의 높이는 파랑 대비 시 제방 높이까지로 한다. 보통은 계획 홍수위까지 한다.

(2) 기초 및 길이는(근입 길이) 계획 하상 및 현 하상 이하로 한다.

(3) 공사 재료는 입수 가능해야 한다.

(4) 호안의 법선은 유향을 고려한다.

(5) 호안 단면의 조도는 가급적 크게 한다.

5. 호안 시공의 설계 지침

(1) 조도는 가급적 크게 한다.

(2) 호안 파괴 방지를 위해 밑다짐공 시공에 중점을 둔다.

(3) 돌망태는 철선의 굴요성으로 유리하다.

(4) 돌붙임 호안은 공장이 큰 것을 사용한다.

8 바닥 다짐공

1. 개요

(1) 고수부지나 하상의 안정을 유지

(2) 하천을 가로질러 설치하는 공작물

2. 기능 및 설치 위치

(1) 기능

① 고수부지의 유지 : 세굴 침식 방지

② 하상 저하의 방지 : 하상 세굴, 준설 시, 하상 저하 방지

③ 하상 경사의 완화 : 급류 하천에서 낙차공 등 설치

④ 난류의 방지 : 구조를 조정

⑤ 흐름의 집중 방지

(2) 바닥 다짐공의 위치 선정 및 고려사항

① 평지 하천에서 : 하상 경사를 완화시켜 유수에 의한 세굴력을 감소시켜 상류의 하상 안정을 계획하고 난류를 방지하여 유향을 잡을 경우

② 산지 하천에서 : 하상 저하 우려가 있는 곳, 합류점 하류부에 난류가 발생하는 곳

3. 바닥 다짐공 설계 고려사항

(1) 수위 상승 변화

바닥 다짐의 단차를 크게 하면 상류의 수위 상승으로 범람 위험, 내수 배제 불량 등의 경우가 발생하므로 상류 수위를 고려하여 계획한다.

(2) 경제 조건

하나의 바닥 다짐의 단차를 크게 하여 바닥다짐의 수를 줄이는 것이 경제적이다.

4. 결론

바닥 다짐의 기초공은 안전을 고려하고, 바닥 다짐 기초는 침하, 세굴, 활동, 전도 등에 안전해야 한다.

9 하천작용(침식, 운반, 퇴적)

1. 개요

하천의 형상은 침식, 운반, 퇴적 작용을 반복한다.

2. 침식작용

(1) 홍수가 하안과 하상을 용해, 붕괴하여 그 물질을 하류로 운반하므로 하폭과 하상이 없어지고 깊어지는 작용을 침식 작용이라 한다.

(2) 하폭 → 측방침식, 하상 → 수직침식이라고 한다.

3. 운반작용(부유사, 소류사 등)

(1) 침식된 물질은 용해되거나 하류로 운반된다.

(2) **운반에는 소류사와 부류사의 형태가 있다.**

　① 부류

　　㉠ 유수는 소용돌이나 승강류를 가진 난류

　　㉡ 비중이 큰 토사를 운반

　② **소류력 : 유수의 흐름을 힘으로 하상의 자갈을 하류로 밀고 가는 힘**

4. 퇴적작용

소류, 부류에 의해 운반된 물질을 유속이 느린 하류에서 큰 입자는 먼저 퇴적되고 작은 입자는 나중에 퇴적하는 작용이며, 용해 물질은 침전되지 않는다.

5. 결론

상기에서 보는 바와 같이 하천작용은 침식 → 운반 → 퇴적의 작용을 끊임없이 계속하며, 홍수 시에는 특히 왕성하다.

10 지배 유량

1. 정의

하천 특성으로 하폭, 세굴, 퇴적량을 좌우하는 데 가장 큰 영향을 미치는 유량으로, 대략 80~90%의 초과 확률에 상응하는 유량이다.

2. 산정방법

(1) 어느 기간에 있어서 그 기간 중의 전 유사량을 대표할 수 있는 유량을 지배 유량이라고 정의하며, 지배 유량보다 적은 규모의 유량에 의해 발생하는 유사량과 지배 유량보다 큰 규모의 유량에 의해 발생하는 유사량이 동일한 값을 가지게 된다.

(2) 이러한 현상은 장기간에 걸쳐 고려하면 지배 유량의 상태에서는 하상의 세굴과 퇴적 작용이 번갈아 발생하며, 하상은 평행을 유지할 수 있는 것이라 예상된다.

(3) **지배 유량 산정식**

$$Q_d = \frac{\Sigma_1^K n_j \, Q_j \, Q_{tj}}{\Sigma_1^K n_j \, Q_{tj}}$$

여기서, Q_d : 지배 유량($\mathrm{m^3/sec}$)

$\quad\quad\quad Q_{tj}$: 전 유사량

$\quad\quad\quad n_j$: Q_j의 발생빈도

$\quad\quad\quad K$: 유사량의 등급수

$\quad\quad\quad Q_j$: 등급의 유량

3. 결론

지배 유량은 어떤 변동폭으로 변하는 하천유량을 그 유량에 의해 하천의 평형이 이루어질 것으로 추정되는 유량으로, 이러한 지배 유량의 값은 유사량과 관계되는 것이고, 대략 1.5년 빈도의 값을 가진다.

예) 한강개발 시 저수로 계획 빈도

$\quad$ 한강 인도교 지점 : $Q_d = 12{,}000\mathrm{m^3/sec}$(1.5년 빈도)

용어 해설

① 붕탁 : 산지 사면에서 석괴나 토사가 분체되어 붕괴되는 현상

② 하상계수 : 최소 유량 / 최대 유량의 비

    ㉠ 한국 : 1/400~1/715

    ㉡ 이는 큰 편으로 수자원 개발 시 어려움이 많다. 유량 관리는 곤란

③ 하천 밀도

    본, 지천의 길이의 총계 / 유역면적

④ 강우강도의 3가지 기본형

    ㉠ Japanese : $\dfrac{a}{\sqrt{t+b}}$

    ㉡ Talbot : $\dfrac{a}{t+b}$

    ㉢ Sherman : $\dfrac{a}{t^n}$

    여기서, t : 시간

         $a,\ b,\ n$: 상수

⑤ 수위 측정의 목적

    ㉠ 저류된 물의 양 산출

    ㉡ 유량 측정 수단

    ㉢ 저수지에서 유입량 산출

    ㉣ 홍수 예 · 경보 수단

    ㉤ 구조물(제방)의 규모 결정

⑥ 비유량법

    ㉠ 비유량 : 단위 면적당 유량으로

    ㉡ $q_A/q_b = \dfrac{R_A}{R_b} \times \left(\dfrac{H_A/H_B}{H_B/l_B}\right)^{0.4} \times \dfrac{f_A}{f_B} \times \left(\dfrac{A_A/l_A{}^2}{A_B/l_B{}^2}\right)^{1/3} + \left(\dfrac{A_A}{A_B}\right)^{1/3}$

        (강우량비) (유역경사비) (유출률비) (형상계수비)   (유역면적비)

⑦ 만곡부의 수두 손실(수위 상승)

$$I = I_0 \left(1 + \frac{3}{4}\right) \sqrt{b/r}$$

    여기서, I_0 : 직선부의 수면경사

         b : 수면폭

         r : 만곡 반경

    ∴ 수면 상승 : $\Delta h = I_0 l$

11 하류 유지용수의 필요성 및 유지용수 산정

1. 필요성

(1) 하천 유수의 정상적인 기능 및 상태 유지

① 수질 보전, 하천 시설물 보호

② 주운, 어업, 하수 막힘 방지

③ 염해 방지, 동식물의 보호

④ 지하수의 유지, 경관 기능

(2) 비점오염원의 대부분과 점오염원의 일부는 하수 처리만으로 처리가 곤란하므로 수질 환경 기준을 만족시키기 위한 하천유지용수의 확보가 필요

2. 유지용수의 산정

(1) 하천유지용수

① 하천 수질 환경 기준을 만족시키기 위한 환경보전 유량

② 희석 수량과 평균 갈수량과 비교하여 큰 값을 채택

③ 하천유지 유량＝Max(수질 환경 기준 유지 유량)

(2) 평균 갈수량

수위−유량곡선(Rating Curve)을 보유한 분석 지점에 대해 매년 갈수량을 평균하여 구한다.

(3) 수질환경 기준 유지 유량(환경보전 유량)

① 산정 모형 : QUAL 2E 사용

② 특징

   ㉠ 1985년 미국 환경청에서 PC용으로 개발

   ㉡ 1차원 정상류 모형

③ **산정방법** : 오염원의 유입 시점 및 각 하천 구간별 유량, 유속, 수심 및 반응계수 등의 인자를 적용하여 하천 지점별 수질 환경 기준인 BOD를 만족하도록 유지용수를 산정

3. 국내 유지용수 산정 결과

구분	1991년	1996년	2001년	2006년	2011년
한강	83	83	99	100	100
낙동강	45	45	51	60	70
금강	30	30	30	30	30

4. 결론

하천유지 유량은 수문학 측면 및 용수 관리 측면으로 비교하면,

(1) **수문학적 측면** : 갈수량 기준을 평균 갈수량

(2) **관리 제도적 측면** : 장차 제기될 수리권 문제의 효과적인 대처

합리적인 비용 부담, 적절한 하천관리 가능 유지 확보

12 지정 홍수위, 경제 홍수위, 위험 홍수위의 정의

(1) **지정 홍수위** : 계획 홍수량의 20/100에 해당하는 유량 시의 수위

(2) **경계 홍수위** : 수위가 더 이상 상승하면 제방, 수문, 교량 등에 대한 경계가 필요한 수위 계획 총수량의 50/100에 해당하는 유량 수위

(3) **위험 홍수위** : 경계 수위를 초과하여 제방, 수문, 교량 등에 대한 붕괴의 위험이 예상되는 수위 계획 수량의 70/100에 해당하는 유량 수위

13 갈수량의 분류와 정의

1. 개요

이수 측면에서 기준이 되는 갈수량으로

(1) 평균 갈수량

(2) 기준 갈수량

(3) 10년 빈도 1일 갈수량

2. 평균 갈수량

매년 갈수량을 평균한 값

3. 기준 갈수량

10년 빈도 갈수량으로 분석기간 동안의 매년 갈수량을 빈도 분석하여 초과 확률 10%에 해당하는 갈수량

4. 10년 빈도 7일 갈수량

(1) 미국에서 사용

(2) 7일 간의 관측 우량을 구해 가장 적은 7일 평균 유량을 그 해의 최저 7일 갈수량으로 정하고, 초과치를 빈도 분석하여 초과 확률 10%에 해당하는 7일 갈수량을 말하며, 3 가지 중 가장 작은 값을 가진다.

14 댐 하류의 하상 저하량 계산

1. Armouring 현상

(1) **정의** : 댐 하류의 하상 저하는 댐 축조 후 일정기간 동안은 하상이 저하되며, 종국에는 정지되는 현상

(2) **원인** : 댐 축조 후에 유황 변화, 토사 유입, 하안 결괴, 하상 표면의 토사 입자가 점차 굵어져 하상을 세굴로부터 보호해야 하기 때문

2. Lame에 의한 하상 저하량 계산

(1) Boring에 의해 하상 구성 재료를 조사한다.

(2) 유송 토사의 평균 수송 능력을 구한다.

(3) 각 단면 운반량을 계산한다.

(4) 연평균 하상 구성 재료를 결정한다.

(5) 그 해 연말에 Turn over Zone에 남아 있는 재료를 계산하여 이듬해 최초의 TOZ의 두 께로 결정하고 계산을 되풀이한다.

(6) Turn over Zone : 유수에 의해 운반되는 재료는 하상 표면으로부터 한정된 깊이의 재 료이며, 그 이동하는 층을 TOZ라 한다.

3. 하도 중 임의의 구간에서 일어나는 하상 저하

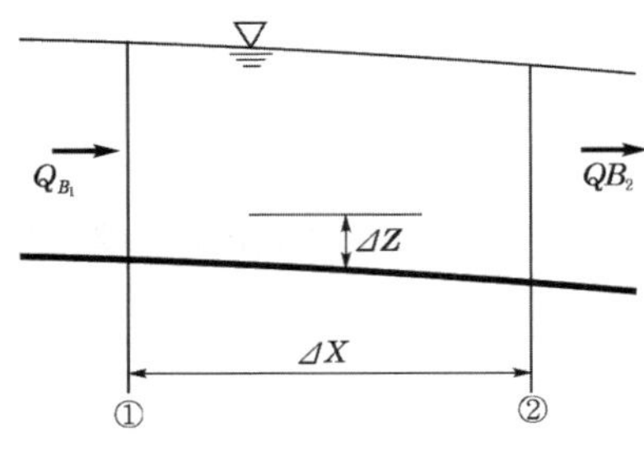

[하상 저하]

[하상 저하 공식]

$$\Delta Z = \frac{1}{B(1-\lambda)} \cdot \frac{(Q_{B_1} - Q_{B_2})\Delta t}{\Delta x}$$

여기서, ΔZ : Δt 시간 동안 하상고 변화

B : 하폭

λ : 공극률

①지점에 댐을 설치하면 유사량 공급이 차단되므로 $Q_B = 0$이다.

$$\therefore \quad \Delta Z = \frac{1}{B(1-\lambda)} - \frac{(Q_{B_2} \cdot \Delta t)}{\Delta t} \text{이다.}$$

15 한강 하류부 하구언 계획의 필요성

(1) 저수로 굴착으로 수위 저하 방지

(2) 수위 저하 및 지반 침하 발생 방지

(3) 염수 침입 방지

(4) 수면 조성으로 수상공원화에 의한 시민 위락 공간 제공, 체육 시설

(5) 한강 하구의 교량 역할

(6) 상류댐과 연계하여 수자원 최대한 이용

(7) 한강 주요 경인 운하에 이용

16 우수 침투 처리법의 적용

1. 서론

일반적으로 토양은 다음과 같이 세 가지로 나눌 수 있으며, 우수를 분산 처리함으로써 우수 침투의 지표 유출 감소 및 유출을 억제할 수 있다.

(1) **고상** : 토립자

(2) **액상** : 공극부(모관수)

(3) **기상** : 공극부

2. 우수 침투 처리법의 효과

(1) 소규모 조정지 기능의 극대화

(2) 침투 시설과 병행 시 조정지 점유 면적 감소

(3) 하천 개수비의 절감

(4) 토양의 건조화 방지

(5) 주변 공간 창조, 용수원의 확보

3. 공법의 종류

(1) 침투 지하 Trench

(2) 침투통

(3) 침투지

(4) 침투성 포장

(5) 침투 측구 침투정

4. 결론

우수 침투 처리법은 물 환경 보전에 이바지할 뿐만 아니라 토지의 효과적 이용을 도모하는 등 점차 확대되고 있으나, 다음과 같은 문제점이 있다.

(1) 지반 특성에 맞는 침투능력 평가방법

(2) 설치 후 유지관리 수법

(3) 오염원에 의한 오염 방지 문제 등의 해결과 정부의 적극적인 지원 대책과 지속적인 연구 개발이 이루어져야 한다.

17 하천 구조물 유지관리의 문제점 및 개선 방향

1. 서론

하천 구조물의 유지관리에 대한 문제점은 설치의 적정성, 유지관리 예산 부족 및 제체상의 문제 등이 있으며, 이에 대한 개선이 필요하다.

2. 문제점

(1) 구조물 설치의 적정성 결여

① 구조물의 대부분이 하천 정비 계획 수립 전에 설치되는 점이 부적절
② 이수 시설(보, 취수문, 양수장) 등의 상당수가 무질서하여 유수 소통 장애
③ 하천 정비 실적 저조
④ 사회 경제적 여건 변화에 따른 탄력적 보완 미흡
⑤ 표준도 작성 부진

(2) 유지관리 예산의 절대 부족

① 개수 사업은 증가하나 유지관리 미흡
② 최근 5년간 유지 보수비의 평균 투자율은 약 1.9%에 불과
③ 하천 수입금은 공사비에 사용하고 유지관리 투자는 소홀
　　－하천법에 하천 수입금은 하천유지관리비에 우선 사용(규정)

(3) 유지관리 체제상 문제

① 지류, 본류, 상·하류 간 일관된 하천관리의 결여
② 하천 시설물의 다원화된 관리 체제의 한계가 모호
③ 하천 시설물 관리 종사자는 하천의 유지관리 지식 기능 부족
④ 감시원의 감시 단속 활동이 유명무실

3. 개선 방향

(1) 하천 구조물의 적정한 설치

① 정비 기본계획의 수립을 조속히 완화

② 사회 · 경제적 여건 변화에 따른 각종 시설물의 보완 발전

③ 부실 구조물 난립 방지

(2) 유지보수 예산 투자 확대

① 구조물 능력 및 노후도를 검토. 시설물의 전동화, 개보수 계획을 수립하여 연차적으로 시행

② 정비의 정치적 배려 및 제도 개선, 투자비 유도

(3) 유지관리의 체제 보완 또는 개편

① 유지관리 체제의 질적 보완

㉠ 감시 활동 실효성 제고 : 감시원 보수 인상, 신분 보장, 근무 의욕 고취

㉡ 유지관리 관련 : 전문 인력 기능 확충, 유지관리 지침의 정비 보급

② 현행 체제의 전면 개편

㉠ 최소한 직할 하천 구간이라도 하천유지관리 사무소를 설치 운영한다.

㉡ 유역 관리청의 신설 방안을 검토할 필요가 있다.

4. 결론

하천관리를 하는 것은 원래 단순한 치수, 이수 지원만 하는 것이었지만 도시화, 인구 증가로 수질오염 문제는 물론 하천 공간의 효율적 활용(도로 건설, 경관 조성, 체육공원 시설)이 요청됨에 따라 치수, 이수, 쾌적한 환경을 제공하는 하천환경관리 문제를 종합적으로 고려해야 한다.

18 I-D-F Curve에 대해

1. 개요

(1) 강우강도(Rainfall Intensity)

(2) 지속시간(Duration)

(3) 재현기간(Return Period)

(4) 강우강도는 지속시간에 따라 다르다.

① 장기간 지속시간 강우는 짧은 강우보다 그 강도가 낮다.

② 짧은 지속시간 강우는 높다.

(5) 강우강도와 지속시간을 대수지상에 표시하면 직선으로 나타난다.

(6) 강우강도는 재현기간에 따라 그 크기가 다르므로 강우강도−지속시간−재현기간의 관계는 재현기간(빈도) 등을 매개 변수로 하여 세로 좌표는 강우강도, 가로 좌표는 지속시간으로 표시한다.

2. 강우강도(I)−지속시간(D)−재현기간(F)의 관계 곡선

(1) 연 시계열 또는 부분 시계열의 강우 자료를 구한다.

(2) 자료의 누가우량곡선으로부터 지속시간별 최대 강우량을 구한다(5, 10, …1시간, …일).

(3) 최대 강우량으로 강우강도를 구한다.

(4) 다른 강우 자료로 (1), (2), (3)항의 절차 반복

(5) (4)항에서 구한 지속시간별 강우강도를 크기순으로 나열하고, 재현기간을 Weibull 식 $\left(\dfrac{n-1}{m}\right)$ 등에 의해 구한다.

(6) 대수지에 재현기간을 매개 변수로 하여 세로는 강우강도를, 가로는 지속시간을 표시한다.

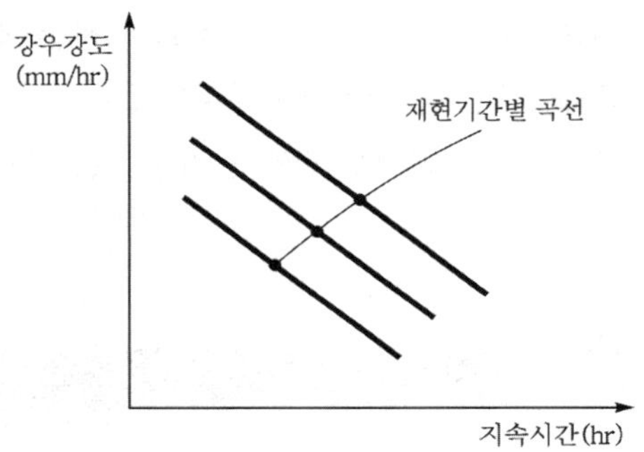

[I−D−F 관계 곡선]

19 유출 현상

1. 개요

유출이란 강우가 지표면으로 흐르는 현상을 말한다.

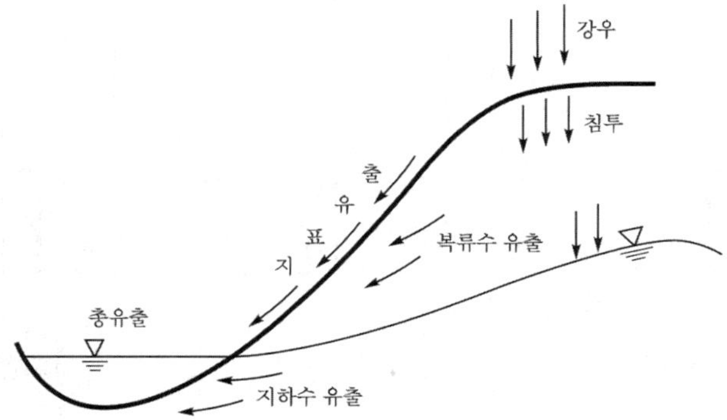

2. 유출 현상

(1) 침투보다 강우가 크면 지표로 유출(Over Land Flow)하는 현상

(2) 지표 유출+복류 유출=직접 유출

(3) 지하수 유출

(4) 총유출은 직접+지하수 유출

(5) 지표 유출+복류 유출을 유효 강우라 한다.

20 설계 호우의 시간적 분포, 분석

1. 개요

개발방법은 수없이 많으나 분석 절차는 다음과 같다

(1) 임의 배열 형태

(2) IDF의 수학적 관계 이용

(3) 강우 기록을 근거로 한 형태

(4) 기타 형태

2. 분석방법

(1) 임의 배열 형태

임의 배열 형태는 현재 Monobe 공식을 많이 사용한다.

① 전진형, ② 중앙 집중형, ③ 지연형

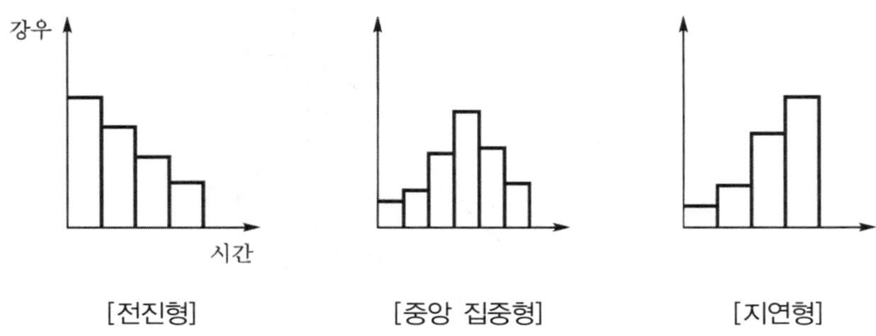

(2) IDF 수학적 이용 형태

강우강도(I) – 지속시간(D) – 재현기간(F)의 첨두 부분을 수학적으로 계산

(3) 강우 기록을 근거로 한 형태

강우 지속 시 종점을 중심으로 개발하는 방법

(4) 기타

① Pilgrin에 의한 방법

② Natural Environment Research Council 방법

21 수문곡선의 구성

1. 개요

(1) 수문곡선(Hydro Graph)

수위, 유량, 속도 등의 특성을 시간에 따라 나타낸 그림을 말한다.

(2) 유량/시간 → 유량 수문곡선

수위/시간 → 수위 수문곡선

(3) 일반적으로 수문곡선이라고 하는 것은 유량 – 시간 수문곡선을 말한다.

2. 수문곡선의 구성

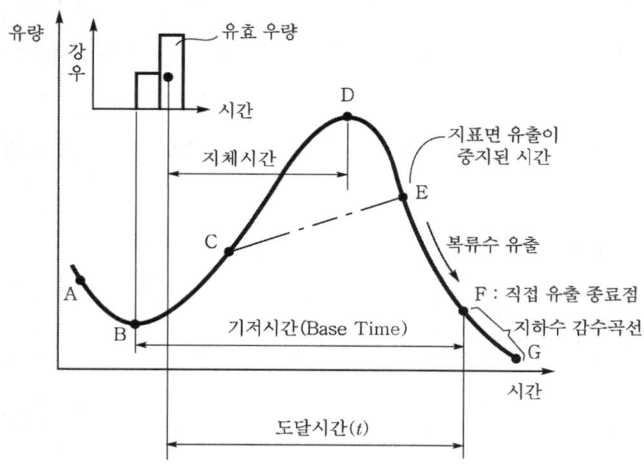

[수문곡선의 구성도]

위의 그림에서

      A−B : 수문곡선의 접근 부분

      B−D : 상승곡선

      D−G : 하강곡선

      C−D : 지체시간(lag time)

      C−E : 첨두 부분

      B : 수문곡선의 시작점

      D : 첨두유량

      F−G : 지하수에 의해 보충되는 유량, 지하수 감수곡선

      E : 지표면 유출이 중지된 시간

      E점 이후 : 저수량 방류

      F점 이후 : 지하수 공급에 의해 유출 유지

      B−F : 기저시간

3. 도달시간

(1) 도달시간

① 하천 본류를 따라 유역이 가장 먼 곳에서 유역 출구까지 물이 유하하는 데 소요되는 시간

② 이는 지표면 소요시간, 하도 흐름 소요시간으로 구분

(2) **우량, 유량 자료 있는 경우**

① 우량 주상도의 질량 중심에서 수문곡선의 하강부, 변곡점까지의 시간

② 이때 우량은 유효 우량, 수문곡선은 지하수에 의한 기저 우량을 제외한 직접 유출
이다.

③ **기왕의 자료가 없는 경우** : 하도에서의 유하시간과 지표면에서의 유하시간을 합해
도달시간으로 결정한다.

(3) **유역 도달시간 산정 공식**

① Manning, Chezy 공식

② FAA(Federal Aviation Agency), Kerby 공식

③ Kirpich 공식

④ Carter 공식

⑤ ARS 공식

⑥ Kraver, Rizha 공식

(4) **Time－Area Diagram과의 상관성**

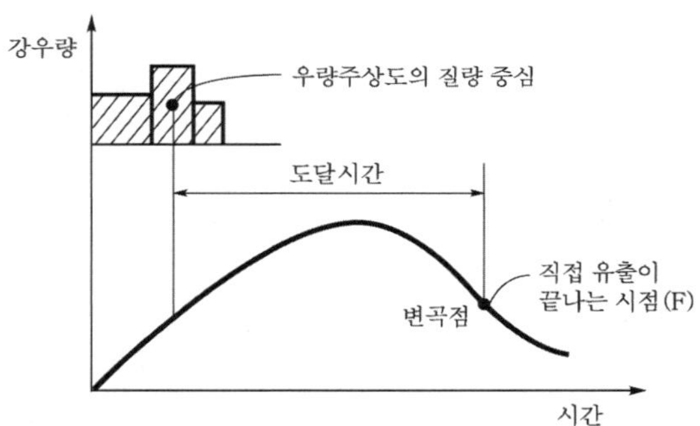

[Time－Area Diagram과의 상관성]

4. 결론

수문곡선은 유량, 수위 수문곡선에 대하여 분류하고, 특성 및 구성도 등을 분석하여 하천
및 댐 등의 관리에 이용한다.

PART 05 수문학적 공식 및 계산

수문학적 공식

1 수문곡선의 분리법

1. 개요

(1) 단위유량도의 유도, 기타 수문 해석을 위해서 직접 유출, 기저 유출을 분리할 필요가
있다.

(2) 분리는 경험에 의한 임의적 방법을 사용하고 있다.

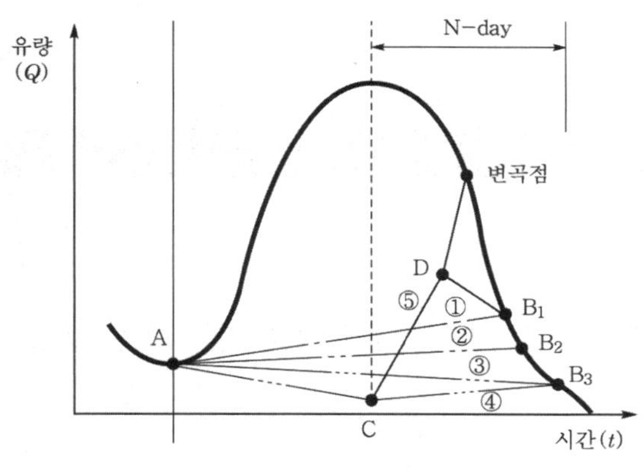

[수문곡선 분리방법]

2. 분리방법

(1) 지하수 감수곡선 연장법

① 감수 부분에 겹쳐 분리되는 점 B_1을 결정하여 수문곡선의 상승부 기점 A와 직선으
로 연결하는 방법으로, 가장 오래된 방법이다.

② 위 그림의 ①과 같다.

(2) 수평 직선 분리법

① 위 그림의 ②와 같다.

② 상승부 기점 A로부터 직선을 그어 감수곡선 B_2로 결정하는 방법이다.

(3) N-day법

① 위 그림의 ③과 같다.

② 첨두유량 발생시간부터 N일 후의 유량을 표시하는 점

(4) 수정 N-day법

① 위 그림의 ④와 같다.

② 수문곡선의 peak 유량 발생 시간까지 A점에서부터 C까지 Recession Curve를 작성하고

③ Peak 유량 발생 후 N-day 후의 유량을 표시하는 점 B_3를 연결

(5) Variable Slope Method

① 위 그림의 ⑤와 같다.

② 첨두유량 발생시간까지 A점에서 C점까지 Recession Curve를 작성하고

③ 하강 곡선의 변곡점까지 감수곡선을 후방으로 연결시켜 D점을 결정하여 Q점과 D점을 연결하는 방법이다.

2 지하수 감수곡선 작성법

1. 개요

지하수 감수곡선은 장기적인 감소 특성을 나타내는 곡선을 말한다.

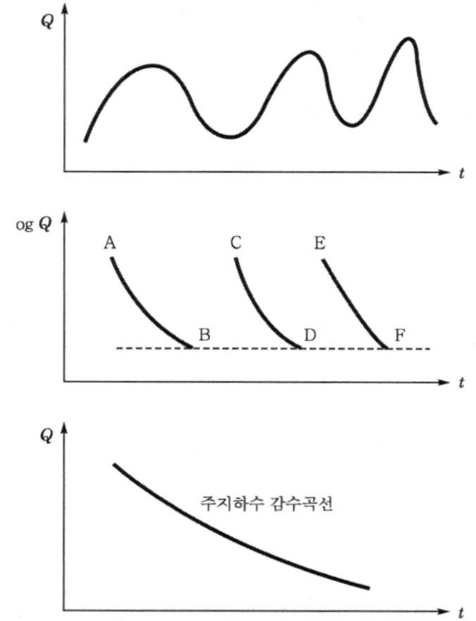

[지하수 감수곡선]

2. 작성방법

(1) 과거의 유량 기록을 연속적으로 수문곡선 표시한다.

(2) 유량(Q)을 대수지($\log Q$)에 표시한다.

(3) 감수곡선의 최대치를 잇는다.

(4) 선형 좌표를 환산하여 지하수 감수곡선을 산정한다.

---

3 침투능 산정방법, 초과 강우량 계산방법

1. 개요

초과 강우량, 즉 침투능 계산에는 다음과 같은 방법이 있다.

(1) ϕ−Index Method(ϕ지표법)

(2) ω−Index Method(ω지표법)

(3) SCS 방법

(4) 침투능 산정공식 이용방법

(5) 침투계 측정에 의한 방법

(6) 일정 비 손실 우량법

2. 초과 강우량(유효 우량)

(1) ϕ−Index Method

① 침투율이 일정한 값을 유지한다는 가정하에 총강우량에서 평균 침투율에 해당하는 일정 값을 뺀 나머지가 초과 강우량이 되도록 결정한 값

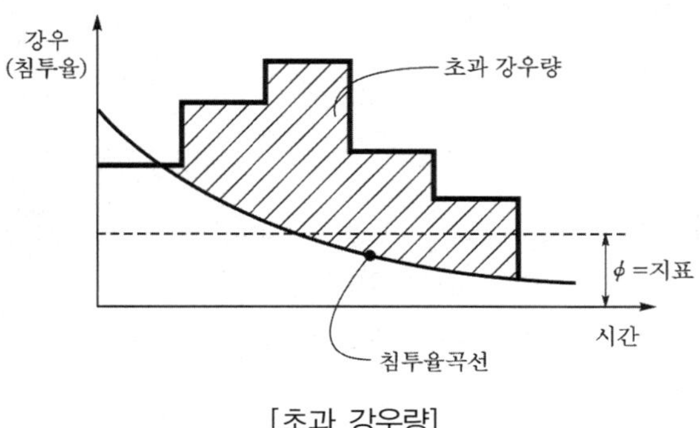

[초과 강우량]

② $\phi-$Index Method

$$\phi = \frac{F}{t} = t(P-Q) \rightarrow 총강우량-평균\ 침투량$$

여기서, P : 강우량

Q : 유출량

t : 총시간

(2) $\omega -$Index Method

① ϕ 지표법을 개량한 방법

② 강우 차단 또는 굴곡으로 인한 저류량을 뺀 다음, ϕ 지표법과 동일 방법으로 구하는 방법

③ 산식 $w = \dfrac{F}{t} = \dfrac{1}{t}(P-S-Q)$

여기서, S : 차단 혹은 굴곡으로 인한 저류량

④ 사용자의 주관적인 판단이 작용하게 된다.

(3) SCS 방법

① 유출량 자료가 없을 경우 적용 유역의 토양 특성, 식생 피복 상태 등에 대한 자료를 토대로 총강우량으로 초과 강우량을 산정하는 방법으로, 미국 토양보전국에서 개발했다.

② 미계측된 유역의 초과 강우량 산정에 널리 사용되고 있다.

③ SCS 영향 인자

㉠ 유역의 토양 종류

㉡ 식생 피복의 종류

㉢ 지표 처리 상태

㉣ 토양의 수문학적 조건

㉤ 선행 토양의 함수 조건

④ SCS 산정방법

㉠ $\dfrac{F}{S} = \dfrac{Q}{P}$ .... ⓐ

여기서, F : t 시간에 흙의 저류량(mm)

S : 포화되기 위한 최대 저류량

$Q,\ P$: 직접 유출량과 누가강우량

ⓛ $F = P - Q$를 식 ⓐ에 대입하면

$$Q = \frac{P^2}{P + S} \quad \cdots\cdots\cdots\cdots\cdots\cdots\cdots\cdots\cdots\cdots\cdots\cdots\cdots ⓑ$$

$$Q = \frac{(P + 0.2S)^2}{P + 0.8S}$$

$$Q = 0$$

ⓒ 여기서 $S = \frac{25400}{CN} - 254\,\text{mm}$

⑤ 여기서 CN은 Curve Number로서 흙의 종류, 지표 상태, 선행 강우 조건에 의해 정해진다.

⑥ SCS 적용 시 고려사항

ⓐ 흙의 종류 : A, B, C, D군 구분

ⓑ 토지 사용 용도

ⓒ 흙의 초기 함수 상태

건조(AMCⅠ)

보통(AMCⅡ)

포화(AMCⅢ)

(4) 침투능 산정 공식에 의한 방법

① Horton의 방법

$$f = f_c + (f_0 - f_c)e^{-Kt}$$

여기서, f : 임의 시간 침투능(mm/hr)

f_o : 초기 침투능(mm/hr)

f_c : 종기 침투능(mm/hr)

t : 강우시간

K : 상수

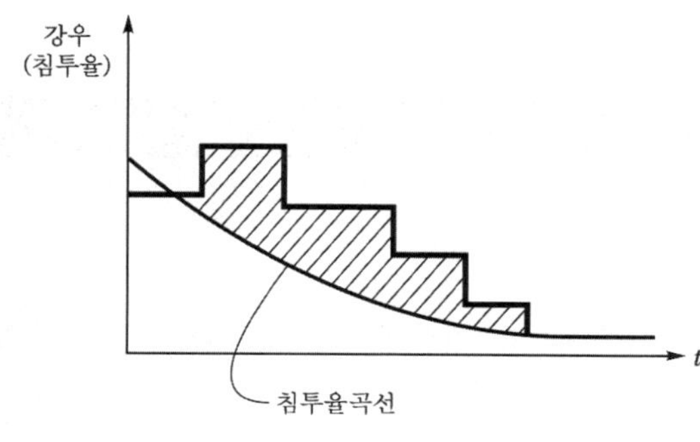

[침투율곡선]

$$\text{누가침투량} : F = f_{ct} + \frac{1}{K}(f_0 - f_c)(1 - e^{-Kt})$$

② Green and Ampt 공식

③ Philip 공식

(5) 침투계에 의한 침투량 측정

침투계로 계측

(6) 일정비 손실 유량법

일정비에 의한 손실 이용

4 SCS 유효 우량 산정방법 및 적용 절차

1. 순서

(1) 토양도 이용. 지형도(1/25,000, 1/5,000)상에 4개 토양군별 분포도(A, B, C, D)군 작성

(2) 유역 내 토지 이용상 토지 분류 분포

(3) 유역 내 지형도상에서 토양 피복형별 면적 산정과 가중인자로 결정한 유출곡선지수를 유역 전체에 걸쳐 평균함으로써 유역의 평균 유출곡선지수(AMC Ⅱ)를 결정

(4) **선행 5일 강우량 계산** : AMC를 결정하고, 이에 해당하는 AMC에 대한 평균 유출곡선지수 CN을 구한다.

(5) 최대 잠재 보유 수량 S를 구한 후 이를 총강우량 P와 함께 직접 유출량(유효 우량) Q를 계산한다.

$$\therefore \text{ 여기서 } f = \frac{Q}{P} \text{에서} \quad Q = \frac{P^2}{P+s}, \quad F = P - Q$$

5 가능 최대 강우량(PMP ; Probable Maximum Precipitation)

1. 개요

(1) 특수 수공 구조물 설계에서는 설계 홍수량을 초과하지 않게 설계 총수량을 결정해야 한다.

(2) 이 홍수량은 가상 최대 강우량을 사용하는 경우가 있다.

(3) 이를 가상 혹은 가능 최대 강우량이라 하며, 과거 최대 강우량뿐만 아니라 앞으로 더 큰 강우가 발생하지 않을 것이라는 가정 강우량을 말한다.

(4) 가능 최대 강우량(PMP) 시 계산 홍수량을 가능 최대 홍수량, 즉 PMF라 한다.

(5) **가능 최대 강우량(PMP) 산정방법**

① 통계적 빈도 개념 적용 발생

② 기왕 최대 강우량으로 추정하는 방법

③ 대기 중의 수분량으로 추정하는 방법

2. PMP 산정방법

(1) 통계적 빈도 개념 적용방법

① 산식 : $PT = \overline{P} + KT + \sigma$

여기서, PT : PMP

$\overline{P}$: 연 최대 강우량의 평균

σ : 24시간 지속 강우량의 표준편차

② P가 어느 분포에 속해 있는지 관계 없이 최대 KT 사용

(보통 24시간 강우 : $KT = 15$)

(2) 기왕 최대 강우량으로부터 추정

① 기왕 최대 강우량으로부터 크게 벗어날 수 없다고 보는 가정방법

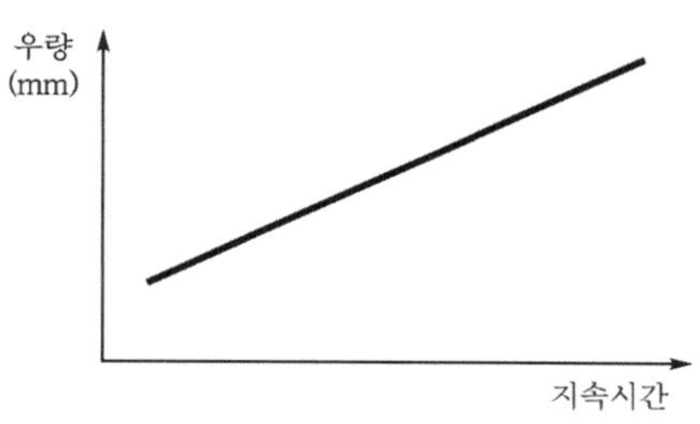

[최대 강우량 추정]

② 기왕의 자료로 최대 강우량 산정

(3) 대기 중의 수분량으로부터 추정

① 강우는 대기 중 수분이 낙하하는 것이다.

② 대기 중 수분량에 비례하게 되며, 대기 중 수분량으로부터 기온이 이슬점 이하가 되어야 한다.

(4) 국내 PMP 산정방법

① 유역 전이, 수분 최대화에 속한다.

② PMP24＝KP24. 여기서, K는 유역 최대 수분 함량비

3. 결론

PMP 계산은 상기 3가지 방법 외에 유역 전이에 따른 수평, 수직 변이를 고려하는 방법과 수분 최대화 등이 있으나, 언제나 설계 홍수량을 초과하지 않는 가상 최대 강우량을 산정한다.

6 합리식

1. 개요

홍수의 첨두 유량 추산을 위한 간편한 방법으로 저류 효과를 고려하지 않는 소규모 유역에 적합하며, 일정 강우강도로 유역의 첨두홍수량을 결정하기 위한 방법이다.

2. 첨두홍수량 계산

$$Q_p = \frac{1}{3.6} C \cdot I \cdot A = 0.2778 C \cdot I \cdot A$$

$$\text{또는 } Q_p = \frac{1}{360} C \cdot I \cdot A$$

여기서, Q_p : 첨두홍수량$(\mathrm{m^3/sec})$

C : 유출계수

I : 강우강도$(\mathrm{mm/hr})$

A : 유역면적$(\mathrm{km^2})$

A^* : 유역면적(ha)

3. 기본 가정

(1) 어떤 강우도 I 의 강우에 의한 홍수량 Q 는 그 강도의 강우가 유역 도달시간과 같거나 최대치에 도달한다.

(2) 강우 지속시간＝도달시간일 때 Q_p 는 I 와 직선 관계를 가진다.

(3) 유출계수 C 는 강우−유출과 관계 없이 동일하다.

4. 합리식 적용 시 유의사항

(1) 강우강도(I) 산정방법

① 색소 주입으로 실측할 수 있다.

② 경험 공식에 의할 때

- ㉠ SCS 방법
- ㉡ Rizha 방법
- ㉢ Kraven 방법
- ㉣ Kirpieh 방법
- ㉤ Kerby 방법

③ 기왕의 강우 자료 이용

(2) 유출계수의 결정

유출계수는 유역의 피복 상태에 의해 결정되지만 결정 시 세심한 주의를 요한다.

5. 결론

(1) 합리식의 전제 조건들은 강우 침투 및 저류가 적은 도시화된 유역 및 수원이 소유역에 잘 맞다.

(2) 유역이 커지면 저류 효과가 커지고, 합리식의 선형 강우－유출 가정이 성립되지 않으므로 사용 시 주의가 필요하다.

(3) 따라서 유역 면적을 $5\mathrm{km}^2$ 이내로 한정하는 것이 좋다.

(4) 비행장, 포장된 작은 유역에 주로 사용한다.

7 합리식 유도과정

1. 개요

(1) 합리식은 일정한 강우강도를 가지는 호우로 인한 어떤 유역의 첨두홍수량을 구하는 공식이다.

(2) 다음 그림과 같이 수문곡선을 이등변 삼각형으로 가정하고 어느 수문곡선의 첨두 유량을 계산하는 방법이다.

2. 유도과정

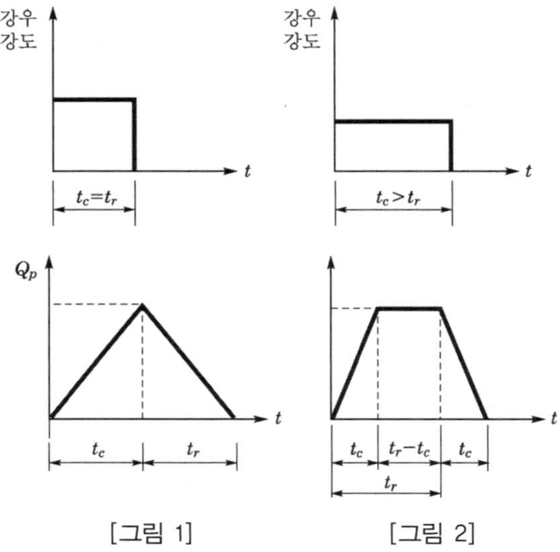

[합리식 유도과정]

(1) [그림 1]에서

   ① 강우 지속시간 t_r과 유역 도달시간 t_c가 같은 경우로, 유역 면적 A에 내린 유효 강우량의 체적은 출구를 통한 유량의 체적과 같다는 것을 보여준다.

   ② 즉,

$$I \cdot t_r \cdot C \cdot A = t_c \cdot Q_p$$

$t_r = t_c$이므로 $Q_p = c \cdot I \cdot A$이다.

(2) [그림 2]에서

   ① [그림 2]는 t_r이 t_c보다 큰 경우 유역에 내린 유효 우량의 총체적 수문곡선의 면적과 같다.

   ② 즉,

$$C \cdot I \cdot t_r \cdot A = t_r \cdot Q_p$$

여기서, $Q_p = C \cdot I \cdot A$이다.

3. 결론

상기 식을 합리식이라 하며, $Q_p = 0.2778\,C \cdot I \cdot A$에서 $Q[\mathrm{m^3/sec}]$, $I[\mathrm{mm/hr}]$, $A[\mathrm{km^2}]$ 사용 시 C는 유출계수이다.

8 나카야스(Nakayasu)의 종합단위도

1. Nakayasu식 유도

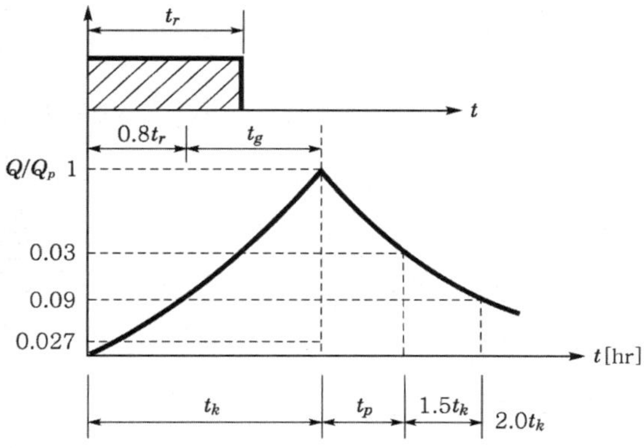

[Nakayasu식 유도]

2. Nakayasu의 종합단위도 유도

(1) 상승부 곡선

$$\frac{Q}{Q_p} = \left(\frac{t}{t_p}\right)^{24}$$

(2) 하강부 곡선

① $0.3 \leqq \dfrac{Q}{Q_p} \leqq 1$ 일 때

$$\frac{Q}{Q_p} = (0.3)^{\frac{t-t_p}{t_k}}$$

② $(0.3)^2 \leqq \dfrac{Q}{Q_p} \leqq 0.3$ 일 때

$$\frac{Q}{Q_p} = (0.3)^{\frac{t-t_p+0.5t_k}{1.5t_k}}$$

③ $(0.3)^3 \leqq \dfrac{Q}{Q_p} \leqq (0.3)^2$ 일 때

$$\frac{Q}{Q_p} = (0.3)^{\frac{t - t_p + 1.5t_k}{2t_k}}$$

$$Q_p = \frac{0.2778 R_o A}{0.3 t_p + t_k} [\mathrm{m}^2/\mathrm{sec}]$$

여기서, Q_p : 단위시간 t_r, 유효 우량 R_0로 인한 단위도의 첨두 유량

Q : 임의 시각 t에서의 유량($\mathrm{m}^3/\mathrm{sec}$)

t_k : 유량 Q_p에서 $0.3Q_p$로 감소하는 데 걸리는 시간(hr)

$t_k = 0.47(AL)^{0.25}[\mathrm{hr}]$

A : 유역면적

L : 유로 연장

$1.5t_k$: 유량이 $0.3Q_p$에서 $0.09Q_p$로 감소하는 데 걸리는 시간(hr)

$2t_k$: 유량이 $0.09Q_p$에서 $0.027Q_p$로 감소하는 데 걸리는 시간(hr)

(3) 한편 $t_g \cdot t_p$는

① $L \leqq 15\mathrm{km}$ 일 때

$t_g = 0.21 L^{0.7}[\mathrm{hr}]$

② $r > 15\mathrm{km}$ 일 때

$t_g = 0.4 + 0.058 L[\mathrm{hr}]$

③ $t = t_g + 0.8 t_r$

3. 결론

국내 3대강에 대한 Snyder형 합성 단위유량도는 다음과 같이 구할 수 있다.

$t_r \cdot t_p \cdot Q_p$ 기저시간

$T \cdot w50 \cdot w75$ 등은 $L \cdot Lc \cdot A$ 등을 이용하여 산정할 수 있다.

9 유하시간−유역면적도(Time−Area Diagram)

1. 산출 내용 및 방법

(1) 등거리법에 의한다.

(2) 유역 출구까지의 등유하 시간선을 작성

(3) 등유하시간선 사이의 구간면적 ΔA_i와 유하시간 t_i의 관계를 도표로 표시한 것을 유하시간−면적도라 한다.

(4) 지형학적 요소가 수문곡선에 미치는 영향을 고려할 수 있는 면적도이다.

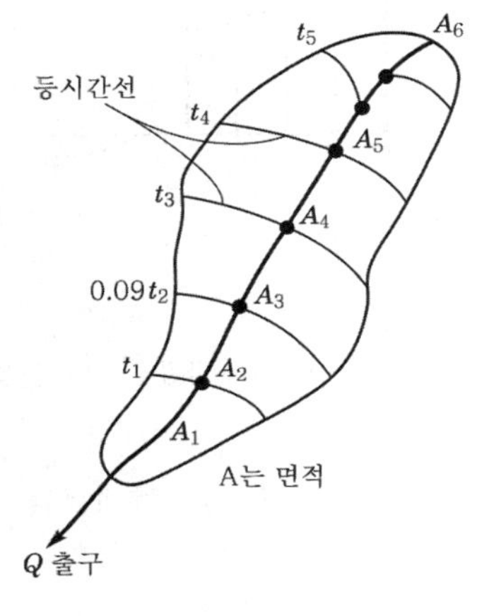

[Time−Area Diagram]

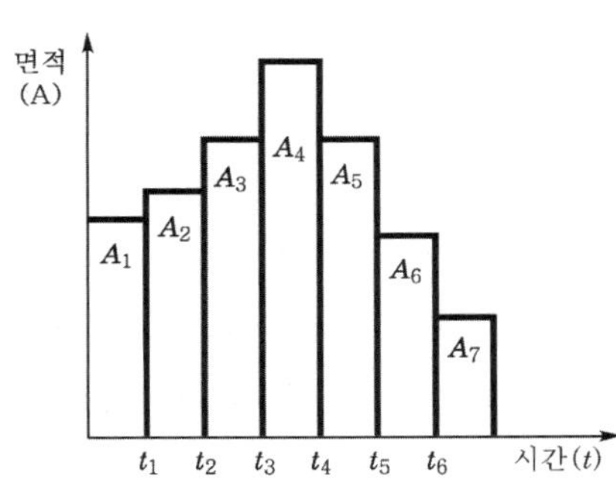

[유하시간−면적도]

2. 시간−면적 곡선의 작성

유역 출구 지점의 유출량에 기여하는 시간 구간별 배수 면적을 표시하는 주상도를 시간−면적 주상도(Time−Area Diagram)라 한다. 유역 출구까지의 홍수도달시간이 동일한 점을 연결한 등시간선을 그려 전 유역을 몇 개의 소유역으로 구분한 후 작성한다.

(1) 작성 절차

① 전 유역의 홍수도달시간 t_c를 결정

  ㉠ 실측 유출 수문곡선이 있을 경우 : K.C 사용

  ㉡ 실측 유출 수문이 없을 경우

   • Manning, Kraven 공법이나 Rziha 등의 공식을 이용

   • 기타 경험 공식

② t_c(도달시간)가 결정되면 L(유로 길이)/t_c하여 v(평균 유속)로 계산

③ 본류를 따라 등시간으로 구분

④ 이와 같이 등시간선으로 (t_i) 전유역을 여러 개의 소유역(ΔA_i)으로 구분

⑤ 등시간선의 면적을 도상 측정하여 전 시간 폭이 t_c인 시간－면적 주상도를 작성

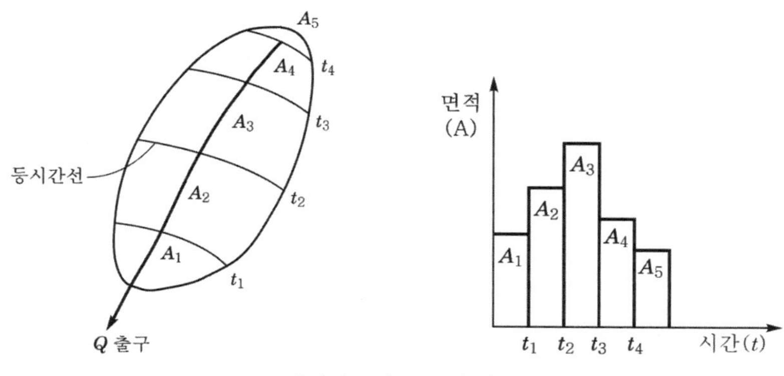

[시간－면적 곡선도]

(2) 적용

① 상기와 같이 지형학적 요소가 수문곡선에 미치는 영향을 대표할 수 있도록 고안된 것을 Time－Area Diagram이라 한다.

② 유역 추적법과 도시 유출 계산방법인 BRRL 방법 등에 유용하게 이용되고 있다.

10 자유 수면으로부터 증발량 산정방법

1. 개요

증발이란 액체 → 기체화되는 것으로 증발량 산정방법에는 다음과 같은 것들이 있다.

(1) 공기 동역학적 법칙에 의한 방법

(2) 에너지 보존 법칙에 의한 방법

(3) 물수지에 의한 방법

(4) 경험공식(Penman)에 의한 방법

(5) 관측(증발접시)에 의한 방법

2. 증발산량 산정방법의 종류

(1) **증발산** : 수면 증발+식물 증산을 말한다.

(2) **산정방법**

　① 측정방법
　② 이론적 방법
　③ 기후 인자와 상관관계 산정방법

3. 증발산량 산정방법

(1) **측정방법** : 측정 기구 이용 산정

(2) **이론적 방법** : Penman 공식 이용, 에너지 보존 법칙 적용

(3) **기후 인자와 상관관계에 의한 방법**

　① Blaney−Criddle 방법 : 식물에 의한 소비 수량은 기후와 식물의 종류에만 영향을 받는다고 가정
　② Thornth−Waite 방법 : Blaney−Criddle 방법과 비슷하지만 증발산량을 산정한다.

4. 각 방법에 의한 검토(적용)

(1) Blaney−Criddle과 Thornth−Waite 방법은 거의 같은 자료를 사용하므로 결과는 비슷하다.

(2) Blaney−Criddle은 건조한 지역에서 더 정확하다.

(3) Penman 방법은 매우 정확하나 많은 기상자료가 필요하므로 적용에 제한이 있으며, 중요 지역에서는 오차가 발생한다.

1 우물 설계

1. 수직 및 수평 우물 설계

우물은 수직, 수평으로 설치하며, 우물의 지름은 손실수두를 고려하여 충분한 설계 유량이 양수되도록 해야 하며, 다음 사항을 고려해야 한다.

(1) 수직 우물의 양수 유량 대 수두공식

(2) 피압대수층

(3) 비피압대수층

(4) 천정

2. 우물의 깊이 및 Screen 두께

(1) 깊이는 일반적으로 지하수층의 전 두께를 포함할 수 있도록 충분한 깊이를 가져야 한다.

(2) 우물 내에 모래, 자갈이 유입되는 것을 방지하기 위해 스크린을 설치한다.

2 저수지 증발이 하류 하천에 미치는 영향

(1) 인공 저수지에서의 증발은 하류 하천에 지대한 영향을 준다.

(2) 일정 기간 동안 저수지 내에 순증발량 > 강수량일 때는 하천유량은 저수지 건설 이전보다 감소한다. 따라서 증발은 중요하다.

예) 댐 지점에서 만수 면적 30km^2, 강우자료는 다음과 같을 때 댐하류 하천유량은 증가할 것인가, 감소할 것인가?

- 연강우량 : 1,000mm
- 연증발량 : 800mm
- 유출계수(c) : 0.3
- 증발접시계수 : 0.7

 ㉠ 건설 이전 연유하량 $= 1,000 \times 10^{-3} \times 30 \times 10^6 \times 0.3 = 9 \times 10^{-6} \mathrm{m}^3$

㉡ 하류 유하량은 연강우량 $-$ 총증발량이므로

$$(1,000 \times 10^3 - 800 \times 10^{-3} \times 0.7) \times 30 \times 10^{-6} = 13.2 \times 10^{-6} \mathrm{m}^3$$

그러므로 저수지 건설 이후 유하량은 증가하며 연간 증가량은 $4.2 \times 10^6 \mathrm{m}^3$ 이다.

증가량 $= (13.2 \times 10^{-6}) - (9 \times 10^{-6}) = 4.2 \times 10^{-6} \mathrm{m}^3$

용어 해설

- 차단 : 식물 표면 저류에 의한 강우 손실을 차단이라 한다.
- 침투 : 흙 속에 흡수되는 현상
  - 강수의 형성 조건
    ① 수분 공급
    ② 냉각 과정
    ③ 응결
    ④ 물방울 성장
  - Thomas - Fiering법
    ① 추계학적 모의발생기법의 단순 반복 연장법
    ② 일반적으로 유출량과 용수 수요의 추계학적 성질 때문에 확정론적 개념으로 저수지의 필요 저수량을 결정할 수 없는 경우가 많다.
    ③ Thomas - Fiering법은 이러한 모순을 극복하기 위한 방법이다.
  - 상당 우량 $= \dfrac{\text{홍수조절용량/면적}}{\text{총저수 용량/면적}}$

소양강댐에서

유역면적	홍수조절 용량(A)	총저수 용량(B)
$2,703 \mathrm{km}^2$	$500 \times 10^6 \mathrm{m}^3$	$2,900 \times 10^6 \mathrm{m}^3$
상당 우량	$500/2,703 = 0.185\mathrm{m}$	$2,900/2,703 = 1,073$

$\therefore \ A/B = 17.2\%$

3 단위유량 분포도(Distribution Graph)

(1) Bernard에 의해 소개

(2) 단위도의 기저시간을 여러 개의 등구간으로 나눈 후 각 구간의 유출 용적을 총유출 용적의 백분율로 표시한 주상도를 말한다.

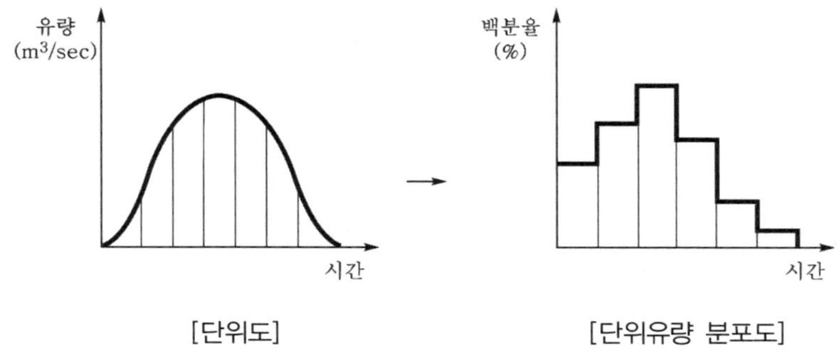

(3) 순간 유량을 표시하는 단위도보다 유량의 순간적 변동을 명확하게 나타낼 수 없는 결함은 있으나, 저수지로의 홍수유출 용적의 예보다 관개 수로로부터의 일평균 도수량 등 상세한 유출률보다 유출 용적이 관심사일 경우에는 대단히 유용하다.

4 수문통계

1. 개요

(1) 수문량 규모, 발생빈도에 관한 통계적 처리 기법에 대한 표준적인 기준을 기술한 것이다.

(2) 수문통계는 확정론적인 방법으로 예측은 곤란하다.

(3) 많은 수문량의 설계 규모나 설계방법은 부분적으로 확정론적 이론에 근거하거나 일반적으로 수문자료의 통계적 해석에 근거하여 책정된다.

2. 수문자료의 종류

(1) 강우량, 강설, 증발량

(2) 하천수위, 유량, 지하수위

(3) 기온, 습도, 바람, 일조

3. 자료의 계열

(1) **전 기간 계열** : 전 기간 모든 자료 계열

(2) **부분 기간 계열** : 기준치보다 크거나 작은 계열

(3) **극치 계열** : 기록 기간의 일정한 단위 시간 내에 발생한 최대치 또는 최소치로 구성되는 계열

(4) **연계열** : 매년 최대치 또는 최소치로 구성되는 것

5 강우통계 분석 시 필요한 가정이나 통계처리 대상 자료의 특성

1. 개요

강우의 참값은 관측값으로 반영한다.

(1) 자료는 바람, 습윤, 증산, 계기오차, 관측오차 등이 있으므로 반드시 진실은 아니다.

(2) 따라서 이 가정이 필요하며, 대책은 자료의 질적 관리 및 수정뿐이다.

2. 자료 특성

(1) 자료는 일관성이 있다.

(2) 자료는 동질성이 있다.

(3) 자료의 계열은 정상이다.
- 정상 계열, 수문 기상학적인 변화, 주기성

(4) 자료는 독립적이다.
- 강우 단위마다 상관성이 없다는 가정이다.

(5) 자료 계열은 충분한 기간에 걸쳐 있다.

(6) 극치 강우량은 지정된 하나의 분포값을 따른다.

6 점빈도 분석방법(확률론적 수문분석기법)

1. 개요

점빈도 분석방법에는 다음과 같은 것들이 있다.

(1) 확률도시법

(2) 빈도계수법

(3) 기타 점빈도 해석법

2. 확률 도시법

(1) 확률지에 자료점을 Plotting하여 도시된 자료가 통계적으로 직선으로 판단되는 경우, 주어진 재현기간 또는 확률에 해당하는 값을 구하는 방법

(2) 공식

① Weibull 공식 : $m/(n+1)$

② California 공식 : m/n

③ Hazen 공식 : $(2m-1)/(2n)$

(3) 이들 자료점의 도시 위치를 결정하는 Gumbel이 제시하는 기준은 다음과 같다.

① 도시 위치는 모든 자료가 도시(plotting)될 수 있어야 한다.

② 도시 위치는 $(m-1)/n$과 m/n 사이의 빈도를 가져야 한다.

③ 도시 위치 공식은 간단해야 한다.

3. 빈도계수법

(1) 빈도계수법의 기본식

$$X_T = \overline{x} + K_T \cdot \sigma$$

여기서, X_T : 재현기간 T에서의 값

$\overline{x}$: 평균$\left(\overline{x} = \dfrac{\Sigma x_i}{n}\right)$

K_T : 빈도계수

σ : 표준편차$\left(\sigma = \sqrt{\dfrac{\Sigma(x_i - \overline{A})^2}{n-1}}\right)$

(2) 빈도계수방법

① 정규분포법

② 2변수 대수 정규분포

③ 3변수 대수 정규분포

④ Iwai 방법(암정법)

⑤ Pearson Type Ⅲ 분포

⑥ Log−Pearson Type Ⅲ 분포

⑦ Type Ⅰ 극치분포

⑧ Type Ⅲ 극치분포

⑨ Gumbel−Chow 방법

등이 있으며, 이들 중 2변수 대수 정규분포, Type Ⅰ, Log−Person Type−Ⅱ를 살펴보면 다음과 같다.

(3) 2변수 대수 정규분포

$$Y_i = l_n \times x_i \, (x_i : 자료\ 계열)$$

$$Y_T = \overline{Y} + K_T \sigma y$$

여기서, $\overline{Y} : \dfrac{\varSigma Y_i}{n}$

$$\sigma y : \sqrt{\dfrac{\varSigma (Y_i - \overline{Y})^2}{n-1}}$$

$K_T : 빈도계수$

$T : 재현기간$

(4) Type Ⅰ 극치분포

$$X_T = \overline{x} + K_T \sigma$$

여기서, $\overline{x} : 자료\ 계열의\ 평균 \left(\overline{x} = \dfrac{\varSigma x_i}{n} \right)$

$$\sigma : 표준변화 \left(\sigma = \sqrt{\dfrac{\varSigma (x_i - \overline{x})^2}{n-1}} \right)$$

$$K_T : 1 - \{ 0.45 + 0.7797 l_n (l_n T - l_n (T-1)) \}$$

(5) Log – Pearson Type Ⅲ 분포

$$Y_i = l_n \times i \, (x_i : \text{자료 계열})$$

$$Y_T = \overline{Y} + K_T \cdot \sigma y$$

$$\overline{Y} = \frac{\Sigma Y_i}{n}$$

$$\sigma y = \sqrt{\frac{\Sigma (Y_i - \overline{x})^2}{n-1}}$$

여기서, K_T : 빈도계수로 왜곡도에 따라 변화

왜곡도 판별 $r = \dfrac{n\Sigma(Y_i - \overline{X})^2}{(n-1)(n-2)}$

$$X_T = e^{YT}$$

4. 기타 점빈도 해석

(1) 연 초과치 계열의 점빈도 해석

$$T_E = \frac{1}{\log_{e} T_m - \log_e (T_m - 1)}$$

여기서, T_E : 연 초과치, T_m : 연 최고치

(2) 점 강우량의 빈도 해석

IDF 곡선 등이 있다.

(3) 갈수량의 빈도 해석

① 유량 지속 곡선
② 갈수 빈도 해석

5. 적정 분포형의 검정

(1) 수문 자료군의 이론적 확률 분포형 중 적합 여부 판단방법

① 확률지를 사용하는 방법
② 분포의 적합도 검정 실시 방법

(2) 내용

① 확률지에 의한 방법 : 확률 도시법에 의해 직선에 가깝게 도시했는가를 판별하여 적정 분포형을 결정한다.

② chi-square(χ^2) 검정

$$\chi^2 = \sum_{1}^{K}\{(O_i - E_i)^2/E_i\}$$

여기서, K : 자료 등급수

$O_i,\ E_i$: 자료수 및 이론적 기대값

③ Kolmogorov-Smirnov 방법

㉠ 일명 K-S 방법이라고 한다.

㉡ 누가확률 $F(x)$의 가정

㉢ 자료로부터 얻은 누가확률을 $S(x)$라 하며, $S(x)$는 $m/(n+1)$ 등의 식으로 구할 수 있다.

7 연평균 홍수량을 추정하기 위해 재현기간으로 2.33년에 해당하는 값을 택하는 이유

1. 개요

일반적으로 최대값 분포는 Type I 극치분포를 많이 사용하므로 Type I 극치분포의 평균에 해당하는 초과 확률 또는 이에 해당하는 재현기간을 계산하면 된다.

2. Type I 극치분포의 기본식

$$XT = \mu^{\bar{x}} + K_T \sigma \quad \cdots\cdots\cdots\cdots\cdots\cdots\cdots\cdots\cdots\cdots\cdots\cdots\cdots\cdots\cdots\cdots ⓐ$$

여기서, $\mu^{\bar{x}}$: 평균

σ : 표준편차

K_T : 빈도계수

(1) Chow 방법에 의하면

$$K_T = -[0.45 + 0.7797 l_n\{l_n T - l_n(T-1)\}]$$

(2) 식 ⓐ에서 평균 μ에 대한 재현기간을 구하려면 K_T가 0(zero)가 되어야 한다.

(3) 상기 식을 풀면 $T = 2.33 Y_r$이 된다.

8 한계류 계산을 위한 단면계수 및 수리지수

(1) 흐름이 한계류일 때 Froude 수는

$$F_r = \frac{V}{\sqrt{gD}} = 1$$

$$\therefore\ DC = \frac{V_c}{g}$$

이 식에서 $V_c = \dfrac{Q}{A_c}$를 대입하여 정리하면

$$Ac^2\ Ac = \frac{Q^2}{g}$$

(2) 한편 단면계수 $z = A\sqrt{D}$ 이므로

상기 식을 $\dfrac{Q^2}{g} = Z_c{}^2$ 에서 정리하면

$$\therefore\ Z_c = \frac{Q}{\sqrt{g}}$$

(3) 상기의 Z_c는 한계류 계산을 위한 단면계수이다.

$$Z^2 = eh^M$$

여기서, e : 계수

$\qquad M$: 수리지수

이 식에서 양변을 미분하면

$$\frac{d}{dh}(\log z) = \frac{M}{2h} \quad\text{ⓐ}$$

단면계수 $z = A\sqrt{D} = A\sqrt{\dfrac{A}{T}} = A^{\frac{3}{2}} T^{-\frac{1}{2}}$ 이므로 양변을 미분하면

$$\frac{d}{dh}(\log z) = \frac{3}{2} \cdot \frac{1}{A}\frac{dA}{dh} - \frac{1}{2T}\frac{dT}{dh} = \frac{3}{2}\frac{T}{A} - \frac{1}{2T}\frac{dT}{dh} \quad\text{ⓑ}$$

식 ⓐ, ⓑ를 연립하여 풀면

$$M = \frac{A}{h}\left(3T - \frac{A}{T}\frac{dT}{dh}\right)$$

상기 식의 M은 하계류 계산을 위한 수리지수이며, 이는 단면형과 수심의 함수이다.

9 등류계산을 위한 수리지수

(1) 등류 수로의 유량은 지수형 평균 유속공식을 사용하면 다음과 같다

$$Q = A_1 V = A c R^m I^n = K I^n \quad \text{......................................} \quad ⓐ$$

$$K = A c R^m = \text{등류의 통수능}$$

(2) 식 ⓐ에서 Manning 공식을 사용 시 K는

$$K = \frac{1}{n} A R^{2/3} \quad \text{..} \quad ⓑ$$

통수능 K는 조도가 주어지면 수심 h만의 함수이므로

$$K^2 = C_1 h^N \quad \text{...} \quad ⓒ$$

여기서, C_1 : 계수

N : 등류 계산에 대한 수리지수

(3) 식의 양변에 대수를 취하고 수심 h에 대하여 미분하면

$$\frac{d}{dh}(\log K) = \frac{M}{2h} \quad \text{...................................} \quad ⓓ$$

식 ⓓ를 수심 h에 대하여 미분하면

$$\frac{d}{dh}(\log K) = \frac{1}{A}\frac{dA}{dh} + \frac{2}{3}\frac{1}{R}\frac{dR}{dh} \quad \text{.....................} \quad ⓔ$$

$$T = \frac{dA}{dh} \quad k = \frac{A}{p}$$

의 관계로부터 식 ⓔ는 다음의 결과를 얻을 수 있다.

$$\frac{d}{dh}(\log K) = \frac{1}{3A}\left(5T - 2R\frac{dp}{dh}\right) \quad \text{.......................} \quad ⓕ$$

∴ 식 ⓓ와 ⓕ로부터 수리지수 N은

$$N = \frac{2h}{3A}\left(5T - 2R\frac{dp}{dh}\right) \text{가 된다.}$$

PART 06

수리학적 공식 및 계산

수리학적 공식

1 오일러(Euler) 방정식에 의한 베르누이(Bernoulli) 정리의 유도

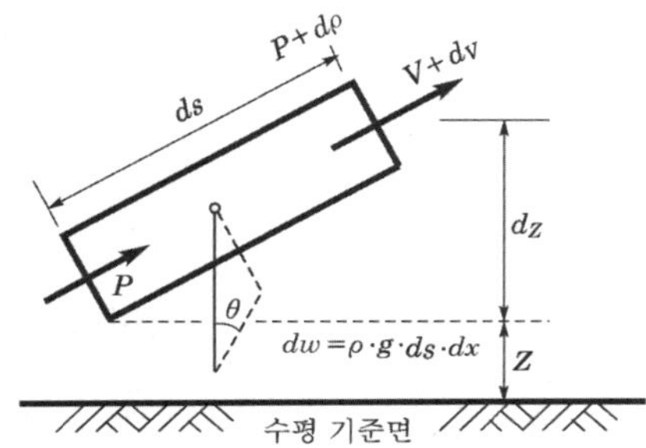

[Euler 방정식에 의한 Bernoulli 정리 유도]

1. 해설

(1) 위의 그림에서 미소 유체 두 단면에서의 압력차는

$$p \cdot dA - (p + dp)dA = -dp \cdot dA \quad \text{ⓐ}$$

(2) 유체 중량의 운동 방향 성분

$$-dw\sin\theta = -\rho \cdot g \cdot ds \cdot dA \cdot \sin\theta = -\rho \cdot g \cdot ds \cdot dA \frac{dz}{ds}$$

$$= -\rho \cdot g \cdot dA \cdot dz \quad \text{ⓑ}$$

(3) 유체의 질량은

$$dM = \rho \cdot ds \cdot dA \quad \text{ⓒ}$$

(4) 유선 방향의 가속도는

$$\frac{d^2s}{dt^2} = \frac{d}{dt}\left(\frac{ds}{dt}\right) = \frac{dv}{dt} = \frac{dv}{ds}\frac{ds}{dt} = v\frac{dv}{ds} \quad \text{ⓓ}$$

∴ Newton의 제2법칙 $dF = (dM)\alpha$를 적용하면

$$-dp \cdot dA - \rho \cdot g \cdot dA \cdot dz = \rho \cdot ds \cdot dA\left(V\frac{dv}{ds}\right) \quad \text{ⓔ}$$

양변을 $\rho \cdot dA$로 나누고 정리하면

$$\frac{dp}{\rho} + Vdv + gdz = 0 \quad \text{………………………………} \quad \text{ⓕ}$$

식 ⓕ를 1차원 흐름의 Euler 방정식이라 한다.

(5) 식 ⓕ를 g로 나누고 적분하면

$$\frac{dp}{w} + d\left(\frac{v^2}{2g}\right) + dz = 0 \quad \text{………………………………} \quad \text{ⓖ}$$

$$\int \frac{dp}{w} + \int d\left(\frac{v^2}{2g}\right) + \int dz = 0$$

즉, $\dfrac{p}{w} + \dfrac{v^2}{2g} + z = const.$

이 식을 Bernoulli 정리라 한다. $\quad \text{………………………………} \quad \text{ⓗ}$

여기서, $\dfrac{p}{w}$: 압력수두, $\dfrac{v^2}{2g}$: 속도수두, z : 위치수두, H : 전수두

(6) 한편 2차원 Bernoulli 방정식을 유도하면

$$\frac{p}{w} + \frac{v^2}{2g} + z = -\frac{1}{8} \int \sum (udz - wdx) + H$$

만약 흐름이 비회전류라면 $\sum$는 zero이므로

$$\frac{p}{w} + \frac{v^2}{2g} + z = H$$

가 된다.

2. 결과

상기 식 ⓗ를 Bernoulli의 에너지 방정식이라 한다. 이는 유선상의 각 점에 있어서 위치, 속도, 압력수두의 합은 항상 일정함을 뜻한다.

2 에너지 개념에 의한 베르누이(Bernoulli) 정리의 유도

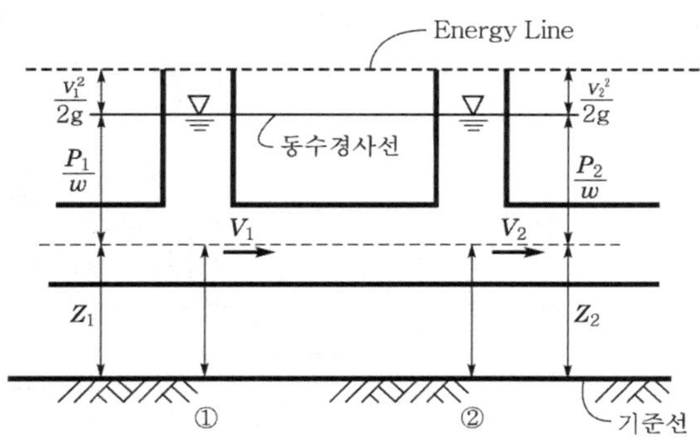

[에너지 개념에 의한 Bernoulli 정리의 유도]

1. 해설 및 Bernoulli 정리 유도

(1) 위의 그림에서 단위중량의 유체가 ①~② 구간 내로 운반하는 에너지는 운동과 위치에

너지의 합으로 표시하며 $\dfrac{v_1^2}{2g} + z_1$ 으로 나타낸다.

(2) 단위중량의 유체가 ①~② 구간으로부터 운반해 나가는 에너지는 $\dfrac{v_2^2}{2g} + z_2$가 된다.

(3) ①~② 구간 내의 유체에 가해진 순수한 일은 $\dfrac{p_1}{w} - \dfrac{p_2}{w}$ 이다.

따라서 에너지 방정식은

$$\left(\frac{v_1^2}{2g} + z_1\right) + \left(\frac{p_1}{w} - \frac{p_2}{w}\right) = \left(\frac{v_2^2}{2g} + z_2\right)$$

정리하면

$$\frac{p_1}{w} + \frac{v_1^2}{2g} + z_1 = \frac{p_2}{w} + \frac{v_2^2}{2g} + z_2$$

이며, 이 식이 Bernoulli 식이다.

2. 결론

(1) **에너지선** : 모든 수두(위치＋압력＋속도)를 연결한 선이다.

(2) **동수경사선** : 위치＋압력 수두를 연결한 선이다.

예제 1

아래 그림과 같은 복합관이 수평으로 직경 15cm, $V = 4.8\text{m/sec}$, 압력 $p = 350\text{kg/m}^2$ 이다. 30cm 및 20cm 관 내의 수평 유속과 압력을 구하라.

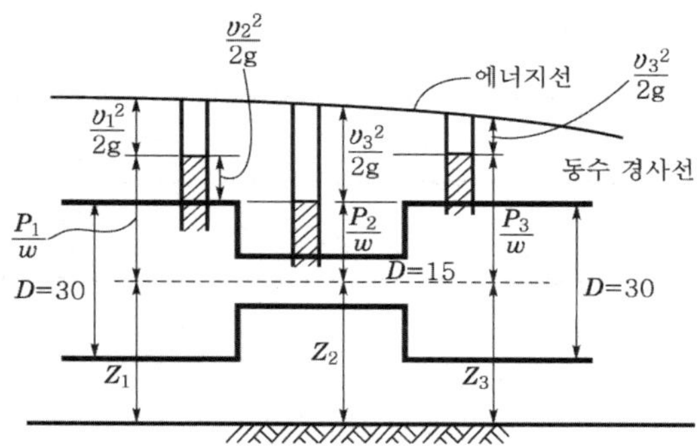

풀이 ① 그림에서 $V_2 = 4.8\text{m/sec}$이므로

$$V_1 = \frac{A_2}{A_1}, \quad V_2 = \left(\frac{15}{30}\right)^2 \times 4.8 = 1.2\text{m/sec}$$

$$V_3 = \frac{A_2}{A_3}, \quad V_2 = \left(\frac{15}{20}\right)^2 \times 4.8 = 2.7\text{m/sec}$$

② $z_1 = z_2 = z_3$이므로 Bernoulli 식에서

기본식 $\dfrac{p_1}{w} + \dfrac{v_1^2}{2g} = \dfrac{p_2}{w} + \dfrac{v_2^2}{2g} = \dfrac{p_3}{w} + \dfrac{v_3^2}{2g}$

여기서, $p_2 = 350\text{kg/m}^2$이므로

$$\frac{p_1}{w} = \frac{p_2}{w} + \frac{1}{2g}(v_2^2 - v_1^2) = \frac{0.35}{1} + \frac{(4.8^2 - 1.2^2)}{2 \times 9.8} = 1.453$$

$$\therefore \ p_1 = 1.453\text{ton/m}^3$$

$$\frac{p_3}{w} = \frac{p_2}{w} + \frac{1}{2g}(v_2^2 - v_3^2) = \frac{0.35}{1} + \frac{(4.8^2 - 2.9^2)}{2 \times 9.8} = 1.153$$

$$\therefore \ p_3 = 1.153\text{ton/m}^2$$

예제 2

그림과 같이 밀폐된 수조 내에서 물이 단면 ①에서 ②의 방향으로 흐른다.

① 유속 : 3m/sec

　p : 2kg/cm^2이라면

② 단면의 유속과 압력을 구하라(단, 물의 점성은 무시한다).

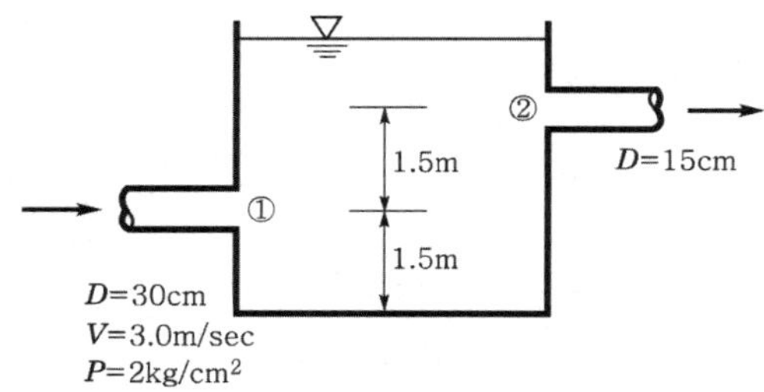

풀이 ① 연속방정식 $Q = A_1 V_1 = A_2 V_2$ 에서

$$V_2 = \frac{A_1}{A_2} V_1 = \left(\frac{0.3}{0.15}\right)^2 \times 3 = 12\text{m/sec}$$

② Bernoulli 방정식으로부터

$$p_1 + w\frac{v_1^2}{2g} + wz = p_2 + w\frac{v_2^2}{2g} + wz_2$$

$$p_2 = p_1 + \frac{w}{2g}(v_1^2 - v_2^2) + w(z_1 - z_2)$$

$$= 2 \times 10^4 + \frac{1000}{2 \times 9.8}(3^2 - 12^2) + 1000(1.5 - 3)$$

$$= 20 + \frac{1}{2 \times 9.8}(3^2 - 12^2) + 1(1.5 - 3)$$

$$= 11.619\text{kg/m}^2$$

$$= 1.16\text{ton/m}^2$$

이다.

예제 3

내경이 일정한 관로 내에 물이 흐를 경우 A, B, C, D에서의 압력수두를 구하라
(단, 마찰은 무시한다).

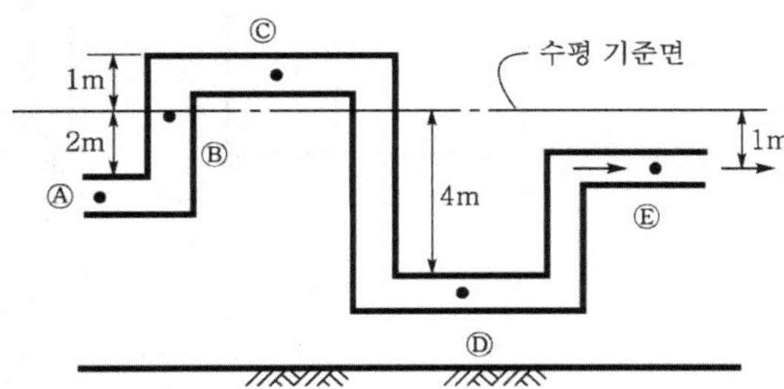

[풀이] ① 수조 내의 수면을 수평 기준면으로 정하면 수면에서의 전수두 H 는

$$H = \frac{p}{w} + \frac{v^2}{2g} - z = 0$$

② 임의 점의 압력수두는 $\dfrac{p}{w} = -\dfrac{v^2}{2g} - z$

단, E점은 대기와 접하므로 $\dfrac{p}{w} = 0$, $z = -1$ 이므로 $\dfrac{v^2}{2g} = -z = 1$

③ 배관의 내경은 일정하므로 유량은 일정

∴ 속도수두 $v^2/2g = 1\text{m}$ 로 항상 일정

따라서 압력수두 계산은

A점 : $\dfrac{p_A}{w} = -1 + 2 = 1\text{m}$

B점 : $\dfrac{p_B}{w} = -1 + 0 = -1\text{m}$

C점 : $\dfrac{p_c}{w} = -1 + (-1) = -2\text{m}$

D점 : $\dfrac{p_D}{w} = -1 + 4 = 3\text{m}$

이다.

 **예제 4**

수심 3m의 수조에 직경 15m인 Syphon이 장치되어 있고, 관 최하단의 수조와 동일 높이 유출구 B로부터 정점까지 5m일 때 Syphon의 유속과 E점의 압력을 구하라.

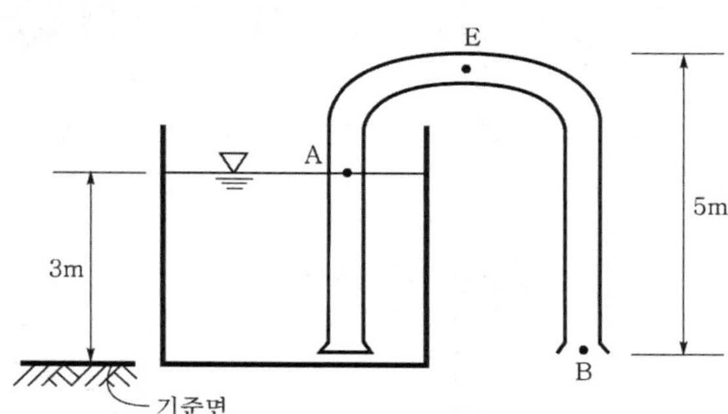

 ① 수조 내 수면과 유출구 간에 Bernoulli 방정식을 적용하면

$$O + O + zA = O + \frac{v_B{}^2}{2g} + O$$

$$\therefore \ v_A = \sqrt{2qzA} = \sqrt{2 \times 9.8 \times 3.0} = 7.668\text{m/sec}$$

② 따라서 syphon 유량은

$$Q = \left\{ \frac{\pi}{4} \times (0.15)^2 \right\} \times 7.668 = 0.148\text{m}^2/\text{sec}$$

③ 사이폰 정점 E와 유출 구간에 Bernoulli 공식을 적용하면

$$\frac{p_E}{w} + \frac{v_E{}^2}{2g} + z_E = O + \frac{v_B{}^2}{2g} + O$$

에서 $v_B = v_E$ 이므로

$$\frac{p_E}{w} = -z = -5\text{m}$$

$$\therefore \ p_E = -5\text{ton/m}^2 \text{의 부압력 발생}$$

예제 5

저수지 수심 56.12m, 직경 20cm의 원형 관을 수평으로 연결했다. 관길이 100m, 마찰손실 0.02일 때, 관로 끝의 평균 유속을 구하라.

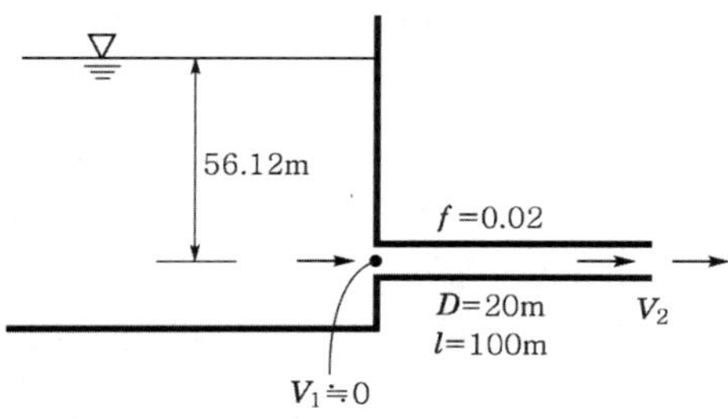

① 관로 끝에 Bernoulli 정리를 적용하면

$$\frac{v_1{}^2}{2g} + \frac{p_1}{w_0} + z_1 = \frac{v_2{}^2}{2g} + \frac{p_2}{w} + z_2 + hr$$

여기서,

$$p_1 = p_2 = p_a$$

$$v_1 < v_2, \ v_1 \geqq 0$$

$$z_1 = 56.12\text{m}, \ z = 0$$

$$56.12 = \frac{v_2{}^2}{2g} + hr = \frac{v_2{}^2}{2g} + f\frac{l}{d}\frac{v^2}{2g} = \left(1 + f\frac{l}{d}\right)\frac{v_x{}^3}{2g}$$

$$\therefore\ v_2 = \sqrt{\frac{2 \times 9.8 \times 56.12}{1 + 0.02 \times 100}} = 10.0\mathrm{m/sec}$$

이다.

예제 6

수면 차 20m인 두 수조를 직경 30m, 깊이 1,500m의 원형관 연결 시 관 내 유량을 구하라(단, $n = 0.013$, 유입손실계수 $f_e = 0.4$, 굴곡부는 3개소, $f_b = 0.2$이다).

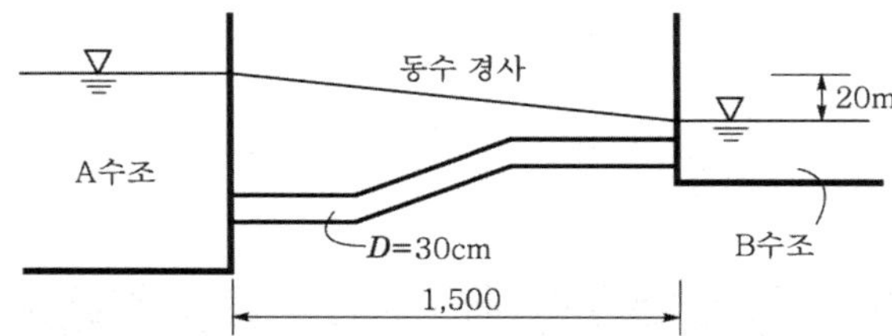

풀이 ① 마찰손실계수 f는 Manning 공식에서

$$f = \frac{124.6n^2}{D^{1/3}} = \frac{124.6 \times 0.013^2}{(0.3)^{1/3}} = 0.0315$$

② 관수로 내의 평균 유속 v는

$$H = h_e + h_b + f\frac{l}{D}\frac{v^2}{2g} + h_0 \text{에서}$$

$$v = \sqrt{\frac{2gh}{1 + f_0 + \Sigma fb + f(l/D)}}$$

$$= \sqrt{\frac{2 \times 9.8 \times 20}{1 + 0.4 + 3 \times 0.2 + 0.0315 \times (1500/0.3)}} = 1.56\mathrm{m/sec}$$

③ $Q = A \cdot v = \frac{\pi}{4}(0.3)^2 \times 1.56 = 0.110\mathrm{m^3/sec}$

$$h_2 = f \cdot \frac{l}{D} \cdot \frac{v^2}{2g}$$

여기서, f는 chezy $\rightarrow \dfrac{qg}{c^2}$

$$\text{Manning} \rightarrow \frac{12.7n^2g}{D^{1/3}} = \frac{124.5n^2}{\sqrt[3]{D}}$$

층류 시 : $f = \dfrac{64}{Re}$

① 예언 Weir 및 광정 Weir

1. 직사각형 Weir

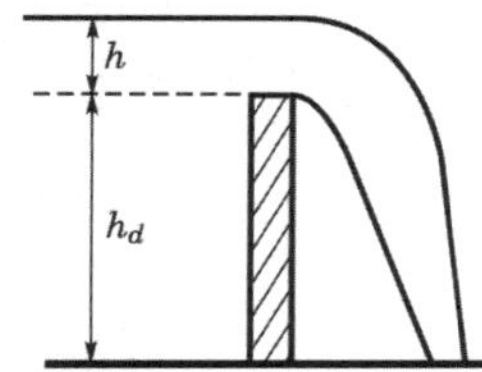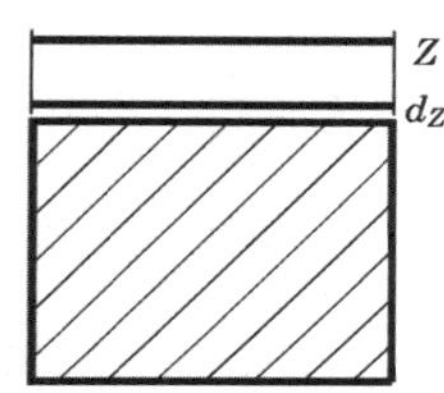

[직사각형 Weir]

(1) 위의 그림에서 수면에서 z 깊이인 지점의 유속

$$v = \sqrt{2gh}$$

dz층 유량 $d\theta$는

$$d\theta = B \cdot dz \cdot v = B \cdot dz \sqrt{2gz}$$

(2) 따라서 Weir 단면 전체 유량은

$$Q = \int_0^h dA = \frac{2}{3} B \sqrt{2g} \, h^{3/2}$$

(3) 실제 유량은 손실을 고려하여 유량계수 c를 곱하면

$$\therefore \ Q = \frac{2}{3} c \cdot B \sqrt{2g} \, h^{3/2} \text{이다.}$$

2. 삼각 Weir

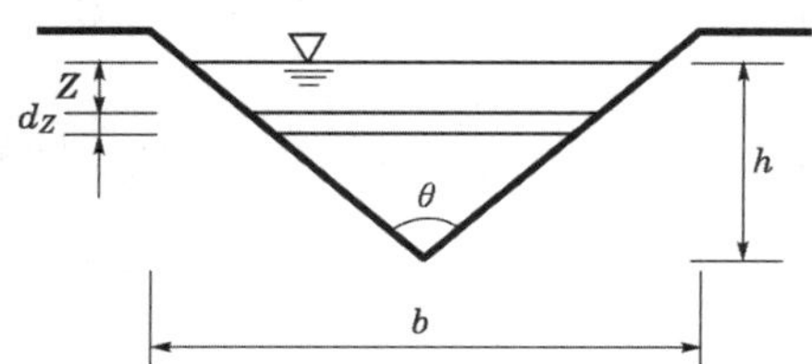

[삼각 Weir]

(1) 앞의 그림에서 수면으로부터 z인 깊이에서의 이론유속 $v = \sqrt{2qh}$ 가 dz층의 유량

$$dz = b \cdot dz \cdot v = b \cdot dz \cdot \sqrt{2gz}$$

(2) 여기서 $b = 2(H-z)\tan\dfrac{\theta}{2}$

$$\therefore\ d\theta = 2(H-z)\tan\frac{\theta}{2}\sqrt{2gz}\,dz$$

(3) 상기 식을 적분하면

$$Q = \int_0^H 2(H-z)\tan\frac{\theta}{2}\sqrt{2gz}\,dz = \frac{8}{15}\sqrt{2g}\tan\frac{\theta}{2}H^{5/2}$$

(4) 손실을 고려하여 유량계수 c를 곱하면

$$Q = \frac{8}{15}c\sqrt{2g}\,H^{5/2}\tan\frac{\theta}{2}$$

3. 제형 Weir

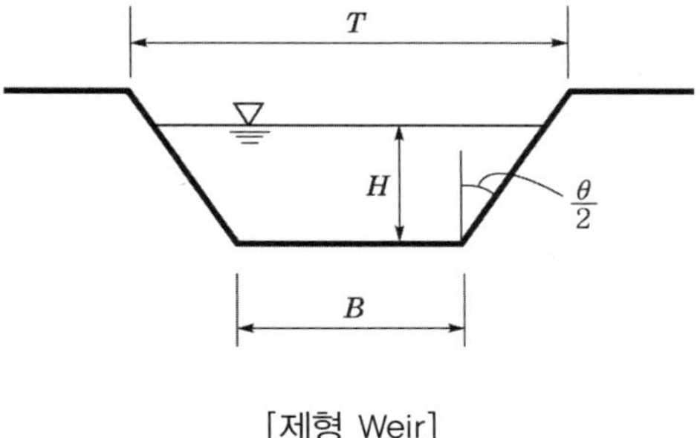

[제형 Weir]

(1) 제형 Weir의 유량은 구형 Weir의 유량과 삼각 Weir의 유량을 합한 것과 같다.

즉, $Q = \dfrac{2}{3}CB\sqrt{2g}\,H^{3/2} + \dfrac{8}{15}C\sqrt{2g}\tan\dfrac{\theta}{2}H^{5/2}$

Weir의 양단 수축이 존재하고 $\tan\dfrac{\theta}{2} = \dfrac{1}{4}$ 인 경우는 유량 계산 시 매우 편리하다.

(2) 이런 Weir를 Cippoletti Weir라 하며, $Q = 1.86BH^{3/2}$ 이다.

4. 넓은 마루형 Weir

(1) Weir의 폭이 넓은 Weir

(2) Weir의 폭을 B라 하면

$$Q = B \cdot h \sqrt{2g(H-h)} \quad \text{ⓐ}$$

유량이 최대가 되기 위한 h의 조건 $d\theta/dh = 0$으로부터

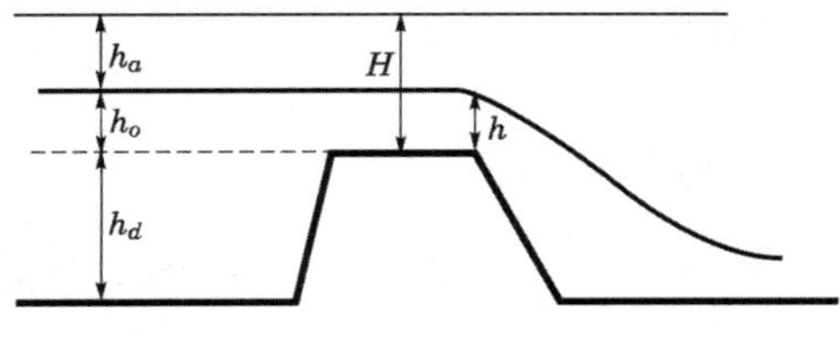

[마루형 Weir]

$$h = \frac{2}{3}H \quad \text{ⓑ}$$

ⓐ에 대입하면

$$Q = \frac{2}{3}\sqrt{\frac{2}{3}g}\,BH^{3/2}$$

(3) 유량계수 c를 고려하면

$$Q = \frac{2}{3}\sqrt{2g}\cdot CBH^{3/2} = 1.7\,CBH^{3/2}$$

 예제 1

지름 0.2m, $Q = 0.8\text{m}^3/\text{sec}$, $L = 0.5\text{m}$ 관의 마찰손실수두를 계산하라.

(단, 점성계수 $r = 1.12 \times 10^{-2}\text{m}^2/\text{sec}$)

풀이 관 속의 평균 유속

① $v = \dfrac{Q}{A} = \dfrac{Q}{\pi r^2} = \dfrac{0.8}{3.14 \times 0.1^2} = 25.4\text{m/sec}$

$R_e = \dfrac{v \cdot D}{r} = \dfrac{25.4 \times 0.2}{1.12 \times 10^{-2}} = 455$

② Reynolds 수가 2,000보다 작으므로 흐름은 층류이다.

$\therefore h_L = \dfrac{64}{R_e} \cdot \dfrac{l}{D} \cdot \dfrac{v^2}{2g} = \dfrac{64}{455} \cdot \dfrac{50}{0.2} \cdot \dfrac{25.4^2}{2 \times 980} = 11.6\text{m}$ 이다.

 예제 2

$L = 10\mathrm{m}$, 반지름 2mm 관을 통해서 10분간 $500\mathrm{m}^3$의 물이 흐를 때 수두 4.3m가 필요하다면 물의 점성계수 μ는?

 $Q = \dfrac{\pi}{8\mu} \cdot \dfrac{\rho_2 \rho}{l} \cdot a^4$

푸아줄의 법칙에서 $= \dfrac{\pi}{8\mu} \cdot \dfrac{whr}{l} \cdot a^4$

여기서, $Q = \dfrac{500}{10 \times 60} = \dfrac{5}{6}\,\mathrm{m}^3/\mathrm{sec}$

$\therefore\ \mu = \dfrac{3.14}{8 \times \dfrac{5}{6}} \cdot \dfrac{1 \times 4.3}{10} \times 0.24 = 3.2 \times 10^{-4}\,\mathrm{g.sec/cm}^2$

예제 3

그림의 예언 Weir 위를 폭당 $1\mathrm{m}^3/\mathrm{sec}$ 유량이 월류 시 Weir 정점에서 1m 아래에 있는 월류 수맥의 두께 D는?

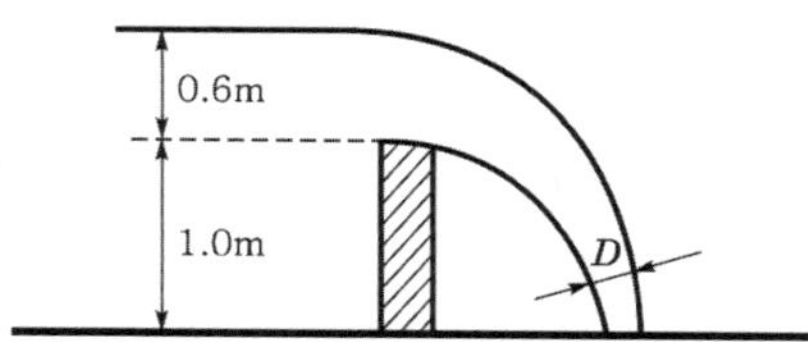

① $Q = \dfrac{2}{3}cb\sqrt{2g}\,h^{3/2}$ 에서

$Q = \dfrac{a}{b} = 1.0\mathrm{m}^3/\mathrm{sec} = \dfrac{2}{3}c\sqrt{2 \times 9.8} \cdot (0.6)^{3/2} = 1.372c$

$\therefore\ c = 1/1.372 = 0.73$

여기서, $v = c\sqrt{2gh} = 0.73\sqrt{2 \times 9.8 \times 0.6} = 2.5\mathrm{m/sec}$

③ 한편, 중력상에서 물체의 자유낙하에 관한 식은 다음과 같다.

$x = v_x \cdot t$

$y = \dfrac{1}{2}g \cdot t^2$

$v_y = g \cdot t$

$v_T = \sqrt{v_x^{\,2} + v_y^{\,2}}$

따라서 $y = 1.0$ 에서 $\dfrac{g}{2}t^2$

$$t^2 = \frac{2}{g}$$

$$\therefore\ t = \sqrt{2/g} = 0.452 \text{sec}$$

$$v_y = g \cdot t = 9.8 \times 0.452 = 4.43 \text{m/sec}$$

$$v_x = 2.5 \text{m/sec}$$

$$\therefore\ v_T = \sqrt{2.5^2 + 4.43^2} = 5.09 \text{m/sec}$$

$$g = v_T \cdot b = 5.09 \times 6 = 1.0 \text{m/sec}$$

$$\therefore\ b = 1/5.09 = 0.196 \text{m 이다.}$$

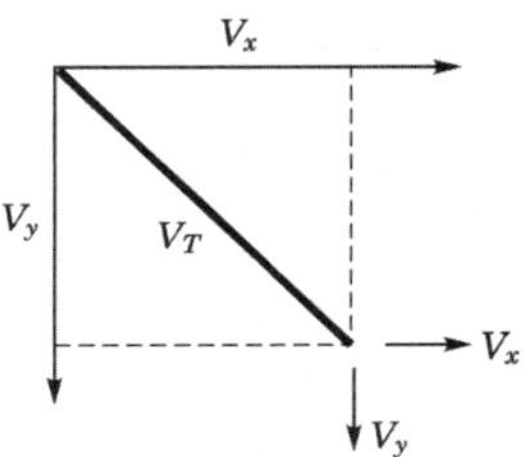

② 오리피스(Orifice)에서의 배수시간

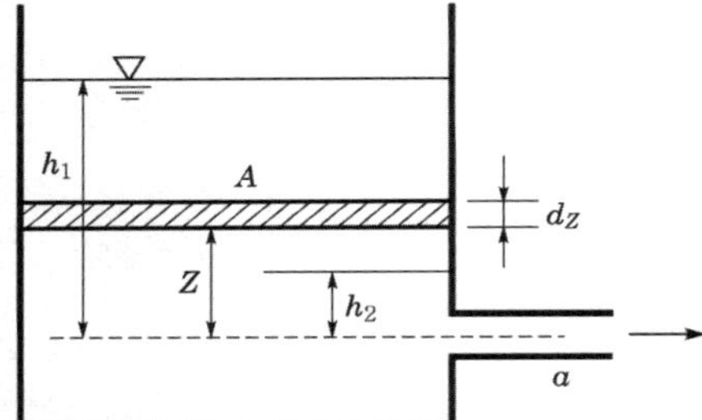

① 위의 그림에서

$$-A\,dz = Q\,dt \quad \text{……………………………………………………} \text{ⓐ}$$

$$Q = ca\sqrt{2gz} \quad \text{…………………………………………………} \text{ⓑ}$$

ⓑ → ⓐ 대입 적분 h_1 에서 h_2 까지

$$T = \frac{1}{a\sqrt{2g}} \int_{h_1}^{h_2} \frac{A}{c} z^{-\frac{1}{2}}\,dz \quad \text{……………………………………} \text{ⓒ}$$

유량계수 c 가 일정할 경우

$$*\ T = \frac{2A}{ca\sqrt{2g}}\left(\sqrt{h_1} - \sqrt{h_2}\right)$$

② 한편 A, B 수조 간에 Orifice를 통하여 물이 유출 시 A, B 수조의 단면적을 A, B라 하면 수위차가 $h_1 \rightarrow h_2$ 되는 시간

$$T = \frac{2}{ca\sqrt{2g}} \cdot \frac{A+B}{A+B}\left(\sqrt{h_1} + \sqrt{h_2}\right)$$

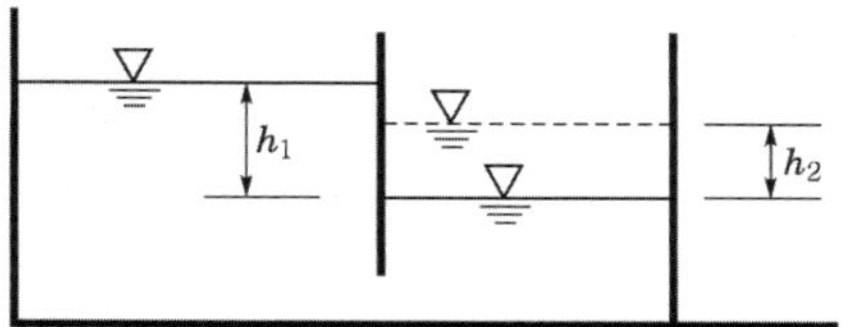

관일 경우는

$$T = \frac{2 \cdot A \cdot B}{A+B} \cdot \sqrt{\frac{1+fe+f\dfrac{l}{D}}{a\sqrt{2g}}} \left(\sqrt{h_1} - \sqrt{h_2}\right)$$

이다.

PART 07

용어설명 및 단답형 실전문제

(계산 포함)

용어설명

1. Orifice

수조의 구멍으로부터 물이 유출되는 것

2. 토리첼리의 정의

$$v = \sqrt{2gh}$$

3. Vena Contraeta

Orifice의 단면이 축소되었거나 단관이 저수조 내부에 있는 것

4. Belanger 법칙

Weir의 흐름이 일정한 에너지 수두일 때 유량을 최대로 할 수 있는 수심 h를 취하게 되는 것

5. 물의 포화 증기압

평형 상태에 대한 증기의 압력

6. 표면장력

액체 표면에 있는 분자는 표면이 접선 방향으로 끌어당기는 힘을 받게 되는 것

$$\Delta P = \frac{2\sigma}{R} \, [\text{dyne/cm}]$$

여기서, ΔP : 물방울 내의 압력 차

σ : 표면장력

R : 물방울 반지름

7. 모세관 현상(Capillary Action)

(1) 가느다란 관을 물속에 세우면 표면장력 때문에 물은 세관 속으로 올라가고, 수은 속에 세우면 내려간다. 즉, 응집력의 크기에 따라 오르거나 내려간다. 이와 같은 현상을 모세관 현상이라 한다.

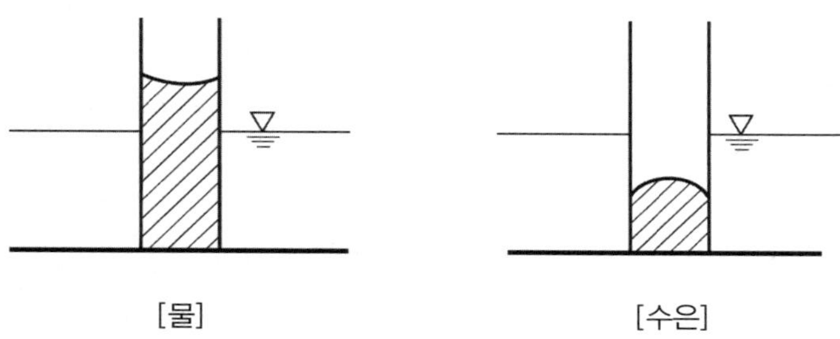

(2) 관 내의 상승고 h는

$$(\sigma \pi d)\cos\theta = r\left(\frac{\pi d^2}{4}h\right) \qquad \therefore\ h = \frac{4\sigma\cos\theta}{rd} = \frac{4\,T \cdot \cos\theta}{p \cdot g \cdot d}$$

여기서, σ : 표면장력, r : 단위중량

8. 박리 현상

흐르는 유체가 경계면으로부터 이탈하는 현상

9. 공동 현상(Cavitation)

물이 대기와 접촉해 있지 않고 관로나 펌프에서처럼 폐합 시 국부적 압력이 물의 어떤 온도에서의 포화 증기압보다 낮아지면 물의 증발 현상이 가속되어 기포가 생기는 현상. 이때 고압으로 관 내 충격을 유발한다.

10. 완전 월류

Weir의 정부(頂部)에서 사류가 생겨 하류의 영향을 받지 않는 흐름

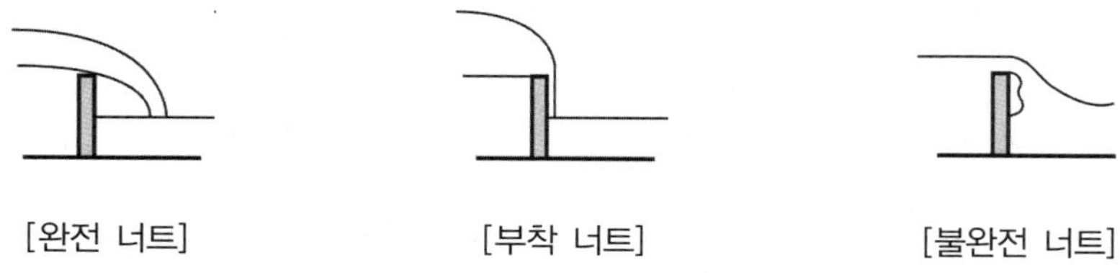

11. 불완전 월류

Weir의 정부에서 상류가 생겨 하류의 영향을 받는 흐름

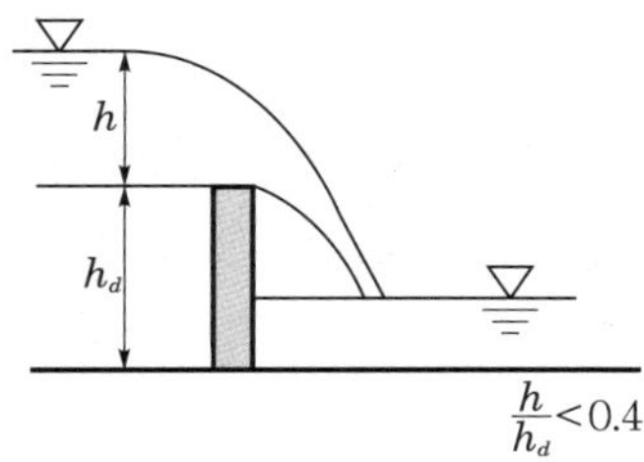

12. 저수지의 내용적 결정방법

① 강우를 저류하여 대간발년을 제외하고는 저수 부족이 없어야 한다.
② 이앙 용수와 이앙 후 우기까지 필요한 저수지 내용적을 결정하는 방법
　※ 이앙 용수 : 150~200mm로 25일 급수로 하고, 수로 손실 20%로 계산한 것을 단위
　　저수량이라 한다.
③ 최간발년을 기준으로 하여 비관계기의 유출률을 산출하고 관개기간을 1, 5, 10일간으
　로 구분하여 저수지 내용적을 결정하는 방법이다.

13. 흐름의 종류

① 정류 : 수류 단면에서 유속, 유적, 흐름의 방향이 시간의 경과에 따라 불변하는 흐름
② 등류 : 정류 중에서 유적, 유속, 흐름의 방향이 같은 것
③ 부정류 : 수류 단면에서 유량, 유적, 유속이 변하는 흐름
④ 부등정류 : 단면의 장소에 따라 유적, 유속, 흐름의 방향이 변화하는 것

14. Bernoulli의 정리

정상적인 흐름에서 단위 무게의 유체가 가진 모든 에너지는 일정하다. 또는 속도, 위치,
압력 수두는 일정하다.

15. 유선과 유적의 비교

① 유선 : 유체 입자가 가진 속도 Factor의 접선이 되는 곡선
② 유적선 : 어느 시간 사이의 유체 입자의 운동 경로(침윤선 등)

16. Cippoletti Weir

Cippoletti는 제형 Weir에서

$$\tan\theta = \frac{1}{4}$$

측면 수축($n=2$)이 있는 사다리꼴 Weir의 유량을 저면 폭 b_1인 구형 웨어에서 단수축 현상이 없는 경우의 유량과 같다는 사다리꼴 Weir를 Cippoletti Weir라고 한다.

17. 관로 손실수두의 종류

① 유입 손실 : $h = f \cdot \dfrac{v^2}{2g}$

② 마찰 손실 : $h_2 = f \cdot \dfrac{l}{D} \cdot \dfrac{v^2}{2g}$

③ 만곡

④ 단면 변화 손실 : 점확, 점축, 급확, 급축 손실

⑤ 밸브, 요철 손실

⑥ 유출 손실

예) $L=3,000\text{m}$, $\phi=600$, $v=1.75\text{m/sec}$일 때, 마찰손실수두는? ($f=0.02$)

$$h_L = f\frac{l}{D} \cdot \frac{v^2}{2g} = 0.02 \times \frac{3000}{0.6} \times \frac{1.75^2}{2 \times 9.8} = 15.6\text{m 이다.}$$

18. 윤변, 경심

① 윤변 : 유수가 접하고 있는 부분의 연장

② 경심 : $R = \dfrac{A}{P}$

19. 관수로 수리모형실험에 적용되는 상사법칙

압력 차로 흐르는 경우 점성력이 흐름을 주로 재배한다고 간주하여 Reynolds의 상사법칙을 적용한다.

20. 수충작용(수격작용)

관내 유수가 갑자기 차단될 때 운동에너지가 압력에너지로 변하며, 관의 파열 원인이 되는 작용

21. Darcy 법칙

지하수의 유선은 불규칙적이지만 평균적인 운동 방향으로 유선을 생각할 수 있고, 이때 지하수의 유속은 통수 경사에 비례한다.

22. 층류

① 유체 흐름 방향이 평행하며 직선상을 이루는 흐름 상태
② Reynolds 실험 결과

$$R_e = \frac{v \cdot D}{\gamma} < 2,000 \ \text{상태}$$

③ 구분

　㉠ $R_e < 500$: 층류

　㉡ $R_e > 500$: 난류

　㉢ $F_r < 1$: 상류

　㉣ $F_r > 1$: 사류

23. 배수곡선(Back-Water Curve)

일반적으로 개수로를 댐으로 막으면 유속은 댐을 향해 감소되며, 수심 h는 상류로 갈수록 등류 수심 h_0에 접근하게 되는 곡선을 말한다.

24. 유황곡선(流況曲線, Duration Curve)

연 총수위 유량으로부터 동일 유량이 발생한 빈도를 구하고, 이것을 최소 유량으로부터 큰 유량 순으로 배열한 다음 1년의 총일수(365일)부터 순차적으로 도수의 누계를 빼 각 유량에 대한 일수를 산출한 것을 유황이라 한다. 또 이것을 유량과 일수의 관계로 도시한 것을 유황곡선이라 한다.

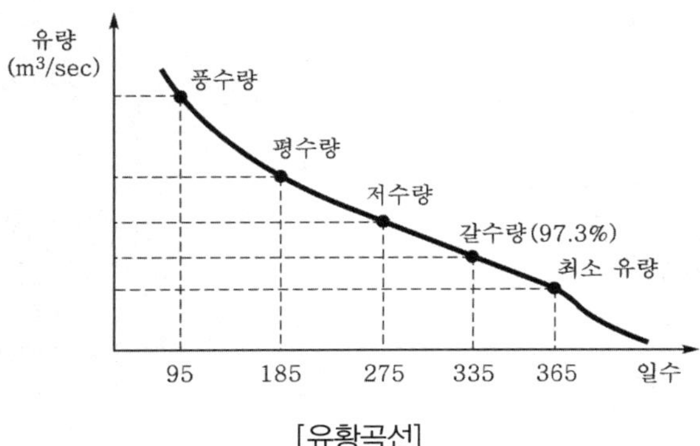

[유황곡선]

25. Pitot관

한 점의 유속 측정 장치

26. 벤투리계(Venturi Meter)

관수로 도중에 단면을 축소하여 유량을 측정하는 장치

27. Darcy-Weisbach의 마찰곡선

$$h_L = f \cdot \frac{l}{D} \cdot \frac{v^2}{2g}$$

28. 한계수심

① 일정 유량에 대해 비에너지가 최소가 되는 경우의 수심
  직사각형 단면일 때

$$h_e = \left(\frac{\alpha Q^2}{gb^2}\right)^{\frac{1}{3}} = \left(\frac{\alpha g^2}{g}\right)^{\frac{1}{3}}$$

여기서, b : 수로 너비
$\quad\quad\quad \alpha$: 에너지 보정계수
$\quad\quad\quad g$: 너비당 유량

② 일정 에너지에 대한 최대 유량이 흐를 때의 수심
  직사각형 단면일 때

$$h_c = \frac{2}{3} H_e \ (H_e : \text{비에너지})$$

$$H_e = h + \frac{v^2}{2g}$$

③ $F_r = 1.0$(한계류)일 때의 수심

$$\text{단, } F_r = \frac{v}{\sqrt{gH}}$$

여기서, v : 유속
$\quad\quad\quad h$: 수심

층류일 때 $f = \dfrac{64}{R_e}$

29. 푸아줄(Poisoeulle)의 법칙

① 원관 속 층류의 유량은 반지름의 4제곱과 단위 길이당 압력 강하 $\left(\dfrac{p_1-p_2}{l}\right)$에 비례하고 점성계수에 반비례한다는 법칙

② $Q = \dfrac{\pi}{gu} \cdot \dfrac{p_1-p_2}{l} \cdot a^4$

 **예제 1**

구형 단면에서 수로 폭 2.4m, 비에너지 1.5m일 때 최대 유량은? ($\alpha = 1.1$)

풀이 $hc = \dfrac{2}{3} He = \dfrac{2}{3} \times 1.5\text{m} = 1.0\text{m}$

구형 단면에서 한계수심 공식은

$hc = \left(\dfrac{\alpha Q^2}{gb^2} \right)^{1/3}$ 에서

$Q = \sqrt{gb^2 hc^3 / \alpha} = 7.16\text{m}^3/\sec$

※ $hc = \left(\dfrac{\alpha Q^2}{gb^2} \right)^{1/3}$ 유도

$hc^3 = \dfrac{\alpha Q^2}{gb^2}$

$\alpha Q^2 = gb^2 hc^3$

$Q^2 = \dfrac{gb^2 he^3}{\alpha}$

∴ $Q = \sqrt{gb^2 hc^3 / \alpha}$

 **예제 2**

수조 폭 100m, 설계 홍수량 5,000m^3/sec, 등류 수심 10m에서 교각을 설치할 경우, 설계 홍수량이 흐를 때 배수 효과가 발생하지 않는 최소 수로 폭은?

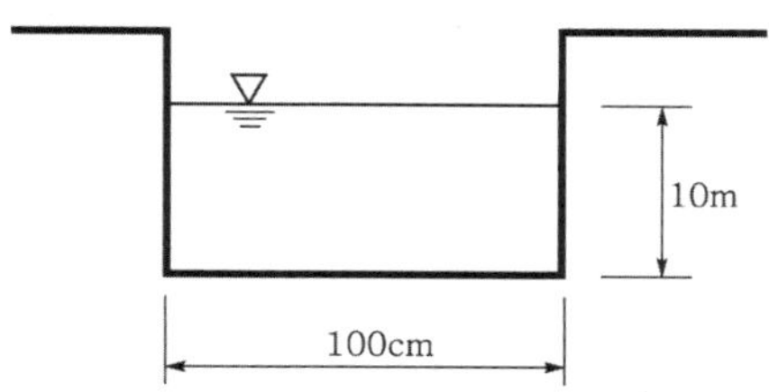

 ① 배수 효과가 일어나지 않으려면 비에너지가 같아야 한다. 등류 상태의 비에너지는

$$H_e = h + \frac{v^2}{2g} = h + \frac{Q^2}{2gA^2} = 10 + \frac{5000^2}{2 \times 9.8 \times 1000^2} = 11.276\text{m}$$

$$\left(\text{※ 한계수심} = \left(\frac{\alpha Q^2}{gB_2} \right)^{1/3} \right)$$

② 최소 하폭은 동일한 비에너지 상태의 한계수심으로, 한계수심은 $\frac{2}{3}H_e$ 이므로

③ $hc = \frac{2}{3}H_e$ 를 만족하는 B를 구해야 한다.

$$hc = \frac{2}{3} \times 11.276 = 7.52$$

$$\therefore \ B \text{는} \ hc = \sqrt[3]{\frac{Q^2}{gB^2}} \ \text{에서}$$

$$B^2 = \frac{Q^2}{ghc^2} = \frac{5000^2}{9.8 \times 7.523}$$

$$B^2 = 5998.7$$

$$B = \sqrt{5998.7}$$

$$\therefore \ B = 77.5\text{m}$$

예제 3

구형 단면에서 한계수심을 유도하라.

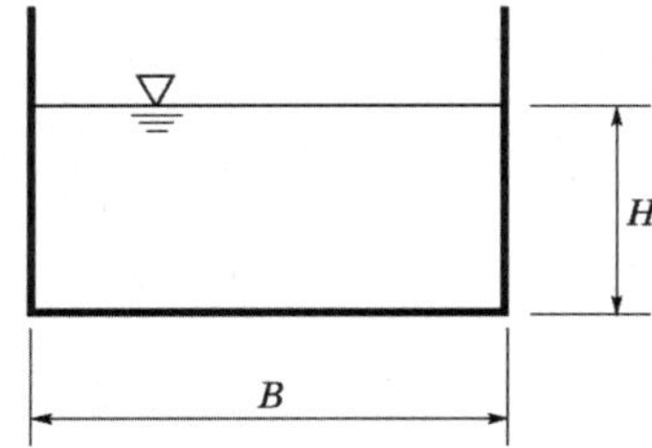

풀이 한계수심은 Froude 수가 1인 경우이므로

$$F_r = \frac{v}{\sqrt{gD}} = 1 \text{ 에서}$$

$$v = \frac{Q}{A} \text{ 이므로}$$

$$\frac{Q}{A} = \sqrt{gD} \quad \cdots\cdots\cdots\cdots\cdots\cdots\cdots\cdots\cdots\cdots\cdots\cdots\cdots\cdots\cdots\cdots\cdots\cdots\cdots ①$$

여기서 $A = BH, \ D = H$ 이므로

식 ①은 $\dfrac{Q}{BH} = \sqrt{gh}$

$$\therefore \ Hc = \left(\frac{Q^2}{gB^2}\right)^{1/3}$$

예제 4

수로 경사가 0.001 이고 폭 $4.0\mathrm{m}$, $n = 0.025$ 인 구형 수로 단면에서 $2\mathrm{m}$ 의 수심으로 등류가 흐르고 있다. 이 수로 바닥에 Weir를 설치하여 한계수심이 Weir의 정점부에서 발생하도록 하려면 weir의 높이는 최소 얼마 이상으로 해야 하는가?

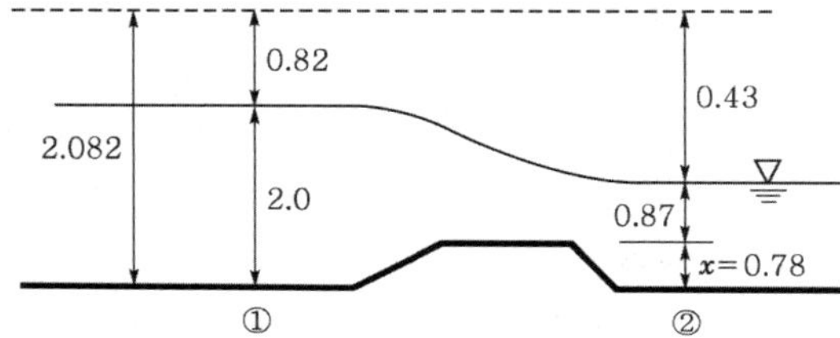

풀이　Manning 공식으로부터

① $Q = \dfrac{1}{0.025} \times (4 \times 2) \times \left(\dfrac{4 \times 2}{4 + 2 \times 2}\right)^{2/3} \times (0.001)^{1/3} = 10.12\mathrm{m}^3/\sec$

② $v = \dfrac{Q}{A} = \dfrac{10.12}{4 \times 2} = 1.26\mathrm{m}/\sec$

단면 ①에서 흐름의 총에너지는

$$H_e = h + \frac{\alpha v^2}{2g} = 2 + \frac{(1.26)^2}{2g} = 2 + 0.082 = 2.082\mathrm{m}$$

③ Weir부에서 한계수심이 발생한다면 그 크기는

$$y_c = \sqrt[3]{\frac{g^2}{g}} = \left\{\frac{(10.12/4)^2}{9.8}\right\}^{1/3} = 0.87\mathrm{m}$$

$$v_c = \frac{Q}{A} = \frac{10.12}{0.87 \times 4} = 2.91\mathrm{m}/\sec$$

$\therefore$ ①, ② 단면의 총에너지 관계는

$$E = x + y_c + \frac{v^2}{2g}$$

$$\therefore \ x = 2.082 - 0.87 - \frac{(2.91)^2}{2 \times 9.8} = 0.78\mathrm{m}$$

1 저수지 퇴사 현상

1. 개요

일반적으로 저수지 내의 퇴사는 저수 용량의 감소뿐만 아니라 저수지 상류의 하도 상승을 일으킨다. 그로 인해 수위 상승, 홍수의 범람 및 내수 배제 불량 등을 초래할 수 있다.

2. 저수지 퇴사 현상

(1) 형상의 종류

① 정부 퇴적층
② 전부 퇴적층
③ 저부 퇴적층
④ 밀도류 퇴적층

(2) 특성

① 위의 ①, ②는 조립자
② ①, ② 영역의 퇴사는 유효 저수량 감소에 직접적인 영향을 주는 동시에 만수위 보다 상류의 하상 상승에 의한 홍수재해의 원인이 되기도 한다.
③ ③은 부유사 퇴사 영역, ④는 미세입자 퇴적 영역

(3) Delta 구조

① 퇴사 하류단은 단구를 이룬다.
② 단구의 어깨를 통과한 유사는 그 하류 쪽에 수중 안식각으로 퇴적하여 단구는 전진한다.
③ 단구의 어깨는 유량, 유사량, 저수지 수위가 변하지 않으면 대략 수평으로 이동한다.
④ 유량, 유사량을 일정하게 유지하면 단구 어깨의 수심은 거의 일정치를 취하게 되고, 따라서 이곳을 통과하는 유사량은 변하지 않는다.

2. 저수지 내의 퇴사로 인한 문제점과 조절방법

1. 개요

퇴사 원인은 유역의 침식, 유사 유동 등이다. 댐 유지 관리 입장에서 퇴적 퇴사를 어떻게 제거하느냐 하는 것이 문제이다.

2. 퇴사로 인한 문제점

(1) 저수지 용량 감소

(2) 상류 하천의 수위 상승

(3) 수질 변화·중금속 하류 유출 방지

(4) **생태학적 영향** : 수질 변화, 사추로 인한 식생 곤란

(5) **하류 하도의 변화**

    ① 하류 토사 유송 중지로 하상 저하

    ② Armoring 현상 발생

(6) 준설로 처리 문제

3. 퇴사 조절방법

(1) **유역 관리**

    ① 근원적 억제방법

    ② 삼림 녹화

(2) Sediment Trapping Dam

    퇴사용 댐

(3) Sediment By Passing

    ① 수류를 우회시키는 방법

    ② 막대한 비용 추가

(4) Sediment Passing

    홍수 시 유입부 유사를 여수로나 방수로를 통하여 배사하는 방법

(5) Sediment Flushing

① 퇴적된 토사를 댐 바닥 방수로를 통해 강제 배사시키는 방법

② 단, 유출량이 풍부해야 한다.

③ flushing 효율을 높이기 위해 저수지 중장비로 퇴적 토사를 배사문 부근으로 이동 시키거나 유로 굴착

(6) 준설

준설은 경제적인 타당성이 없어 소규모 저수지의 국부적인 퇴사 문제를 해결하는 수단이다.

3 신천(新川) 개착에 대한 고찰

1. 개요

(1) 신천＝첩수로, 방수로, 수로부체

(2) 신천 개착 시 홍수의 안전한 유하 도모

(3) 주변 지하수위 저하 방지 및 제내지 내수 대책을 충분히 고려

2. 첩수로, 방수로, 수로부체 분류 시 고려사항

(1) 분류 시 몇 가지로 가정, 경제성 등을 고려해 선정

(2) 가급적 직선

(3) 분류방식 결정

(4) 하상 변동 고려

(5) 횡단형은 가급적 복단면으로

4 용수 수요량 추정방법

1. 생활용수

인구수×보급률×사용수량 / 日 / 人

2. 공업용수

제조업 출하액

(종업원수+점포면적)×업종별 공업용수 원단위

3. 농업용수

(1) 연 수요량=관개 면적×관개 용수심

(2) 첨두 사용수량=관개 면적×단위 용수량

* 삼투량, 엽수면 증발량, 수로 손실, 유효 우량, 정지 용수심, 묘답 수량 및 관개 면적
등을 고려

4. 유지 유량

(1) 산정방법(평균 갈수량, 환경보전 유량 중 큰 쪽 채택)

(2) 하천유지 유량은 주요한 지점에서 유수의 정상적 기능 및 상태를 유지하기 위하여 필
요한 수량

(3) 평균 갈수량과 환경보전 유량 중 큰 값을 택한다.

5 유황 개선을 위한 정화 용수량 산정방식

1. 오수 합류 시 하천 수질

$$C_2 = \frac{C_1 Q_1 + C_s Q_s}{Q_1 + Q_s}$$

여기서, Q_1 : 도수 전 하천유량$(\mathrm{m}^3/\mathrm{sec})$

Q_s : 도수량$(\mathrm{m}^3/\mathrm{sec})$

C_1 : 도수 전 하천 수질(PPM)

C_s : 도수의 수질(PPM)

C_2 : 도수 후 하천 수질(PPM)

2. 오수 분리 시 하천 수질

$$C_2 = \frac{C_1 Q_1 - C_s Q_s}{Q_1 - Q_s}$$

여기서, C_2 : 오수 분리 시 하천 수질(PPM)

C_1 : 오수 분리 전 하천 수질(PPM)

Q_1 : 분리 전 하천 유량($\mathrm{m^3/sec}$)

Q_s : 분리하는 물의 양($\mathrm{m^3/sec}$)

C_s : 분리하는 물의 수질(PPM)

6 하천 수질에 영향을 미치는 인자

1. 물리적 인자

(1) 수온−온도 차이에 따라

(2) 밀도−저수지 성층 현상

(3) 탁도−수중생물의 광합성 활동

(4) 맛, 색깔

2. 화학적 인자

(1) 무기 물질

① 산소

㉠ 생화학적 산소요구량(BOD)

㉡ 화학적 산소요구량(COD)

② 수소

pH=7.0 : 중성

pH>7.0 : 알칼리성

pH<7.0 : 산성

③ 질소

④ 인, 알칼리도

⑤ 염화물과 황화물

⑥ 전기 전도도

(2) 부패 및 분해 가능 유기 물질

부영양화를 초래한다.

(3) 부패 및 분해 불가능 유기 물질

   ① 농약

   ② 합성세제

   ③ 기름 및 석유화합물

3. 생물학적 인자

(1) 미생물

(2) 대장균

(3) 수중 생물

(4) 부영양화 생물

7 수자원종합관리의 추진 영향(수자원 장기 종합계획)

1. 수자원 보전

(1) 전국 주요 하천의 유지 유량 결정

(2) 저수지 수질 보전 대책 추진

(3) 하천 수질 현장 정화법 추진

2. 하천환경

(1) 관련 법령 정비

(2) 하천환경 기본계획 수립

(3) 경관 하천의 지정 보전

(4) 도시 하천, 전국 하천환경 기본계획 수립

3. 홍수관리

(1) 중소 수계 수문 관측망 구축

(2) 침수 구역 작성

(3) 중소 수계 홍수 예·경보 시스템 개발

(4) 홍수 보험제도 수립

(5) 방제연구소 설치 운영

4. 저수관리

(1) 유역별 수자원 이용 현황 조사

(2) 저수관리 법적 근거 마련

(3) 저수관리 시스템 개발

(4) 전국 유역에 저수관리 시스템 적용

5. 지하수 관리

(1) 지하수 관련 법령 활용

(2) 지하수 부존량 및 이용 현황 조사

(3) 지하수 관리 기법 개발

6. 결론(수자원관리 체제의 개선)

(1) 유역 단위 수자원의 종합관리계획 수립

(2) 수문관 측 전담기구 신설

(3) 수몰지 대책법 제정

(4) 수자원 관련 법령의 정비

(5) 수자원 기본법 제정

8 하상파에 의한 하상 형태

1. 형태별 분류

(1) 사구

(2) 사련

(3) 반사구

(4) 사주

(5) 평탄 하상

(6) 천이 하상

2. 특성

(1) 사련(Ripples)

① 유수와 하상 재료에 관한 물리량에 의해 지배

② **사련 파장** : 30cm 이하

③ **사련 파고** : 5cm 이하

(2) 사구

① 사련보다 규모가 크다.

② 하상파와 역상위인 수면파를 동반하는 하상 형태

(3) 반사구

① 수면파와 강한 상호 간섭 작용을 받아서 형성된다.

② 유수와 토사구 특성에 따라 상류 이동, 하류 이동, 이동하지 않는 것의 3가지 경우가 있다.

③ 반사구의 종단 형상은 유수와 토사의 특성에 따라 3각 형상에서 정현파 형상까지 여러 가지가 있으며, 정현파 형상은 3각 형상에 비해 Froude 수가 클 경우 형성된다.

(4) 사주

① 가장 큰 규모의 하상 형태

② 수로 폭과 관계가 있다.

③ 높이는 수면 수심에 가깝다.

④ 종류

  ㉠ 고정 사주

  ㉡ 교호 사주

  ㉢ 횡단 사주

  ㉣ 지류 사주

(5) **평탄 하상**

사련, 사구, 반사구 및 사주를 동반하지 않는 평탄한 하상

(6) 천이 하상(Transition Bed)

사련과 사구가 평탄 하상 사이 천이 영역에서의 하상 형태

3. 결론

하상파 생성 상황은 한계 소류력 이상으로 유속을 증가시키면 토사의 이동이 일어나지 않는다.

9 하천 정비 기본계획 및 하천 대장 작성

1. 법적 근거

(1) 하천 정비 기본계획

① 하천법 제15조 ①, ②항
② 하천법 시행령 제11조 ①, ②항
③ 하천법 시행규칙 제7조 ①, ②항

(2) 하천 대장

① 하천법 제13조 ①, ②, ③항
② 하천법 시행규칙 제5조 ①, ②항

2. 하천 정비계획

하천 정비 기본계획 및 하천 대장 작성 시에는 위의 법적 근거에 의하여 다음 사항을 고려해야 한다.

(1) 하천 측량

① 지형, 종단·횡단 측량
② 지적도 복사, 축도
③ 표석 매설

(2) 하천의 종합적인 보전과 이용에 관한 기본 사항

① 유역 개황
    ㉠ 인문, 사회
    ㉡ 지형 지세, 토지 이용 현황
    ㉢ 유역, 면적, 유로 연장
    ㉣ 형상, 하상 경사

② 치수사업 연혁

ㄱ) 수해 발생 상황

ㄴ) 과거의 개수 계획

ㄷ) 하천 개수 실적

ㄹ) 용수 이용 현황

ㅁ) 수문, 기상 자료 수집 및 분석

ㅂ) 안정 하상 유지와 골재 채취 가능량 조사

(3) 하천 공사 시행 기본 방향에 관한 사항

① 확률 강우량, 홍수량의 산정

② 기본 및 계획 홍수량의 산정

③ 하천유지 유량

④ 갈수량 및 물수지 분석

(4) 하천 공사 실시에 관한 사항

① 계획 홍수위 및 횡단형

ㄱ) 하천 종ㆍ횡단면 결정

ㄴ) 홍수량 계산은 표준축차법으로 계산한다.

② 기존 시설물 유지보수 : 배수문 제방 호안 등 기존 시설물의 유지보수 여부를 결정한다.

③ 주요 기존 시설물, 특히 배수문 등의 능력 검토

④ 하천 시설물 설치 방향 : 제방, 호안(고수, 저수 호안), 수제, 배수문, 낙차공 등의 계획

⑤ 경지 정리사업 조사 : 제반 사항 조사

(5) 치수 경제조사

하천 개수 사업의 투자효율 산정

(6) 하천 고수부지 이용 및 활용 방안

이용 및 활용 방안 강구

(7) 폐천부지 이용 및 활용 방안 분석

(8) 효과 분석

하천 공사로 인한 효과 분석

3. 하천 대장 작성 측면

(1) 하천의 일반사항

① 유역 개황

② 치수사업 연혁

(2) 하천 현황 대장 조서

① 하천 현황

② 하천의 지정과 개수계획 및 개수 현황

③ 하천구역 지정 현황

④ 하천 연안구역, 인접구역 지정 현황

⑤ 하천 예정지 지정 현황

⑥ 토석 채취 등 비허가 지역 지정 현황

(3) 수리 대장 조서

수리 사용 허가, 저수지 현황 등

10 하천 구역 결정방법

1. 개요

일반적으로 하천 대장 작성 시 구역 결정은

(1) 하천구역

(2) 인접구역

(3) 연안구역

(4) 하천 예정지구역

(5) 금지구역

에 대하여 행하며, 이들에 대하여 간략히 설명하면 다음과 같다.

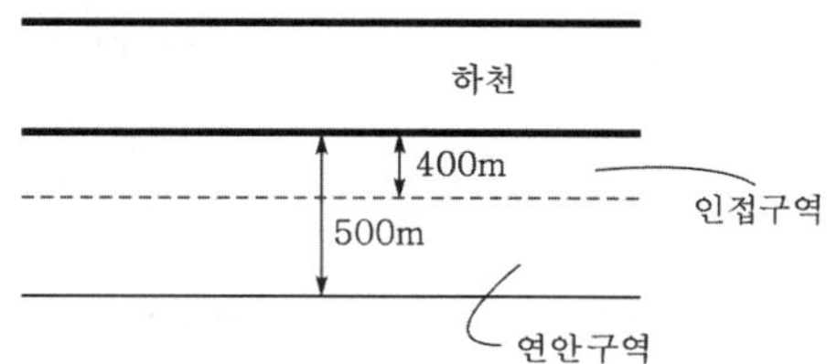

2. 하천구역

하천을 구성하는 토지 구역으로 하천의 종적 길이에 대한 횡적 폭을 말하는 것으로, 하천법 제2조 제1항 2호 각 목(가, 나, 다)에 의거 구역을 결정하는 것을 말한다.

(1) **'가' 구역** : 물이 계속 흐르고 매년 1회 이상 물이 흐른 형적을 나타내고 있는 토지의 구역

(2) **'나' 구역** : 하천 부속물 토지 부지 구역

(3) **'다' 구역**

① 제방 시 : 제외지 토지까지
② 하천 부속물에 의하여 저류될 수 있는 수위선까지의 토지 구역
③ 하천구역으로 둘러싸인 토지 구역

(4) **부분 시계열** : 1년 빈도 홍수량에 상응하는 홍수위를 하천과 전 구역에 걸쳐 부등류(Standard Step Method)하여 하천구역 결정 시(가 구역) 적용한다.

3. 연안구역

연안구역은 하천 및 하천 부속물을 보전하고, 하천으로 인한 피해를 예방하기 위하여 하천 부속물의 손괴나 하천으로의 토사 유입, 홍수 범람의 우려가 있는 하천에 인접한 일정한 구역을 지정하는 것을 말하며, 통상 홍수가 미치는 구역이나 하천구역 경계선으로부터 500m 이내로 결정된다.

4. 인접구역

하천 구역의 경계선으로부터 400m 이내에서 유수의 점용과 관련하여 일정 기준 이상의 동력과 시설을 사용하여 지하의 유수를 채취함으로써 하천 수량에 영향을 미칠 우려가 있는 구역을 말한다.

5. 하천 예정지구역

하천 신설, 하천 공사로 새로이 하천 구역에 편입되어 당해 토지를 예정지로 지정

6. 금지구역(보호구역)

금지구역은 하천의 수심, 폭, 수질, 수량, 유수의 방향 및 하천 부속물을 파괴하거나 파괴할 우려가 있다고 판단되는 토지 구역을 말한다.

7. 결론

각종 금지구역 중 가 구역에 의한 하천 구역 결정 시에는 1년 빈도 수위를 산정하여 지형 상황과 비교 검토 후 적용토록 한다.

(1) **수위표 지점** : Partial Duration Series에 의한 1년 빈도 수위 산정

(2) **하천 전 구역** : 1년 빈도 홍수량에 의한 1년 빈도 홍수위 산정(Standard Step Method)

---

11 홍수 예·경보를 위한 유출 모형과 강우 자료 결측지 보완방법

1. 홍수 예·경보 유출 모형

(1) 유출 모형의 종류

① 저류 함수법에 의한 모형 : 한강, 낙동강, 금강, 섬진강에 적용 중

② SSARR 모형 : Stream Flow Synthesis and Reservoir Regulation

③ HEC-1 모형 : Clark Syder 방법, SCS 방법 등을 사용

(2) 저류 함수법

① 유역이나 하도 구간의 저류량

$$S = KQ^P$$

여기서, Q : 유출량

K, P : 상수

② 유역에 대한 연속 방정식

$$S = \frac{1}{3.6} fave A - QT = \frac{ds}{dt}$$

여기서, f : 평균 유입계수

$fave$: 유역 평균 유입량

A : 유역면적

QT : 지체시간 T를 고려한 유역 직접 유출량

S : 실유역 저류량

③ 하도 구간에 대한 연속 방정식

$$S = \sum_{i=1}^{n} f_i I_i - QT = \frac{ds}{dt}$$

여기서, I_i : 대상 하도로의 유입량

f_i : 평균 유입계수

QT : 지체시간 T를 고려한 하류단의 유출량

S : 실하도의 저류량

2. 홍수 예·경보를 위한 강우 예측과 결측치 보완방법

(1) 강우 예측 절차

① **기상청** : 기상정보를 입수하여 강우 총량 지속시간 및 호우 시점 예측

② 강우의 호우 기록을 분석, 누가우량곡선 작성

③ 누가우량곡선으로 시간우량 산정

④ 시간경과와 필요 시 보완 수정

(2) 결측치 보완

① 기계 고장, 기타 사정으로 결측치 보완 필요

② **결측치 보완방법**

㉠ 단순 평균법 : 인근 관측소 우량 기록을 산술 평균하는 방법

㉡ Thiessen 계수 조정법 : 이 방법은 Thiessen망을 이용하여 결측 자료를 보완하는 방법으로 Thiessen망을 작성해야 한다.

㉢ 상관 해석법

- 상관계수에 의한 방법
- 상관도에 의한 방법
- 인접 우량 관측소들의 과거 우량 기록을 상관 분석하고 상관도가 큰 것부터 순위를 정하여 보완

㉣ RDS 방법 : 결측된 관측소의 우량을 인근 관측소의 실제 우량에 거리의 가중치를 고려하여 평균하여 보완하는 방법

$$R = \frac{\sum_{i=1}^{n} \dfrac{P_i^2}{D_i^2}}{\sum_{i=1}^{n} \dfrac{1}{D_i^2}}$$

여기서, R : 결측 관측소 보완 유량

P_i : 인근 관측소 실측 유량

D_i : 결측 인근 관측소까지의 거리

n : 관측소의 수

따라서 상관 해석법에 의한 결측 관측소의 우량을 그대로 사용하는 방법보다는 평균하는 방법이 보다 합리적이며, 과거의 우량 자료가 없는 신설 관측소의 결측 보완에도 RDS 방법이 유용하다.

③ 수위 결측 시 보완방법

   ㉠ 전시간 수위 채택법

   ㉡ 선형 외삽법

   ㉢ 포물선형 외삽법

이 중 전시간 수위 채택법은 이론성이 없다.

3. 홍수 예·경보 시스템

(1) 시스템 운영

① 정확하고 빠르며, 필요한 수문자료가 신속히 수집 전달되어야 한다.

② 수문 관측소를 T/M화하여 수문자료가 신속히 전달되어야 한다.

③ 정확 신속을 위해 우량국과 수위국의 정확한 분포가 이루어져야 한다.

(2) 유역 및 하도의 분할

유역 하도 분할 시에는 가급적 유역면적이 작고 유로 연장이 짧을수록 정확한 계산이 가능하다.

12 수문 데이터베이스 시스템의 당면 과제(건설 정보)

1. 수문자료 수집 현황

(1) 국토해양부

① 우량 측정

   ㉠ 자기우량계 : 200개소

   ㉡ 자기 T/M : 67개소

   ㉢ 자료 기록 : 한국수문조사연보(한국수문조사서)

② 수위 측정

   ㉠ 보통 수위표 : 10개소

   ㉡ 자기 수위표 : 134개소

   ㉢ 자기 T/M : 39개소, 합계 183개소

   ㉣ 자료 수록 : 한국수문조사연보

③ 유량 측정 : 61개소(자료수록 : 한국수문조사연보, 홍수량 측정 보고서)

(2) 기상청

① 우량 : 71개소

② 자료기록 : 기상연보, 기상월보, 기온, 적설량, 풍속, 풍향, 일조 등을 기록

(3) 한국수자원공사

① 우량 : 56개소

② 수위 : 10개소

③ 기록 : 한국수문조사연보

(4) 농어촌진흥공사

① 우량 : 1개소

② 수위 : 18개소

③ 기록 : 한국수문조사연보

(5) 기타

댐관리 운영에 관한 자료가 있으나, 국토의 70%가 산악지역이므로 관측소 수는 증가 되어야 한다.

2. 문제점 및 개선 방향

(1) 문제점

① 관측상 문제 : 기기의 노후, 관측원의 자질 부족

② 자료 수집 및 분석 문제

  ㉠ 직제, 전문 담당 기록의 오류

  ㉡ 자료 판독 과정 문제

③ 자료 관리, 제공 문제

  ㉠ 원본 보관 불량

  ㉡ 수문조사연보 및 기상연보

④ 증가하는 자료 수에 대한 대응 문제 : 우량, 수위, 수질, 하천 유사량, 지하수에 대한 수문자료의 추가 제공 필요

⑤ 기타

  ㉠ 유량 자료의 변화 곤란

  ㉡ 관측 제도 미비

     ⓒ 유관 기관 협조 미비

     ⓔ 결측, 오측의 발생

(2) 개선 방안

① 관측원 교육 및 업무 관리 철저

② 장비의 현대화, 유지보수

③ 전문 관리기관 설립

④ 관측망 확충

⑤ 수문자료의 데이터베이스화와 자료의 신속한 제공 요망

⑥ 관측 제도의 개선

(3) 개선 방향

① 현행 제도 개선 방안

ⓐ 수문 관측 전담기구 신설

ⓑ 관련 요원의 전문화

ⓒ 과감한 시설 투자

ⓓ 가칭 하천정보센터의 설립(하천유역정보의 수집, 처리, 가공 및 제공과 조사연구, 기술 개발, 시스템의 표준화 관리)

② 구조적 개선 방안

ⓐ 강우 관측망 증설 : 현재 398EA, 250km²/개소를 600EA, 즉 150km²/개소로 향상

ⓑ 수위 관측망 고려 : 209 → 300EA로 수위 관측망의 확보

ⓒ 유량 측정 지점의 확충 : 저수위, 고수위 측정

ⓓ 유사량 측정망 증설 : Key Station에서 유사량 측정을 주기적으로 실시(유사 오염도 등)

ⓔ 지하수 관측 시설

ⓕ 수문자료 관측의 전산화 및 자동화

13 댐군의 종합관리에 관한 기법

1. 댐군의 종합관리에 관한 기법

(1) **고수관리(홍수 통제소)** : 홍수조절을 위한 저수지 운영 방안

(2) **저수관리** : 유역 물관리 센터

① 저수 유출 해석 : 강우 예측과 저수 유출 모델 정립

② 용수 수요조사 : 정확한 각종 용수 수요조사

2. 국내 댐 종합관리의 문제점(최적화 기법 이용의 문제점)

(1) **수문 관측 사업의 부진 및 전문 인력 부족** : 수문 D/B 시스템 문제

(2) **홍수 예 · 경보를 위한 T/M 관측소 부족** : 홍수 예 · 경보 문제

(3) **저수관리 시스템** : 전문 인력과 기구 및 법제도 미비

(4) 저수 및 고수관리를 위한 유출 모델 개발 등이 시급

14 수리 구조물의 기능 및 설계 기준

(1) **저류용 구조물** : 가급적 많이 저장되게 설계

(2) **송수용 구조물** : 최소의 에너지가 손실되게 설계

(3) **주운용 구조물** : 최소 수심 확보를 유지하도록 설계

(4) **에너지 변환 구조물** : 시스템의 효율 극대화 설계

(5) **측정조절용 구조물** : 계측기와 유량 관계가 안전하게 설계

(6) **유사, 어류 통제용 구조물** : 기본 자료 확보

(7) **에너지 감세용 구조물** : 에너지 보전 확보

(8) **집수용 구조물** : 집수 및 배수 관리

(9) **홍수조절용 구조물** : 홍수조절 효율성 확보

15 우수 침투 처리법의 적용

1. 개요

일반적으로 토양은

(1) **고상** : 토립자

(2) **액상** : 모관수가 접하는 공극부

(3) **기상** : 중력을 침투시킬 수 있는 공극부

로 구성된다. 우수 침투법은 지반 내의 공극을 유효하게 활용하여 우수를 분산, 침투시킴
으로써 지표 유출을 감소시키는 유출 억제 대책이다.

2. 우수 침투 처리법의 효과

(1) 소규모 개발로 조정지 기능 극대화

(2) 하천 개수 비용 절감

(3) 침투 시설과 병행 시 조정지의 점유 면적 축소

(4) 토양 건조화 방지

(5) 수면 공간 창조

3. 공법의 종류

(1) 지하 침투 Trench

(2) 침투통, 침투성 포장

(3) 침투성 측구

4. 결론

(1) 우수 침투법은 물 환경 보전에 이바지함과 동시에 지역 개발에 있어서 토지의 유효 이
용을 도모한다는 점에서 그 적용 정도는 확대될 것이다.

(2) 침투능력 평가방법, 유지관리수법이 확립되어 있지 않아 지속적인 연구 개발이 필요
하다.

16 강우량 자료의 확충

1. 개요

강우 자료의 한 방법으로 관측점−기록년 방법이 있다. 이 방법은 동일 유역 내의 N개 관
측점에서 각각 측정된 x개 자료는 그 측정 시기에 관계없이 유역 내의 1개 관측점에 대한
N_x개의 자료로 간주한다.

2. 관측점 – 기록년 방법

이 방법에는 두 가지 단점이 있다.

(1) 강수량 장기 빈도 분포가 일정하지 못할 경우 기상학적 동질성 결여

(2) 만약 동일 호우로 인하여 유역 내의 각 관측점에서 최대치에 가까운 강수량이 동시에 기록된 경우 이 방법에 의한 자료 확충은 왜곡된 자료 계열의 결과이다.

3. 강우량의 장기 변동 성향 판단

(1) 강수량의 계절적 혹은 연차별 변동 성향은 간단한 통계적 방법에 의해 변동 폭을 둔화시킴으로써 용이하게 판단할 수 있다.

(2) 점진평균방법은 5개년 간의 강우량 평균치를 구하여 중앙 연에 표시하는 방법으로 강수량뿐만 아니라 유하량, 기온, 일조시간, 풍속 및 운동량 등의 여러 요소가 가지는 장기 변동 성향 분석에도 사용될 수 있다.

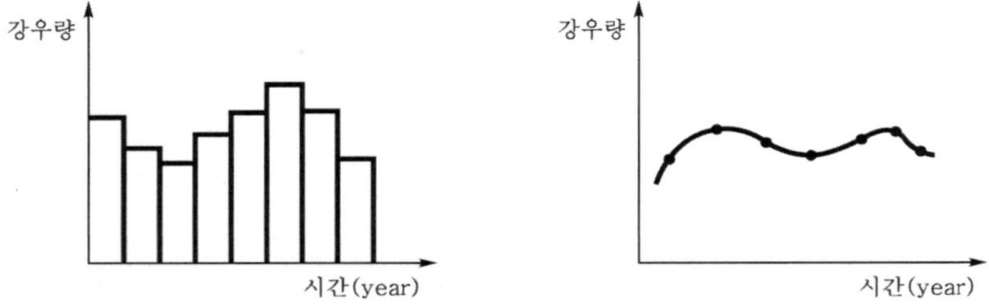

⑰ 강우자료의 일관성 검증방법

1. 개요

(1) 관측자료는 기기 교체, 설치 장소 이동, 관측원 변경, 관측 절차 변경 등으로 인하여 일관성을 잃는 경우가 많다.

(2) 이러한 변화는 이중 누가곡선(Double Mass Curve)의 해석에 의하여 검증할 수 있다.

2. 이중 누가곡선

(1) 주변에 있는 여러 개의 관측소 연평균 강우량의 값과 검증하고자 하는 관측소의 연평균 강우량을 비교한 곡선

(2) 이중 누가직선 표시는 자료의 일관성이 있는 것으로 판단한다.

(3) 관측자료가 일관성이 없을 때의 수정방법

$$P_a = \frac{b_a}{b_o} \cdot P_o$$

여기서, P_a : 수정된 강우량, P_o : 관측된 강우량, b_a : 일관성 자료의 경사, b_o : 수정된 기간의 경사

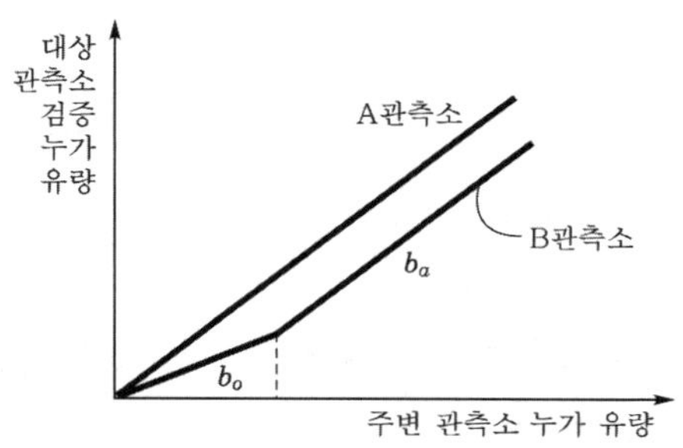

3. 이중 누가곡선 적용 시 주의 사항

(1) 주변 관측소의 수가 많아야 한다.

(2) 주로 연평균 강우량과 계절 평균 강우량 등의 장기간 강우에 대하여 사용

(3) 단, 변화가 심한 일우량에 대해서는 사용 불가

(4) 산지 지역에서는 세심한 주의 필요

(5) 주변 관측소의 자료에 일관성이 결여되었을 때 통계적 방법에 의해 검증해야 한다.

18 저수지 용량 배분(종류, 구분)

1. 저수지 용량 배분의 종류

저수지 용량 배분은

(1) 불용 용량

(2) 활용 용량

(3) 홍수조절 용량

(4) 이상 홍수 용량

등으로 구분할 수 있으며, 저수지 수위, 저수위 결정 시 고려사항에 대하여 서술하면 다음과 같다.

2. 저수지 배분 용량 종류 및 결정방법

(1) **불용 용량** : 취수구가 설치된 표고 이하의 용량으로 치수, 이수에 쓰이지 않는 저수지 용량으로 사수 용량(Dead Storage)이 포함된다.

(2) **활용 용량** : 조절 용량으로 저수위·상수 만수위까지의 용량

(3) **홍수조절 전용 용량**

   ① 일반적으로 활용 용량의 일부

   ② 상시 만수위＋홍수조절량

(4) **이상 홍수 용량(Surcharge Storage)**

   ① 홍수위＋최고 수위까지의 용량

   ② 설계 홍수(PMF)를 여수로를 통해 홍수 추적할 경우 상승되는 최고 수위와 계획 홍수위 사이의 공간을 말한다.

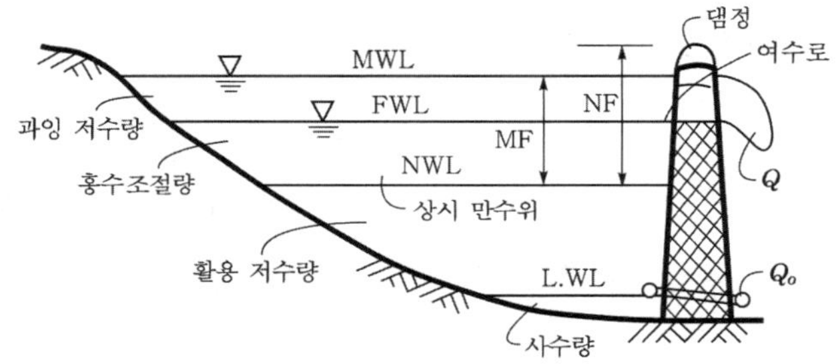

   * NF(Normal Free Board) : 정상 여유고

   * MF(Minimal Free Board) : 최소 여유고

(5) **홍수조절 용량**

   ① 상시 만수위 선 위에서 확보 : 이 크기는 설계 홍수 수문곡선을 저수위를 통하여 저수지 추적하여 결정할 수 있다.

   ② **저수지 추적방법**

      ㉠ 설계 홍수 수문곡선은 단위유량도법으로 작성

      ㉡ 저류－유출량곡선 작성

      ㉢ 계획 홍수위－상시 만수위 사이의 저류 공간을 홍수조절 용량이라 한다.

   ③ **홍수조절방법** : 제한수위방식, 예비방류방식, Surcharge 방식

3. 저수지 수위

(1) **사수위(Dead Storage Level, DSL)** : 저수 기능이 상실되는 최고 표고 100년 퇴사량을 설계 대상으로 한다.

(2) **저수위(L.W.L)** : 불용 용량의 최고 표고

(3) **상시 만수위(N.H.W.L)** : 활용 용량 설명

(4) **홍수위(F.W.L)** : 상시 만수위+조절 용량 시

(5) **제한 수위** : 사용기간을 미리 정하여 이수, 치수 목적에 쓰이는 공용 용량의 최저 표고를 말하며, 국내 홍수 대비를 위해 하계 제한 수위를 두는 경우가 많다.

(6) **최고 홍수위** : 큰 댐에서는 PMF로 최고 수위를 말한다.

4. 저수위 선정 시 고려사항

(1) 토사 퇴적이 취수에 지장을 주지 않을 것

(2) 수력 발전 설계상 최저 수위

(3) 저수지 내 어류, 야생동물 보전

(4) 활동, 전도 등 댐 시설 안전 고려

(5) 상·하류 수리 구조물의 기능 유지에 영향을 주지 않는 수위 등을 고려한다.

---

19 강우자료의 결측 보완방법

1. 개요

(1) 강우자료의 결측 보완방법으로 주변 3개의 다른 관측소의 자료를 이용하는 경우가 많다.

(2) 인근 3개 관측소의 자료를 산출 평균한 값을 사용할 수가 있다.

2. 가중값 평균(산출 평균)

(1) $P_0 = \dfrac{1}{3}\left(\dfrac{N_0}{N_1} P_1 + \dfrac{N_0}{N_2} P_2 + \dfrac{N_0}{N_3} P_3 \right)$ ·· ⓐ

여기서, P_0 : 결측값

N_0, N_1, N_2 : 평균값(관측소별)

P_1, P_2, P_3 : 각 관측소에서의 값

(2) 한편, 식 ⓐ의 단점 보완으로 회기 분석을 사용하는 경우가 있다.

$$P_0 = b_0 + b_1 p_1 + b_2 p_2 + \cdots + b_n p_n \quad \text{ⓑ}$$

여기서, $p_1 p_2 \cdots p_n$: 동질성 있는 관측소에서의 값

3. 결론(기상학적 동질성 보완)

관측소가 멀거나 산과 같은 장애물이 있어 기상학적 동질성에 의심이 갈 경우에는 동질성 있는 1개 관측소의 자료를 이용하는 것이 정확하다.

$$P_0 = \frac{N_0}{N_1} P_1$$

여기서, P_0 : 결측값

$\quad\quad\quad N_0$, N_1 : 평균값

$\quad\quad\quad P_1$: 보완 관측소에서의 값

특히 여름철 자료 보완은 세심한 주의를 요한다.

20 수위자료의 오차

1. 개요

수위자료의 오차 발생 원인인 일평균 수위 측정 개념의 차에 의한 연, 월 유출량의 오차 자료 측정에 따른 오차와 자료 정리 시의 인위적 오차 등을 요약 정리할 수 있다.

2. 수위자료의 오차

(1) 일평균 수위는 홍수가 단시간에 걸쳐 발생하고 관측 빈도가 낮을 경우 실제 수위와 잘 일치되지 않은 상태에서 측정 및 계산될 수 있다.

(2) 상류 유역에 상당한 유량이 발생하였음에도 불구하고 수위 변화가 없는 경우에는 계기 의 고장 또는 결측으로 인한 것으로 추정

(3) 자기 수위계의 유지관리 : 상태가 적절하지 못하여 계기 고장으로 인한 결측이 자주 발 생하거나 관측된 자료라도 계기 불량으로 인한 정확성 결여

(4) 보통 수위계의 불확실한 측정

(5) 측정된 자료의 정리 및 입력 과정, 자료 이기 시 인위적인 오차를 무시할 수 없다.

(6) 호우 시 기구의 누수로 인해 펜의 잉크가 번져 수위지 판독이 어려운 경우

3. 결론

이상의 오차 원인은 수위 관측소에 따라 각각 다를 수 있으며, 오차가 포함된 자료는 신뢰성이 있는 자기 기록지가 없는 경우 수정하거나 보완하기 어렵다.

21 유역 수문 모형의 모의발생 단계

(1) 연구 목적 : 유역의 특성, 자료 사용성 및 계획 예산에 기초하여 모형 구조를 선택한다.

(2) 입력에 필요한 자료 : 강우량, 침투량, 물리 특성, 토양 이용 실태 및 유역의 특성, 설계 홍수량, 그리고 저수지 수문자료 등을 수집한다.

(3) 모의발생 수행 : 연구 목적 평가 및 재수정을 실시한다.

(4) 소유역의 수문곡선을 결정하고 홍수 추적방법을 선택한다.

(5) 과거 기록된 수문자료, 강우량, 유량, 그리고 현존 유역 특성을 사용해 모형의 매개변수를 조정한다.

(6) 과거의 강우량, 설계 우량으로 모형을 모의 발생한다. 즉 토양의 이용 상태, 저수지 조작 하도 및 취수에 따라 모형을 모의 발생한다.

(7) 요구되는 입력 자료에 따라 예민도를 분석한다.

(8) 모형의 유용성을 평가하고 필요 시 수정한다.

22 유량 계열의 수문학적 지속성 판단방법

1. 수문학적 지속성 판단방법

(1) 1차 계열 상관계수에 의한 방법

(2) 계열 상관도(Correlogram)에 의한 방법

2. 1차 계열 상관계수에 의한 방법

(1) 무작위 시계열일 경우 이론적으로는 1차 계열 상관계수 $r_1 = 0$ 이며, 지속성이 강한 시계열의 경우는 $r_1 \pm 1$ 이다.

(2) 또한 Exact Test 방법에 의하면 1차 계열 상관계수가 신뢰 구간 내에 들어가면 신뢰성이 없는 무작위 계열로 간주하고, 신뢰 구간 바깥에 위치하면 지속성이 있는 계열로 간주한다.

* 계열 상관도 : 고려하는 지체수의 변화에 따른 계열 상관계수의 변화 양상을 나타낸 그림으로, 수문학적 지속성을 판단하는 기준이 될 수 있다.

3. 계열 상관도(Correlogram)에 의한 방법

계열 상관도에 의해 수문학적 지속성을 판단하는 방법은 저차의 계열 상관지수 r_K가 $\log(K)$축 주위로 진동하는 경우에는 계열 상관성 즉, 수문학적 지속성이 거의 없음을 알 수 있다.

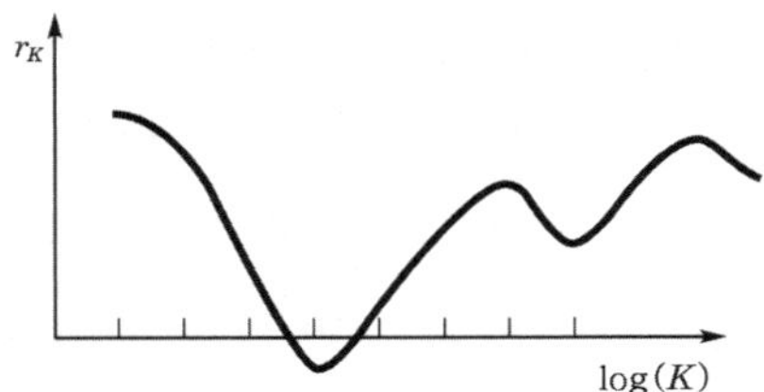

위의 그림에서 저차의 계열 상관계수 r_1, r_2의 값이 0보다 상당히 커서 단기간의 계열 상관도가 높으므로 수문학적 지속성이 있다고 판단한다.

23 순간 단위유량도(IUH)

1. 개요

(1) IUH란 어떤 유역에 단위 유효량이 순간적으로 내려서 유역 출구를 통과하는 유량(직접 유출량)의 시간적 변화를 나타내는 수문곡선을 의미한다.

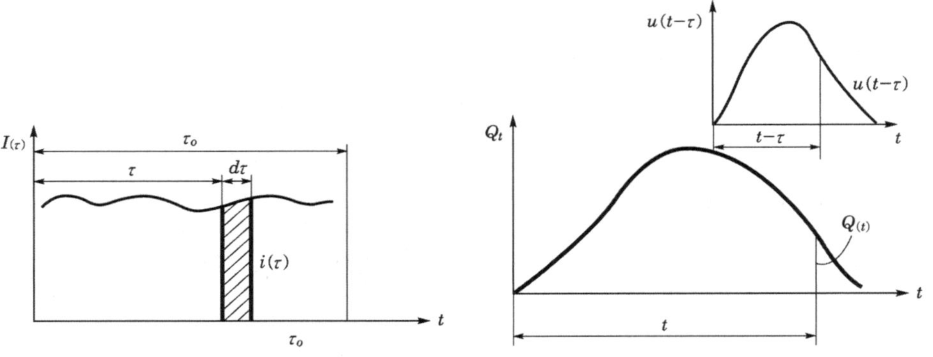

위의 그림에서 단위 유효 강우량으로 인한 직접 유출량의 종거 $g(t)$는

$$g(t) = u(t-\tau)i(\tau)d\tau$$

여기서, $u(t-\tau)$: 순간 단위도의 종거, $i(\tau)$: 유효 강우강도일 때,

$$Q_t = \int u(t-\tau)i(\tau)d\tau$$

위의 식으로부터 $Q_{(t)}$와 $i(\tau)$의 값을 알면, 순간 단위도 $u(t-\tau)$를 유도할 수 있다.

(2) 한편 IUH를 유도하는 방법에는 Harmonic Analysis, Laplace 변환 등의 수학적 방법이 있으나, 널리 사용되는 S−curve로부터 IUH를 유도하는 Chow의 간략법에 대해 살펴보면 다음과 같다.

2. S−Curve로부터 IUH 유도

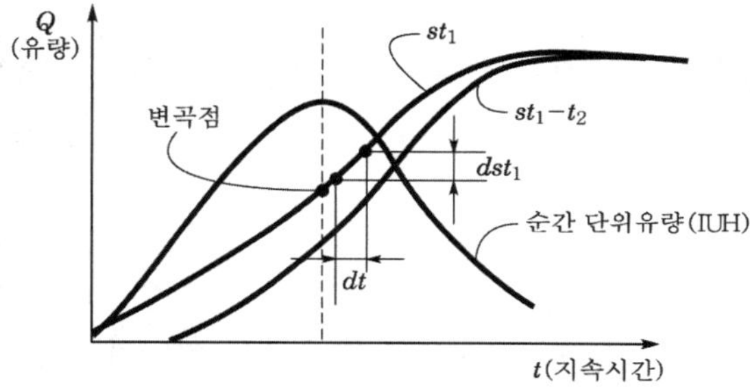

위의 그림에서 지속시간 t_1인 단위도로부터 지속시간 t_2인 단위도의 종거 $\mu(t_2 - t_1)$은

$$u(t_2 - t_1) = \frac{t_1}{t_2}(st_1 - st_1 - t_2)$$

여기서, st_1 : t_1 지속시간을 가진 S−curve

$st_1 - t_2$: st_1 곡선을 t_1만큼 지체시킨 S−curve

상기 식을 아주 작은 지속시간 t_2에 대해 표시하면

$$u(0_1 \cdot t_1) = t_1 \frac{dst_1}{dt}$$

(1) 즉, 임의 시각 t에 있어서의 S−curve 접선 경사에 S−curve를 유도한 지속시간 t_1을 곱해 구할 수 있다.

(2) 한편 S−curve의 경사는 변곡점에서 최대가 되므로 IUH의 첨두 유량은 S−curve의 변곡점과 같은 시각에 발생한다.

24 저류량 결정

1. 개요

저류량 결정은 하도 저류량 결정, 저수지 저류량 결정으로 구분된다.

2. 하도 저류량 결정

(1) 하천 측량에 의한 방법

① 하도 종횡단 측량을 실시하고 해당 수면 곡선을 계산하여 그 수위에 따른 저류량
을 산정하는 방법

② 즉, 전 구간을 소구간으로 나눈 후 소구간별 저수량을 합산하여 결정

(2) 실측된 유량 자료를 이용

① 유입량>유출량일 때 저류량은 (+)

② 유입량<유출량일 때 저류량(Δs)은 (−)이다.

∴ 어떤 시간에서의 저류량은 저류량 증감분의 합이라고 할 수 있다.

3. 저수지 저류량 결정

(1) 지형도를 이용하여 어떤 수평면까지의 저류량을 결정할 수 있다.

(2) 각 등고선의 면적을 구적기로 구한 다음 등고선 간 용적 산정

(3) **평균 단면법 사용**

저류량 s 는

$$s = \frac{1}{2}h\{(a_0 + a_1) + (a_1 + a_2)\cdots(a_n + a_{n+1})\}$$

여기서, $a_0,\ a_1 \cdots a_n$: 등고선 면적, h : 등고선 간격

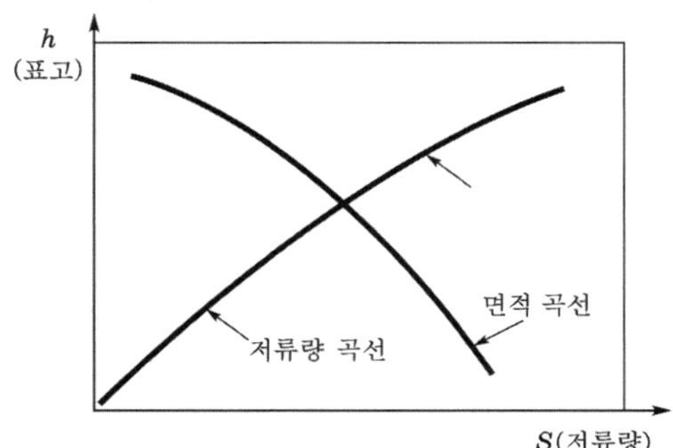

25 저수지 홍수 추적의 경우 유출 수문곡선의 첨두 유량점이 유압 수문곡선의 감수곡선상에서 발생하나, 하도 추적의 경우는 그렇지 않은 이유는?

(1) 저수지 홍수 추적은 수문곡선의 변화가 저수지의 저류 효과에 의한 변화뿐이나 하도 홍수 추적은 수문곡선의 변화가 저류 효과에 의한 것과 수문곡선의 평행 이동에 의한 변화가 중첩되기 때문이다.

(2) 저류 효과

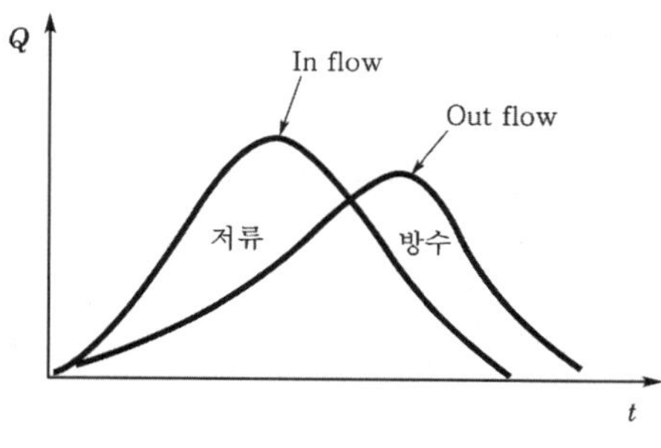

[저류 효과]

26 Darcy의 공식

(1) 시간 t 동안 A를 통하여 흐르는 물 $V_0 l$, 수두 h_1, h_2를 측정한 결과

$$V_0 l = KA(h_1 + l - h_2)t/l$$

$$\therefore V = \frac{V_0 l}{At} = K \cdot \frac{(h_1 + l - h_2)}{l} = Ki \quad \cdots\cdots\cdots\cdots\cdots\cdots ⓐ$$

여기서, V : 속도

K : 투수계수

i : 수두 경사

여기서 식 ⓐ를 Darcy의 공식이라고 한다.

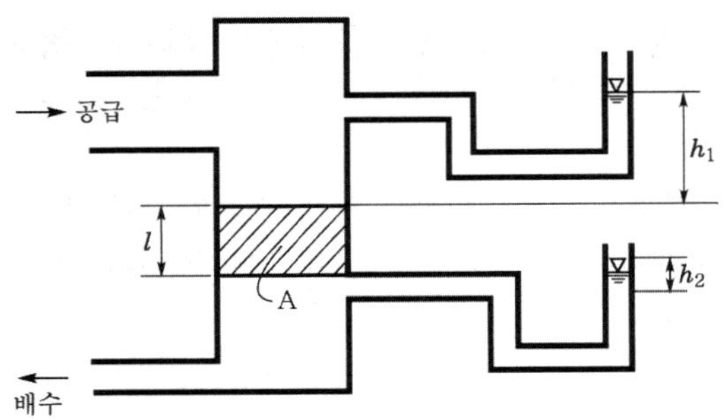

(2) Darcy의 공식 적용 범위

① 흐름의 상태가 층류인 곳

② 흐름의 상태는 R_e(레이놀즈 수)를 사용한다.

$$R_e = \frac{Vde}{\mu} = \frac{VD}{\gamma}$$

$$v = \frac{\mu}{\rho}$$

여기서, V : 속도

d : 흙 입자지름

ρ : 유체밀도

μ : 점성계수

γ : 동점성계수

③ 보통 $R < 10$인 경우에 Darcy 공식은 유효하며, R이 이보다 커지는 경우에는 공극 내에서는 난류가 발생하여 난류에 의한 와류로 에너지 손실을 초래하므로 유속은 수두 경사에 비례하지 않는다.

(3) 투수계수

$$K = k \cdot \frac{\rho \cdot g}{\mu} \quad \text{ⓑ}$$

여기서, k : 매개물질 특성계수

비포화 흐름의 경우 식 ⓑ에서의 k는 함수량 Q의 함수로 표시되어야 한다.

즉, 비포화 흐름에서의 투수계수 K는 $K = k(Q)\frac{\rho g}{\mu}$ 로 나타낼 수 있다.

27 제방의 투수 침투

(1) Darcy 공식

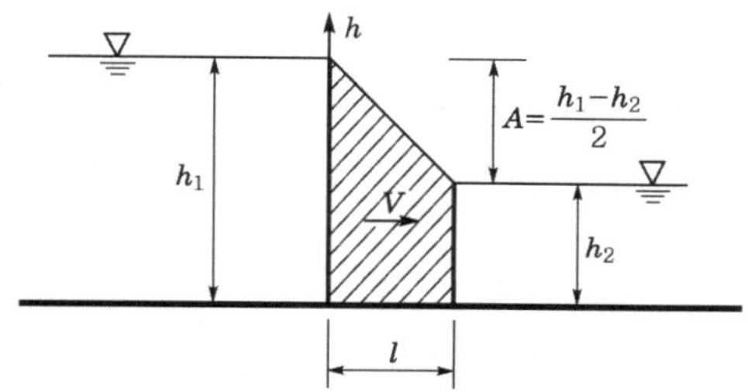

$$v = -K\frac{dh}{dx} = K\frac{h_1 - h_2}{l} \text{ 이므로}$$

$$Q = A \cdot V = K\frac{h_1 - h_2}{l} \cdot \frac{h_1 - h_2}{2} = K\frac{(h_1^2 - h_2^2)}{2l}$$

(2) 피압대수층 내 지하수 흐름의 기본식

$$\frac{\alpha^2 h}{\alpha x^2} + \frac{\alpha^2 h}{\alpha y^2} + \frac{\alpha^2 h}{\alpha z^2} = 0 \quad \text{ⓐ}$$

또는 $\overline{V}h = 0$ ⓑ

식 ⓐ, ⓑ는 Laplace Formula로 안정 상태에서 지하수층이 균질성 및 등방성인 경우 비압축성 유체의 흐름을 나타낸다.

28 제방의 배수를 돕기 위하여 제방 밑에 자갈층을 두는 경우가 있다. Laplace 공식을 이용하여 단위 폭당 유량 Q를 구하라.

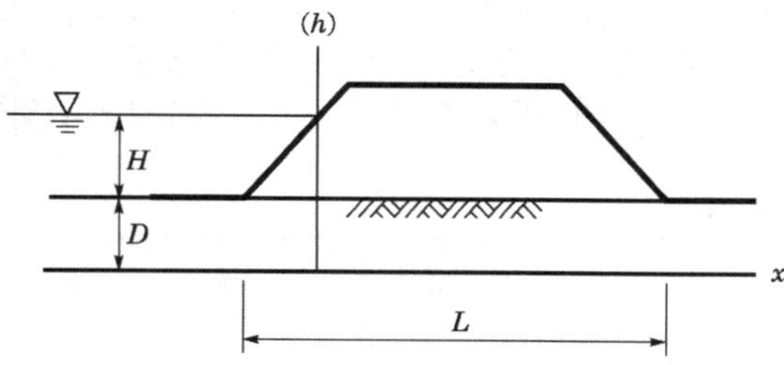

(1) 물은 한 방향 흐름이라고 가정하여 Laplace 공식을 이용하면

$$\frac{\alpha^2 h}{\alpha x^2} = 0$$

위의 식을 적분하면

$$\int \frac{\alpha^2 h}{\alpha x^2} = h = Ax + B \quad \cdots\cdots\cdots\cdots\cdots\cdots\cdots\cdots ⓐ$$

$x = 0$일 때 : $h = D + h$

$x = L$일 때 : $h = D$이므로

$$\therefore\ D + H = Ⓑ,\ \ D = AL + (D + h)$$

$$\therefore\ Ⓐ = -\frac{H}{L}$$

Ⓐ, Ⓑ를 식 ⓐ에 대입

$$h = -\frac{H}{L}x + (D + H)$$

$$\therefore\ \frac{dh}{dx} = -\frac{H}{L}$$

(2) 여기서 Darcy의 공식을 적용하면

$$V = Ki = -K\frac{dh}{dx}$$

$$Q = A \cdot V = (D \times 1) \cdot \left(-K\frac{dh}{dx}\right)$$

$$= -K \cdot D\frac{dh}{dx} = -KD\left(-\frac{H}{L}\right) = \frac{K \cdot D \cdot H}{L}$$

29 피압대수층에서 폭이 좁은 수로를 500m 간격으로 굴착했더니 A, B, C 수로 내 바닥으로부터 5, 4, 3m 높이의 물이 흘렀다. 대수층 두께가 10m, 투수계수 10m/day일 때 대수층 단위폭당 유량을 구하라.

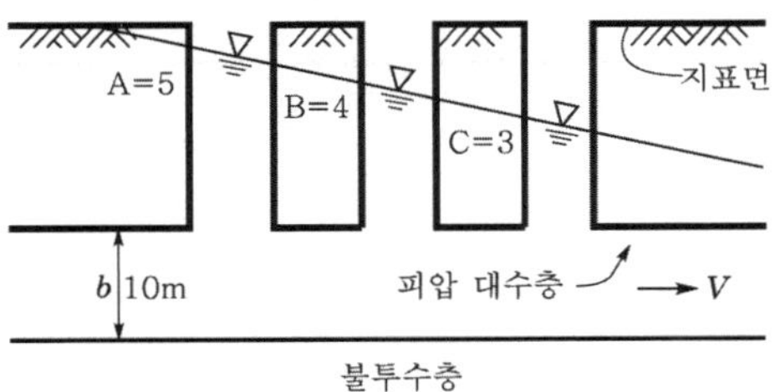

(1) 물은 한 방향 흐름이라고 가정하고 Laplace 공식을 이용하면

$$\frac{\alpha^2 h}{\alpha x^2} = 0$$

여기서, $h = c_1 x + c_2$ ·· ⓐ

경계조건 $x = 0$ 일 때, $h = 5$

$x = 500$ 일 때, $h = 4$

$x = 100$ 일 때, $h = 3$ 이므로

상기 경계조건을 식 ⓐ에 대입하면

$$c_2 = 5, \ c_1 = -0.002$$

$$\therefore \ h = -0.002x + 5$$

$$\frac{dh}{dx} = -0.002$$

(2) 피압대수층의 단위폭당 유량은

$$Q = -Kb\frac{dh}{dx} = -10 \times 10 \times (-0.002) = -0.2\,\mathrm{m^3/day/m}$$

30 자유수면을 가진 지하수층

1. 개요

Dupuit의 가정

(1) 어떤 연직면에서도 흐름은 수평이다.

(2) 어떤 연직면에서도 속도, 크기의 분포는 깊이에 관계없이 균일하다.

(3) 자유수면에서의 속도는 $V = -K\dfrac{\alpha h}{\alpha x}$ 로 표시할 수 있다.

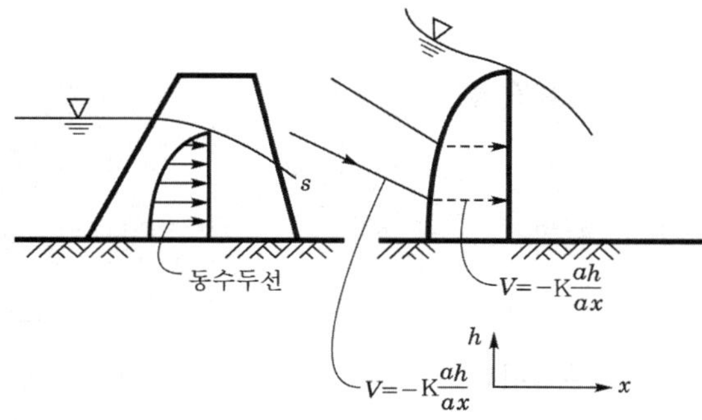

2. 가정 내용

(1) 흐름은 수평 흐름

(2) 깊이에 관계없이 균일

(3) 실제 흐름에 있어서 Darcy 공식 적용

3. 결론

Darcy 공식을 x방향에 대하여 적용한다. 즉, $V = -K\dfrac{\alpha h}{\alpha s}$ 대신에 $V = -K\dfrac{\alpha h}{\alpha x}$ 를 적용하는 것을 Dupuit의 가정이라 한다.

(1) 한편 자유수면을 갖는 지하수층에서의 흐름 공식은

$$\frac{\alpha^2 h^2}{\alpha x^2} + \frac{\alpha^2 h^2}{\alpha y^2} + \frac{\alpha^2 h^2}{\alpha z^2} + \frac{2w}{K} = 0 \ \text{혹은} \ \overline{V^2} h^2 + \frac{2w}{2} = 0$$

　여기서, w : 보충되는 단위 면적당 유량
　　　　　K : 투수계수

(2) 한 방향 흐름인 경우

$$q = -Kh\frac{dh}{dx}$$

$$\frac{dq}{dx} = -\frac{K}{2} \cdot \frac{d^2 h^2}{dx^2}$$

정상류이므로 $\dfrac{dq}{dx} = 0$ 이다. 따라서 $\dfrac{d^2 h}{dx^2} = 0$ 이다.

31 우물의 개념과 가정

1. 개요

우물에 대한 공식 유도 시의 가정

(1) 양수 시 유량은 시간에 따라 변하지 않는다.

(2) 우물은 불투수층까지 설치한다.

(3) 지하수층의 특성은 지점, 방향 시간에 따라 서로 불변하지 않는다.

(4) 지하수층은 수평이고 무한이다.

2. 피압대수층

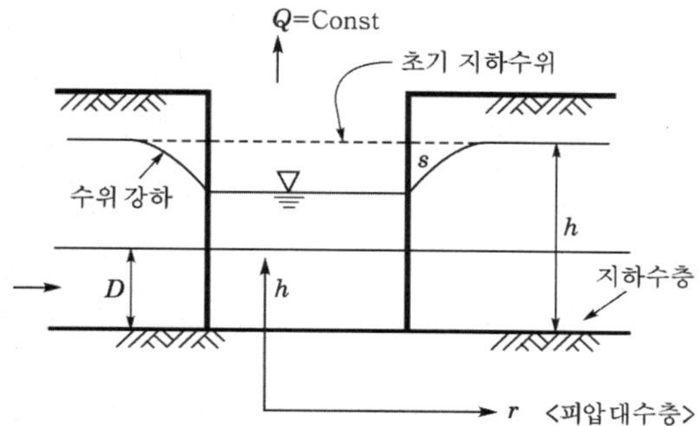

(1) 유량 Q는 Darcy 공식을 적용하면

$$Q = A \cdot V = (2\pi r D)\left(K\frac{dh}{dr}\right)$$

$$r\frac{dh}{dr} = \mathrm{const} = \frac{Q}{2\pi KD}$$

상기 식을 적분하면

$$\int dh = \frac{Q}{2\pi KD}\int \frac{1}{r}dr$$

$$\therefore\ h = \frac{Q}{2\pi KD}\ln r + \mathrm{const}\ \ (\text{Thin 공식})$$

(2) 이와 같은 우물을 착정이라고 하며, 집수정을 두 불투수층 사이의 함수층까지 파면 집수정의 수면은 함수층의 수압에 해당하는 높이까지 상승한다.

3. 비피압대수층

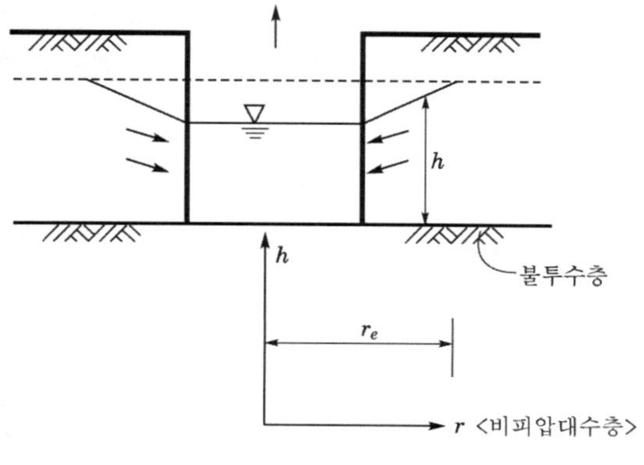

[비피압대수층]

(1) 유량 Q는 Darcy의 공식을 적용하면

$$Q = A\,V(2\pi rh)\left(K - \frac{dh}{dr}\right) = \pi K\left(r\frac{dh^2}{dr}\right)$$

$$r\frac{dh^2}{dr} = \mathrm{const} = \frac{Q}{\pi K}$$

상기 식을 적분하면

$$\int dh^2 = \frac{Q}{\pi K}\int \frac{1}{r}\,dr$$

$$\therefore\ h^2 = \frac{Q}{\pi K}\ln r + \mathrm{const}$$

(2) 이와 같은 우물을 심정(Deep Well)이라 하며, 이는 투수층까지 만든 집수정의 바닥이 불투수층까지 도달한 우물을 말한다.

4. 천정

불투수층에 도달하지 않은 집수정으로 천정에서 양수가 되는 유량

$$Q = 4AKr_o(H - h_o)$$

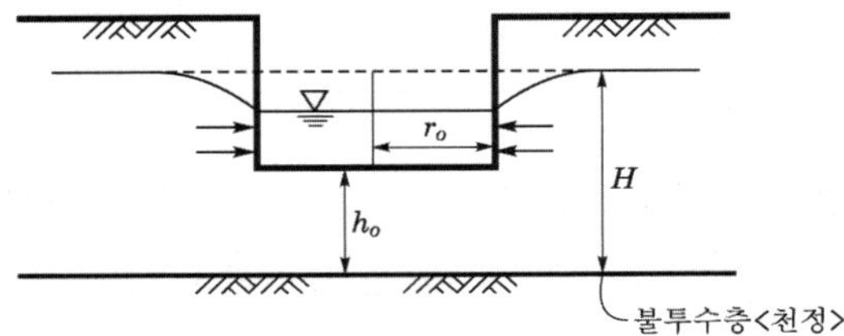

이를 Forchheimer 공식이라 한다.

32 지하수 특성을 알기 위해 50m 간격으로 관측정을 설치하고 수위 측정 결과 $Q = 100\text{m}^3/\text{hr}$, 양수 시 $(h_2 - h_1)$이 2.0m이었다. 지하수층의 전달계수 $(T = KD)$를 구하여라.

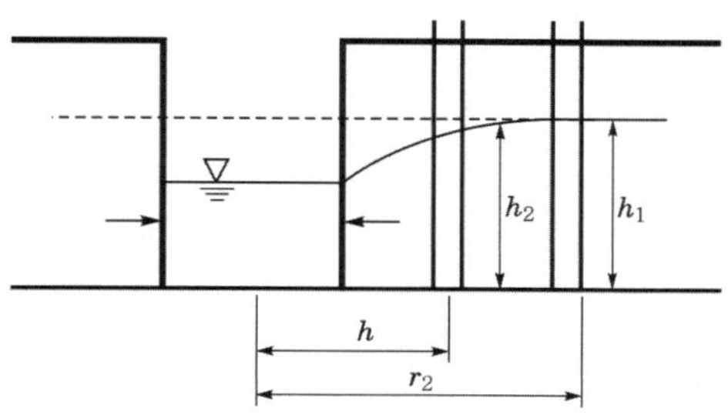

$h = \dfrac{Q}{2\pi KD}\ln r + \text{const}$ 에서

$$h_1 = \dfrac{100}{2\pi KD}\ln 50 + \text{const} \quad\cdots\cdots\cdots\cdots\cdots\cdots\cdots\cdots\cdots\cdots\cdots\cdots\cdots\cdots \text{ⓐ}$$

$$h_2 = \dfrac{100}{2\pi KD}\ln 100 + \text{const} \quad\cdots\cdots\cdots\cdots\cdots\cdots\cdots\cdots\cdots\cdots\cdots\cdots\cdots \text{ⓑ}$$

(식 ⓑ−식 ⓐ)를 정리하면

$$h_2 - h_1 = \dfrac{100}{2\pi KD}\left(\ln\dfrac{100}{50}\right) = \dfrac{100}{2\pi KD}\ln 2$$

$$\therefore \ T = KD = \dfrac{100}{2\pi(h_2 - h_1)}\ln 2 = 5.52\text{m}^2/\text{hr}$$

이다.

33 우물(반지름 r_w)로부터 일정 유량 Q를 양수 시 수위가 h_w, 반지름 r_e 거리의 수위는 초기 수위 H와 같다. 이때 지하수층의 투수계수 K를 구하라.

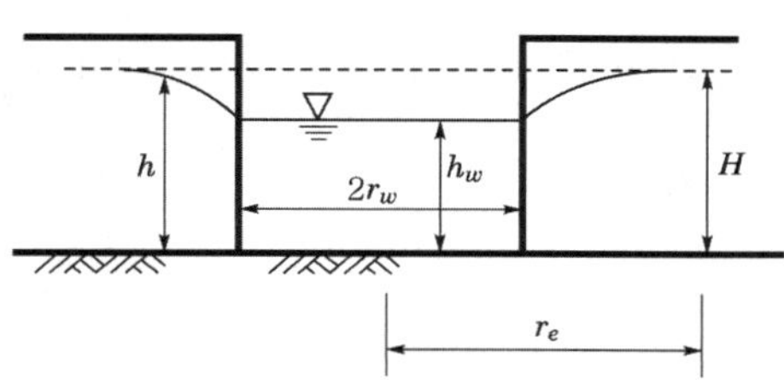

(1) 경계조건

$$r = r_w \quad h = h_w$$
$$r = r_e \quad h = H$$

(2) 한편

$$h_2 = \frac{Q}{\pi K}\ln r + \mathrm{const} \,에서$$

$$hw^2 = \frac{Q}{\pi K}\ln r_w + c \quad\cdots\cdots\cdots\cdots\cdots\cdots\cdots\cdots\cdots\cdots\cdots\cdots\cdots\cdots\cdots ⓐ$$

$$H^2 = \frac{Q}{\pi K}\ln r_e + c \quad\cdots\cdots\cdots\cdots\cdots\cdots\cdots\cdots\cdots\cdots\cdots\cdots\cdots\cdots\cdots ⓑ$$

식 ⓑ에서 식 ⓐ를 빼고 정리하면

$$K = \frac{Q}{\pi(H^2 - hw^2)}ln\left(\frac{r_e}{r_w}\right)$$

여기서, r_e : 영향 반지름

---

34 불투수층이 지표 아래 15m에 있고, 지하수면은 5.2m 되는 곳에 있다. 지름 1.8m의 깊은 우물을 설치하고 $Q = 20l/\sec$ 양수 시 정수면은 지표 아래 얼마의 깊이에 있게 되는가? 단, $K = 0.18\mathrm{cm}/\sec$, $re = 1{,}000\mathrm{m}$ 이다.

$$H^2 - h^2 = \frac{Q}{\pi k}\ln\frac{R}{r_0}$$

여기서, $H = 15^2 - 5^2 = 9.8\mathrm{m}$

$$Q = 0.02\mathrm{m}^3/\sec$$

$$K = 0.18 \times 10^{-2}\mathrm{m}/\sec$$

$$9.8^2 - h^2 = \frac{0.02}{\pi \times 0.18 \times 10^{-2}} \times \ln\frac{1{,}000}{0.9} = 24.8$$

$$\therefore \ h = 8.44\mathrm{m}$$

∴ 정수면은 지표 아래 $15 - 8.44 = 6.56\mathrm{m}$의 깊이에 있다.

$$H^2 = \frac{Q}{\pi K}\ln R + c$$

여기서, C값을 구할 수 있다.

35 제방 저류

제방으로부터 저수지로 유입되는 유량

$$Q = K \cdot D \cdot N \cdot \frac{2}{\sqrt{\pi}} \frac{1}{\sqrt{4\alpha t}}$$

t_1 시간 동안 지하수로부터 유입되는 체적

$$rQ = \int_o^{t_1} Qdt = \frac{SN_o \sqrt{4\alpha t_1}}{\sqrt{n}}$$

여기서, α : $KD/S = T/S$

S : 지하수 비생수량(유효 공극률)

$T = (KD)$: 전달계수

36 갈수로 인하여 저수지 수위가 40m 내려갔다고 한다. 저수지 둘레의 길이가 6,000m라 할 때, 30일 동안 주변 저수지층으로부터 보충되는 유량을 구하여라.

전달계수 $T = KD = 0.53\text{m}^3/\text{mim}/\text{m}$, 유효 공극률 $S = 0.15$ 라 한다.

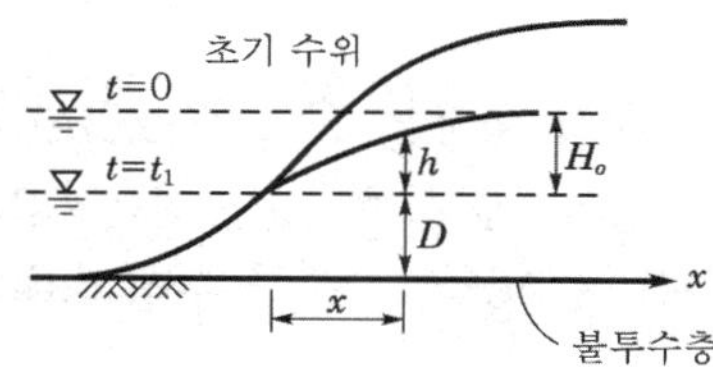

$$T = 0.53\text{m}^3/\text{min}/\text{m} = 763.2\text{m}^3/\text{day}/\text{m}$$

$$x = \frac{T}{S} = \frac{763.2}{0.15} = 5,088$$

$$\therefore\ VQ = \int_o^{t_1} Qdt = \frac{sH_o \sqrt{4\alpha t_1}}{\sqrt{n}}$$

$$= 0.15 \times 4 \times \frac{\sqrt{4 \times 5,088 \times 30}}{\sqrt{n}} = 264.5\text{m}^3/\text{n}$$

주변 6,000m 에서의 유입 유량은 $264.5 \times 6,000 = 1.587 \times 10^6 \text{m}^3$ 이다.

37 두 모집단으로부터의 자료 검증

1. 개요

표본으로 수집한 자료가 경우에 따라서는 2개의 모집단을 갖고 있다고 판단되는 경우, 즉 홍수 자료가 눈이 녹음에 따라 발생할 수도 있고, 강우에 의한 홍수도 있다. 이러한 경우 두 사상은 서로 다른 모집단으로부터 수집된 것인지에 대한 검증이 필요하다.

2. 일반적인 검정 절차

(1) 가설 설정(H_0)

(2) 검증방법 선택

(3) 유의 수준 산정

(4) 가설 H_0의 전제하에 검증방법에 대한 표본 분포 가정

(5) 검정을 위한 변수 계산

(6) 변수 값의 (H_0) 거부 여부 판정

38 어떤 홍수 때 기준점, 관측점 유량은 $Q_s = 3,160\text{m}^3/\text{sec}$, 관측 시간은 2시간, 수위는 50.40m에서 50.52m로 상승, 보조 관측점은 700m 하류의 기준 관측점보다 10cm가 낮은 수면 폭 500m, 평균 수심 4.0m일 경우 유량을 보정하라.

(1) 단면적 $A = 500 \times 4 = 2,000\text{m}^2$

(2) 평균 유속 $V = \dfrac{Q}{A} = 3,160/2,000 = 1.58\text{m}/\text{sec}$

(3) 홍수의 전파 속도 $\mu = 1.3 \times 1.58 = 2.054\text{m}/\text{sec}$

$$dh/dt = (50.52 - 50.40)/7,200 = -1.67 \times 10^{-5}\text{m}/\text{sec}$$

(4) 수면 경사

$$s = 0.1/700 = 1.43 \times 10^{-4}$$

$$\therefore\ Q = \frac{3,160}{\sqrt{1 + \dfrac{1.67 \times 10^{-5}}{2.054 \times 1.43 \times 10^{-4}}}} = 3.080\text{m}^3/\text{sec}$$

$\therefore$ 수위가 낮아지면 유량은 증가한다.

즉, 평상시 유량이 많아진다.

∴ 평균 수심 $(50.4 + 50.52)/2 = 50.46\text{m}$ 일 경우 하천유량은 $3.080\text{m}^3/\text{sec}$ 이다.

39 도수

1. 하도의 도수

(1) 하도의 도수 전후의 수위 계산은

$$\frac{h_2}{h_1} = \frac{\sqrt{1 + 8{F_1}^2} - 1}{2}$$

$$ {F_1}^2 = \frac{\beta {v_1}^2}{gh} = \frac{\beta v}{\sqrt{gh}}$$

(2) 도수 발생 구조물

보, 수문 물받이의 하류에서 도수가 발생한다.

(3) 상기 식은 하상 경사가 작은 수로에서 발생하는 도수 상하류의 수심 관계를 나타내는 식이다.

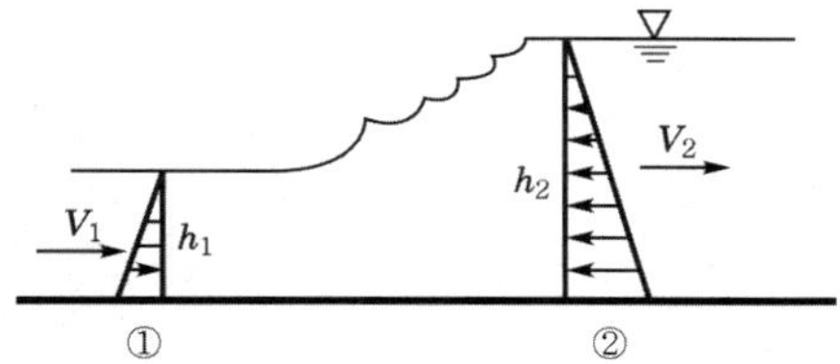

[도수의 개략도]

(4) 하류의 상류 수심 h_2 는 하류 흐름 조건에 따라 등류, 부등류계산에 의해 계산한다.

① 급경사 구간 도중에 완경사 구간이 존재할 경우 도수가 발생한다.

② 하폭이 급속하게 확대되는 경우에는 흐름이 전체 하폭에까지 넓어지려면 약간의 확산 구간이 필요하며, 역으로 급축소 구간이 있는 경우에는 충격파 형태의 교차파를 발생하며, 등류 수면보다 수위가 높을 때도 있다.

특히, 등류 수심

$$V = \frac{1}{n} R^{\frac{2}{3}} I^{\frac{1}{2}}$$

$$Q = A \cdot V$$ 에서 계산하고, 한계수심은 $F_r = \dfrac{v}{\sqrt{gR_e}} = 1$ 이 되는 경심 R 에 대한

수위에서 발생

동수반경 $R = \dfrac{A}{p}$

2. 도수

사류~상류로 흐름과 상태가 변할 때 수면이 불연속적으로 되는 현상

(1) 단면에서 에너지 $h_1 + \dfrac{v_1^{\,2}}{2y}$ 는 단면에서 에너지 $h_2 + \dfrac{v_2^{\,2}}{2y}$ 보다 크다.

(2) 도수 상태

　㉠ 도수 현상에 의한 에너지 손실

$$\Delta h = \dfrac{(h_2 - h_1)^3}{4h_1 h_2}$$

　② 도수 전후의 수심비

$$\dfrac{h_2}{h_1} = \dfrac{1}{2}\left(\sqrt{1 + 8F_r^{\,2}} - 1\right)$$

(3) 감세 수로에서 발생하는 도수

　① 파상 도수 : $1 < F < 1.7$

　② 약 도수 : $1.7 < F < 2.5$

　③ 진동 도수 : $2.5 < F < 4.5$

　④ 정상 도수 : $4.5 < F < 9.0$

　⑤ 강 도수 : $9.0 < F$

40　댐 여수에서의 도수

여수로의 감세공상에서 도수가 발생하였다. 감세공 단면은 구형이며, 단위 폭당 유량은 $2\mathrm{m^3/sec}$ 이고, 도수 전 수심은 $0.5\mathrm{m}$ 이다. ① 도수 후의 수심과 ② 도수로 인한 에너지 손실을 마력으로 구하라.

(1) 에너지 손실

$$\Delta E = \left(h_1 + \frac{v_1^{\,2}}{2g}\right) - \left(h_2 + \frac{v_2^{\,2}}{2g}\right) = (h_1 - h_2) - \frac{1}{2g}(v_1^{\,2} - v_2^{\,2}) \text{에서}$$

(2) $\Delta E = \dfrac{(h_2 - h_1)^3}{4h_1 h_2}$

$$v = \frac{Q}{h_1} = \frac{2}{0.5} = 4\mathrm{m/sec}$$

도수 전 수심과 도수 전 F_{r_1}수를 알면 도수 후의 수심(h_2)을 구할 수 있으므로

즉, $\dfrac{h_2}{h_1} = \dfrac{1}{2}\sqrt{1 + gFr^2 - 1}$ 에서

$$F_{r1} = \frac{v}{\sqrt{gD}} = \frac{v}{\sqrt{gh_1}} = \frac{v^2}{gh_1}$$

$$\therefore \ h_2 = \frac{h_1}{2} \times \left(-1 + \sqrt{1 + 8 \times \frac{v_2}{gh}}\right.$$

$$= \frac{0.5}{2} \times \left(-1 + \sqrt{1 + 8 \times \left(\frac{4^2}{9.8 \times 0.5}\right)^2}\right) = 1.052\mathrm{m}$$

$$v_2 = \frac{Q}{h_2} = \frac{2.0}{1.052} = 1.90\mathrm{m/sec}$$

$$\therefore \ \Delta E = (0.5 - 1.052) + \frac{1}{2 \times 9.8}(4^2 - 1.9^2) = 0.080\mathrm{m}$$

$$\therefore \ \Delta E = \frac{(h_2 - h_1)^3}{4h_1 h_2} = \frac{(1.052 - 0.5)^3}{4 \times 0.5 \times 1.052} = 0.080\mathrm{m}$$

손실된 에너지를 동력으로 표시하면

$$P = \frac{1000 \times 2 \times 0.080}{75} = 2.133\text{마력/폭당}$$

41 부력 및 부채의 안정

1. 부력

액체 내에 있는 물체가 액체에서 받는 상향의 힘을 말한다.

(1) 수중에 있는 부력의 크기

① 고체가 배제하고 있는 물의 중량과 같다.

② 작용점(부심)은 고체의 중심과 일치한다.

(2) 수중에 떠 있는 고체의 부력은 고체의 무게와 같고, 부심과 고체의 중심은 연직선상에 있다.

2. 부체의 안정

부체의 중심을 G, 부심을 C, 경심을 M이라 하면

(1) G점이 C점 아래 있으면 안정

(2) G점이 X점 위에 있을 경우

① M점이 G점보다 위에 있으면 안정

  M점과 G점의 간격이 클수록 안정

② M점이 G점 아래에 있으면 부체는 기울어져 불안정

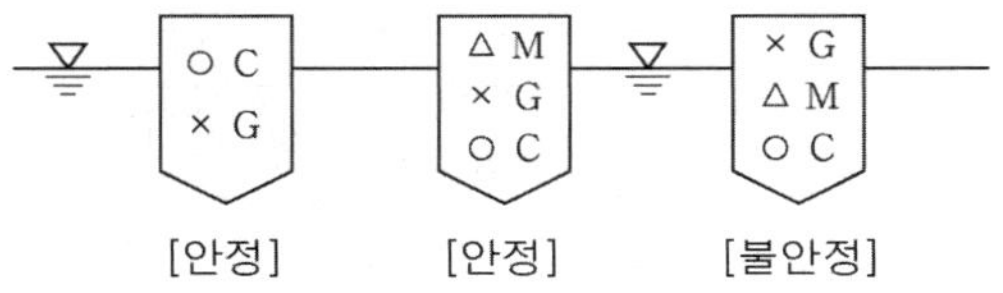

42 연직 평면에 작용하는 정수압

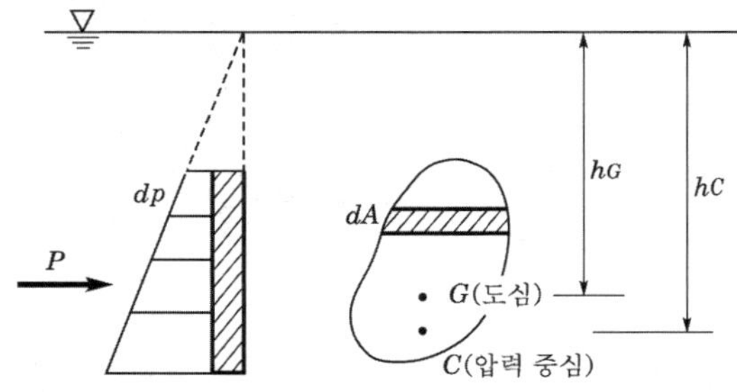

1. 개요(가정)

(1) 단면적 : A

미소 면적 dA에 작용하는 압력 $dp = whdA$

단면적 A의 전 압력 : $p = wh\,G \cdot A$ .... ⓐ

(2) 수면에 대한 Moment

$$p.hc = \int hdp = w\int h^2 dA = wI \quad \text{..} \textcircled{b}$$

여기서,

$$I = \int AA^2 dA \, \text{로 정리하면}$$

$$I = I_o + hG^A A \quad \text{..} \textcircled{c}$$

식 $\textcircled{b}$에서 $I = \dfrac{p.hc}{w}$

식 $\textcircled{a}$에서 $\dfrac{p}{w} = hG \cdot A$를 식 $\textcircled{c}$에 대입하면

$$\frac{p}{w}hc = I_o + \frac{p}{w}HG$$

$$hc = hG + \frac{w}{p}I_o$$

$$\therefore \ hc = hG + \frac{I_o}{hGA}$$

(3) 상기 식에서 수압의 중심은 평면도심 G보다 I_o/hGA만큼 아래에 있다.

---

43 수로폭 15mm의 구형 단면에서 수로 경사 : $s = 0.001$, 조도계수 : $n = 0.025$, $Q = 100\text{m}^3/\text{sec}$일 때 한 단면의 수심이 2m였다. 이때의 수면곡선형과 $s = 0.01$일 때의 수면곡선형은?

1. 한계수심

(1) $y_c = \sqrt[3]{g^2/g} = \sqrt[3]{(100/15)^2/9.8} = 1.655\text{m}$

(2) 등류 수심 y_n은 Manning 공식을 적용하면

$$100 = \frac{1}{0.025} \times 15y_n \left(\frac{15y_n}{15 + 2y_n}\right)^{2/3} \times (0.001)^{1/2} \text{에서}$$

$y_n = 3.12\text{m}$

$y_n > y_c$이므로 수로는 완경사(Mild Slope)이다.

$y = 2.0\text{m}$이므로 $y_c < y < y_n$

$\therefore$ 수면형은 M_2이다.

2. 등류 수심 y_n은 Manning 공식 적용

$$100 = \frac{1}{0.025} \times 15 y_n \left(\frac{15 y_n}{15 + 2 y_n} \right)^{2/3} \times (0.01)^{1/2}$$

$$\therefore \; y_n = 1.48\text{m}$$

$y_n < y_c$이므로 수로 경사는 급경사이다.

$y > y_c > y_n$이므로 수면형은 S_1이다.

44 도로 암거 내 흐름의 분류와 수리 특성

1. 개요

암거 내 흐름은 상류부 수심 H_w와 암거 직경 깊이 D에 따라 분류하며

(1) Class Ⅰ : $H_w \leqq 1.2D$

(2) Class Ⅱ : $H_w > 1.2D$

이는 암거의 경사, 하류 수심의 크기에 따라 각각 4가지 흐름 상태로 분류할 수 있다.

2. 흐름의 분류와 수리 특성

(1) Class Ⅰ

① Type-1

$$H_w \leqq 1.2D, \; S_o < S_c$$

$T_w < y_c$인 경우 지배단면은 출구부

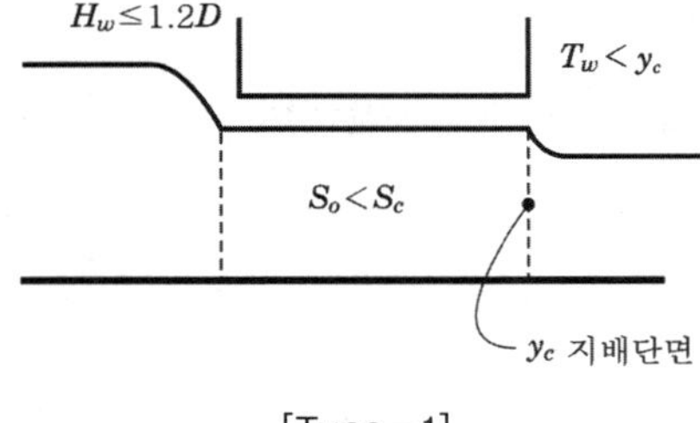

[Type-1]

② Type-2

$$H_w \leqq 1.2D$$

$$S_o < S_c$$

$y_c \leq T_w < D$인 경우 지배단면은 출구부

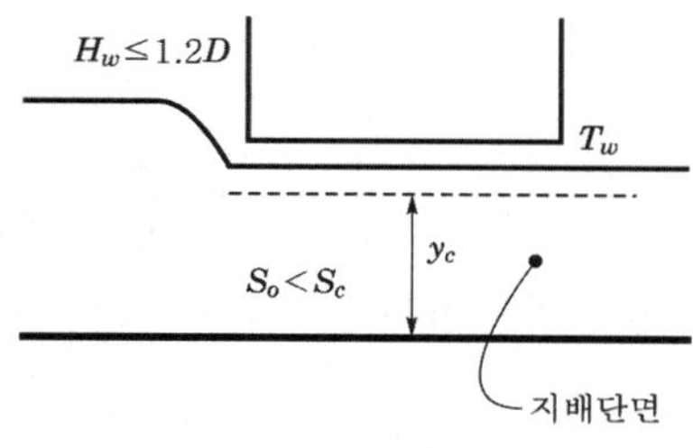

[Type-2]

③ Type-3

$$H_w \leqq 1.2D$$

$$S_o > S_c$$

$T_w < y_c < D$인 경우 지배단면은 입구부

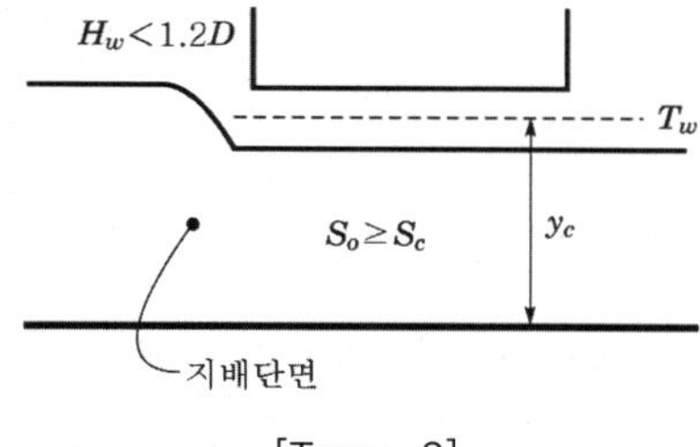

[Type-3]

④ Type-4

$$H_w \leqq 1.2D$$

$$S_o > S_c$$

$T_w > D$인 경우 지배 단면은 입구부

출구부 도수 발생

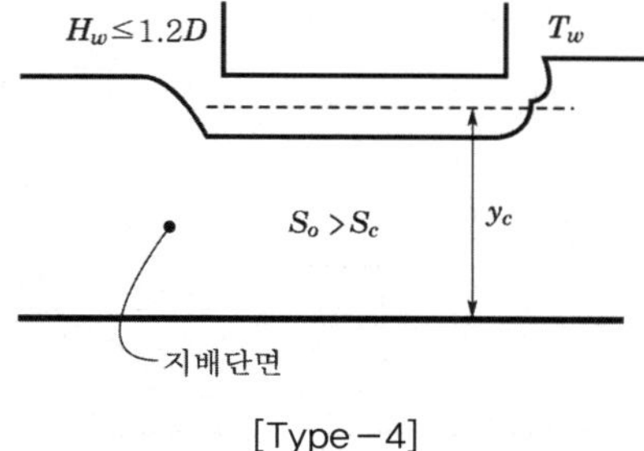

[Type-4]

(2) Class Ⅱ(입구부가 잠수되는 경우)

① Type-1

$$H_w > 1.2D$$

$$T_w < D$$

$y_n < D$인 경우 지배 단면은 입구부

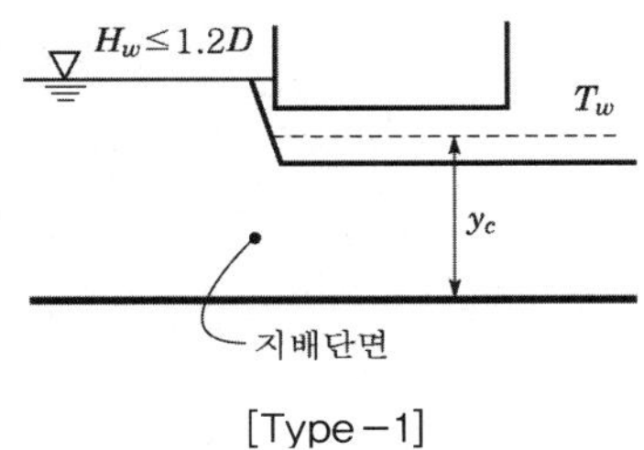

[Type-1]

② Type-2

$$H_w > 1.2D$$

$$T_w < D$$

$T_w > D$인 경우 지배 단면은 출구부

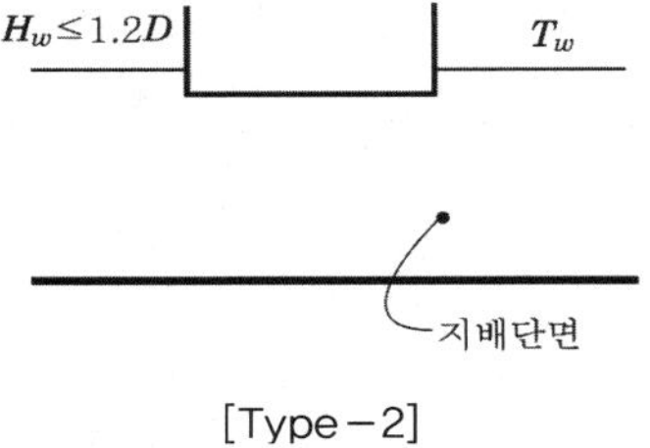

[Type-2]

③ Type-3

$$H_w > 1.2D$$

$T_w > D$인 경우 관수로 흐름

지배단면은 암거 하류부

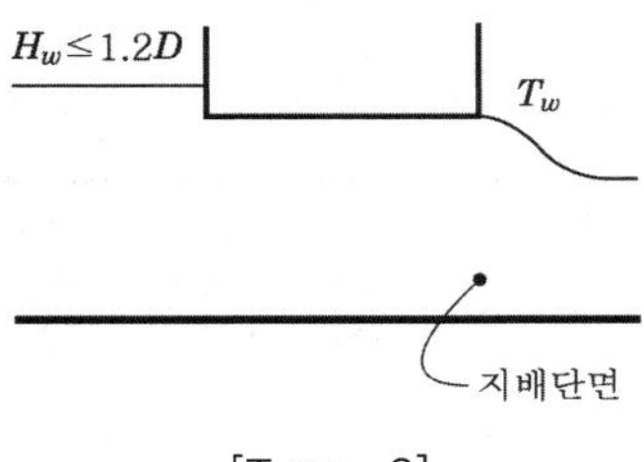

[Type-3]

④ Type -4

$$H_w > 1.2D$$

$T_w > D$인 경우 지배 단면은 입구부

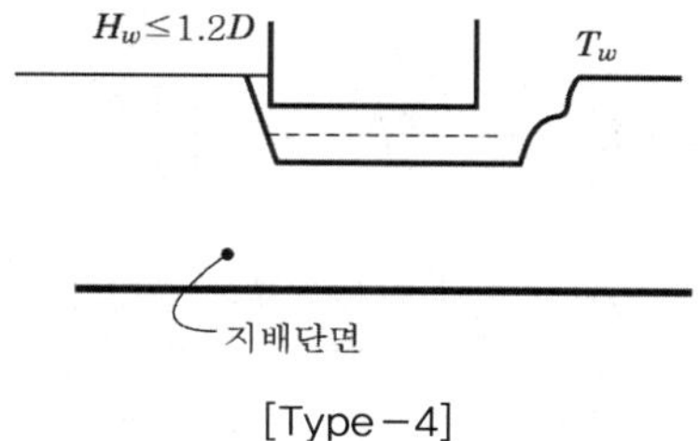

[Type -4]

45 Syphon 개념의 정리

1. 개요

관로의 일부가 동수경사선보다 높은 부분에 있는 것을 말한다.

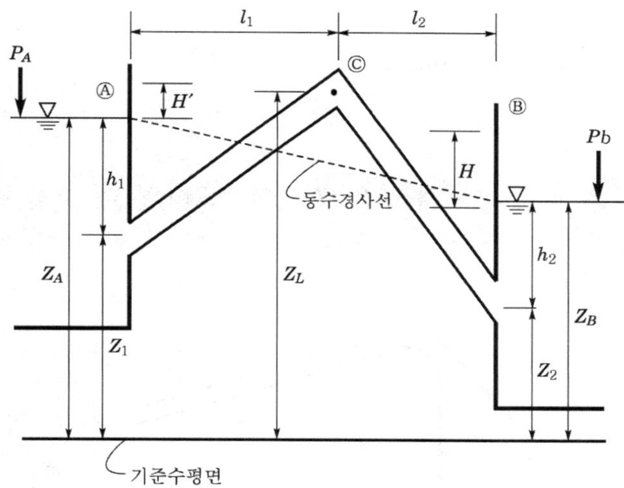

(1) 수조의 수면차 H는 손실수두 h_L과 같으므로

$$H = h_L = h_e + h_b + h_o + h_f = \left(f_e + f_b + f_o + f\frac{l_1 + l_2}{D} \right)\frac{V^2}{2g}$$

$$\therefore\ v = \sqrt{\frac{2gh}{f_e + f_b + f_o + f\dfrac{l_1 + l_2}{b}}} \quad \cdots\cdots\cdots\cdots\cdots\cdots\cdots\cdots\cdots\ ⓐ$$

(2) ⓐ수조의 수면과 C점에 대해 Bernoulli 정리를 적용하면

$$Z_A + \frac{P_a}{w} = Z_c + \frac{P_c}{w} = \frac{V^2}{2g} + h_L$$

여기서, $P_a = 0$

$$h_2 = h_e + h_b + h_f = \left(f_e + f_b + f\frac{l_1}{D}\right)\frac{V^2}{2g}$$

$$\therefore Z_A - Z_c = \frac{P_c}{w} + \frac{1 + f_e + f_b + f\dfrac{l_1}{D}}{f_c + f_e + f_b + f\dfrac{l_1 + l_2}{D}} \times H$$

한편, $Z_A - Z_c = H'$이므로

$$H' = \frac{P_c}{w} + \frac{1 + f_e + f_b + f\dfrac{l_1}{b}}{f_c + f_e + f_b \dfrac{l_1 + l_2}{D}} \cdot H$$

상기 식에서 이론적으로는 $\dfrac{P_c}{w_o}$ 가 -10.33pn일 때 $H = H_{\max}$가 된다.

그러나 실제 $\dfrac{P_c}{w_o}$ 는 $-8 \sim 9\text{m}$가 된다.

46 다음과 같은 Syphon에서 관의 직경이 0.7m일 때 흐를 수 있는 유량은 얼마인가?

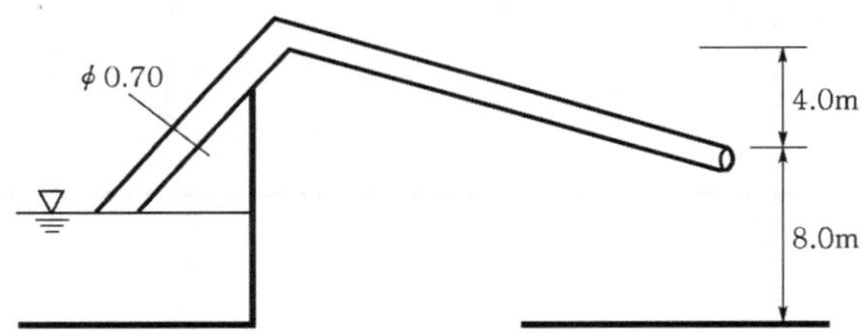

(1) 수로의 수면과 관의 출구에 대해 Bernoulli 정리를 적용하면

(2) $\dfrac{V_1^2}{2g} + \dfrac{P_1}{w_o} + Z_1 = \dfrac{V_2^2}{2g} + \dfrac{P_2}{w_o} + Z_2$

$V_1 \fallingdotseq 0, \ P_1 = P_2 = P_a$

$$Z_1 = 8\text{m}, \ Z_2 = 0$$

$$\therefore \ 0 + 0 + 8 = \frac{V_2^2}{2g} + 0 + 0$$

$$\therefore \ V_2 = \sqrt{2 \times 9.8 \times 8} = 12.52\text{m/sec}$$

$$\therefore \ Q = A_2 V_2 \text{에서}$$

$$= \frac{\pi \times 0.7^2}{4} \times 12.52 = 4.819\text{m}^3/\text{sec}$$

(3) 단순한 베르누이 공식 적용 시 관로 손실을 고려하지 않고 주어진 조건에서 적용한다.

47 위의 문제 46에서 수조 수면 표고 100m, B점 표고 102m, $l_1 = 1,000$m, $l_2 = 2,000$m, $d = 0.4$m, $f = 0.02$, $f_b = 1.0$, $f_e = 0.5$, $f_o = 1.0$일 때 Syphon 작용이 가능한 C 수조의 최저 수면 표고와 유량 A를 구하라. 단, 부압의 한계는 -8t/m^2이다.

(1) $H' = 100 - 102 = -2.0\text{m}$

$$H = \frac{f_e + f_b + f_o + f\dfrac{l_1 + l_2}{D}}{1 + f_e + f_b + f\dfrac{l_1}{D}}\left(H' - \frac{P_c}{w}\right)$$

$$\therefore \ H = \frac{152.5}{52.5}(-2 + 8) = 17.43\text{m}$$

(2) C 수조의 수면 표고가 $100 - 17.43 = 82.57$ 이하가 되면 Syphon 작용은 중지된다.

$H = 17.43$일 때 유량 Q는

$$V = \sqrt{\frac{2gh}{f_e + f_b + f_c + f\dfrac{l_1 + l_2}{D}}} = 1.497\text{m/sec}$$

(3) $\therefore \ Q = \dfrac{\pi}{4}(0.4)^2 \times 1.497 = 0.188\text{m}^3/\text{sec}$

48 에너지 보정계수 α, 운동량 보정계수 β

1. 에너지 보정계수(α)

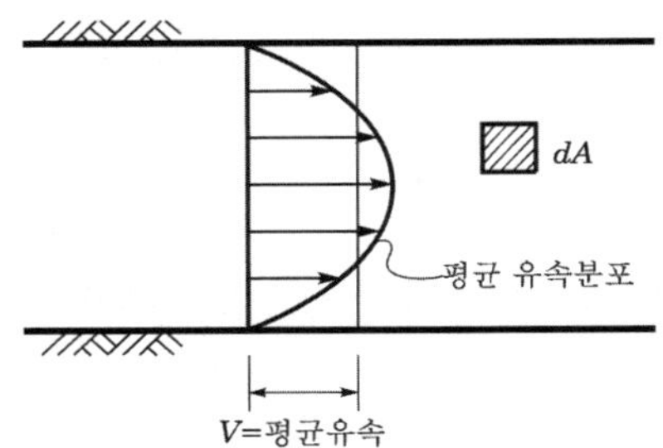

(1) 의의 그림에서 보는 바와 같이 어떤 입자에 대한 실제 유체의 총운동에너지는

$$\frac{1}{2}\int_A (dM)\mu^2 = \frac{1}{2}\int_A \frac{w}{g}(dQ)V^2 = \frac{W}{2g}\int_A (VdA)V^2 = \frac{1}{2}MV^2 \ \cdot \ \text{ⓐ}$$

(2) 전체 단면적에서 평균 유속 V에 대하여 계산된 운동에너지는

$$\frac{1}{2}(wQ/g)V^2 = \frac{1}{2}(WA/g)V^3 \ \cdots\cdots\cdots\cdots\cdots\cdots\cdots\cdots\cdots\cdots\cdots\cdots \ \text{ⓑ}$$

식 ⓑ에 운동에너지 보정계수 X를 곱하면

$$\alpha\left(\frac{WA}{2g}\right)V^3 = \frac{W}{2g}\int_A (VdA)V^2$$

$$\therefore \ \alpha = \frac{1}{A}\int_A \left(\frac{V}{V}\right)^3 dA \ = \int V^3 dA/V^3 A \ \cdots\cdots\cdots\cdots\cdots\cdots\cdots \ \text{ⓒ}$$

단, 난류 시 α는 1.02~1.15

　　층류 시 : 2.0정도 적용

　　보통 : 1.1

2. 운동량 보정계수(β)

(1) 미소 단면적에서 실제 운동량은 $dM \cdot V$이다. 따라서 총운동량은

$$\int_A (dM)V = \frac{w}{g}\int_A (dQ)V = \frac{w}{g}\int_A (VdA)V \ \cdots\cdots\cdots\cdots\cdots\cdots \ \text{ⓓ}$$

(2) 전체 단면적 평균 유속 V에 의한 운동량

$$M_V = \left(\frac{w}{g}Q\right)V = \left(\frac{w}{g} \cdot A\right)V^2 \quad \cdots\cdots\cdots\cdots\cdots\cdots\cdots\cdots\cdots\cdots ⓔ$$

식 ⓔ에 운동량 보정계수 β를 곱하면

$$\beta\left(\frac{w}{g}A\right)V^2 = \frac{w}{g}\int_A (VdA)V$$

$$\therefore \beta = \frac{1}{A}\int_A \left(\frac{V}{V}\right)^2 dA = \int V^2 dA / V^2 A \quad \cdots\cdots\cdots\cdots\cdots\cdots\cdots ⓕ$$

참고로 β는 난류 시 : 1~1.05

　　　　　층류 시 : 1.33

　　　　　통상 : 1.0

3. 결론

복합 단면 수로 시

(1) 에너지 보정계수

$$\alpha = \int V^3 dA / (V^3 A) = \Sigma V_i^{\,3} \Delta A_i / V^3 A$$

(2) 운동량 보정계수

$$\beta = \int V^2 dA / (V^2 A) = \Sigma V_i^{\,2} \Delta A_i / V^2 A$$

49 $10\text{m}^3/\text{sec}$의 용수를 공급하는 경사 $s = 0.0016$인 제형 수로 단면을 최대 허용 유속법으로 설계하라. 단, 수로의 측면 경사 $z = 2$(연직 : 수평)라고 하고, 비클로이드질 굵은 자갈층을 굴착하여 수로를 만들고자 한다.

(1) 비클로이드질 굵은 자갈층의 경우 최대 허용 유속

$V = 1.219\text{m}/\text{sec}$, $n = 0.025$로 가정하면, 제형 단면의 밑변을 b, 수심을 y라 할 때

$A = \dfrac{Q}{V}$에서

$$A = \frac{10}{1.219} = (b + zy)y = (b + 2y)y$$

$$\therefore (b + 2y)y = 8.203 \quad \cdots\cdots\cdots\cdots\cdots\cdots\cdots\cdots\cdots\cdots ⓐ$$

(2) 또한

$$R = \left(\frac{nV}{s^{1/2}}\right)^{3/2} = \left(\frac{0.025 \times 1.219}{\sqrt{0.0016}}\right)^{3/2} = 0.666$$

$$= \frac{A}{P} = \frac{(b+2y)y}{b+2\sqrt{y^2+(2y)^2}} = \frac{(b+2y)y}{b+2\sqrt{5}\,y}$$

$$\therefore \ \frac{(b+2y)y}{b+2\sqrt{5}\,y} = 0.666 \quad\text{ⓑ}$$

식 ⓐ, ⓑ를 연립하여 풀면 $b = 8.75$, $y = 0.792\text{m}$ 이다.

50 토사 비중 $S_c = 2.65$, $v = 1.115 \times 10^{-6}\text{m}^3/\text{sec}$일 때 Shield 곡선의 난류 영역이 시작되는 $R_e{}^* = 400$에서 $F_s = 0.056$이라는 조건을 사용하여 이 영역에서 하상 재료가 움직이지 않기 위해서는 입경의 크기가 1/4인치 이상이어야 함을 증명하라.

$$R_e{}^* = 400 = \frac{u \times d}{r}$$

$$\therefore \ u^* = 400v/d = 0.446 \times 10^{-3}/d \quad\text{ⓐ}$$

이때

$$F_s = \frac{T_o}{(r_s - r)d} = \frac{u^{*2}}{(s_c - 1)gd} = 0.056$$

$$\therefore \ u^{*2} = 0.056 \times (2.65 - 1) \times 9.8 \times d = 0.9055d \quad\text{ⓑ}$$

식 ⓐ와 ⓑ로부터

$$\left(\frac{0.446 \times 10^3}{d}\right)^2 = 0.9055d$$

$$d^3 = 0.220 \times 10^{-6}$$

$$\therefore \ d = 0.00603\text{m} = 0.24\,\text{inch} = \frac{1}{4}\,\text{inch}$$

$\therefore$ 입경 1/4inch 이상이어야 한다.

51 Hardy-Cross 방법에 대해 설명하라.

1. 개요

관망 내의 흐름 문제를 해석적으로 풀이한다는 것은 매우 어려우므로 시행착오법인 Hardy-Cross 방법을 사용하는 것이 보통이다.

2. 공식

$$h = f \cdot \frac{l}{D} \cdot \frac{V^2}{2g} = f\frac{l}{D}\frac{Q^2}{2g(\pi D^2/4)^2} = KQ^2 = kQ^n$$

3. Hardy-Cross 방법 해석 절차

(1) 개개 관의 $h_L - Q$ 관계 수립

(2) 각 관에 흐르는 유량 Q_o를 적절히 가정

(3) 가정 유량 Q_o가 각 관에 흐를 경우 손실수두 $h_L = kQ_o{}^n$을 계산하고

(4) 전 손실수두 $\sum h_L = \sum (kQ_o^n)$

이때 $\sum h_L = 0$이 되도록 한다.

(5) $\sum h_L = 0$이 되지 않을 경우

ΔQ를 계산

$$\Delta Q = \frac{\Sigma(kQ_o{}^n)}{\Sigma|k_n(Q_n{}^{n-1})|}$$

(6) ΔQ를 이용, 각 관의 유량 보정

위의 항목 (2)~(6)을 ΔQ의 값이 0이 될 때까지 반복한다.

52 어떤 댐 여수로의 수리실험을 하기 위해 1/50의 모형을 만들었다.
(1) 홍수량 $Q_p = 720\text{m}^3/\text{sec}$에 대한 모형 유량은?
(2) 모형 Apron 유속 $V = 2\text{m/sec}$이면 원형 유속은?
(3) 모형 높이 5cm 도수 시 원형의 도수는?
(4) 원형의 수문을 여는 데 5분이 걸린다면 모형 수문의 개방시간은?
(5) 원형 저수지에서 100,000m³ 수량 방류 시 2일이 소요되었을 때 모형의 수량과 방류시간은?

1. Froud의 상사율 적용

(1) $Q_r = L_r{}^{5/2} = (1/50)^{5/2} = \dfrac{1}{17677.76}$

$\quad \therefore\ Q_n = L_r{}^{5/2} Q_p = 720/17677.76 = 0.04\text{m}^3/\text{sec}$

(2) $V_r = L_r{}^{1/2} = (1/50)^{1/2} = 1/7.07$

$\quad \therefore\ V_p = 7.07 \times V_m = 7.07 \times 2 = 14.14\text{m/sec}$

(3) $h_r = L_r = 1/50$

$\quad \therefore\ h_p = 50 \times 5 = 250\text{cm} = 2.5\text{m}$

(4) 시간비 : $T_r = L_r{}^{1/2} = (1/50)^{1/2} = 1/7.07$

$\quad \therefore\ TM = \dfrac{T_p}{7.07} = \dfrac{5 \times 60}{7.07} = 42.43\text{sec}$

(5) 시간비 : $TM = 2 \times 24/7.07 = 6.79\text{hr}$

$\quad$ 수량 $V_r = L_r{}^3 = (1/50)^3 = 1/125,000$

$\quad \therefore\ V_m = 100,000/125,000 = 0.8\text{m}^3$

53 상대조도와 조도계수의 관계

(1) Manning의 평균 유속 공식에 의하면

$$V = \frac{1}{n} R^{2/3} I^{1/2}$$

상기 식을 변형하면

$$V = \frac{1}{n} R^{1/6} R^{1/2} I^{1/2} = \frac{R^{1/6}}{n} \sqrt{RI} = \frac{R^{1/6}}{\sqrt{g}\, n} \sqrt{gRI}$$

$$\therefore \text{상대조도 } n = \frac{R^{1/6}}{\sqrt{g}} \cdot \frac{\sqrt{gRI}}{V}$$

(2) 한편

마찰속도 $u* = \sqrt{gRI}$ 이므로

$$n = \frac{R^{1/6}}{\sqrt{g}} \cdot \frac{u*}{V} = \frac{R^{1/6}}{\sqrt{g}} \cdot \frac{1}{\left(\dfrac{V}{u*}\right)}$$

(3) 개수로의 유속 분포 공식은

$$\frac{V}{u*} = 6.0 + 5.75 \log 10 \frac{R}{Ks}$$

여기서, Ks : 상대조도

$$n = \frac{R^{1/3}}{\sqrt{g}} \cdot \frac{1}{\left(6.0 + 5.75 \log 10 \cdot \dfrac{R}{Ks}\right)}$$

이 된다.

54 개수로 모형 실험 시 모형과 원형의 조도 관계

1. 개요

모형과 원형의 상사성에 있어서 각종 상사법칙을 만족해야 한다. 그러나 실제 모형 실험에 있어서는 다음의 제한을 받는다.

(1) 모형은 경제적이고 작아야 한다.

(2) 조도 제한을 받는다.

(3) 중력, 점성력, 표면장력의 영향을 고려해야 한다.

2. 연직 축척과 수평 축척이 같은 경우

(1) Manning 공식의 조도계수를 n으로 표시하면

① 속도비 $V_r = \dfrac{V_m}{V_p} = \dfrac{\left(\dfrac{1}{n} R^{2/3} I^{1/2}\right)_m}{\left(\dfrac{1}{n} R^{2/3} I^{1/2}\right)_p}$

② 에너지 경사를 같게 하면

속도비 $V_r = \dfrac{n_p R_m{}^{2/3}}{n_m R_p{}^{2/3}} = \dfrac{R_r{}^{2/3}}{n_r} = \dfrac{L_r{}^{2/3}}{n_r}$

(2) Froude의 상사법칙에서

$V_r = \sqrt{L_r}$ 이므로

$\therefore \ V_r = \sqrt{L_r} = \dfrac{L_r{}^{2/3}}{n_r}$

$\therefore \ n_r = L_r{}^{1/6}$

3. 연직 축과 수평 축이 다른 경우

(1) Froude의 상사법칙에서

    ① 속도비 $V_r = \sqrt{Y_r}$

    ② 면적비 $A_r = L_r\, Y_r$

    ③ 유량비 $QR = A_r \cdot 1/r = L_r\, Y_r^{3/2}$

    ④ 축척이 다른 경우 경사비 $I_r = \dfrac{Y_r}{L_r}$

    ⑤ 유속 $V_r = K Y_r{}^{1/2}$

(2) 원형과 모형 사이의 조도비를 Manning의 공식에서 구분하면

속도비 $V_r = \dfrac{\left(\dfrac{1}{n} R^{2/3} I^{1/2}\right)m}{\left(\dfrac{1}{n} R^{2/3} I^{1/2}\right)p} = \dfrac{R_r^{2/3} I_r^{1/2}}{n_r} = \dfrac{R_r^{2/3} Y_r^{1/2}}{n_r L_r^{1/2}}$

$V_r = \sqrt{Y_r}$ 이므로

$V_r = \sqrt{Y_r} = \dfrac{R_r^{2/3} \cdot Y_r^{1/2}}{n_r \cdot L_r^{1/2}}$

$\therefore \ n_r = \dfrac{R_r^{2/3}}{L_r^{1/2}}$

4. 조도 상사성 적용 시의 문제점

(1) 원형과 모형의 조도계수는 장소, 경험 공식 등에 따라 다르다.

(2) 조도계수는 만져봐도 구하기 어렵다.

(3) 원형과의 조도계수 격차가 비교적 크다.

(4) 이동상인 경우 조도 검정은 수위 검정으로밖에 할 수 없다.

55 제반 수리량 예측을 위한 Methematical Model과 Scale Model의 비교

1. 개요

수리량 예측 종류에는

(1) Mathematical Model → 계산에 의한 정보 제공

(2) Seale Model → 계측에 의한 정보 제공

2. 장단점

(1) **Mathematical Model**

    ① 컴퓨터 이용으로 사용 편리

    ② 비교적 넓은 지역 사용

    ③ 정확도가 다소 떨어짐.

    ④ 비용 저렴

(2) **Scale Model**

    ① 제어 장치 및 측정기구 발달로 사용 용이, 정확해짐.

    ② 비교적 적은 지역

    ③ 비교적 정확하나 비용이 비싸다.

3. 이용 분야

(1) **Mathematical Model(MM)**

    ① 수질 예측

    ② 수리학적 홍수 추적

    ③ 최적화 기법

    ④ 확정론적, 추계학적 모의모형

(2) Scale Model(SM)

① 각종 수리 현상에 의한 고정상 실험

② 각종 수리 현상에 의한 이동상 실험

③ 예수로, 감세공, 수리모형 실험

④ 댐 파괴로 인한 홍수의 하류 전파

⑤ 안정하도 설계를 위한 유사의 현상 파악

4. 결론

MM은 SM과 적용 분야가 비슷하다. 적용 범위가 넓으며 비용이 싼 반면, 정확도가 다소 떨어진다.

56 하상 재료 입경 $d_{50} = 7\text{mm}$, 제형 단면 수로 경사 $1/1,000$, $Q = 5\text{m}^3/\text{sec}$, 도수 설계 시 하상 재료의 세굴을 방지하기 위한 최소 단면의 밑변 폭과 설계 수심은? (단, 수로의 측면 경사 $z = 2 : 1$)

하상 재료 비중 2.6, $n = 0.018$

* $d_{50} \geqq \dfrac{1}{4}$ 일 때 입자 이동의 한계 조건은 Shield의 Entrainment Function

$F = 0.056$ 일 때이다.

즉, $F_s = 0.056 \dfrac{T_o}{r(\rho s - \rho)d_{50}} = 0.056 = \dfrac{R_{50}}{(\rho s - 1)d_{50}}$

여기서, R : 동수반경

S : 동수경사

ρ : 하상재료의 비중

(1)

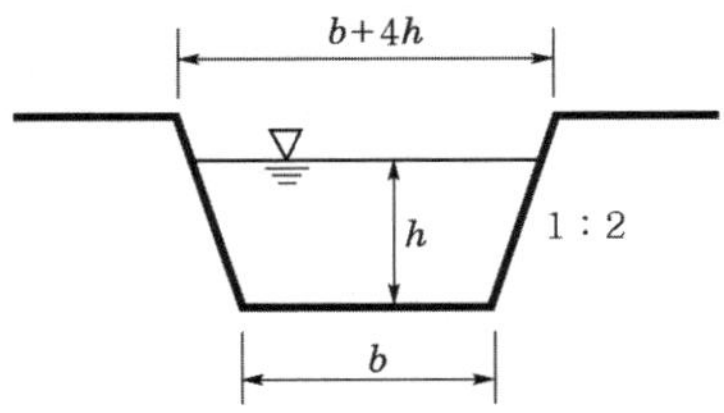

(2) $i = 1/1,000$, $d_{50} = 7\text{mm}$, $\rho_s = 2.6$, $Q = 5\text{m}^3/\text{sec}$, $n = 0.018$

$$A = (b + 4h + b) \times h \times \frac{1}{2} = (b + 2h)h$$

$$p = 2\sqrt{5}\,h + b$$

$$\therefore\ R = \frac{A}{p} = \frac{(b+2h)h}{2\sqrt{5}\,h+b} \quad \cdots\cdots\cdots\cdots\cdots\cdots ⓐ$$

$$F_s = 0.056 = \frac{R(1/1{,}000)}{(2.6-1)\times 7\times 10^{-3}}$$

$$\therefore\ R = 0.6272\text{m} \quad \cdots\cdots\cdots\cdots\cdots\cdots ⓑ$$

(3) 한편

$$Q = A \cdot V = A \cdot \frac{1}{n}R^{2/3}I^{1/2}$$

$$= \frac{1}{0.018}\times(0.6272)^{2/3}\times(1/1000)^{1/2}\times(b+2h)h = 5 \quad \cdots\cdots ⓒ$$

식 ⓐ, ⓑ에서 $\dfrac{(b+2h)h}{2\sqrt{5}\,h+b} = 0.6272 \quad \cdots\cdots\cdots\cdots\cdots ⓓ$

식 ⓒ에서 $A = (b+2h)h = 3.885 \quad \cdots\cdots\cdots\cdots\cdots ⓔ$

A와 R이 주어지면 h와 b를 구할 수 있다.

$$2\sqrt{5}\,h + b = 3.885/0.6272 = 6.194 \quad \cdots\cdots\cdots\cdots\cdots ⓕ$$

식 ⓔ, ⓕ를 연립하여 풀면

$$b = 6.194 - 2\sqrt{5}\,h \quad \therefore\ (6.194 - 2\sqrt{5}\,h + 2h)h = 3.885$$

여기서, h를 근의 공식으로 풀면 $h = 1.25$, $b = 0.05$

57 역적 운동량 방정식

1. 개요

(1) 짧은 시간 dt 사이에 유속이 $v_1 \to v_2$로 변할 경우 이 시간 동안에 유체에 작용하는
   외력의 합을 ΣF라 하고, dt 시간 동안 유체에 생기는 가속도를 α라 하면

$$\alpha = \frac{v_2 - v_1}{dt} = \frac{dv}{dt}$$

(2) Newton의 제2법칙

$$\Sigma F = m \cdot \alpha = m \cdot \frac{v_2 - v_1}{dt}$$

$$\therefore\ (\Sigma F)dt = m(v_2 - v_1) \quad \cdots\cdots\cdots\cdots\cdots\cdots ⓐ$$

이 식을 역적 운동량 방정식이라 한다.

역적 : $(\sum F)dt$

운동량 : mv 라고 할 때 식 ⓐ를 정리하면

$$\sum F = \frac{m}{dt}(v_2 - v_1) = \frac{mv_2 - mv_1}{dt} = \frac{d}{dt}(mv)$$

즉, 단위 시간당 흐르는 유체 질량

$$m/dt = \rho \cdot A \cdot v = \rho Q$$

$$\therefore \ \sum F = \rho Q(v_2 - v_1) = \frac{d}{dt}(mv) \ \text{가 된다.}$$

58 다음과 같은 댐 여수로에 물이 월류 시 댐에 가하는 힘의 수평 성분을 구하라.

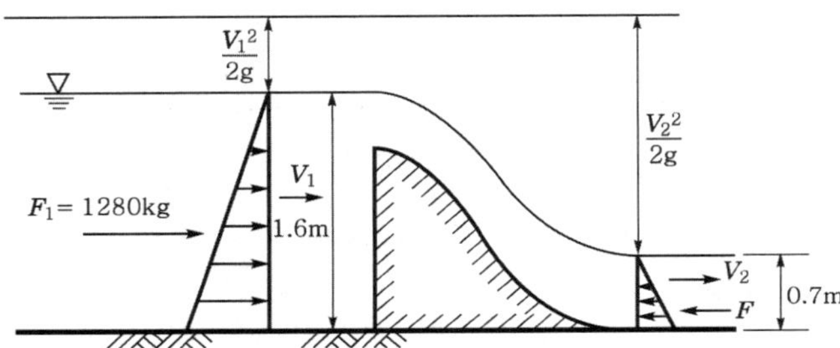

(1) Bernoulli 방정식 적용

$$\frac{V_1^{\,2}}{2g} + 1.6 = \frac{V_2^{\,2}}{2g} + 0.7$$

연속방정식 : $1.6\,V_1 = 0.7\,V_2$

여기서, $V_1 = 2.04\text{m/sec}$

$$V_2 = 4.67\text{m/sec}$$

$$g = 3.27\text{m}^3/\text{sec}/\text{m}$$

(2) 그러므로 정압력은

$$F_1 = 1,000 \times \frac{1.6^2}{2} = 1,280\text{kg/m}$$

$$F_2 = 1,000 \times \frac{0.7^2}{2} = 245\text{kg/m}$$

(3) 운동량 방정식을 적용하면

$$\Sigma F_x = 1,280 - F_x - 245 = \frac{1,000}{9.8} \times 327 \times (4.67 - 2.04) = 878$$

$$\therefore \ F_x = 1,035 - 878 = 157 \mathrm{kg/m}$$

59 경사면에 작용하는 정수압

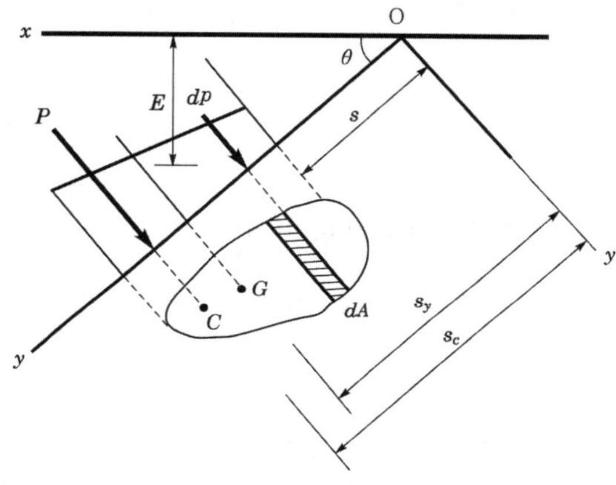

(1) 미소면적 dA 수압

$$dp = w.zdA = ws.\sin\theta dA$$

(2) 전 수압

$$p = w\sin\theta \int ASdA = ws\,G\sin\theta A \quad \cdots\cdots\cdots\cdots\cdots\cdots\cdots\cdots\cdots\cdots\cdots\cdots ⓐ$$

여기서, s_G : y축에서 도심거리

h_G : 도심의 수심

$s_G \sin\theta = h_G$ 이므로

$$p = wHG.A \quad \cdots\cdots\cdots\cdots\cdots\cdots\cdots\cdots\cdots\cdots\cdots\cdots\cdots\cdots\cdots ⓑ$$

(3) y축에 대한 Moment

$$p.s_c = SAsdp = \int Aw\sin\theta dA.s = w\sin\theta \int As^2 dA$$

여기서, s_c : y축에서 작용점까지 거리

$$\text{즉, } S_c = S_G + \frac{I}{S_G A}$$

$$\text{수평 분력} : px = p\sin\theta = wHGA\sin\theta$$

$$\text{수직 분력} : pz = p\cos\theta = wHGA\cos\theta$$

60 구형 단면 수로의 너비 1m당 유량이 $0.5\text{m}^3/\sec$이고, 수심 0.8m일 때 동일한 유량과 비에너지를 가지고 0.8m 이외의 수심으로 흐를 수 있는가? 이 흐름의 한계수심은?

(1) ① $A = Bh = 1 \times 0.8 = 0.8\text{m}^2$

② 평균 유속 :

$$V = \frac{Q}{A} = 0.5/0.8 = 0.625\text{m}/\sec$$

③ 유속수두 : $V^2/2g = 0.652/19.6 = 0.02\text{m}$

④ 비에너지 : $H_e = h + \dfrac{V^2}{2g} = 0.8 + 0.02 = 0.82\text{m}$

이때 0.8m 이외의 수심(한계수심)을 y라고 하면

$$V_1 = \frac{Q}{By} = \frac{0.5}{1 \times y}$$

유속수두는

$$\frac{V_1^2}{2g} = \frac{(0.5/y)^2}{2 \times 9.8} = \frac{0.25}{19.6y^2}$$

이때 비에너지를 같게 하면

$$0.82 = y + \frac{0.25}{19.6y^2}$$

상기 식을 풀면

$$y = 0.4 - 0.12$$

$$\therefore \ y = 0.14\text{m}$$

(2) 한계수심

$$hc = \sqrt[3]{\frac{0.5^2}{9.8}} = 0.29\text{m}$$

61 구형 단면 수로의 너비 1m당 유량이 $0.5\mathrm{m}^3/\sec$이고, 수심이 $0.14\mathrm{m}$이다.
(1) 도수 시 도수 전후의 수심은?
(2) 도수 전후의 비에너지의 비는?

(1) $h = 0.14$일 경우

① $V_1 = Q/bh = 0.5/0.14 = 3.571\mathrm{m}/\sec$

$$F_r = \frac{V^2}{gh} = \frac{3.572}{9.8 \times 0.14} = 9.29$$

$\therefore F_2 > 1 : 0.14\mathrm{m}$는 사류 수심으로 도수 전 수심이다.

$$h_2 = \frac{h_1}{2}\left(-1 + \sqrt{1 + 8F_r{}^2}\right) = \frac{0.137}{2}\left(-1 + \sqrt{1 + 8 \times (9.29)^2}\right) = 0.55\mathrm{m}$$

(2) 도수 후의 유속

① $V_2 = Q/bh_2 = 0.5/0.55 = 0.92\mathrm{m}/\sec$

$$h_{e2} = h_2 + \frac{V_2{}^2}{2g} = 0.55 + \frac{0.92^2}{2 \times 9.8} = 0.59\mathrm{m}$$

② 도수 전 비에너지는

$$h_{e1} = h + \frac{V_1{}^2}{2g} = 0.14 + \frac{3.57^2}{2 \times 9.8} = 0.79\mathrm{m}$$

$\therefore$ 비에너지 $\dfrac{H_{e2}}{H_{e1}} = \dfrac{0.59}{0.79} = 0.74$

62 다음과 같은 제형 단면에 $Q = 95\mathrm{m}^3/\sec$가 흐를 경우 한계수심은?

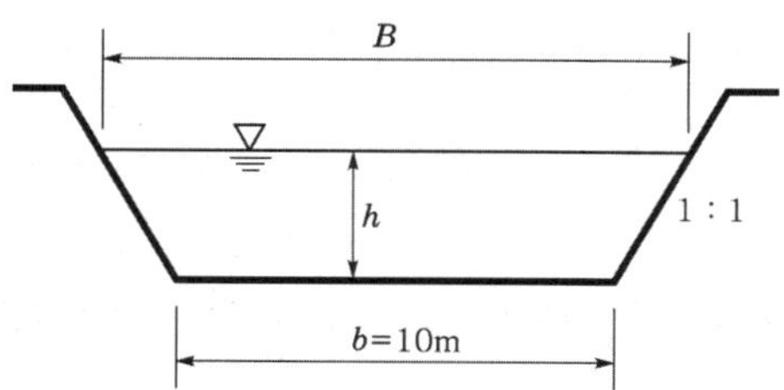

(1) 단면적 : $A = h(b + h) = h(10 + h)$

$\qquad B = b + 2h = 10 + 2h$

(2) 수리 수면

$$D = A/B = h \times (10 + h)/(10 + 2h)$$

(3) 평균 유속

$$V = \frac{Q}{A} = \frac{95}{h(10 + b)}$$

$$\frac{V^2}{2g} = \frac{D}{2} \text{에서} \quad \frac{\left[\dfrac{95}{h(10 + h)}\right]^2}{2 \times 9.8} = \frac{h(10 + h)}{2(10 + 2h)} \text{에 의해} \ h = 1.96\text{m 이다.}$$

63 비력(Specific Force)에 대해

1. 개요

비력이란 단위중량당 운동량+정압력을 합한 것

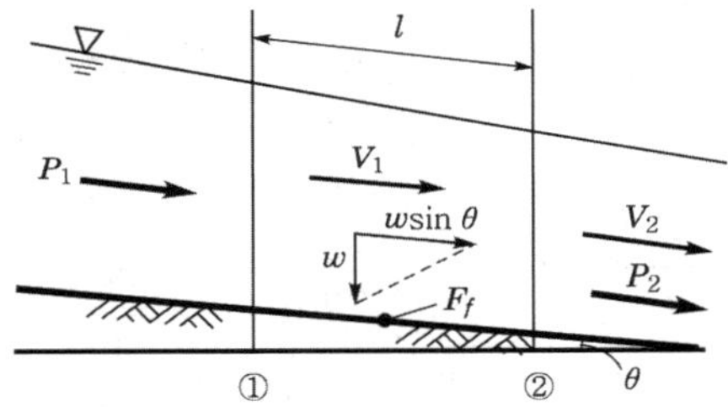

2. 운동량 방정식 적용

(1) $P_1 - P_2 + w\sin\theta - F_f = \dfrac{w}{g} Q(V_2 - V_1)$ $\cdots\cdots\cdots\cdots\cdots\cdots\cdots\cdots\cdots\cdots$ ⓐ

여기서, Q : 유량, V_2 : 유속, P : 정압력

w : 단위중량, F_f : 마찰력

θ : 수로 경사각

(2) 위의 그림에서 ①, ②의 단면거리가 짧고 θ 가 작은 경우 식 ⓐ에서 $w\sin\theta$ 와 F_f 는 매우 작은 값으로 이를 생략하면

$$P_2 - P_1 = \frac{w}{g} Q(V_2 - V_1) \quad \cdots\cdots\cdots\cdots\cdots\cdots\cdots\cdots\cdots\cdots ⓑ$$

(3) 전 압력(단면 A_1, A_2 단면의 도심까지의 거리를 hG_1, fG_2라면)

$$P_1 = wHG_1A_1$$

$$P_2 = wHG_2A_2$$

연속방정식 : $Q = A_1V_1 = A_2V_2$

따라서 식 ⓑ는

$$whG_1A_1 - whG_2A_2 = \frac{w}{g}Q(V_2 - V_1)$$

양변을 w로 나누고 정리하면

$$hGA_1 + \frac{Q}{g}V_1 = hG_2h_2 + \frac{Q}{g}V_2$$

즉, $hGA + \dfrac{Q}{g}V = \mathrm{const}$

$$\frac{Q_1^2}{gA_1} + hG_1A = \frac{Q_2^2}{gA_2} + hG_2A_2$$

즉, 임의 단면의 비력

$$M = \frac{Q^2}{gA} + hG.A = \mathrm{const}$$

64 비력과 수심의 관계를 표시하고 설명하시오.

1. 비력의 특성

(1) 비력은 한계수심(h_c)을 기준으로

① 수심 감소 시 → M축과 가까워진다.

② 수심 증가 시 → 무한대 연장된다.

(2) 하나의 비력에 대해 2개의 수심이 존재한다.

① h_2 : 상류 수심

② h_1 : 사류 수심

③ h_c : 한계수심

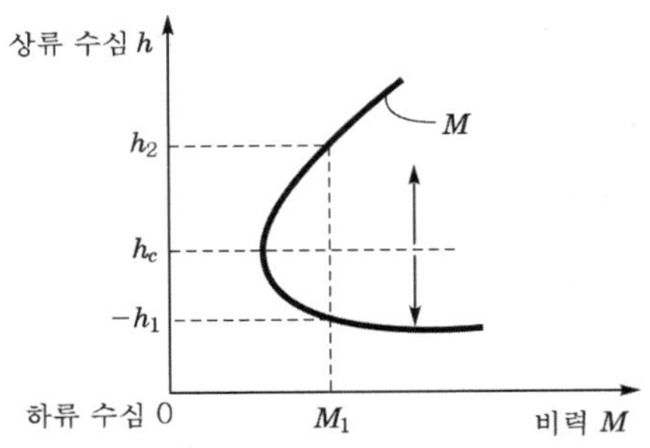

2. 수심의 특성

(1) 한계수심은 비력이 최소인 지점으로

$$\frac{\partial M}{\partial h} = -\frac{Q^2}{gA^2} = \frac{dA}{dh}(hG - A) = 0 \text{이다.}$$

여기서, $d(hG \cdot A) = \{A(hG + dh) + (Bdh)^{\frac{bh}{2}}\} - AhG = Adh$ 이다.

(2) 위 식은 $\dfrac{\partial M}{\partial h} = -\dfrac{Q^2}{gA_2} \cdot \dfrac{dA}{dh} + A = 0$

$$\frac{dA}{dh} = T, \quad \frac{Q}{A} = V, \quad A/T = D \text{를 대입하면} \quad \frac{v^2}{2g} = \frac{D}{2}$$

(3) 여기서 구한 D가 한계수심이다.

65 유사에 대해 기술하시오.

1. 하천 유사의 분류

하천 유사는

(1) 이송 형태

(2) 수리 변량과의 관계

(3) 측정 한계

에 따라 분류한다. 각 특성은 다음과 같다.

2. 이송 형태에 따른 분류

(1) **소류사** : 하상위에서 유사 입자 → 유수에 의해 회전, 활동, 도약하며 이송

(2) **부유사** : 부유되어 이송

3. 하천 수리 변량과의 관계에 따른 분류

(1) **Wash Load** : 상류에서 토사 공급(실트, 진흙)

$$Q = (4 \times 10^{-8} - 6 \times 10^{-6}) Q^2$$

(2) **Bed Materical Load** : 수류의 강도에 의존하는 부유 및 소류의 이송, 모래 이상의 토사

4. 측정 한계에 따른 분류

(1) 측정 유사량

(2) 미측정 유사량

5. 소유사량 공식

(1) **Du-Boys 공식** : 하상에 작용하는 마찰 응력으로 가정

$$Q_\beta = C\tau_0 (\tau_0 - \tau_c)$$

여기서, Q_β : 소유사량

c : 유송 토사의 성질에 관한 정수

$\tau_0,\ \tau_c$: 소류력, 한계 소류력

(2) **Kalinske-Brown Formula**

$$\frac{Q_B}{\mu_* d} = f\left\{ \frac{\mu_*^2}{\left(\dfrac{\rho'}{\rho} - 1\right) gd} \right\}$$

여기서, Q_B : 유사량

d : 소류사 입경

μ_* : 마찰 속도(m/sec)

ρ' : 소류사의 밀도

ρ : 물의 밀도

g : 중력가속도

f : 감수 관계

6. 부유사량

(1) 유수의 난류 확산 작용에 의해 유사 입자가 부유하면서 이송되는 형태로 하상에서 충분히 떨어져서 운반된다. 일반적으로 부유사량은 유로 전단면에 확산되어 운반되며, Wash Load를 포함한다.

(2) **평형 상태**

부유사량이 침강 속도에 의하여 밑으로 운반되는 것과 확산 작용으로 상방향으로 운반되는 것이 평형한 상태

(3) **부유사량 산정**

$$Q_s = \int_a^D C_y \cdot \mu_y \cdot d_y$$

여기서, Q_s : 수로 바닥에서 y 위치에서의 부유사량

a, D : 부, 소유사 간의 거리

C_y : 부유사량의 농도

μ_y : y 위치에서의 유출 유속

d_y : 입경

66 안전하도 설계 시 고려사항

1. 고려사항

(1) 계획 홍수량을 안전하게 유하

(2) 유사의 유입＝유출량이 되게 동적 평형 상태 유지

(3) 계획 홍수량, 중홍수량, 소홍수량 고려

(4) 하천 유사량, 공존 유사량 파악

(5) 계획 홍수위는 가급적 낮게

(6) 과거 하천의 평면적 종단적 변화를 파악하고 가능한 한 현황 중시

2. 안전하도의 설계

(1) 다단면 조도계수(n) 결정

(2) 각 유입 하도의 유사량 산정

(3) 상류 보급 유량을 고려해 계획 유사를 산정

(4) 복단면 계획 시 저수로 단면(연 2-3회 유량) 및 개략적인 하도 단면 가정

(5) 계획, 최대 홍수량, 평수량 등에 의해 부등류계산

(6) (5)의 결과와 하상 재료를 참고로 유사량 계산

(7) 각 단면에서 유사, 유입 유출량이 같아지도록 반복 계산

3. 하상 변동 번치 공법

(1) 사방 공사

(2) 바닥다짐

(3) 준설

(4) 수제공

(5) 하상재료 치환

67 재현기간이 20년인 홍수 Q보다 큰 홍수가 (1) 30년 동안에 한 번 일어날 확률, (2) 30년 동안에 최소한 한 번 일어날 확률을 구하여라.

(1) $P(x=1)=\dfrac{n!}{Ki(n-k)!}P^k(1-p)^{n-k}$

$$=\frac{30!}{29!}\left(\frac{1}{20}\right)^1\left(1-\frac{1}{20}\right)^{30-1}=30\times\frac{1}{20}\times(1-0.05)^{29}=0.3389$$

(2) $P(x>1)=1-p$

$$=1-(0)^{30}\left(\frac{1}{20}\right)^0\left(1-\frac{1}{20}\right)^{30}=1-(1-0.05)^{30}=0.7854$$

또는

$$R=1-(1-p)^n=1-(1-0.05)^{30}=0.7854≒78.54\%$$

68 내구 연한이 25년인 수공 구조물의 설계에서 설계빈도를 100년으로 택하였다. (1) 내구 연한 동안 파괴될 확률, (2) 내구 연한 동안 파괴되지 않을 확률이 90%가 되고자 하면 설계빈도는 몇 년인가?

(1) $R = 1 - (1-p)^n = 1 - \left(1 - \dfrac{1}{T}\right)^n = 1 - \left(1 - \dfrac{1}{100}\right)^{25} = 0.222$

$\therefore$ 0.222 확률이다.

(2) 90%라면 위험도는 $1 - 0.9 = 0.1$ 이므로

$$R = 1 - \left(1 - \frac{1}{T}\right)^n \text{에서}$$

$$T = \frac{1}{1 - (1-R)^{1/n}} = \frac{1}{1 - (1-0.1)^{1/25}} \fallingdotseq 238 \text{년}$$

즉, 위험도 0.222에서 0.1로 감소시키는 데 설계빈도는 100년에서 238년으로 증가시켜야 한다.

69 연속되는 n년 동안 대상 홍수보다 큰 홍수가 최소한 한 번 이상 발생할 확률은?

(1) 기본 : $R = 1 - \left(1 - \dfrac{1}{T}\right)^n$

여기서, n : 해당연수, T : 홍수의 재현기간

(2) n년 동안 k번 발생할 확률은

$$(k^n)p^k(1-p)^{n-k} = {}_nC_r p^k(1-p)^{n-k} = \frac{n!}{k!(n-k)!}p^k(1-p)^{n-k}$$

(3) 설계 우량

① 설계 홍수량 Q_o 초과 확률이 p라면 비초과 확률 $q = 1 - p$

② 2년 연속 Q_o보다 큰 홍수가 일어나지 않을 확률은 $(1-p)^2$

③ n년 동안 Q_o보다 큰 홍수가 일어나지 않을 확률은 $(1-p)^n$

④ $g = (1-p)^n$: n년 동안 한 번도 일어나지 않을 확률

$$R = 1 - \left(1 - \frac{1}{T}\right)^n : \text{위험도의 확률}$$

$\therefore$ n년 동안에 Q_o보다 큰 홍수가 k번 일어날 확률은

$$p = (k^n)p^k(1-p)^{n-k} = {}_nC_k p^k(1-p)^{n-1} \quad \text{또는}$$

$$= \frac{n!}{k!(n-k)!}p^k(1-p)^{n-k}$$

70 Risk 해석

1. 개요

T : 홍수의 재현기간 $= \dfrac{1}{P(F)}$ 라고 할 때

(1) 어떤 해에 홍수 발생 확률은 $P(F) = \dfrac{1}{T}$

(2) 어떤 해에 홍수가 발생하지 않을 확률은 $P(F) = 1 - \dfrac{1}{T}$

(3) n년 동안 계속해서 홍수가 발생하지 않을 확률은 $\left(1 - \dfrac{1}{T}\right)^n$

(4) 연속되는 n년 동안 최대한 한 번 이상 홍수가 발생할 확률은 $1 - \left(1 - \dfrac{1}{T}\right)^n$

2. 수공 구조물 설계 수명이 20년일 때

(1) 재현기간이 70년인 홍수 발생 시 파괴 위험도는

$$R = 1 - \left(1 - \frac{1}{70}\right)^{20} = 0.25\,(25\%)$$

(2) 재현기간 50년~100년 이내에 최소한 한 번 이상 발생할 확률

$$R = 1 - \left(1 - \frac{1}{50}\right)^{100} = 0.867$$

(3) 재현기간 20년의 홍수와 같거나 큰 홍수가 3년 이내에 올 확률

$$R = 1 - \left(1 - \frac{1}{20}\right)^{3} = 0.143$$

(4) 10년 재현기간을 가진 홍수와 같거나 홍수가 3년 이내에 오지 않을 확률

$$\left(1 - \frac{1}{10}\right)^{3} = 0.729 \fallingdotseq 72.9\%$$

(5) 댐공사 기간이 3년 이내일 때 이 기간 중 재발 기간이 10, 20, 50, 100년의 홍수가 발생하지 않을 확률 $\left(1 - \dfrac{1}{T}\right)^{n}$ 에서, 즉

$$\left(1 - \frac{1}{10}\right)^{3} = 0.009, \quad \left(1 - \frac{1}{50}\right)^{3} = 0.8159$$

$$\left(1 - \frac{1}{10}\right)^{3} = 0.94, \quad \left(1 - \frac{1}{100}\right)^{3} = 0.970$$

71 대운하 개발에 대한 본인의 견해를 기술하시오.

1. 서론

운하는 근본적으로 자연 하천이나 인공 수로를 이용하는 수자원 개발 사업이다. 운하는 경제성, 환경성을 위주로 찬반 논쟁에 치우쳐 왔으며, 수자원 및 하천 공학적 검토의 중요성에 대해서 인식이 미흡하다 할 수 있다. 이에 대한 문제점과 대책, 개발 및 개발 원칙을 제시하고자 한다.

2. 수자원 현황

(1) 지구온난화로 인한 기후 변화

(2) 가뭄과 홍수로 물부족과 수질오염 심화

(3) 불확실한 미래에 대비한 물위기 대처 부재

3. 대운하 개발 현안

(1) 개발이냐 보전이냐 하는 국토개발 사업 추진 과정에서 지역간 · 계층간 불신과 엄청난 국력을 소모하게 되고, 막대한 사회적 비용이 발생된다.

(2) 자연과 환경은 미래 세대에 온전히 물려주는 것이 원칙이나 인간의 생명과 재산에 위협이 된다면, 그대로 보전하는 것만이 전부는 아니다.

(3) 하천을 중심으로 수많은 사람들이 몰려 살고 도시화가 진행되면서 한 번의 홍수로 귀중한 생명과 삶의 터전을 송두리째 잃게 되는 경우도 있다.

(4) 최근 들어 빈번하게 발생하는 가뭄과 홍수에 적극 대비하기 위해서라도 최소한의 개발은 불가피할 것이다.

4. 대운하 개발 원칙

(1) 기술적으로 가능할 것

(2) 경제적으로 실행 가능할 것

(3) 환경적으로 건설할 것

(4) 사회적으로 수용 가능할 경우 종합적으로 판단하고 정책적으로 결정할 것

5. 문제점 및 대책

(1) 한반도 대운하는 기존 수자원 및 하천 시스템에 대대적인 변화를 초래할 수 있는 사업이다.

(2) 계획 단계부터 체계적이고 정확한 기술적 분석이 필수적이다.

(3) 따라서 수자원 및 하천 공학적 측면에서 미치는 영향이나 현행 수자원 계획과의 상충보완성을 정확히 분석하고, 해결 1대책과 대안을 제시, 검토해야 한다.

6. 결론

대운하 사업은 국가경제 발전의 거시적 측면과 수자원을 포함한 각종 계획과의 연계성, 환경 생태에 미치는 부정적 영향과 지역의 균형적 발전과 사회적 영향 등을 고려하여 지속 가능한 개발인지 사회적 공감대가 형성되도록 충분한 시간을 가지고 신중히 결정해야 한다.

부록

과년도 출제문제

(2007~2017년)

2007 수자원개발기술사 제81회

제 1 교시 (시험시간 : 100분)

※ 다음 문제 중 10문제를 선택하여 설명하시오. (각 10점)

1. 강우강도-지속기간-재현기간 관계곡선에 대하여 설명하시오.

2. 법정하천의 종류 및 관리주체에 대하여 설명하시오.

3. 유황분석 및 유황곡선 작성방법에 대하여 설명하시오.

4. 유효우량 분석 시 선행토양 함수조건에 대하여 설명하시오.

5. 주지하수 감수곡선법에 대하여 설명하시오.

6. 자기상관도(Autocorrelogram)에 대하여 설명하시오.

7. 수리학적 홍수추적과 수문학적 홍수추적에 대해 설명하시오.

8. Mann-Whitney Test에 대하여 설명하시오.

9. 하도, 고수부지, 유수지 등에 사용되는 하천정화기법에 대하여 구분하여 설명하시오.

10. 자연친화적 하천정비 계획 시 하천식생의 기능에 대하여 설명하시오.

11. 하천법에서 정하는 하천유지유량(河川維持流量)의 정의와 선정기준에 대하여 설명하시오.

12. 물의 순환과정 중에서 유출에 대하여 설명하시오.

13. 홍수 시 하안에 작용하는 외력에 대하여 설명하시오.

제 2 교시 (시험시간 : 100분)

※ 다음 문제 중 4문제를 선택하여 설명하시오. (각 25점)

1. 설계 우량주상도 작성을 위한 강우의 시간분포방법에 대하여 기술하시오.

2. 교통시설에 대한 사전재해 영향성 검토서 작성 시 검토항목 및 검토내용에 대하여 기술하시오.

3. 천변저류지의 필요성과 정의를 설명하고, 수리학적으로 분류하시오.

4. 어느 유역에서 내린 시간별 총우량이 다음 표와 같다.
이 유역의 토양-피복형의 분석으로 구한 SCS(Soil Conservation Service)의 유역평균 유출곡선지수가 AMC-Ⅱ의 조건하에서 63이라 가정하고 시간별 유효우량을 계산하시오. 단, 이 호우 전의 5일 선행 강수량은 40mm로 가정한다.

〈 시간별 총강우량 〉

시간(hr)	0~1	1~2	2~3	3~4	4~5	5~6	6~7
총우량(mm)	9.0	12.2	21.8	83.9	15.3	10.3	4.7

5. 여수로의 감세공 기능과 감세공 선정 시 고려사항을 설명하고, 감세공 형식별 특징을 기술하시오.

6. 각종 용수의 취수, 주운 등을 위해서 설치하는 보를 설치목적에 따라, 구조와 기능에 따라, 그리고 평면 형상에 따라 보의 종류를 열거하고 설명하시오.

제 3 교시 (시험시간 : 100분)

※ 다음 문제 중 4문제를 선택하여 설명하시오. (각 25점)

1. 도시화에 따른 유출특성 변화 양상과 재해예방 대책에 대하여 기술하시오.

2. 하천 횡단 교량 계획 시의 수리학적 검토사항을 항목별로 기술하시오.

3. 단위도의 개념, 가정사항, 대표단위도 유도방법, 단위도의 지속기간 변환, 기본적인 단위도의 문제점에 대하여 기술하시오.

4. 수력발전방식에 대하여 설명하시오.

5. 홍수 시 피해를 경감하는 유송잡물 차단시설의 설계 시 고려사항을 기술하고, 유송잡물 차단시설의 종류를 설명하시오.

6. 하천사업이나 시책에 관계되는 계획을 검토할 때 실시하는 하천치수경제조사의 기본절차에 대하여 기술하시오.

제 **4** 교시

※ 다음 문제 중 4문제를 선택하여 설명하시오. (각 25점)

1. 빈도해석 시 적정 확률분포형 선정방법과 그 개요를 설명하시오.

2. 배수펌프장 규모 및 펌프용량 결정방법에 대하여 기술하시오.

3. 재해지도를 구분하고, 각각의 활용방안에 대하여 설명하시오.

4. 하천의 조도계수 결정 시 영향을 미치는 인자에 대하여 기술하시오.

5. 설계홍수량 산정을 위하여 먼저 강우−유출 모형에 입력되는 유효우량의 산정방법에 대하여 설명하시오.

6. 지하수 운동을 파악할 때 중요한 인자에 속하는 투수계수(k)의 결정법에 대하여 기술하시오.

2007 수자원개발기술사 제83회

(시험시간 : 100분)

※ 다음 문제 중 10문제를 선택하여 설명하시오. (각 10점)

1. 가능최대 홍수량

2. 강수(降水)의 종류

3. 방조보(防潮洑)

4. 굴절제(deflector)

5. 하구의 지형학적 분류에서의 피오르드(fjords)

6. 자연하천에서의 유속분포특성

7. 유황곡선

8. Moody 도표의 특징

9. 돌발홍수(Flash Flood)의 정의와 원인

10. 하상유지시설에 대하여 설명하시오.

11. 지하댐

12. 정상류(Steady Flow)와 부정류(Unsteady Flow), 등류(Uniform Flow)와 부등류(Nonuni-Form Flow)에 대하여 설명하시오.

13. 에너지 보정계수 및 운동량 보정계수

(시험시간 : 100분)

※ 다음 문제 중 4문제를 선택하여 설명하시오. (각 25점)

1. 하도계획수립 시 기본방향과 기본절차를 설명하시오.

2. 우리나라 수자원의 현황 및 특성과 향후 물 문제에 대한 대책을 설명하시오.

3. 하천복원사업계획에서 수리 설계과정을 기술하시오.

4. 홍수피해 중 유수지 및 빗물펌프장의 내배수(內排水)에 의한 침수피해 요인에 대하여 설명하시오.

5. 댐 위치 결정에 고려해야 할 사항에 대하여 설명하시오.

6. 정상부등류(Steady Nonuniform Flow)의 수면곡선 계산방법 중 하나인 뉴턴의 반복법(Newton Iteration Method)을 이용한 표준축차법(Standard Step Method)에 대하여 설명하시오.

제 3 교시 (시험시간 : 100분)

※ 다음 문제 중 4문제를 선택하여 설명하시오. (각 25점)

1. 해안지역의 지하수에 해수침입 현상과 해수침입으로 인한 지하수의 염수화 방지방법을 설명하시오.

2. 하천유역종합계획의 내용이 어떻게 구성되어 있는지 구체적으로 설명하시오.

3. 댐을 적절히 관리하기 위해 홍수주의보 단계에서 취할 조치에 대하여 기술하시오.

4. 도시하천 중심지역에 홍수 및 호우로 인한 수해를 감소시킬 수 있는 도시계획과 수방(水防)에 대하여 설명하시오.

5. 폭 10m인 직사각형 인공수로에 $50\text{m}^3/\text{s}$의 물이 흐르고 있다. 이 수로의 경사는 0.002, Manning의 조도계수가 0.025이고, 하류에서 측정한 수심이 2m였다면 이 경우 수면곡선을 판별하시오. 또한, 수로경사를 0.005로 변환시키면 수면곡선은 어떻게 변하겠는가?

6. 부정류의 연속방정식과 운동량방정식의 수치해법 중 음해법(Implicit Method)에 속하는 중앙차분 음해법(Centered Difference Implicit Scheme)과 4점가중차분 음해법(Weighted Four-Point Implicit Scheme)에 대하여 비교 설명하시오.

연속방정식 $H_2 = A\dfrac{\partial V}{\partial x} + V\dfrac{\partial A}{\partial x} + \dfrac{\partial A}{\partial t} - i = 0$

운동량방정식 $H_1 = \dfrac{\partial V}{\partial t} + V\dfrac{\partial V}{\partial x} + g\dfrac{\partial y}{\partial x} + \dfrac{V}{A}i - g(S_o - S_f)$

단, V : 평균유속

y : 수심

i : Δx 구간에서의 단위시간 내 측방유입량

S_o : 하상경사

S_f : 에너지경사

g : 중력가속도

x : 흐름방향의 거리

t : 시간

A : 흐름단면

제 4 교시 (시험시간 : 100분)

※ 다음 문제 중 4문제를 선택하여 설명하시오. (각 25점)

1. 강우 시 유역으로부터의 유출(流出)의 지배인자(支配 因子)에 대하여 설명하시오.

2. 토목 공학적 측면에서 수자원 개발방법에 대하여 설명하시오.

3. 한강수계 댐군의 모식도와 홍수조절 현황을 제시하고, 남한강 유역에 대한 홍수피해 방지대책을 제시하시오.

4. 홍수보험제도와 홍수보험요율도에 대하여 설명하시오.

5. 홍수피해 잠재능(Potential Flood Damage ; PFD)의 산정방법에 대하여 설명하시오.

6. 실제 호우 전이에 의한 가능최대강수량(Probable Maximum Precipitation ; PMP) 추정방법에 대하여 설명하시오.

2008 수자원개발기술사 제84회

※ 다음 문제 중 10문제를 선택하여 설명하시오. (각 10점)

1. 우수유출저감시설의 종류와 설치대상 사업에 대하여 설명하시오.

2. 수방기준에 대하여 설명하시오.

3. 재해지도에 대하여 설명하시오.

4. 주운 수로 설계 시 최소수심 결정방법에 대하여 설명하시오.

5. 치수안전도 설정방법에 대하여 설명하시오.

6. 하천 내에서 공사기간 2년인 수공구조물을 계획하고자 한다. 공사기간 동안에 홍수피해를 입을 위험도 10%를 허용하고자 한다면 설계홍수량의 재현기간은 몇 년으로 계획하여야 하는가?

7. 설치목적에 따른 보의 종류를 들고 약술하시오.

8. 고규격 제방에 대하여 설명하시오.

9. 하천설계기준에서 정의하는 굴입하도, 완전굴입하도에 대해 설명하시오.

10. 지하수 관정의 영향반경의 의미 및 적용 시 유의사항을 설명하시오.

11. 펌프의 흡입관의 길이를 길게 하지 않거나 흡입 측에 밸브류 등 부속물을 설치하지 않는 이유에 대하여 설명하시오.

12. 부력을 정수압 분포의 원리를 이용하여 설명하시오.

13. t년 이후의 이익이 X이다. 이익의 현재 가치(Y)를 구하시오. 연이율은 r%이며, 복리로 적용된다고 가정하시오.

제 2 교시

(시험시간 : 100분)

※ 다음 문제 중 4문제를 선택하여 설명하시오. (각 25점)

1. 풍수해저감종합계획 수립절차와 단위지구별 풍수해저감 대책에 대하여 설명하시오.

2. 사전재해영향성 검토에 대하여 설명하고, 재해영향평가와의 차이점을 설명하시오.

3. 유역에서 발생하는 토사 및 유송잡물 등의 제거, 하류로의 토사유출 감소를 위해 설치하는 침사지의 구성요소와 소요용량 결정방법에 대하여 논하시오.

4. 댐 여수로에서의 흐름상태를 예측하기 위해 원형 댐의 1/45 축척비에 의한 모형 실험을 하고자 한다. 원형 여수로에서의 설계홍수량이 $1,000\text{m}^3/\text{sec}$이다. 이때 모형에서 이에 상응하는 유량은 얼마인가?

5. 비피압대수층 지하수위 분포 해석 시에 이용되는 직선 흐름과 관정 양수로 인한 흐름의 중첩이론에 대하여 설명하시오.

6. 수격(water hammer)현상의 역학적 원인 및 수압변화에 대한 기본이론식, 발생 사례, 그리고 피해 방지대책에 대하여 설명하시오.

제 3 교시

(시험시간 : 100분)

※ 다음 문제 중 4문제를 선택하여 설명하시오. (각 25점)

1. 풍수해 비상대처계획(EAP)에 대하여 설명하시오.

2. 재해복구사업 사전심의에 대하여 설명하시오.

3. 콘크리트 포장으로 이루어져 있는 도시지역에 30분간 강우가 내렸다. RRL방법에 의해 유역출구에서의 첨두홍수량(m^3/sec)을 계산하시오. 이 유역에 내린 시간별 강우량 및 등시간선에 의해 구분된 면적은 주어진 표와 같다. (요면저류량은 2.5mm로 가정하라.)

시간(min)	0~10	10~20	20~30
강우량(mm)	6	18	10

시간(min)	0~10(출구지점)	10~20	20~30
면적(km²)	0.02	0.06	0.04

4. 댐 등 여수로 정점부에 설치되는 수문의 종류를 들고, 각각에 대하여 기술하시오.

5. 홍수 시 댐·저수지의 운영방법(Reservoir Operation Method)의 종류를 들고, 각각을 설명하시오.

6. 부등류 해석에 사용되는 표준축차법(Standard Step Method)과 직접축차법(Direct Step Method)의 장단점에 대하여 설명하시오.

제 **4** 교시 　　　　　　　　　　　　　　　　(시험시간 : 100분)

※ 다음 문제 중 4문제를 선택하여 설명하시오. (각 25점)

1. 재해복구사업 분석 및 평가에 대하여 설명하시오.

2. 제방과 호안의 안정성 확보 방안에 대하여 설명하시오.

3. 내륙주운계획의 주요내용과 경제성 평가방법에 대해 설명하시오.

4. 기존의 도시하천의 수질악화 및 수량부족 등으로 인해 최근 조성되는 신도시 지역에 물 순환시스템이 도입되고 있는바, 이와 관련하여 도시하천의 특성과 물순환시스템 조성방안에 대하여 기술하시오.

5. 유역 내에서 이루어지는 물리현상으로부터 유출량을 산정하는 이른바 확정론적 수문모의 모형(Deterministic Simulation Models)을 강우−유출 단위사상 모형(Event Models)과 연속형 유출모형(Continuous Models)으로 구분하여 그 특성을 기술하고, 구분된 두 가지 유형별 유출모형의 종류를 아는 대로 나열하라.

6. Reynolds 수 102와 107 사이의 흐름에 대한 Moody 곡선을 개략적으로 도시하고, 그림에 근거하여 마찰손실 특성에 대하여 설명하시오.

제 1 교시 (시험시간 : 100분)

※ 다음 문제 중 10문제를 선택하여 설명하시오. (각 10점)

1. 지역안전도의 정의 및 활용방안

2. 은제 및 추이대

3. 홍수관리구역의 정의, 지정범위, 행위제한

4. 제방횡단 구조물 계획 시 제체누수 점검방법 및 방지대책

5. 수제의 기능

6. Gumbel의 극치분포의 누가밀도함수

7. 수리 및 유사모형의 필요성

8. 유역의 기후가 유출에 미치는 영향

9. 하천의 수질관리 시 유의사항

10. 동점성계수(Kinematic Viscosity)

11. 공동현상(Cavitation)

12. 비압축성 정상류에서 수두손실, 펌프 및 터빈에 의한 에너지 유출입을 포함한 일－에너지 방정식(Work－Energy Equation)

13. 부등류 수면곡선식(Varied Flow Equation)

제 **2** 교시 (시험시간 : 100분)

※ 다음 문제 중 4문제를 선택하여 설명하시오. (각 25점)

1. 지하방수로의 개념과 노선 선택 시 주의사항을 서술하고, 상시 및 홍수 시 가동방수로의 장단점에 대하여 설명하시오.

2. 풍수해 위험지구와 풍수해저감 단위지구의 차이점과 풍수해저감 종합계획의 수립내용에 대하여 설명하시오.

3. Earth Dam 또는 제방의 누수(침투)에 대한 안정성 검토방법에 대하여 설명하시오.

4. 수도권지역 어느 하천유역에 속해 있는 연속 10년간의 일 최대 강우기록은 다음과 같다. 대수정규법, Gumbel chow법을 적용하여 100년 빈도 확률강우량을 각각 산정하시오. (단, 대수정규법의 100년 빈도 정규분포에 있어서 ζ와 초과확률관계 $W(\zeta)$의 관계는 2.3263, Gumbel Chow법의 100년에 해당되는 도수계수 $K = 3.137$임)

〈 일최대 강우기록 〉 (강우량단위: mm/day)

연 도	발생월일	강우량	연 도	발생월일	강우량
1982	7.20	68.0	1987	7.31	58.6
1983	6.30	162.2	1988	6.20	95.7
1984	7.6	124.6	1989	7.19	93.1
1985	8.21	111.8	1990	8.6	85.3
1986	9.3	105.3	1991	7.15	78.8

5. 댐 여수로의 정수지에서 도수(Hydraulic Jump)가 발생하여 고속의 사류(Super-Critical Flow)가 가지고 있는 에너지가 감쇠되면서 상류(Sub-Critical Flow)로 전환되어 하류하천으로 유입되었다. 이때 운동량방정식을 적용하여 도수방정식을 유도하시오.

6. 하상경사가 S_o이고, 하상이 모래(비중은 2.65 : 중앙입경 1.32mm)로 이루어진 하천에서 소류사(Bed Load)의 운동시작조건을 알기 위해서 Shields Diagram을 이용하여 무차원 한계전단력 $\left(\tau_c^* = \dfrac{\tau_c}{(\rho_s - \rho)gd} \right)$을 구하였다. 이 경우 중앙입경에 해당하는 모래입자가 운동을 시작하는 수심을 구하는 과정을 설명하시오.

　　　　　　　　　　　　　　　　　　　(시험시간 : 100분)

※ 다음 문제 중 4문제를 선택하여 설명하시오. (각 25점)

1. 배수구간에서 제방의 분류, 제방구간에서의 제방고 및 둑마루폭 설치기준에 대하여 설명하시오.

2. 자연친화적 하천조성을 위한 보전지구, 복원지구, 친수지구의 지정기준과 각각 지구의 사업범위에 대하여 설명하시오.

3. 단지개발로 인한 지면(地面) 및 수문(水文) 변화에 대하여 상세히 설명하시오.

4. 자연하천 주운수로(준운하 주운수로, 운하 주운수로, 운하제방 등 포함)에 대하여 설명하시오.

5. 수심에 비해 하폭이 충분히 넓은 하천의 정비사업 수행 시 수리학적인 영향을 검토하기 위하여 고정상 수리모형실험을 수행하고자 한다. 전체사업구간에 대하여 수평축척 1/220, 연직축척 1/80의 왜곡모형을 제작하여 실험을 수행하고자 한다. 하천(원형)의 Manning 조도계수가 0.032인 경우 모형의 조도계수를 계산하시오. 또한 모형을 시멘트 모르타르를 사용하여 제작한 경우 조도 조정방법을 설명하시오.

6. 사고에 의해 하천에 유입된 10ton의 보존성 오염물질이 짧은 거리 내에서 하천 단면전체에 혼합이 이루어졌다. 1차원 종분산모형을 적용하여 유입지점으로부터 6km 하류지점에서 오염물질의 최대농도를 구하시오. 순간 주입된 오염물질의 농도를 구하는 1차원 종분산모형의 해는 다음과 같다.

$$C(x,\ t) = \frac{M}{A\sqrt{4\pi Kt}}\exp\left[-\frac{(x-Vt)^2}{4Kt}\right]$$

하천의 유량은 700m³/s로 정상등류(Steady and Uniform Flow)를 이루며 흐르고 있고, 하천단면은 직사각형으로 근사시킬 수 있으며, 평균 하폭은 500m, 하상경사는 0.0005, Manning공식의 조도계수 $n = 0.035$이다. 종분산계수 K는 다음의 공식을 이용하여 계산하시오.

$$\frac{K}{dv^*} = 0.011\,V^2W^2$$

제 4 교시   (시험시간 : 100분)

※ 다음 문제 중 4문제를 선택하여 설명하시오. (각 25점)

1. 수해복구 사업의 평가요소에 따른 평가항목에 대하여 설명하시오.

2. 하천구조물 중 하상유지공 및 보에서 설계 및 시공 시 고려사항에 대하여 설명하시오.

3. 하천복원공법에 대하여 선행 검토사항 및 각 종류별 복원공법을 구분하여 설명하시오.

4. 하구의 형태를 각 분류별로 구분하여 설명하시오.

5. 폭이 넓은 하천 위에 흐르는 난류의 경우, 종방향 유속의 연직방향의 분포식은 로그함수로 표현되며, 다음과 같다.

$$\frac{v}{v^*} = 5.75\log_{10}\left(\frac{30z}{k_s}\right)$$

여기서, v = 바닥에서 z 만큼 떨어진 지점의 유속 : v^* = 마찰유속 : z = 하천바닥으로부터의 연직거리: k_s = 등가조도 높이이다. 상기식을 이용하여 수심이 H 인 부단면(Sub-Section)의 연직방향 평균유속식을 유도하시오.

또한, 이론적인 수심평균 유속이 발생하는 연직위치를 구하고, 1점법에 의한 유속($v_{0.6}$)과 비교하여 설명하시오.

6. 하천에서 홍수 후의 수위흔적을 조사하여 본 결과, L 만큼 떨어진 두 지점의 수위차가 F 로 나타났다. 상류측선과 하류측선의 유수단면적은 A_u 와 A_d 이고, 동수반경은 R_u 와 R_d 이고, 조도계수는 n_u 와 n_d 이다. 이 구간의 홍수 시 유량을 경사-단면적법(Slope-Area Method)을 이용하여 산정하는 절차를 설명하시오.

수자원개발기술사 제87회

※ 다음 문제 중 10문제를 선택하여 설명하시오. (각 10점)

1. $I = \dfrac{a}{t+b}$와 같은 Talbot형 강우강도식에서 지역상수 a, b를 구하는 방법

   단, I는 강우강도(mm/hr), t는 강우지속시간(분), a, b는 지역상수임.

2. 중력파(Gravity Wave)와 압력파(Compression Wave)의 전파속도

3. S-곡선법에 의한 순간단위유량도의 유도방법

4. 서해바다에서 경인운하를 통해 화물선이 한강으로 들어올 경우 흘수(Draft)의 변화

5. 하천법상 하천의 정의 및 등급별 지정대상

6. 홍수도달시간 개념 및 결정방법

7. 수자원분야에서의 GIS 활용방안

8. 유출의 지배인자

9. 수면곡선에서 M_1, M_2, S_1 곡선에 대한 비교 설명

10. 유역형상계수

11. 하천차수

12. 순공사비 산정 후 총공사비를 산정하기 위한 원가계산 항목

13. 지방하천 지정 시 준수사항과 하천기본계획의 고시사항

제 2 교시

(시험시간 : 100분)

※ 다음 문제 중 4문제를 선택하여 설명하시오. (각 25점)

1. 폭 $b = T$이며 수심 y인 직사각형 수로에 일정한 유량(Q)이 흐르고 있으며, 하상경사 $\left(S_0 = \dfrac{dz}{dx}\right)$는 아주 완만하여 영(zero)에 가깝다고 한다. 하폭 b의 변화(축소, 확대)에 따른 수심의 변화에 대하여 설명하시오.
   단, 에너지 손실은 없다고 하며, x는 흐름방향에 따른 기준점으로 부터의 거리, z는 하상 표고를 의미한다.

2. 확률분포의 매개변수 산정방법과 각 방법의 특성에 대하여 설명하시오.

3. 댐, 저수지 비상대처계획(EAP)에 대하여 설명하시오.

4. 가뭄이 심화될 경우, 댐, 저수지 운영방안을 포함한 가뭄극복대책에 대하여 설명하시오.

5. Clark의 유역추적법에 대하여 설명하시오.

6. 비압축성 이상유체에 대한 1차원 Euler 방정식과 Bernoulli의 에너지방정식을 유도하시오.

제 3 교시

(시험시간 : 100분)

※ 다음 문제 중 4문제를 선택하여 설명하시오. (각 25점)

1. 저류지에 설치된 연직 방류관의 흐름은 웨어(Weir)흐름, 오리피스(Orifice)흐름, 관수로 흐름(자유낙하 또는 하류통제)으로 구분된다. 연직 방류관의 수위−방류량 관계곡선 결정방법에 대하여 설명하시오.

2. 침식성 인공수로의 안정설계방법에 대하여 설명하시오.

3. 수로 폭 6m인 직사각형 수로에 $Q = 12\text{m}^3/\text{sec}$의 물이 흐르고 있다. 수심이 60cm일 때 비에너지를 산정하고, Froude Number와 상류(常流), 사류(射流)를 판별하시오.

4. 하천법 개정에 따른 지형도면 고시의 문제점과 개선대책에 대하여 설명하시오.

5. 다목적댐의 비용배분방법에 대해 설명하시오.

6. 장기간 강우자료의 일관성 결여 원인과 교정방법에 대하여 설명하시오.

제 **4** 교시 　　　　　　　　　　　　　　　　　　　　　　　　(시험시간 : 100분)

※ 다음 문제 중 4문제를 선택하여 설명하시오. (각 25점)

1. 수자원장기종합계획, 유역종합치수계획, 하천기본계획에서 각각 수행되는 계획의 내용 및 치수계획의 연계성에 대하여 설명하시오.

2. 계획홍수량 산정을 위하여 국내에서 적용하고 있는 강우의 시간분포방법을 들고, 각 분포의 특성에 대하여 설명하시오.

3. 제방의 종류와 특성을 설명하시오.

4. 하천 횡단시설물(보 및 하상유지공) 철거를 위한 의사결정방법과 생태통로 복원공법에 대하여 설명하시오.

5. 하도의 하구처리계획에 대하여 설명하시오.

6. 홍수 시 댐 운영방식에 대하여 설명하시오.

2009 수자원개발기술사 제89회

제 1 교시

(시험시간 : 100분)

※ 다음 문제 중 10문제를 선택하여 설명하시오. (각 10점)

1. 저수지 증발

2. 언색호(堰塞湖)

3. 수축세굴과 국부세굴

4. 하천법상의 홍수관리구역

5. 위험도와 재현기간의 관계

6. 댐의 이상홍수용량 및 공용용량

7. 사각도수(Oblique Hydraulic Jump)

8. 추정한계치(Estimate Limited Value)

9. 생산토사량(토양유실량)과 유출토사량(유사유출량)

10. 고정보와 낙차공에 대한 설명 및 차이점

11. 수자원총량과 수자원부존량

12. 굴입하도와 완전굴입하도

13. 비유사량과 유사전달률

제 2 교시

(시험시간 : 100분)

※ 다음 문제 중 4문제를 선택하여 설명하시오. (각 25점)

1. 보에 대한 다음 물음에 대하여 설명하시오.

① 보의 정의
② 보의 종류를 나열하고 간략히 설명
③ 보를 설치하기에 적합한 위치선정 조건에 대하여 간략히 설명
④ 한강에 설치되어 있는 신곡수중보와 잠실수중보의 설치목적

2. 지역빈도해석에 대하여 설명하시오.

3. 하천에 설치하는 수문을 목적별, 구조별 및 형상별로 구분하고, 수문의 위치선정 및 바닥높이 결정 시 고려사항을 기술하시오.

4. 댐 건설 공사 시 유수전환방식에 대하여 설명하시오.

5. 제방의 누수방지대책에 대하여 설명하시오.

6. 내륙주운의 기본적인 조건에 대하여 설명하고, 우리나라에서의 주운계획 전망에 대하여 논하시오.

제 3 교시 (시험시간 : 100분)

※ 다음 문제 중 4문제를 선택하여 설명하시오. (각 25점)

1. 부체에 대하여 다음 사항에 대하여 답하시오.
   ① 비중 1.024인 바닷물에 떠 있는 빙산(비중 0.9)의 해수면 위로 나와 있는 체적이 100m^{3}일 때 이 빙산의 전체 체적 산정
   ② 부체의 안정을 검토하는 식 $\left[경심고 = MG = \dfrac{I}{V} - GC \right]$ 에서 사용되는 단면2차모멘트 (I)값 중에서 가장 작은 값을 택하여 적용하는 이유
   ③ 바다에 떠 있던 배가 선박 내에 어떤 변화도 없이 그대로 강으로 이동하였을 경우에 흘수가 어떻게 변화되는지에 대하여 설명하시오.

2. 도시침수피해의 원인 및 대책에 대하여 설명하시오.

3. 저수지 퇴사로 인한 문제점과 이에 대한 대책을 설명하시오.

4. 댐 건설의 편익계산방법에 대하여 설명하시오.

5. 수자원분야에서의 VE의 목적 및 필요성에 대하여 설명하시오.

6. "4대강 살리기" 사업에 대한 주요 추진배경, 핵심과제, 용수공급능력 증대를 위한 주요 사업 내용, 200년 빈도 이상 홍수에 대비하기 위한 주요 사업 내용, 반드시 검토하고 추진해야 할 사항에 대하여 설명하시오.

제 4 교시

(시험시간 : 100분)

※ 다음 문제 중 4문제를 선택하여 설명하시오. (각 25점)

1. 우수유출저감 시설의 종류와 기능에 대하여 설명하시오.

2. 침사지의 종류, 침사지 규모결정방법 및 토사재해 저감대책에 대하여 설명하시오.

3. 유역종합치수계획의 문제점 및 개선방향에 대하여 설명하시오.

4. 호안파괴의 원인 및 대책에 대하여 설명하시오.

5. 사방댐의 형식 및 설계순서, 위치와 높이에 대하여 설명하시오.

6. 하도 내의 사주 및 식생발달과 사주식생 처리방안에 대하여 설명하시오.

2010 수자원개발기술사 제90회

 제 **1** 교시 (시험시간 : 100분)

※ 다음 문제 중 10문제를 선택하여 설명하시오. (각 10점)

1. 유니버설 디자인(Universal Design)과 하천계획에 적용사례

2. On-Line과 Off-Line 강변 저류지

3. 하천계획에 필요한 3가지 유량 곡선식

4. 하천길이가 2,000m, 홍수량이 14,000m^3/sec인 하천에 대하여 축척비가 1:40인 모형을 만들어 수리모형실험을 하고자 할 때 모형에서의 유량을 구하시오.

5. 100년 빈도 홍수가 10년 동안 1회 이상 발생할 확률

6. 비상대처계획(Emergency Action Plan ; EAP)

7. Froude 상사법칙 및 Reynolds 상사법칙

8. 기후변화와 물 스트레스(Water-Stress)

9. 갈수량 빈도해석

10. 침사지의 구성 중 토사 침전부

11. 수위유지시설 및 하상보호시설

12. 지표홍수법(Index-Flood Method)

13. 갈수대책 댐

제 2 교시

※ 다음 문제 중 4문제를 선택하여 설명하시오. (각 25점)

1. 하천구역 설정에 대한 하천관리청의 임무와 하천구역 결정방법을 구체적으로 설명하시오.

2. 하천의 기능을 유지 발전시키고 하천의 다양성을 확보하기 위한 실제적 방안을 사례를 중심으로 설명하시오.

3. 유역의 홍수량배분에 관한 기본개념 및 배분방법에 대하여 설명하시오.

4. 최근 전 세계적으로 지진피해가 잇따르고 있는바, 대표적인 수공구조물인 댐의 내진설계 기준에 대하여 설명하시오.

5. 방제조절지의 계획을 위한 홍수조절 계산법에 대해 설명하시오.

6. 균일형 흙댐(Earth Dam)의 활동에 대한 안전율을 도해법으로 구하는 방법을 설명하시오.

제 3 교시

※ 다음 문제 중 4문제를 선택하여 설명하시오. (각 25점)

1. "4대강 살리기 사업"의 보는 고수부지 아래 저수로부에 설치가 계획되었다. 이 중에서 가동보의 문비는 Rising Sector Gate와 2단 Shell Gate 형식이 주로 선정되었는바, 이와 같은 문비의 선정사유와 보 완공 후 실제 운영 시 고려해야 할 사항을 평상시와 홍수기 등으로 구분하여 설명하시오.

2. "4대강 살리기 사업"과 1980년대의 "한강종합개발"과의 유사성과 차이점을 기술하고, 최근 진행 중인 한강 르네상스 계획에 대하여 설명하시오.

3. 유역 개발에 따라 증가하는 홍수량을 해당 유역 내에 저류하기 위해 저류지를 설치한다. 이 저류지에 설치된, 다공성 연직방류관(방류관 벽면에 여러 개의 구멍이 뚫린 연직방류관 : Perforated Riser Pipe)의 수위−방류량 관계곡선을 그리는 방법에 대하여 설명하시오.

4. 하천복원사업의 기본방향과 설계 시 하천공간별 고려사항에 대하여 설명하시오.

5. Mononobe 방법과 Huff 방법을 각각 상세히 설명하고, 그 차이점에 대하여 설명하시오.

6. 저수 및 갈수 시 홍수터관리에 대하여 상세히 설명하시오.

제 4 교시　　(시험시간 : 100분)

※ 다음 문제 중 4문제를 선택하여 설명하시오. (각 25점)

1. 자연하천에서 수위－유량곡선이 수위 상승 시와 수위 하강 시 Loop가 발생하는 이유를 부정류 일반식과 Chezy 공식을 사용하여 설명하시오.

2. 저탄소 녹색성장과 관련하여 물과 관련된 에너지 활용방안과 21세기 변화된 물의 가치에 대하여 설명하시오.

3. 농업용 저수지의 개선을 통한 홍수조절 기능부여 방안에 대하여 설명하시오.

4. 댐 여수로 공동현상과 공기연행(공기혼입) 방법에 대하여 설명하시오.

5. 사방(砂防)댐을 목적별로 분류하고, 목적에 해당하는 사항을 상세히 설명하시오.

6. 엘리뇨 현상과 라니냐 현상을 설명하고, 각 현상에 따른 해수면 압력(SPL)과 해수면 온도(SST)의 일반적 변화에 대하여 비교하여 설명하시오.

2010 수자원개발기술사 제92회

※ 다음 문제 중 10문제를 선택하여 설명하시오. (각 10점)

1. 강변여과수

2. 생태수리학

3. 재해정보지도

4. 하천정화기법

5. 홍수피해 잠재능

6. 홍수량의 종류

7. 수방기준(水防基準)

8. 신설하천의 하도계획

9. 부자에 의한 유량측정

10. 댐의 저수용량 결정방법

11. 조정지와 역조정지의 차이점

12. 조도계수에 영향을 미치는 인자

13. 콘크리트 표면차수벽형 석괴댐 기초설계 시 기초지반의 평가요소

※ 다음 문제 중 4문제를 선택하여 설명하시오. (각 25점)

1. 수문을 설치하는 목적 및 형식, 구조형상에 따라 분류하고 설명하시오.

2. 하천기본계획과 하천정비시행계획을 위한 측량을 구분하여 설명하시오.

3. 물이나 수로를 이용하는 이수측면에서의 물 분쟁 중 수리권 분쟁의 사례와 해결 방안에 대하여 설명하시오.

4. 수해로 인한 도로 피해 원인과 대책에 대하여 설명하시오.

5. 수리학적 홍수추적(Hydraulic Routing)방법에 대하여 설명하시오.

6. 저수지는 하천상류로부터 이송된 유사에 의해 퇴적되어 저수능력이 상실하게 되고 생애주기가 감소하게 되는데, 저수지 생애주기 및 저사댐의 설치효과에 대하여 설명하시오.

제 3 교시 （시험시간 : 100분）

※ 다음 문제 중 4문제를 선택하여 설명하시오. （각 25점）

1. 호안공 비탈덮기공법 선정 시 평가항목에 대하여 설명하시오.

2. 도시하천 건천화의 원인 및 문제점과 이를 해결하기 위한 하천유지유량 확보방안별 장단점을 설명하시오.

3. 하천법에서 규정하는 홍수관리구역의 정의 및 범위 결정방법에 대하여 설명하시오.

4. 배수구간에서 지류제방의 형식과 규모 결정방법에 대하여 설명하시오.

5. 필댐 축제재료와 재료별 기능, 축제재료 선정을 위한 시험에 대하여 설명하시오.

6. 하천 내 교량설계 시 위치 선정방법과 경간장, 형하고 결정방법에 대하여 설명하시오.

제 4 교시 （시험시간 : 100분）

※ 다음 문제 중 4문제를 선택하여 설명하시오. （각 25점）

1. 다차원법을 이용한 치수경제성분석에 대하여 설명하시오.

2. 풍수해를 저감하기 위한 단위지구 설정기준에 대하여 설명하시오.

3. 하천기본계획의 수립절차와 주요 내용에 대하여 설명하시오.

4. 하천 내 기존교량의 세굴 취약성 평가에 대하여 설명하시오.

5. 여수로 위치 선정 시 고려 사항과 여수로의 구성 요소에 대하여 설명하시오.

6. 하천복원사업의 문제점과 개선방안에 대하여 설명하시오.

2011 수자원개발기술사 제93회

※ 다음 문제 중 10문제를 선택하여 설명하시오. (각 10점)

1. 해수담수화

2. 조압수조의 형식

3. 소수력발전의 특성

4. 하구막힘과 하구개량공법

5. 여수로의 에너지감세공의 종류

6. DAD(강우깊이−유역면적−지속시간) 관계

7. 경제성분석 절차

8. 물관리기본법(가칭)에 포함시켜야 할 사항

9. 수문을 목적, 형식, 구조, 형상에 따라 분류

10. 대표단위유량도(Unit Hydrograph)의 유도방법

11. 호소의 수질조사를 위한 채수지점 결정 시 고려사항

12. 동수역학에 적용되는 3개방정식(연속, 에너지, 운동량)

13. 자연친화적 하천조성을 위한 보전지구, 복원지구, 친수지구 지정기준

※ 다음 문제 중 4문제를 선택하여 설명하시오. (각 25점)

1. 한계수심(Critical Depth)과 한계류의 특성에 대하여 설명하시오.

2. 보의 설치위치를 선정하는 데 유의해야 할 사항을 설명하시오.

3. 자연친화적 하천정비기법의 종류에 대하여 설명하시오.

4. 물산업의 분야를 수자원의 취수, 공급, 재생에 관련된 건설업, 운영업, 제조업분야로 나누어 설명하시오.

5. 저수지 퇴사량 산정방법과 퇴사분포 예측방법에 대하여 설명하시오.

6. 댐붕괴 홍수추적에 필요한 기본자료를 설명하고, 댐하류부에서 홍수파의 방향을 결정하는 세 가지 방법을 제시하시오.

제 3 교시 (시험시간 : 100분)

※ 다음 문제 중 4문제를 선택하여 설명하시오. (각 25점)

1. 수문곡선분리법(기저유량분리법)에 대하여 설명하시오.

2. 자연형 하천의 기본이념 및 기본방침과 하천환경을 구성하는 요소에 대하여 설명하시오.

3. 소하천정비 종합계획, 소하천정비 중기계획, 소하천정비 시행계획의 주요 내용을 설명하시오.

4. 사방댐을 사용목적에 따라 분류하고, 설치위치 등을 포함하여 고려해야 할 사항에 대하여 설명하시오.

5. 기존 댐의 치수능력 증대방안을 구조적 및 비구조적대책으로 구분하여 설명하시오.

6. 투수성 지반위에 필댐(Fill Dam)을 축조하는 경우, 침투수에 대한 안정을 확보하기 위한 방법을 투수층의 두께에 따라 구분하여 설명하시오.

제 4 교시 (시험시간 : 100분)

※ 다음 문제 중 4문제를 선택하여 설명하시오. (각 25점)

1. 수면경사면적법(Slope-Area Method)에 의한 유량산정방법에 대하여 설명하시오.

2. 유량관측소를 설치하기 위한 위치 선정 시 고려해야 할 조건에 대하여 설명하시오.

3. 교량 등 하천점용시설물의 계획고를 결정하는 데 유의하여야 할 사항을 설명하시오.

4. 수제(水制)의 목적, 설치위치 및 설계방법에 대하여 설명하시오.

5. "4대강 살리기 마스터플랜"에서 강조하고 있는 기대효과에 대하여 설명하시오.

6. 지하댐을 정의하고, 그 필요성과 구성시설 및 장단점에 대하여 설명하시오.

수자원개발기술사 제95회

※ 다음 문제 중 10문제를 선택하여 설명하시오. (각 10점)

1. 통합수자원관리(Integrated Water Resources Management)

2. 4대강 사업에 적용된 "Room for the River"

3. 지름 0.3cm 유리관 속에 $0.9\text{cm}^3/\text{sec}$의 물이 흐를 때 관의 길이 0.8m에 대한 마찰손실 수두를 구하시오(동점성계수는 $0.012\text{cm}^2/\text{sec}$, π는 3.14).

4. 홍수위험지도의 역할, 기능 및 제작 시 유의사항

5. 하천법에서 하천구역 결정 및 고시 절차

6. 하상계수, 유황계수

7. 홍수예 · 경보 기준수위

8. 사전재해영향성검토 협의대상 사업

9. 댐 및 저수지 비상대처계획 수립 시 포함되어야 할 사항

10. 도수(Hydraulic Jump) 현상에 대한 비에너지곡선(Specific Energy Curve)과 비력곡선 (Specific Force Curve)을 그려 비교 설명하시오.

11. 복합단면수로의 등가조도(Equivalent Roughness Coefficient)

12. 기후변화 시나리오

13. 습지의 기능

제 2 교시

(시험시간 : 100분)

※ 다음 문제 중 4문제를 선택하여 설명하시오. (각 25점)

1. 우리나라 하천은 4대강 사업 후 많은 변화가 예상되는바, 4대강 유지관리 및 하천관리 방안과 수자원 시설 기능 재정립 방안에 대하여 설명하시오.

2. 4대강 사업의 일환인 농업용 저수지 둑 높이기 사업의 바람직한 설계방향과 기대 효과에 대하여 설명하시오.

3. 내진설계 등급에 대해 설명하고, 수문의 내진등급 설정방법을 설명하시오.

4. 댐 공사 시 설치하는 가물막이 댐의 대상 홍수량 결정방법을 설명하시오.

5. 유역의 도달시간 결정방법에 대하여 설명하시오.

6. 조압수조(Surge Tank)의 설치목적 및 종류와 특징에 대하여 설명하시오.

제 3 교시

(시험시간 : 100분)

※ 다음 문제 중 4문제를 선택하여 설명하시오. (각 25점)

1. 대규모 하천 횡단 시설 계획 시 유수전환시설방식의 특징 및 계획 시 고려사항에 대하여 설명하시오.

2. 수자원 분야의 해외 진출이 절실히 필요한 시점인데, 국내 설계사의 해외사업 참여방식에 대하여 설명하시오.

3. 급경사수로에서 발생하는 공동현상에 의한 손상가능지점의 종류와 이를 방지하기 위한 공기혼입장치를 설명하시오.

4. 최근 빈발하고 있는 도시침수의 문제점 및 개선방안을 설명하시오.

5. 수리학적 안정성을 확보하기 위한 가동보 수문의 형식별 특성에 대하여 설명하시오.

6. 수집된 수문자료에 적합한 확률분포함수를 결정하기 위한 확률분포함수의 매개변수 추정방법에 대하여 설명하시오.

제 **4** 교시 　　　　　　　　　　　　　　　　　　　　　　　　(시험시간 : 100분)

※ 다음 문제 중 4문제를 선택하여 설명하시오. (각 25점)

1. 댐 설치로 인한 문제점과 댐 하류 하천의 특성을 고려한 하도계획 수립절차를 설명하시오.

2. 최근 4대강 준설에 따른 지류하천의 하상 저하 방지대책에 대하여 서술하고, 하상유지공 설계 시 유수의 감세를 위한 고려사항에 대하여 설명하시오.

3. 우리나라 소하천의 특징을 설명하시오.

4. 다음과 같은 바닥경사 $S = 0.00064$인 복단면 수로에 정상등류가 형성되었다. 이 수로의 유량을 계산하시오.

구 분	고수부(좌안)	저수부	고수부(우안)	비 고
사면경사	1 : 2	1 : 1	1 : 2	
바닥폭(m)	97	66	77	
수면폭(m)	100	70	80	
수심(m)	1.5	3.5	1.5	
조도계수	0.040	0.025	0.040	

5. 강변(천변)저류지 및 홍수조절지에 대하여 비교 설명하시오.

6. 배수펌프장의 펌프 설치 시 공동현상을 고려한 저수지 수면과 펌프 임펠러(Impeller) 사이의 최대 표고 차에 대하여 설명하시오.

2012 수자원개발기술사 제96회

※ 다음 문제 중 10문제를 선택하여 설명하시오. (각 10점)

1. 치수사업의 직접편익과 간접편익

2. 물부족국가와 물기근국가

3. 합성단위도의 정의

4. 강우량 고도보정

5. 대심도터널

6. 하천수변조사

7. Dupuit 포물선

8. 이중누가우량 분석

9. 강우−유출 모형의 검정과 검증

10. 여수로의 구성 및 역할

11. 수평퇴사법 및 면적증분법

12. 평년빈도로 2.33년을 적용하는 근거

13. 초과확률 및 비초과확률의 정의 및 재현기간과의 관계

※ 다음 문제 중 4문제를 선택하여 설명하시오. (각 25점)

1. 홍수방어를 정의하고, 그 대책을 제시하시오.

2. 교량의 계획고와 경간장 결정에 대하여 설명하시오.

3. 하천제방의 붕괴원인과 그에 따른 대책에 대하여 설명하시오.

4. "고향의 강 정비사업"에 대하여 설명하시오.

5. 물수지분석에 대하여 절차별로 그 주요 내용에 대하여 설명하시오.

6. 자연형 하천정비를 위하여 기본적으로 고려하여야 할 사항에 대하여 설명하시오.

제 3 교시 　　　　　　　　　　　　　　　　　　　　　　(시험시간 : 100분)

※ 다음 문제 중 4문제를 선택하여 설명하시오. (각 25점)

1. 수문기상학적 방법에 의한 가능최대강수량(PMP) 산정방법에 대하여 설명하시오.

2. 자연재해대책법령상 소하천 관련 주요 제도에 대하여 설명하시오.

3. 하천기본계획수립 보고서의 구성체계(Chapter)를 제시하고, 여기에 포함시켜야 할 주요 사항들에 대하여 설명하시오.

4. 하도외저류(Off−Line) 방식을 이용한 강변저류지 설계 절차를 설명하시오. 이때 고려하여야 할 주요 문제점 및 개선방안도 포함시켜 설명하시오.

5. 현재 시행되고 있는 지역별 방재성능목표 설정에 대하여 설명하고, 풍수해저감종합계획에서 현재 도시방재성능 수준 설정 및 미래 도시방재성능의 목표를 설정하는 방법을 설명하시오 또한, 여기에 도입되는 일정강우량의 장점 및 단점에 대하여도 설명하시오.

6. 필댐(fill dam)의 표준단면 설계를 항목별로 설명하시오.

제 4 교시 　　　　　　　　　　　　　　　　　　　　　　(시험시간 : 100분)

※ 다음 문제 중 4문제를 선택하여 설명하시오. (각 25점)

1. 사방댐의 형식 및 설계순서에 대하여 설명하시오.

2. 다기능보에서 고정보 구간의 설계방법 및 가동보 구간의 경간장 결정방법에 대하여 설명하시오.

3. 개발사업 시 저류지의 위치 및 형식 결정 원칙에 대하여 설명하고, 개발에 따른 홍수증가량 감소를 위한 하도 내 저류(On−Line) 방식의 저류지 규모 결정 절차에 대하여 설명하시오. (단, 저류지의 설계빈도는 50년이며, 비상여수로는 100년 빈도이며, 외수위의 영향은 없다.)

4. 댐 부속구조물인 월류웨어의 설계수두 결정방법, 유효길이 산정방법 및 유량계수 산정
   방법을 설명하시오.

5. 웨어 종단형상을 미국 육군공병단 수로실험소(WES) 방법으로 작도하는 절차를 설명
   하시오.

6. 기후변화대응 재난관리 개선 종합대책(2011.12, 재난관리개선 민관합동 T/F)에서 제시
   하고 있는 개선대책을 설명하시오.

수자원개발기술사 제98회

제 **1** 교시 (시험시간 : 100분)

※ 다음 문제 중 10문제를 선택하여 설명하시오. (각 10점)

1. 개수로의 조도계수에 영향을 주는 요소에 대하여 설명하시오.

2. 하천유량관측소 설치 장소와 유속계에 의한 유량측정방법에 대하여 설명하시오.

3. 단위도의 기본가정과 단순호우로부터 단위도 유도절차에 대하여 설명하시오.

4. 제체 및 지반누수의 원인 및 대책에 대하여 설명하시오.

5. 대체수자원 개발방안에 대하여 설명하시오.

6. 집중호우로 인해 발생하는 토석류의 종류에 대하여 설명하시오.

7. 우수저류시설의 계측 및 제어시스템에 대하여 설명하시오.

8. 풍수해저감종합계획 수립 시 하천재해위험지구 후보지 선정기준에 대하여 설명하시오.

9. 하천 유지유량에 대하여 설명하시오.

10. 수문설계(Hydrologic Design)에 사용할 강수량자료의 예비적 검토에 대하여 설명하시오.

11. 댐 형식의 결정요인을 설명하시오.

12. 벤투리미터와 피토관을 이용한 관내 유속측정의 원리와 차이를 설명하시오.

13. 강우유출해석에서 유효우량 산정방법을 설명하시오.

제 **2** 교시

(시험시간 : 100분)

※ 다음 문제 중 4문제를 선택하여 설명하시오. (각 25점)

1. 표준축차계산법에 의한 홍수 위 산정절차와 하천횡단면이 급확대 또는 급축소하는 구간에서의 평면적 사수역 제거방법에 대하여 설명하시오.

2. 하상유지시설 중 낙차공의 구조와 기능, 설치 시 유의사항에 대하여 설명하시오.

3. 콘크리트 표면차수벽형 석괴댐 제체의 각 부분과 기초지반의 평가요소에 대하여 설명하시오.

4. 가능최대강수량을 추정하는 방법에 대하여 설명하시오.

5. 지방하천의 건천화 원인과 대책을 설명하시오.

6. 댐 여수로 계획에 대하여 설명하시오.

제 **3** 교시

(시험시간 : 100분)

※ 다음 문제 중 4문제를 선택하여 설명하시오. (각 25점)

1. 하천 만곡부의 수리적 특성과 호안계획 시 고려사항에 대하여 설명하시오.

2. 하도계획의 기본방침, 조사항목과 계획절차에 대하여 설명하시오.

3. 제방의 종류와 구조 및 명칭에 대하여 설명하시오.

4. 하천수의 자정작용과 부영양화를 설명하고, 하천에 폐수 유입 시 오염원으로부터 거리 및 시간에 따라 변화하는 하천의 상태를 구분하여 설명하시오.

5. 우리나라 수자원관리 여건변화와 미래대응전략을 설명하시오.

6. 하도계획 시 기점홍수위와 하구의 하도계획홍수위 결정방법을 설명하시오.

제 **4** 교시　　　　　　　　　　　　　　　　　　　　(시험시간 : 100분)

※ 다음 문제 중 4문제를 선택하여 설명하시오. (각 25점)

1. 하천의 계획홍수위 결정 시 기본방침과 요철수면이 심하게 발생한 하천구간에서의 수위 보정 절차에 대하여 설명하시오.

2. 현행 우리나라 국가 및 지방하천정비사업의 종류와 특성에 대하여 설명하시오.

3. 어도의 종류 및 형식 선정 시 고려할 사항과 세부설계 요소를 설명하시오.

4. 댐(저수지) 용량을 목적과 기능에 따라 구분하여 설명하고, 댐에 의한 하류부 홍수 규모를 저감시키는 방법에 대하여 설명하시오.

5. 버킹엄(Buckingham)의 파이(π)정리로부터 대표적인 무차원수 5개를 유도하고, 관수로와 개수로의 모형실험에 많이 쓰이는 상사법칙을 설명하시오.

6. 하천유역의 물수지 분석 절차를 설명하시오.

수자원개발기술사 제99회

제 **1** 교시 (시험시간 : 100분)

※ 다음 문제 중 10문제를 선택하여 설명하시오. (각 10점)

1. 라비린스 웨어(Labyrinth Weir)

2. 급경사수로에서의 공동현상과 공기혼입장치(Aerator)

3. Froude 모형법칙과 Reynolds 모형법칙

4. 지구온난화의 정의, 원인 및 영향

5. 하천시설의 비상대처계획(EAP) 수립 목적, 대상시설물 및 포함하여야 할 사항

6. 녹색댐의 정의와 기능

7. 하천시설의 정의 및 종류

8. 풍수해저감종합계획에서 내수재해위험지구 후보지 선정기준

9. 면적평균강우량

10. 임계지속시간

11. 1차원 Euler 방정식과 Bernoulli 방정식

12. 유역의 반응시간

13. 소하천정비종합계획에 포함되어야 할 사항과 소하천의 지정기준

제 **2** 교시 (시험시간 : 100분)

※ 다음 문제 중 4문제를 선택하여 설명하시오. (각 25점)

1. 하천환경정비사업의 주요목표를 제시하고, 사업의 목표달성을 위한 구체적인 대책을 설명하시오.

2. 제방 누수의 원인과 방지대책에 대하여 설명하시오.

3. 유역의 형상이 단위도에 미치는 영향에 대하여 설명하시오.

4. 우리나라 소하천의 특징을 수문·지형학적 및 재해발생 특징별로 구분해서 설명하시오.

5. 수력발전계획에서 유효낙차 계산 시 고려되는 손실수두에 대하여 설명하시오.

6. 아래 식을 참조하여 조도계수가 일정한 광폭 직사각형 단면인 완경사 및 급경사수로에서의 점변류(Gradually Varied Flow) 수면곡선형에 대하여 각각 설명하시오.

$$\frac{dy}{dx} = \frac{S_0 - S_f}{1 - F_r^2} = S_0 \frac{1 - \left(\dfrac{y_n}{y}\right)^{\frac{10}{3}}}{1 - \left(\dfrac{y_c}{y}\right)^3}$$

단, x : 기준점으로부터 흐름 방향으로의 거리

y : 임의점에서의 실제 수심

y_n : 등류수심

y_c : 한계수심

S_0 : 하상경사

S_f : 에너지경사

F_r : Froude 수

제 3 교시 (시험시간 : 100분)

※ 다음 문제 중 4문제를 선택하여 설명하시오. (각 25점)

1. 소수력발전의 특성 및 분류, 최근 시장동향에 대하여 설명하시오.

2. 하천법상의 하천구역, 하천예정지, 홍수관리구역에 대하여 설명하시오.

3. 수리모형실험의 종류와 필요성에 대하여 설명하시오.

4. 가뭄의 종류와 가뭄극복을 위한 대책을 단기대책과 중장기대책으로 구분하여 설명하시오.

5. 자연재해대책법 시행령에 의해 자연재해위험지구를 유형별로 구분하고, 각 지구에 대하여 설명하시오.

6. 댐 설계에 필요한 설계홍수량의 종류에 대해서 설명하고, 설계홍수량 산정 시 고려사항에 대하여 설명하시오.

제 4 교시 (시험시간 : 100분)

※ 다음 문제 중 4문제를 선택하여 설명하시오. (각 25점)

1. 댐 공사기간 중 유수전환을 위해 가배수 터널을 계획 시 암거 수리계산의 절차 및 방법에 대하여 설명하시오.

2. 하도준설의 절차 및 방법에 대하여 설명하시오.

3. 자연재해대책법 및 동법 시행령에서 규정하고 있는 사전재해영향성검토 협의대상 분야 및 범위, 요청 시 포함시켜야 할 사항을 설명하시오.

4. 수제를 설치하는 목적, 기능, 종류 및 설계방법에 대하여 설명하시오.

5. 도시하천 유역종합치수계획 수립의 필요성 및 향후 추진방향에 대하여 설명하시오.

6. 기후변화에 따른 수자원분야 대응을 위한 추진방향에 대하여 설명하시오.

2013 수자원개발기술사 제101회

※ **다음 문제 중 10문제를 선택하여 설명하시오. (각 10점)**

1. 강수의 형성요건과 그 형(型) 혹은 냉각과정을 설명하시오.

2. 홍수재해지도에 대하여 설명하시오.

3. 유역형상이 단위도 특성에 미치는 영향과 단위도 유도에 적합한 호수사상 선정기준에 대하여 설명하시오.

4. 구형단면(矩形斷面)수로에서 최량수리단면(Best Hydraulic Section)을 설명하시오.

5. 수리특성곡선(Hydraulic Characteristic Curve)에 대하여 설명하시오.

6. 수공구조물의 내구연한 및 위험도(Risk)에 대하여 설명하시오.

7. 수제(Spur Dike)의 기능 및 역할에 대하여 설명하시오.

8. 하천공사 시 건설공사비 산정방식에 대하여 설명하시오.

9. 양수발전의 개념과 장점에 대하여 설명하시오.

10. 수자원 평가 지표 중 물빈곤지수(WPI ; Water Poverty Index)와 물발자국(Water Foot−Print)에 대하여 설명하시오.

11. 수격작용(Water Hammer)을 정의하고, 문제점과 방지대책에 대하여 설명하시오.

12. 홍수추적을 정의하고, 자연하도의 홍수추적 시 국지유입량 처리방법과 유의할 점에 대하여 설명하시오.

13. 시간−면적 관계곡선에 의한 유역홍수추적의 실무적인 절차에 대하여 설명하시오.

제 2 교시

※ 다음 문제 중 4문제를 선택하여 설명하시오. (각 25점)

1. 비압축성 유체에서 1차원 Euler 방정식을 이용하여 1차원 Bernoulli 방정식을 유도하시오.

2. 댐저수지 EAP 수립 시 댐붕괴 홍수류 해석절차 및 내용에 대하여 설명하시오.

3. 자연친화적 하천정비의 기본방향과 하천공간계획에 대하여 설명하시오.

4. 가뭄에 대처하기 위한 대체수자원의 필요성과 종류에 대하여 설명하시오.

5. 하천유지유량을 정의하고, 하천유지유량 산정절차, 하도구분 및 기준지점선정기준에 대하여 설명하시오.

6. 콘크리트 표면차수벽형 석괴댐(CFRD)의 표준단면과 각부 명칭을 설명하고, 형식 선정 시 고려할 사항에 대하여 설명하시오.

제 3 교시

※ 다음 문제 중 4문제를 선택하여 설명하시오. (각 25점)

1. 여수로의 종류 및 구조적, 수리적 특성에 대하여 설명하시오.

2. 하구막힘에 영향을 주는 인자와 하구막힘의 원인, 문제점, 하구처리대책에 대하여 설명하시오.

3. 재해복구사업의 분석·평가 내용과 절차에 대하여 설명하시오.

4. 신설하천의 계획 시 고려사항과 설계절차에 대하여 설명하시오.

5. 하천이 분류된 후 합류되는 구간에서 수리계산 절차[부등류이고 상류(常流)조건]와 분류하도의 하폭이 급변한다고 가정할 때 수리계산 시 유의할 사항을 설명하시오.

6. 하천시설 중 지하하천을 정의하고, 지하하천의 구조설계 시 고려할 사항에 대하여 설명하시오.

제 4 교시 (시험시간 : 100분)

※ 다음 문제 중 4문제를 선택하여 설명하시오. (각 25점)

1. 고정보의 안정조건 및 단면결정 절차에 대하여 설명하시오.

2. 홍수방어계획 중 구조물적 대책에서의 우수유출 억제시설에 대하여 설명하시오.

3. 하천 및 호소 수질에 영향을 주는 부영양화의 발생원인 및 조절대책에 대하여 설명하시오.

4. 감조하천을 정의하고, 문제점 및 대책에 대하여 설명하시오.

5. 소하천 유형별 정비방향에 대하여 설명하시오.

6. 하천사업에 대한 모니터링을 정의하고, 모니터링을 통한 평가방법에 대하여 설명하시오.

2014 수자원개발기술사 제102회

※ **다음 문제 중 10문제를 선택하여 설명하시오. (각 10점)**

1. 수격작용과 조압수조에 대하여 설명하시오.

2. 비상여수로의 설치목적 및 주요 고려사항을 간단히 설명하시오.

3. 댐을 목적, 기능, 수리구조, 재료 및 형식에 따라 분류하시오.

4. 홍수피해 경감을 위한 구조적 방법과 비구조적 방법에 대하여 설명하시오.

5. 우수유출저감시설 기본계획 수립 시 포함되어야 할 사항과 우수유출저감시설 배치 계획 시 고려할 사항에 대하여 설명하시오.

6. 풍수해저감종합계획 수립을 위한 업무 흐름도를 작성하시오.

7. 계획하폭 결정방법에 대하여 설명하시오.

8. 하천구역 내 나무심기 기준에 대하여 설명하시오.

9. 역적-운동량방정식에 대하여 설명하시오.

10. 중력파와 압력파에 대하여 설명하시오.

11. 이수안전도에 대하여 설명하시오.

12. 환경개선용수와 하천유지유량에 대하여 설명하시오.

13. 서해바다에서 경인운하를 통해 부양면적이 일정한 화물선이 한강으로 들어올 경우 흘수(Draft)의 변화에 대하여 설명하시오.

제 **2** 교시

(시험시간 : 100분)

※ 다음 문제 중 4문제를 선택하여 설명하시오. (각 25점)

1. 수위−유량 관계곡선이 수위상승 시와 하강 시 Loop형이 되는 이유와 조정방법에 대하여 설명하시오.

2. 댐 계획 시 홍수조절편익의 계산방법에 대하여 설명하시오.

3. 자연형 여울과 소의 평면설계 시 필요한 설계인자 및 설계방향에 대하여 설명하시오.

4. 침사지의 구성요소와 소요용량 결정방법에 대하여 설명하시오.

5. 하천규모 및 유량별 유량측정방법과 유량관측소의 위치선정에 대하여 설명하시오.

6. 하천시설물의 유지관리 절차를 크게 4단계로 구분하고, 각 단계별 수행내용을 설명하시오.

제 **3** 교시

(시험시간 : 100분)

※ 다음 문제 중 4문제를 선택하여 설명하시오. (각 25점)

1. 하도계획에서 계획홍수위 결정 시 기본방침과 계획홍수위 계산방법에 대하여 설명하시오.

2. 보의 설치위치 선정과 설치기준에 대하여 설명하시오.

3. 저수지의 용량배분과 댐 여유고 산정방법에 대하여 설명하시오.

4. 풍수해 위험요인분석의 기본원칙 및 풍수해 유형별 위험요인에 대하여 설명하시오.

5. 물분쟁의 형태와 분쟁의 관리 및 해소방안에 대하여 설명하시오.

6. 다음 그림과 같은 하천수면곡선에서 표시된 부분 A, B, C, D, E, F에서의 흐름곡선형에 대하여 설명하시오. (단, S_0 : 하상경사, S_c : 한계경사, h_0 : 등류수심, h_c : 한계수심)

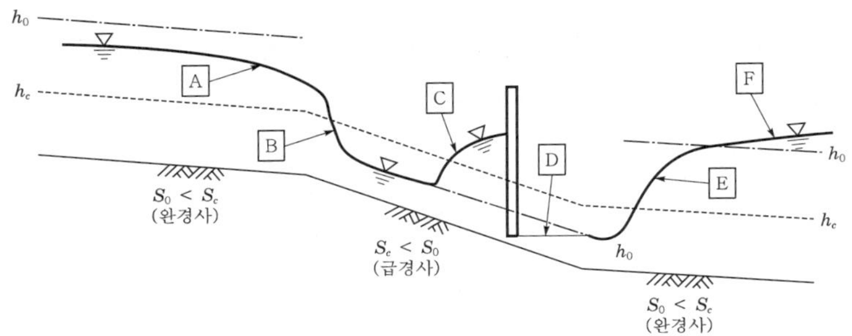

제 4 교시

(시험시간 : 100분)

※ 다음 문제 중 4문제를 선택하여 설명하시오. (각 25점)

1. 사방댐을 기능과 재료에 따라 분류하고 설명하시오.

2. 제방설계 시 누수, 활동, 침하에 대한 안정을 위하여 강구해야 할 대책을 설명하시오.

3. 국내기업의 국제수자원사업 추진전략에 대하여 설명하시오.

4. 수문설계기준(설계빈도) 결정방법에 대하여 설명하시오.

5. 아름다운 소하천 가꾸기를 위한 소하천 환경계획에 대하여 설명하시오.

6. 유역의 홍수량배분의 기본개념 및 배분방법에 대하여 설명하시오.

제 1 교시 (시험시간 : 100분)

※ 다음 문제 중 10문제를 선택하여 설명하시오. (각 10점)

1. 표준강수지수(SPI ; Standardized Precipitation Index) 및 파머 가뭄지수(PDSI ; Palmer Drought Severity Index)에 대하여 설명하시오.

2. 오리피스의 유량계수(Discharge Coefficient)와 수축현상(Vena Contracta)을 설명하시오.

3. 베르누이방정식과 에너지방정식의 유도과정 및 적용상의 차이점을 비교하여 설명하시오.

4. 도수의 발생위치와 하류수위조건과의 관계를 설명하시오.

5. 수문 시 계열에 대한 점진평균방법(Method of Progressive Average)에 대하여 설명하시오.

6. 경심고(Metacentric Height)에 의한 부체 안정성 검토방법을 설명하시오.

7. 물수지방법에 의한 저수지의 증발량 산정방법을 설명하시오.

8. 보 설계 시 적용하는 블라이(Bligh) 공식에 대하여 설명하시오.

9. 수문자료치 계열의 종류와 수공구조물 설계 시 수문자료치 계열 선택방법에 대하여 설명하시오.

10. 하천의 자정작용조사를 정의하고, 자정작용조사구간 선정 시 충족조건에 대하여 설명하시오.

11. 국토교통부 장관이 유지 보수하는 국가하천의 시설 및 구간에 대하여 설명하시오.

12. 제방의 측단에 대하여 설명하시오.

13. 한계소류력을 정의하고, Shields 곡선에 대하여 설명하시오.

제 2 교시

※ 다음 문제 중 4문제를 선택하여 설명하시오. (각 25점)

1. 가뭄의 종류를 정의하고, 지자체 및 물관리 기관의 가뭄관리계획을 수립하기 위한 절차에 대하여 설명하시오.

2. 하천에서 발생하는 사주(Bars)의 종류 및 사주의 거동에 따른 하도변화에 대하여 설명하시오.

3. Fill댐의 파괴원인과 대책에 대하여 설명하시오.

4. 수공구조물의 종류에 따른 임계지속기간(Critical Duration) 결정방법에 대하여 설명하시오.

5. 하천의 사용금지 목적 및 절차를 제시하고, 시행사례를 들어 설명하시오.

6. 어도를 정의하고, 종류, 설치 시 유의사항, 어도를 설치하지 않아도 되는 경우에 대하여 설명하시오.

제 3 교시

※ 다음 문제 중 4문제를 선택하여 설명하시오. (각 25점)

1. 하천의 건천화 정도를 평가하는 방법과 하천건천화 대책에 대하여 설명하시오.

2. 비구조물적 대책 중 홍수터 관리방안에 대하여 설명하시오.

3. 지하수 인공함양방법의 종류 및 특징에 대하여 설명하시오.

4. 장기유출량 분석 시 적용하는 갈수량 빈도해석 절차에 대하여 설명하시오.

5. 하천사업에 대한 치수경제성 조사 목적과 절차에 대하여 설명하시오.

6. 배수구간에서의 합류부 처리방법과 제방고 및 둑마루폭 결정방법에 대하여 설명하시오.

제 4 교시

(시험시간 : 100분)

※ 다음 문제 중 4문제를 선택하여 설명하시오. (각 25점)

1. 하천제방의 피해유형을 구분하고, 유형별 피해예방대책에 대하여 설명하시오.

2. 다목적댐의 용수공급능력 평가절차 및 방법에 대하여 설명하시오.

3. 설계강우량에 대한 시간분포방법의 종류와 특징에 대하여 설명하시오.

4. 댐 여수로 수문(Gate)의 종류 및 특징에 대하여 설명하시오.

5. RCP 기후변화 시나리오(8.5/4.5)에 의한 기후변화전망과 기후변화에 따른 수문학적 특성변화, 수자원관리 전략에 대하여 설명하시오.

6. 바다로 유입되면서 댐방류 영향을 받는 하천의 기점홍수위 결정에 대하여 설명하시오.

2015 수자원개발기술사 제105회

※ 다음 문제 중 10문제를 선택하여 설명하시오. (각 10점)

1. 동수역학에서 에너지 보정계수와 운동량 보정계수의 활용을 설명하시오.

2. Hagen－Poiseuille법칙으로부터 Darcy－Weisbach의 마찰 손실공식을 유도하시오.

3. 피압대수층과 비피압대수층 우물의 유량공식을 비교하여 설명하시오.

4. 유량수문곡선으로부터 기저유량을 분리하는 방법을 설명하시오.

5. 수위계 영점표고에 대하여 설명하시오.

6. 유효우량 산정방법에 대하여 설명하시오.

7. 하천재해 중 호안유실의 피해원인과 저감대책을 설명하시오.

8. 자유 수면으로부터의 증발량 산정방법에 대하여 설명하시오.

9. 재해복구사업의 사전심의 검토항목과 사전심의 대상사업의 범위에 대하여 설명하시오.

10. DAD(Rainfall Depth－Area－Duration) 해석에 대하여 설명하시오.

11. 하천구역 내 교량설치 시 검토사항에 대하여 설명하시오.

12. 유수전환에 대하여 설명하시오.

13. 사전재해영향성검토 제도상 문제점과 개선대책에 대하여 설명하시오.

※ 다음 문제 중 4문제를 선택하여 설명하시오. (각 25점)

1. 제방단면의 구조와 명칭, 제방의 종류에 대하여 설명하시오.

2. 투수성 우수유출 저감시설의 설치효과에 대하여 설명하시오.

3. 하천공간 지구지정 및 관리방안에 대하여 설명하시오.

4. 설계홍수량 산정 시 소유역 분할에 따른 문제점 및 대책에 대하여 설명하시오.

5. 수리모형실험에서 상사법칙의 필요성과 특별상사법칙의 적용에 대하여 설명하시오.

6. 직접축차계산법과 표준축차계산법의 절차와 적용범위에 대하여 설명하시오.

제 3 교시 (시험시간 : 100분)

※ 다음 문제 중 4문제를 선택하여 설명하시오. (각 25점)

1. 도시하천 유역종합치수계획 수립의 필요성, 문제점 및 법적근거에 대하여 설명하시오.

2. 설계의 경제성 등 검토(설계 VE제도)에 대하여 설명하시오.

3. 댐 형식의 결정을 지배하는 물리적 인자에 대하여 설명하시오.

4. 홍수 시 부자에 의한 유량측정방법에 대하여 설명하시오.

5. 내수배제시설 설계절차와 방법에 대하여 설명하시오.

6. 수자원장기종합계획에 언급된 우리나라 물이용 종합계획의 변천과정과 성과 및 여건변화에 대하여 설명하시오.

제 4 교시 (시험시간 : 100분)

※ 다음 문제 중 4문제를 선택하여 설명하시오. (각 25점)

1. 하천시설물 중 빗물펌프장(토목시설, 펌프설비, 빗물펌프장 건물)의 점검 및 유지관리에 대하여 설명하시오.

2. 홍수방어계획에서 비구조물적 대책에 대하여 설명하시오.

3. 하천에 대한 다양한 정보를 제공하고 있는 하천관리지리정보시스템(RIMGIS)에 대하여 설명하시오.

4. 남북한 공유하천에 대한 관심이 증대되고 있다. 남북한 공유하천과 이들 공유하천에서 발생되는 물분쟁 해소방안에 대하여 설명하시오.

5. 물공급안전도 기준과 적용실태에 대하여 설명하시오.

6. 댐 저수지의 운영과 관련된 수위와 배분용량에 대하여 설명하시오.

수자원개발기술사 제107회

제 1 교시

(시험시간 : 100분)

※ 다음 문제 중 10문제를 선택하여 설명하시오. (각 10점)

1. 주위제(周圍提)의 정의와 설계 시 고려할 사항에 대하여 설명하시오.

2. 빗물 이용시설에 대하여 설명하시오.

3. 호안공법을 선정할 때 평가항목과 검토할 내용에 대하여 설명하시오.

4. 침수예상도에 대하여 설명하시오.

5. 과도 수리현상 해석(Hydraulic Transient Analysis)에 대하여 설명하시오.

6. 하천정화기법의 개념과 종류에 대하여 설명하시오.

7. 태풍의 정의 및 발생원인, 종류(유형)에 대하여 설명하시오.

8. 우리나라 홍수예보체계를 설명하시오.

9. 지하수자원 보전지구에 대하여 설명하시오.

10. 조도계수 결정 시 고려사항에 대하여 설명하시오.

11. 여울과 소의 기능에 대하여 설명하시오.

12. 강변여과수의 특정에 대하여 설명하시오.

13. 댐에서의 필터(Filter)에 대하여 설명하시오.

제 2 교시

(시험시간 : 100분)

※ **다음 문제 중 4문제를 선택하여 설명하시오. (각 25점)**

1. 소하천정비종합계획 수립과정과 계획내용에 대하여 설명하시오.

2. 우수유출저감시설 중 지역 외 저류시설의 저류방식별 특징을 설명하고, 첨두홍수량 저감효과 산정방법에 대하여 설명하시오.

3. 풍수해위험지구의 정의 및 선정방법에 대하여 설명하시오.

4. 하천기본계획 수립 시 포함할 사항과 수행과정에 대하여 설명하시오.

5. 보 철거 의사결정 과정에 대하여 설명하시오.

6. 저수지 퇴사의 문제점과 대책에 대하여 설명하시오.

제 3 교시

(시험시간 : 100분)

※ **다음 문제 중 4문제를 선택하여 설명하시오. (각 25점)**

1. 외수범람 해석방법을 범람흐름 특성에 따라 구분하고, 발생지역, 흐름특성, 해석방법에 대하여 설명하시오.

2. 도 풍수해저감종합계획 수립 시 시·군별로 수립한 풍수해저감종합계획에 대한 중점 검토사항에 대하여 설명하시오.

3. 우리나라 홍수재해 특성과 대응방안에 대하여 설명하시오.

4. 하상유지시설의 설치목적 및 위치, 구조에 대하여 설명하시오.

5. 생태하천 복원사업 추진방향에 대하여 설명하시오.

6. 하천시설에 대한 관리대장 작성방법에 대하여 설명하시오.

※ 다음 문제 중 4문제를 선택하여 설명하시오. (각 25점)

1. 우수유출저감시설 중 침투시설 규모설정 시 설계침투량과 설계침투강도 산정방법에 대하여 설명하시오.

2. 호안의 구조와 각 부분의 역할, 설치위치에 따른 호안의 종류, 자연형 호안의 종류에 대하여 설명하시오.

3. 쓰나미(Tsunami)와 고파랑(High Water, 너울성)의 특징 및 발생원인에 대하여 설명하시오.

4. 비압축성 실제 유체흐름에 대하여 설명하시오.

5. 수문(水門)의 종류, 설치위치에 대하여 설명하시오.

6. 수자원개발계획 시 갈수(渴水) 분석방법에 대하여 설명하시오.

수자원개발기술사 제108회

제 1 교시

(시험시간 : 100분)

※ 다음 문제 중 10문제를 선택하여 설명하시오. (각 10점)

1. 기본홍수량과 계획홍수량

2. 부체(浮體, Floating Body)의 안정조건

3. 저영향개발(LID ; Low Impact Development)의 정의와 하천분야 적용방안

4. 하천법에 규정된 국가하천 지정 기준

5. 한계소류력 및 Shields곡선

6. 강우의 시간적, 공간적 분포방법

7. 추정한계치(Estimate Limited Value)

8. 양수발전소 용량결정방법

9. 하천구역 내 교량가설 시 고려할 사항 및 기술적 검토사항

10. 지구단위 홍수방어기준

11. 재해지도의 활용 및 운용

12. 자연재해위험개선지구의 유형 및 등급별 지정기준

13. 보 하류측 물받이공 길이(월류수의 낙하길이) 산정공식

제 2 교시

(시험시간 : 100분)

※ 다음 문제 중 4문제를 선택하여 설명하시오. (각 25점)

1. 하천에서 유사량(부유사, 소류사, 총유사)을 산정(측정)하는 방법 및 절차에 대하여 설명하시오.

2. 수자원단위지도의 개념(대권역, 중권역, 표준유역)에 대하여 설명하고, 단위구역 설정 시 유역분할 기준에 대하여 설명하시오.

3. 기후변화에 따른 가뭄대책에 대하여 설명하시오.

4. 하천의 저류용량확보 및 유량분기를 위한 횡월류량 산정방법 및 횡월류식 천변저류지에 대하여 설명하시오.

5. 하천 제방에 설치되는 배수시설물의 단면결정방법에 대하여 설명하시오.

6. 도수(Hydraulic Jump) 전후 수심비와 도수흐름에 의한 에너지손실 공식을 유도하시오.

제 3 교시

(시험시간 : 100분)

※ 다음 문제 중 4문제를 선택하여 설명하시오. (각 25점)

1. 지배유량의 개념 및 산정방법에 대하여 설명하고, 적용 시의 문제점을 설명하시오.

2. 준공된 지 오래된 다목적댐의 재평가 개념 및 절차를 설명하고, 재평가를 통하여 나타날 수 있는 용수 및 용량 재배분 시나리오를 설명하시오.

3. 홍수량 산정 시의 유역반응시간 결정방법과 임계지속시간의 적용 방안에 대하여 설명하시오.

4. 하천건천화에 따른 건천화 원인, 건천화 방지대책 및 하천건천화 방지를 위한 정책 방향에 대하여 설명하시오.

5. 소하천정비종합계획 수립 시 보고서에 수록되어야 할 내용에 대하여 설명하시오.

6. 하천공간 지구지정의 방향설정 기준 및 관리방안에 대하여 설명하시오.

제 **4** 교시　　　　　　　　　　　　　　　　　　　　(시험시간 : 100분)

※ 다음 문제 중 4문제를 선택하여 설명하시오. (각 25점)

1. 우리나라의 수자원과 관련된 국가계획체계(수량관리계획 및 수질관리계획)에 대해서 설명하고, 현행 체계의 문제점을 간단하게 기술하시오.

2. 수공구조물 설계 시 설계홍수량을 산정하는 경우에 적용 가능한 최대치 개념과 최적치 개념을 설명하고, 설계홍수량 산정방법 2가지를 기술하시오.

3. 댐증고 및 신규댐 조성 시의 유수전환시설 설계에 대하여 설명하시오.

4. 유역종합치수계획에서 계획홍수 및 이상홍수 발생 시 치수계획에 대하여 설명하시오.

5. 하천구역 및 홍수관리구역 결정방법에 대하여 설명하시오.

6. 시·군 풍수해저감종합계획 보고서 및 부록에 대한 목차와 내용에 대하여 설명하시오.

수자원개발기술사 제110회

[본문을 이용한 모범 답안 예시]

제 1 교시 (시험시간 : 100분)

※ 다음 문제 중 10문제를 선택하여 설명하시오. (각 10점)

1. 하천의 특성인자를 설명하시오.
   - ✎ Part 3, Chapter 1의 17항 참조

2. 수리학적 상사법칙을 설명하시오.
   - ✎ Part 3, Chapter 5의 21항 참조

3. 감세지의 설계순서를 설명하시오.
   - ✎ Part 2, Chapter 1의 11항 참조

4. 유황곡선을 설명하시오.
   - ✎ Part 7, Chapter 1의 24항 참조

5. 비홍수량과 비토사유출량의 정의와 실무적 적용방법을 설명하시오.
   - ✎ Part 3, Chapter 4의 7, 8항 참조

6. 강우강도식 유도 시 ① 단·장기 구분의 필요성, ② 단·장기 구분의 대규모 유역과 소유역 규모에 대한 실무적 적용 방안을 홍수량 산정과 연계하여 설명하시오.
   - ✎ Part 3, Chapter 4의 2, 7, 8, 10항 참조

7. 유역의 규모에 따른 강우특성과 유출특성을 제시하고, 이에 따른 유역면적의 구분 및 단위도 적용 시 소유역 분할에 따른 홍수량 산정방법의 실무적 구분 등을 설명하시오.
   - ✎ Part 3, Chapter 4의 2, 7, 8, 28, 32항 참조

8. 홍수량 산정 시 검정(Calibration)을 정의하고, 검정 매개변수의 개수에 따른 적용성, 실무에서의 활용 방안 및 실제 활용도에 대하여 설명하시오.
   - ✎ Part 3, Chapter 4의 28, 32항 참조

9. 방재성능목표강우량의 도입 배경과 실제 적용 시 문제점을 설명하시오.
   - ✎ Part 2, Chapter 4의 9항 참조

10. 유수의 흐름에 의하여 발생하는 세굴종류를 구분하고, 각 세굴에 대하여 설명하시오.
    ✎ Part 7, **실전문제 참조**

11. 호안 설계 시 고려사항을 설명하시오.
    ✎ Part 3, Chapter 1의 12, 15, 18항 **참조** / Part 3, Chapter 2의 3항 **참조**

12. 하천관리유량을 설명하시오.
    ✎ Part 3, Chapter 2의 13항 **참조** / Part 4, Chapter 1의 11항 **참조**

13. 가뭄지수를 설명하시오.
    ✎ Part 3, Chapter 6의 7항 **참조**

제 2 교시　　(시험시간 : 100분)

※ 다음 문제 중 4문제를 선택하여 설명하시오.　(각 25점)

1. 부등류의 수면형을 설명하고, 부등류의 수면곡선 계산방법을 나열 후 직접축차법과 표준축차법을 설명하시오.
   ✎ Part 3, Chapter 6의 8, 18, 19항 **참조**

2. 지하수의 유동특성을 지배하는 요소인 투수계수(k)와 Darcy 법칙에 대해서 설명하시오.
   ✎ Part 7, 31항 **참조**

3. 홍수수문곡선 계산 시 소유역 분할과 관련하여 다음 항목에 대하여 설명하시오.
   ① 하도추적을 위한 소유역 분할에 따른 홍수량 증감 원인 및 기존 실무적용상의 문제점
   ② 유역규모에 따른 하도추적 필요 유무 결정방법
   ③ 하도추적을 제외한 방법에 의한 홍수량 산정방법
   ④ 하도추적을 포함한 홍수량 산정 시 소유역 분할에 따른 홍수량 증가 방지 방안
   ✎ Part 3, Chapter 4의 3, 7, 8, 28, 32항 **참조**

4. 산림의 유출곡선지수(CN)를 설계홍수량 산정요령(국토교통부)에서 미국 산림청 방법을 토대로 우리나라 실정에 맞도록 제안된 내용을 설명하시오.
   ✎ Part 3, Chapter 6의 15, 16항 **참조**

5. 물수지 분석에 적용되는 저수지 모의운영방법과 고려사항에 대해 설명하시오.
   ✎ Part 2, Chapter 4의 6항 **참조**

6. 도시홍수피해 유형 및 대책 등에 대하여 설명하시오.
   ✎ Part 3, Chapter 6의 10, 11항 **참조**

제 3 교시 (시험시간 : 100분)

※ 다음 문제 중 4문제를 선택하여 설명하시오. (각 25점)

1. 기상이변으로 인한 이상홍수(Extraordinary Flood)에 대해서 설명하고, 돌발홍수(Flash Flood)의 원인 및 대책에 대해서 설명하시오.
   ✎ Part 3, Chapter 4의 34항 참조

2. 2016년 1월에 개정된 하천기본계획 수립지침에 대해서 설명하시오.
   ✎ Part 3, Chapter 6의 16항 참조

3. 우수유출저감시설인 저류지의 설계 시 다음 항목에 대하여 설명하시오.
   ① 저수지추적곡선 결과를 On-line 방식, Off-line 방식(비조절형), Off-line 방식(조절형)으로 구분하여 제시
   ② 저수지추적곡선에서 설계의 적정성을 검토할 수 있는 주요 항목
   ③ 현재 우수유출저감시설인 저류지 설계 시 상기 3가지 방식 중 어떤 방식이 가장 많이 채택되고 있는지와 이와 같은 현상이 발생하는 원인
   ✎ Part 2, Chapter 4의 7항 참조 / Part 3, Chapter 1의 1, 16항 참조, Chapter 4의 9, 10, 27, 32항 참조, Chapter 6의 11번 참조

4. 도달시간 산정과 관련하여 다음과 같은 항목에 대하여 설명하시오.
   ① 기존 도달시간 산정방법 적용상의 문제점
      ✎ Part 4, Chapter 4의 11, 12항 참조 / Part 4, Chapter 1의 21항 참조
   ② 현재 중·대규모 유역의 기준으로 설계홍수량 산정요령(국토교통부)에서 제시되고 있는 방법
      ✎ Part 3, Chapter 4의 11, 12항 참조
   ③ 현재의 중·대규모 유역의 기준에 대한 개선방안
      ✎ Part 3, Chapter 4의 27, 28항 참조
   ④ 소하천과 같은 소유역의 적용 시 도달시간 관련 추가 개선방안
      ✎ Part 3, Chapter 4의 10, 11, 12항 참조

5. 하구처리계획 시 고려사항 및 하구개량공법에 대하여 설명하시오.
   ✎ Part 3, Chapter 1의 7, 8, 11, 12항 참조

6. 댐 공사 시 유수 전환을 위한 가배수 터널의 수리해석방법에 대하여 설명하시오.
   ✎ Part 2, Chapter 1의 1, 2, 3항 참조

제 4 교시
(시험시간 : 100분)

※ 다음 문제 중 4문제를 선택하여 설명하시오. (각 25점)

1. 홍수 시 수위와 유량관계에 대해서 설명하고, 수위−유량 곡선을 연장하여 추정하는 방법을 설명하시오.
   ✎ Part 3, Chapter 4의 19항 참조 / Part 4, Chapter 1의 21항 참조

2. 도시하천의 유출특성 및 유출량 산정방법에 대해서 설명하고, 우수유출 저감방법에 대하여 설명하시오.
   ✎ Part 3, Chapter 6의 10, 11항 참조

3. 신설 소하천 계획 시 다음과 같은 사항에 대하여 설명하시오.
   ① 신설 소하천을 도입하는 경우
   ② 신설 소하천 계획 시 고려사항
   ✎ Part 3, Chapter 6의 8, 9항 참조

4. 댐 계획의 최적규모결정 절차를 설명하시오.
   ✎ Part 2, Chapter 1의 1, 3, 17항 참조

5. 하도계획의 절차 및 고려사항에 대하여 설명하시오.
   ✎ Part 3, Chapter 1의 20항 참조 / Part 3, Chapter 2의 3, 4, 5항 참조

6. 유역 및 하천의 유사조절계획의 목적 및 필요성에 대하여 설명하시오.
   ✎ Part 3, Chapter 1의 13, 14, 15, 21항 참조 / Part 3, Chapter 6의 6, 11, 15항 참조 /
   Part 4, Chapter 1의 2, 3, 9항 참조 / Part 7, Chapter 3의 65항 참조

2017 수자원개발기술사 제111회

[본문을 이용한 모범 답안 예시]

※ 다음 문제 중 10문제를 선택하여 설명하시오.　(각 10점)

1. 댐 위치 결정 시 고려해야 할 사항
   ✎ Part 2, Chapter 1의 1항 참조

2. 하천의 계획홍수위 결정방법
   ✎ Part 3, Chapter 4의 27항 참조 / Part 3, Chapter 6의 2항 참조

3. 하천의 폐천부지 지정기준 및 관리계획
   ✎ Part 3, Chapter 6의 8, 9, 14항 참조

4. 천변저류지의 정의 및 기능
   ✎ Part 3, Chapter 1의 12, 20항 참조

5. 질량, 힘, 에너지, 동력, 압력의 차원을 각각 MLT계와 FLT계로 표시
   ✎ 별도 단위계 정리

6. 관수로에서 에너지보정계수의 도입 목적과 실무에서 에너지보정계수를 일반적으로 생략하는 이유
   ✎ Part 7, Chapter 3의 48항 참조

7. 소유역에 6차 전대수 다항식의 강우강도식을 적용할 때 예상되는 문제점
   ✎ Part 3, Chapter 4의 8, 9, 10, 15항 참조

8. 흐름의 종류를 시간, 공간, 점성력, 파속, 지배력에 따라 분류
   ✎ Part 3, Chapter 5의 7~10, 12항 참조

9. 수리학적 상사 중 불완전상사(Incomplete Similarity)
   ✎ Part 3, Chapter 5의 36항의 반대 의견으로 정리

10. 어도의 종류 및 주요 특징
    ✎ Part 3, Chapter 2의 16항 참조

11. 영(零)유량수위(GZF, Gauge Height of Zero Flow)의 정의 및 결정방법
   ✎ Part 3, Chapter 4의 18항 등 별도 자료 정리

12. 정수지형 감세공(Stilling Basin)
   ✎ Part 2, Chapter 2의 2항 참조

13. 하천사업에 대한 치수경제성 조사 절차 및 내용
   ✎ Part 1, Chapter 2의 7~10항 참조

제 2 교시　(시험시간 : 100분)

※ 다음 문제 중 4문제를 선택하여 설명하시오. (각 25점)

1. 배수구간(Backwater)에서의 제방고, 둑마루 폭 결정방법에 대하여 설명하시오.
   ✎ Part 3, Chapter 1의 19항 참조 / Part 3, Chapter 2의 3항 참조 /
   Part 3, Chapter 6의 2항 참조

2. 토석류 발생으로 인한 문제점과 피해방지대책에 대하여 설명하시오.
   ✎ Part 7, Chapter 3의 1, 2, 65항 참조

3. 드론(Drone)을 활용한 하천관리의 효율화 방안에 대하여 설명하시오.
   ✎ Part 3, Chapter 1의 3, 4항 참조 / Part 3, Chapter 3의 1항 참조 /
   Part 3, Chapter 6의 16항 참조 / Part 4, Chapter 1의 17항 참조. 다만, 드론을 이용
   하여 하천의 지형변화 모니터링, 하천 생태관리 및 보전, 녹조, 수질관리 등을 영상 촬
   영한 항측자료를 이용함으로써 실질적인 하천관리의 효율화가 기대되는 점 등을 정리

4. 댐 그라우팅(Grouting)의 종류 및 시공방법에 대하여 설명하시오.
   ✎ Part 2, Chapter 3의 5항 참조

5. 단위도의 지속시간 변경방법에 대하여 설명하시오.
   ✎ Part 3, Chapter 4의 3, 4항 참조

6. 강우관측소 계획과 설치장소 선정 시 고려사항에 대하여 설명하시오.
   ✎ Part 7, Chapter 3의 12항 참조 / 위치선정은 Part 2, Chapter 1의 1항 참조하여 정리

제 **3** 교시 　　　　　　　　　　　(시험시간 : 100분)

※ 다음 문제 중 4문제를 선택하여 설명하시오. (각 25점)

1. 댐 건설로 인한 순기능과 역기능, 역기능에 대한 대책에 대하여 설명하시오.
   - Part 2, Chapter 1의 4항 문제점 및 원인, 분석과 대책 참조 /
     Part 2, Chapter 1의 8, 10항 참조

2. 제방누수 원인과 방지대책에 대하여 설명하시오.
   - Part 3, Chapter 2의 10항 참조

3. 치수와 이수차원에서 기존 댐 재개발방안에 대하여 설명하시오.
   - Part 1, Chapter 1의 2항의 문제점과 Chapter 2의 4항의 개선방향, 8항의 분석, 10항
     의 치수 경제성 조사, Part 2, Chapter 1의 4항을 참조하여 정리

4. 비점오염저감시설의 종류, 유형별 설치기준 및 기술동향에 대하여 설명하시오.
   - Part 2, Chapter 4의 15항 참조

5. 하천의 지류합류부에 대한 유지관리방안에 대하여 설명하시오.
   - Part 3, Chapter 1의 2항 참조

6. 하천호안의 구조를 설명하고 각각의 설계방법에 대하여 설명하시오.
   - Part 4, Chapter 1의 7항 참조

제 **4** 교시 　　　　　　　　　　　(시험시간 : 100분)

※ 다음 문제 중 4문제를 선택하여 설명하시오. (각 25점)

1. 하천수질 보전대책에 대하여 설명하시오.
   - Part 3, Chapter 1의 6항 참조

2. 수자원개발계획 시 갈수분석방법에 대하여 설명하시오.
   - Part 3, Chapter 4의 17항 참조

3. 기존 수자원에 비해 해수담수화의 장·단점과 그 방식에 대하여 설명하시오.
   - Part 3, Chapter 1의 7~10, 11항 참조

4. 생태하천 복원의 기본 방향에 대하여 설명하시오.
   - Part 3, Chapter 6의 3, 4, 5, 8, 9, 13항 참조

5. 배수시설(배수통문, 배수통관, 배수문, 배수관)의 구조를 정의하고, 설계 시 유의사항에 대하여 설명하시오.

   ✎ Part 2, Chapter 2의 1, 3항 참조

6. 고정보의 바닥보호공 설계방법에 대하여 설명하시오.

   ✎ Part 3, Chapter 3의 4항 참조

수자원개발기술사 핵심특강

2009. 4. 10. 초　　　　　판 1쇄 발행
2017. 10. 27. 1차 개정증보 1판 1쇄 발행

지은이　│　정원우
펴낸이　│　이종춘
펴낸곳　│　[BM] 주식회사 성안당
주소　│　04032 서울시 마포구 양화로 127 첨단빌딩 5층(출판기획 R&D 센터)
　　　│　10881 경기도 파주시 문발로 112 출판문화정보산업단지(제작 및 물류)
전화　│　02) 3142-0036
　　　│　031) 950-6300
팩스　│　031) 955-0510
등록　│　1973. 2. 1. 제406-2005-000046호
출판사 홈페이지　│　**www.cyber.co.kr**
ISBN　│　978-89-315-6871-4 (13530)
정가　│　**50,000원**

이 책을 만든 사람들
기획　│　최옥현
진행　│　이희영
교정·교열　│　이희영
전산편집　│　최은지
표지 디자인　│　박원석
홍보　│　박연주
국제부　│　이선민, 조혜란, 김해영
마케팅　│　구본철, 차정욱, 나진호, 이동후, 강호묵
제작　│　김유석